KB117100

THE FIELD

THE FIELD
: The Quest for The Secret Force of The Universe
by Lynne McTaggart

마음과 물질이
만나는 자리

THE FIELD

린 맥태거트 | 이충호 옮김

김영사

필드

1판 1쇄 발행 2016. 11. 25.
1판 4쇄 발행 2024. 11. 11.

지은이 린 맥태거트
옮긴이 이충호

발행인 박강휘
편집 황여정 디자인 지은혜

발행처 김영사
등록 1979년 5월 17일(제406-2003-036호)
주소 경기도 파주시 문발로 197(문발동) 우편번호 10881
전화 마케팅부 031)955-3100, 편집부 031)955-3200 | 팩스 031)955-3111

값은 뒤표지에 있습니다.
ISBN 978-89-349-7643-1 03400

홈페이지 www.gimmyoung.com 블로그 blog.naver.com/gybook
인스타그램 instagram.com/gimmyoung 이메일 bestbook@gimmyoung.com

물리학 분야에서 100년 전에 일어났던 것과

비슷한 혁명이 일어날지도 모른다…….

아서 C. 클라크, "우주 시대는 언제 시작될까?"

만약 천사가 자신의 철학을 우리에게 들려준다면……

필시 그중 많은 것은 2×2=13과 같은 것으로 들릴지 모른다.

게오르크 크리스토프 리히텐베르크, 《경구집》

이 책에 쏟아진 찬사들

이 책은 중요한 책이며, 많은 사람이 읽어야 한다. 이 책은 우리의 상상력을 크게 자극하며, 우리가 우주를 이해하는 데에서 또 한 번의 혁명—어쩌면 원자력 시대를 알린 혁명보다 훨씬 큰 혁명—을 맞이하기 직전에 있다고 주장한다. _**아서 C. 클라크**(작가, 《2001 스페이스 오디세이》의 저자)

내게 가장 큰 영향력을 미치고 큰 깨달음을 준 책 중 하나. 이 책은 영적 스승들이 수백 년 동안 이야기해온 것을 뒷받침하는 증거를 구체적으로 제시한다. _**웨인 다이어**(심리학자, 《행복한 이기주의자》의 저자)

《필드》는 새로운 사고로 최첨단 과학 영역에서 격변을 일으키는 독불장군 과학자들의 예외적인 연구들을 뛰어난 솜씨로 엮어 짜서 보여준다. 귀에 쏙쏙 들어오는 린 맥태거트의 종합에는 지구의 생명을 변화시킬 새롭고 흥미롭고 낙관적인 통찰이 포함돼 있다. _**브루스 H. 립턴**(세포생물학자, 《당신의 주인은 DNA가 아니다》·《자발적 진화》의 저자)

관습의 테두리 안에서 벗어나 낡은 믿음에 의문을 제기하려면, 체계적이고 유익한 정보를 제공하는 방식으로 조직된 과학적 연구 결과의 증거가 필요하다. 《필드》는 우리를 더 큰 이해로 이끌어주는 완벽한 안내서이다. 이 책은 새로운 마음의 창으로 자신의 세계와 삶을 바라보는 데 도움을 줄 것이다. _**조 디스펜자**(생화학자, 《꿈을 이룬 사람들의 뇌》의 저자)

맥태거트의 트레이드마크인 명쾌하고 우아하고 고상한 문체로 써진 《필드》는 새천년 과학과 그것이 세상 모든 사람들의 삶에 어떤 영향을 미칠지 보여주는 예고편이다. 이 책은 의식을 해방시켜 우주의 인과적 힘이라는 위풍당당한 제자리를 찾아준다. 맥태거트의 책에는 당신의 세계관을 영원히 바꿔놓을지도 모른다는 경고문을 붙여야 마땅하다. _**래리 도시**(의학 박사, 《원마인드》·《치료하는 기도》의 저자)

린 맥태거트는 위대한 작곡가처럼 옛날의 정신적 지식과 첨단 양자물리학과 DNA 연구로부터 선율을 가진 주제들을 뽑아내 흥미진진하고 쉽게 이해할 수 있는 노래로 만들었는데, 이 노래는 우리 모두가 실제로는 서로 연결돼 있음을 보여준다. 하지만 이것 말고도 맥태거트는 우리에게 이 지식을 실천에 옮기고 우리의 생각을 바꾸라고 요구하며, 궁극적으로는 세계를 바꾸라고 요구한다.
_**스티븐 핼펀**(작곡가이자 리코딩 아티스트, 《소리가 왜 사람을 달라지게 하는가》의 저자)

생명의 본질에 관한 흥미롭고도 훌륭한 설명으로, 우리 모두가 알고 받아들일 필요가 있다.
_**버니 시겔**(의학 박사, 《내 마음의 아스피린》의 저자)

사람은 가끔 그 시대의 시대 정신, 그리고 인간 의식과 이해의 진화적 가장자리에 다가간다. 《필드》는 획기적인 책이다. 강력하게 추천할 만한 작품! _**바바라 막스 허버드**(의식진화재단 회장)

현실의 본질에 관한 생각을 바꿀 준비를 하라. 린 맥태거트는 훌륭한 조사 보도와 보기 드문 과학적 안목을 결합해 우리의 생각과 의도에 반응하는 지성의 장이 존재한다는 강력한 증거를 제공한다. 자신의 생각과 기도가 세계에 영향을 미치는지 궁금하게 여긴 적이 있다면, 이 책은 어떻게 그런 일이 가능한지 알려준다. _**조앤 보리센코**(의학 박사이자 심리학자, 《회복탄력성이 높은 사람들의 비밀》의 저자)

린은 우리의 뇌와 몸이 우주와 소통하는 과정, 즉 에너지를 초월하고, 우리의 의식을 고양시키고, 빛과 정보를 흡수하고, 그럼으로써 더 많은 치유가 흐르도록 하는 방식으로 소통하는 과정을 보여준다. 그리고 린은 자애롭게도 과학을 읽기 쉬운 영어로 번역해준다. _**에릭 펄**(치유사, 《리커넥션: 너를 치유하고 나를 치유한다》의 저자)

《필드》는 의식과 에너지에 관한 첨단 연구를 이해하고자 하는 사람들에게 아주 중요한 책이다.
_**윌리엄 블룸**(작가이자 명상 지도자)

《필드》는 강력한 진화적 사고의 패러다임이다. 새로운 개념들은 정말로 세계를 변화시킬 수 있으며, 이 책은 과학과 철학을 적절하게 결합함으로써 인식을 확장시킨다. 이 책은 솔직하고, 따뜻하고, 영감을 불러일으키고, 기억할 만하고, 확신을 주고, 과학적이고, 직관적이어서 내가 기대했던 모든 것과 그 이상을 보여준다. 아름다운 걸작이다. _**데이비드 모어하우스**(원격 투시 지도자)

이 책이 다루는 방대한 범위의 내용은 우리의 생득권인 존재의 상태를 덮고 있던 베일을 벗긴다.
_**〈넥서스〉**

대단히 흥미롭고, 도발적이고, 아주 술술 읽힌다. _**〈이콜로지스트〉**

이 책은 시각적인 인간의 기운과 인간의 기억, 치유 능력, 인간의 정신, 그리고 '인간'이라고 부르는 이 존재가 지닌 그 밖의 흥미로운 측면들을 이해하는 데 도움을 줄 것이다. 린 맥태거트는 광범위한 조사 연구를 통해 이 놀라운 주제를 파고들면서 우리에게 큰 호의를 베풀었다.
_**〈에너지 의학 저널〉**

차 례

3 영점장의 활용

어머니는 크리스마스를 나흘 남겨두고 세상을 떠났다. 우리는 시신을 매장하고 유품을 정리하고 한 사람의 삶을 마감하는 데 필요한 수백 가지 일들을 처리하면서 플로리다 주의 어머니 집에서 1996년의 마지막 주를 우울하게 보냈다. 어느 날 오후, 어머니 침실에서 잡다한 물건들을 정리하다가 침대 밑에서 자그마한 고동색 유품 상자를 발견하고 열어보았더니, 핑크색 아기 앨범과 빛바랜 폴라로이드 사진들 옆에 내가 대학생 시절에 집으로 보낸 편지 꾸러미가 있었다.

다양한 색의 편지 봉투를 몇 개 꺼내 그 속에 든 편지를 읽어보았더니, 젊은 시절의 어지러운 필체로 집을 떠난 첫해에 내가 느끼고 경험한 일들이 매우 상세하게 기록돼 있었다. 내가 이루려고 마음먹은 일들의 목록(부모님에게 내게 한 투자가 나쁘지 않다는 것을 은연중에 확인시키려고 했던 듯하다) 중에 한 구절이 눈에 쏙 들어왔다. "오늘, 나는 천문학을 배울 거예요."

나는 젊은 시절의 거만했던 자신을 떠올리면서 미소를 지었다. 하지만 어머니가 다시는 이 순간을 나와 함께할 수 없다는 생각에 즐거운 기분은 금방 사라지고 말았다. 어느 누구보다도 어머니는 내가 말하고자 했던 진짜 의미—**나는 이제 단 하루 만에 천문학을 몽땅 집어삼킬 거예요**—를 즉각 알아차렸을 것이다. 이러한 성격 특성을 부추겼던 어머니는 내 앞길에 나타나는 괴물은 어떤 것이건 내가 쉽사리 물리칠 수 있으리란 성급한 확신에 매우 즐거워했을 것이다.

오늘, 나는 천문학을 배울 거예요. 이 말은 이 책을 쓰는 동안 나와 남편 사이에서 일종의 캐치프레이즈가 되었다. 나 같은 비과학자가 이런 계획을 추진하는 것은 한입에 천문학 전체를 집어삼키려고 하는 것만큼이나 터무니없는 짓으로 보이기 시작했기 때문이다.

《필드》는 일종의 신용 사기로 시작되었다. 나는 사실상 나침반도 없이 떠나는 여행—'인간 에너지장' 같은 것이 정말로 있는지 알아보는 여행—에 자금 지원을 해달라고 출판사 측을 설득했다. 나는 보통 저널리스트들이 하듯이 닥치는 대로 자료를 뒤지는 것으로 일을 시작했다. 학술회의를 찾아가고, 과학 논문을 읽고, 과학의 변경에서 연구하는 전 세계의 과학자들에게 연락을 했다.

그러다가 어느 시점에 이르자, 나는 처음에는 놀라면서 그다음에는 불안에 떨면서 내가 위험한 새 땅, 즉 막 태어나려고 하는 과학 분야에 발을 들여놓았다는 사실을 알아챘다. 우리 모두가 믿었던 과학적 기반, 우리 자신과 우주 속에서 우리의 위치에 대한 자신만만한 주장을 떠받치는 그 기반이 바로 내 눈앞에서 무너지고 있었다. 내가 쓰겠다고 이야기했던 책은 우리가 현재 알고 있는 현실에 대한 개념부터 새로 정의할 필요가 있었다.

오늘, 나는 천문학을 배울 거예요. 《필드》와 그와 연관된 추가 작업을 위해 자료 조사를 한 여러 해 동안 나는 과학의 변경에서 연구하는 약 75명의 과학자들로부터 인내심을 가지고 양자물리학을 배웠다. 나는 조르고 꼬드기고 요구하면서 그들에게서 많은 시간을 빼앗았는데, 한 사람당 최대 20번씩 인터뷰를 하면서 귀찮은 질문으로 설명을 이끌어내고, 결국에는 물리학자들 사이에서 흔히 순수한 수학의 형태로만 존재하는 개념들의 대략적인 번역을 얻어내는 데 성공했다. **양자 결맞음**quantum coherence**이란 정확하게 무엇인가? 영점장**zero point field**은 왜 존재하는가?** 나는 그들에게서 이해할 수 없는 대답을 자주 들은 뒤, 은유를 통해 그것을 반복해서 다시 들려주면서 완벽한 설명은 아니더라도 문외한이 이해할 수 있는 설명을 이끌어내려고 노력했다.

그 과정에서 나는 소크라테스식 대화법을 시도하면서 각각의 발견을 더 넓은 맥락에서 검토할 수 있는 하나의 철학적 문제로 제기했다. **의식이 존재하는가, 아니면 단지 영점장만 존재하는가?** 그럼에도 불구하고, 물리학자 할 푸소프와 프린스턴 대학교 공과대학 학장을 지낸 로버트 잔, 그리고 잔의 동료인 심리학자 브렌다 던 같은 일부 열정적인 개인을 제외한 대다수 과학자들은 형이상학적 의미를 언급하길 피하면서 신중한 태도를 보였다. 아무도 기꺼이 나서서 더 큰 그림—많은 개별적 발견들의 전체적 의미—을 이야기하거나(적어도 공개적으로는) 이 발견들을 합쳐 전체로 통합하려고 하지 않았다. 결국 그 임무는 내 어깨 위에 떨어졌다는 사실을 괴로운 불안감과 함께 받아들이게 되었다.

몇 년 동안 나는 우리 집 복도를 서성거리고, 책상 앞에 앉아 흐느끼고, 아이들을 무시하고, 책상 위에 다른 일을 쌓아놓고 방치했다. 밤에는 철학을 전공한 남편과 불가사의한 주제들에 대해 토론을 했다. **시간과 공간은 정확하게 무엇인가? 만약 우리가 보지 않는다면, 우주는 사라질까?** 로버트 잔은 지나가는 말로 내게 "거기서 시간을 제거하면, 모든 것이 딱 맞아떨어진다."라고 말한 적이 있다. 그것이 가능할까? 혹은, 더 중요하게는, 지금 그렇게 하는 게 꼭 필요한 일일까?

이 동안에 나는 몹시 흥분한 공황 상태에서 글을 썼는데, 각각의 뉘앙스가 내게 분명해질 때 새로운 의미의 층을 추가하면서 원고를 케이크처럼 층층이 쌓아갔고, 책이 출간되기 겨우 몇 달 전에야 마지막 층을 올려놓았다.

어느 시점에서 나는 그 과정이 나를 **통해** 일어난다고 시사하는 방식으로 글을 쓰기 시작했다. 매일 아침 컴퓨터로 다가가면, 단어와 개념이 내 속에서 외국어처럼 느껴지는 언어로 쏟아져 나왔다. 그러다가 결국 나는 새로운 목소리와 새로운 주제를 찾았다는, 혹은 사실은 그들이 마침내 나를 찾았다는 것을 깨달았다. 책이 처음 출간되었을 때, 나는 그것을 다시 읽으면서 그 내용들이 실제로 내가 쓴 것이 맞나 하고 놀라움을 감추지 못했다.

나는 1970년대에 취재 기자로 저널리스트 경력을 시작했는데, 그 후 일을 하면서 엄밀하고 사실을 바탕으로 한 접근 방법에서 벗어난 적이 없었다. 다년간 나는 현대 의학을 비판하는 뉴스레터인 '의사들이 해주지 않는 이야기What Doctors Don't Tell You'를 편집했다. 정통 의학의 한계를 수년간 연구한 끝에 대체의학에 동조하게 되긴 했지만, 나는 여전히 과학적 증명을 요구한다. 나는 동양의 비전秘傳이나 신비주의에 빠지지 않으며, 뉴에이지 영성의 모호한 목적과 구체적인 증거가 없는 '양자' 의학의 모든 주장, 그리고 '에너지'란 용어를 매우 중요하게 또는 미숙하게 사용하는 것을 비판하는 경향이 있다. 나는 초자연적이거나 비정상적인 것을 무조건 받아들이는 성향과 거리가 멀다.

그럼에도 불구하고, 《필드》를 만드는 과정은 그러한 전달자를 변화시켰다. 이 연금술 과정이 끝나고 나자, 나는 목소리가 달라졌을 뿐만 아니라 완전히 다른 세계관을 가진 사람으로 거듭났다. 이 책에 나오는 과학자들이 한 놀라운 발견들은 현대인이 흐릿한 렌즈를 통해 세계를 보고 있으며, 이 새로운 발견들을 우리 삶에 적용하려면 우리의 세계관을 완전히 뜯어고쳐야 할 필요가 있다고 시사했다.

조앤 디디언Joan Didion(소설과 뉴저널리즘 작품으로 유명한 미국 작가-옮긴이)은 우리는 살아가기 위해 스스로에게 이야기를 들려준다고 말한 적이 있다. 모든 이야기 중에서 우리를 가장 잘 정의하는 것은 과학적 이야기이다. 이 이야기들은 우주와 우주의 작용 방식에 대한 우리의 인식을 만들어내고, 이것으로부터 우리는 서로 간의 관계뿐만 아니라 우리와 환경과의 관계, 사업을 하고 자녀를 교육시키는 방법, 우리 자신을 읍과 도시로 조직하는 방법, 국가와 지구의 경계를 정하는 방법 등 모든 사회 구조들을 만든다.

우리는 과학을 궁극적인 진리로 인식하지만, 과학은 한 번에 조금씩 계속 들려주는 이야기이다. 우리는 끊임없이 수정과 변경 과정을 거치며 조금씩 단편적으로 세계를 배워나간다. 새로운 장들이 앞에 나왔던 장들을 개선하거나 종종 대체하기도 한다. 이 책에서 소개하는 발견들과 이 책이 나온 뒤에 일어난 발견들로 인해 이제 우리가 그동안 들어온 이야기가 완전히 개정된 이야기로 교체될 때가 되었다는 사실이 명백해졌다.

현재의 과학적 이야기는 만들어진 지 300년도 더 지난 것이고, 대체로 아이작 뉴턴이 발견한 것을 토대로 하여 세워진 것이다. 그것은 모든 물질이 3차원 시간과 공간에서 정해진 법칙들에 따라 움직이는 우주이다. 뉴턴의 과학은 규칙대로 행동하고 쉽게 확인할 수 있는 물질들로 채워져 있는 신뢰할 만한 장소를 기술한다. 찰스 다윈의 진화론에 담긴 철학적 함의도 생존은 오직 유전적으로 강한 개체에게만 가능하다고 암시함으로써 이런 발견들을 바탕으로 만들어진 세계관을 뒷받침한다. 이것들은 본질적으로 개별성을 이상화하는 이야기들이다. 태어나는 순간부터 우리는 겨울이 올 때마다 패자가 생길 수밖에 없다는 이야기를 듣는다. 우리는 그렇게 좁은 세계관을 가지고 우리의 세계를 만들어왔다.

《필드》는 완전히 새로운 과학적 이야기를 들려준다. 이 이야기에서 최근에 추가된 장은 과학의 변경을 탐구하는, 대체로 잘 알려지지 않은 탐험가 집단이 쓴 것으로, 본질적으로 우리는 하나의 통일체, 즉 관계—완전히 상호 의존적이고, 매 순간 각 부분이 전체에 영향을 미치는—로 존재한다고 주장한다.

이 새로운 이야기가 우리가 생명과 사회의 설계를 이해하는 데 지니는 의미는 아주 놀라운 것이다. 만약 양자장이 보이지 않는 그물로 우리 모두를 함께 붙들고 있다면, 우리는 우리 자신과 인간이란 과연 무엇인가에 대한 정의를 다시 생각해야 할 것이다. 만약 우리가 환경과 끊임없이 즉각적인 대화를 하고 있다면, 만약 우주의 모든 정보가 매 순간 우리의 땀구멍을 통해 흘러 다닌다면, 인간의 잠재력에 대해 현재 우리가 알고 있는 개념은 빙산의 일각에 불과할 것이다.

만약 우리가 서로 분리된 별개의 존재가 아니라면, 더 이상 모든 것을 '승리'와 '패배'의 관점에서 생각해서는 안 된다. '나'와 '나 이외의 것'이라고 부르는 것을 다시 정의하고, 다른 사람들과 상호 작용하고 사업을 하고 시간과 공간을 바라보는 방식을 바꾸어야 한다. 일을 선택하고 실행하는 방식과 사회를 조직하는 방식, 그리고 자녀를 키우는 방식도 재검토할 필요가 있다. 다르게 살아가는 방식, 즉 완전히 새로운 '존재' 방식을 상상해야 한다. 우리가 만든 사회의 모든 것을 폭파시켜 허물어뜨리고 잿더미가 된 땅 위에서 다시 건설해나가야 한다.

많은 독자들은 이 책의 주제를 최근에 일어난 과학적 발견이라고 오해한다. 《필드》는 하나의 역사이다. 이 책에 소개된 획기적인 과학적 발견들은 30여 년 전에 일어났다. 《필드》가 출간된 뒤, 이 책에 등장한 과학자들은 놀랍도록 훌륭한 선견지명이 있었던 것으로 드러났다. 이들이 한 연구는 대부분 1970년대와 1980년대에 일어났지만, 첨단 연구를 하는 세계 각지의 연구실들에서 일어난 최근의 발견들은 양자물리학의 기묘한 성질들—한때 작은 입자들의 세계에서만 성립한다고 생각되었던—이 실제로는 거시 세계에서도 일어난다는 것을 뒷받침하는 증거를 제공한다. 원자와 분자의 가변적 성질에 관한 새로운 발견들은 이들 과학자 중 다수가 주장한 개념, 즉 의식이 우리 세계를 만들어내는 데 중심적 역할을 할지도 모른다는 개념에 힘을 실어준다.

세계 각지의 명망 높은 곳에서 연구하는 수십 명의 과학자가 모든 물질은 광대한 양자 연결 그물에 존재하며, 생물과 환경 사이에 항상 정보 전달이 일어난다는 것을 보여주었다. 또 어떤 과학자들은 의식이 우리 몸의 경계 밖에 존재하는 실체임을 시사하는 증거를 얻었다. 늘 우리 몸의 중앙 지휘자로 간주돼온 뇌와 DNA는 변환기—영점장에서 얻은 양자 정보를 전달하고 수신하고 결국은 해석하는—로 간주하는 게 더 타당하다. 우리는 시간이 한 방향으로 흐른다고 알고 있지만, 이마저도 인간이 만들어낸 불완전한 개념이어서 대폭적인 수정이 필요하다는 사실이 정통 과학계에서 밝혀졌다.

초기의 탐험가들이 이런 발견들을 하고 나서 수십 년이 흐르는 동안 의식의 본질에 관해 새로운 사실이 많이 발견되었기 때문에, 나는 그 후속작을 써야 할 필요성을 느끼게 되었다. 《의도 실험The Intention Experiment》은 《필드》가 암시한 주제를 다룬다. 그것은 방향적 사고가 현실을 만들어내는 데 중심적 역할을 한다는 개념으로, 전 세계의 독자들을 대상으로 진행되는 대규모 온라인 실험을 통해 계속 검증되고 있는 이론이다(www.theintentionexperiment.com 참고).

이 책을 출간하고 나서 영점장이 모든 가능성의 장이자 상상할 수 없을 정도로 엄청난 공짜 에너지원이라는 개념이 대중의 상상력을 사로잡았다. 항공우주여행의 특별한 수단으로서 영점장에서 에너지를 추출하려는 시도는 현재 록히드마틴Lockheed Martin 같은 거대 기업이 거액을 투자해 수행하고 있다. 《필드》는 심지어 컴퓨터 게임과 영화, 텔레비전 시리즈, 팝송에서도 일상용어가 되었다. 애니메이션 〈인크레더블The Incredibles〉에서 악당으로 나오는 신드롬은 '영점장 에너지'로 무장한 장갑을 사용해 자신의 적들을 움직이지 못하게 한다. 대규모 인터넷 검색 엔진들이 직관적 검색을 위해 가능성이 있는 기술로 영점장을 연구하고 있다는 이야기도 있다.

《필드》가 처음 출간되고 나서 내가 받은 수백 통의 편지로 판단할 때, 이 책의 의미는 독자에 따라 제각각 다른 것 같다. 그럼에도 불구하고, 모든 독자는 핵심 요지가 새로운 가능성에 대한 기대라는 사실을 잘 이해했다. 낡은 과학적 이야기가 기술로 우주를 지배하는 것을 강조하면서 우리가 사는 행성을 멸종의 위험으로 몰아가는 시절에 《필드》는 미래의 대안을 제시한다. 우리의 과학적 이야기가 대체로 완성되었다고 믿는, 영향력이 큰 소수의 과학자들이 좌지우지하는 주류 과학은 이전보다 근본주의적 태도가 더 강화되었다. 그럼에도 불구하고, 이 제한적인 견해에 대항해 소규모의 저항이 일어나고 있다. 《필드》에 등장하는 사람들처럼 과학의 변경에서 연구하는 과학자들은 정통에서 벗어나는 질문들을 던지고, 상상하기 어려운 답들을 내놓으면서 우리 세계를 다시 만들고 있다. 그들과 그들에게 동조하는 사람들이 우리의 앞길을 밝혀주길 간절히 기대한다.

린 맥태거트

2007년 7월

다가오는 혁명

우리는 현재 혁명 직전의 상황에 처해 있다. 아인슈타인의 상대성 이론만큼 놀랍고도 심오한 혁명이 눈앞에 다가와 있다. 과학의 최전선에서는 우주가 작용하는 방식과 우리 자신을 정의하는 방식에 대해 우리가 옳다고 믿는 모든 것에 이의를 제기하는 새로운 개념들이 나오고 있다. 종교가 항상 옹호해온 사실, 즉 인간은 단순히 살과 뼈가 합쳐진 것이 아니라, 그 이상의 특별한 존재임을 입증하는 발견들이 일어나고 있다. 그리고 무엇보다도 이 새로운 과학은 수백 년 동안 과학자들을 곤혹스럽게 만든 질문들에 답을 제시한다. 가장 심오한 의미에서 이것은 바로 기적에 관한 과학이다.

전 세계 각지에서 다양한 분야에 종사하는 훌륭한 과학자들이 수십 년 전부터 잘 설계된 실험을 해왔는데, 여기서 나온 결과들은 현재의 생물학과 물리학 지식과 어긋난다. 이 연구 결과들은 우리 몸과 나머지 우주를 지배하는 중심적인 조직의 힘에 대해 많은 정보를 제공한다.

이들은 정말로 놀라운 것들을 발견했다. 가장 기본적인 수준에서 우리는 단순한 화학 반응이 아니라, 에너지를 띤 전하電荷이다. 인간과 모든 생물은 세상의 나머지 모든 것과 연결돼 있는 에너지장 속에 있는 에너지 덩어리이다. 맥동하는 에너지장은 우리의 존재와 의식의 중심 엔진이자, 우리 존재의 알파이고 오메가이다.

우리 몸과 우주의 관계에는 '아我'와 '비아非我'의 구별이 없으며, 하나의 근원적인 에너지장만이 존재한다. 우리 마음의 가장 높은 기능, 곧 몸의 성장을 인도하는 정보의 원천도 이 장에 있다. 그것은 우리의 뇌이자 마음이며 기억이다. 그것은 모든 시대를 망라하는 세계의 청사진인 셈이다. 우리의 건강과 병약함을 최종적으로 결정하는 힘은 병균이나 유전자가 아니라 바로 이 에너지장이며, 따라서 치유를 위해 이용해야 하는 힘도 이 에너지장이다. 우리는 세계와 불가분의 관계로 연결돼 있으며, 유일한 근본 진리는 우리와 세상과의 관계이다. 알베르트 아인슈타인Albert Einstein은 이것을 "장은 유일한 실체"라고 간결하게 표현했다.[1]

지금까지 생물학과 물리학은 현대 물리학의 아버지인 아이작 뉴턴Isaac Newton이 내세운 견해의 시녀나 다름없었다. 우주와 그 속에서 우리의 위치에 대해 우리가 믿고 있는 것은 모두 다 17세기에 나온 개념에 기초한 것이지만, 지금도 여전히 현대 과학의 중추를 이루고 있다. 그 이론들은 우주의 모든 요소들은 각자 서로 분리되어 있고, 나눌 수 있으며, 완전히 독립적이라는 개념을 바탕으로 한다.

이 이론들은 본질적으로 개별성이라는 세계관을 만들어냈다. 뉴턴은 개개 물질 입자가 시간과 공간 속에서 운동의 법칙을 따르는 물질세계를 기술했는데, 이것은 사실상 우주를 하나의 기계로 본 거나 다름없다. 뉴턴이 운동의 법칙을 기술하기 전에 프랑스 철학자 르네 데카르트René Descartes는 그 당시로서는 혁명적인 개념을 제시했다. 그것은 우리(마음으로 대표되는)가 생명이 없는 신체라는 물질(기름이 잘 칠해진 기계에 불과한)과 별개의 존재라는 개념이었다. 세계는 서로 분리된 수많은 작은 물체들로 이루어져 있으며, 이것들은 예측 가능하게 행동했다. 그중에서도 다른 것들과 구별되는 가장 별개의 존재는 바로 인간이었다. 우리는 이 우주 밖에 앉아서 그 안을 들여다보고 있다. 심지어 우리의 몸조차 진짜 우리(관찰 행위를 하는 의식적인 마음)와 분리돼 있고 다르다.

뉴턴의 세계는 법칙에 따라 움직이는 세계였을지 몰라도, 그런 세계는 궁극적으로 외롭고 황량한 곳이었다. 우주는 우리가 그 안에 존재하건 존재하지 않건 간에 거대한 톱니바퀴 장치처럼 계속 돌아갔다. 뉴턴과 데카르트는 능수능란한 솜씨로 물질세계에서 신과 생명을 제거하고, 우리 세계의 중심에서 우리와 우리의 의식을 제거했다. 그들은 우주에서 심장과 영혼을 뽑아냈고, 그러고 나자 그 뒤에 남은 것들은 활기 없이 서로 뒤얽히며 작용하는 부분들뿐이었다. 무엇보다도, 다나 조하르Danah Zohar(미국 출신의 영국인 저술가이자 강연자. 물리학, 철학, 복잡성, 경영 분야를 주로 다룬다-옮긴이)가 《양자 자아The Quantum Self》에서 지적한 것처럼, "뉴턴의 세계관은 우리를 우주의 구조와 따로 분리시켰다."[2]

찰스 다윈Charles Darwin의 연구는 우리의 자아상을 더욱 황량한 것으로 만들었다. 그의 진화론(지금은 신다윈주의자들이 약간 수정하긴 했지만)은 무작위적이고 약육강식의 법칙을 따르며 아무 목적도 없이 살아가는 외로운 생명에 관한 이론이다. 최고가 아니면 살아남지 못한다. 우리는 그저 진화에서 우연한 사고로 태어난 존재에 불과하다. 우리 조상이 남겨준 방대한 생물학적 유산은 한 가지 사실로 압축할 수 있는데, 그것은 바로 생존이다. 잡아먹지 않으면 잡아먹힌다. 인간성의 본질은 약한 것들을 효율적으로 제거하는 유전적 테러리스트이다. 생명은 나눔이나 상호 의존하고는 관계가 없다. 생명은 승리하는 것이고, 남들보다 앞서서 도달하는 것이다. 그렇게 해서 살아남을 수 있다면, 진화의 나무 꼭대기에 도달할 수 있다.

이러한 패러다임—세계를 기계로, 인간을 생존 기계로 보는 개념—은 기술이 좌지우지하는 우주를 낳았지만, 우리에게 정말로 중요한 진짜 지식은 별로 밝혀내지 못했다. 이 패러다임은 정신적·형이상학적 차원에서는 아주 절망적이고 냉혹한 고립감을 낳을 뿐이다. 우리는 어떻게 생각하고, 생명은 어떻게 시작되었으며, 왜 아프고, 세포 하나가 어떻게 완전한 사람으로 자라나며, 죽고 나면 우리의 의식은 어떻게 되는가를 비롯해 우리 자신의 존재에 관한 가장 근본적인 수수께끼를 이해하는 데에는 아무 도움도 주지 못했다.

우리는 일상 경험과는 다름에도 불구하고, 기계적이고 분리된 세계관을 마지못해 받아들인다. 많은 사람들은 우리의 존재가 이렇게 가혹하고 허무하다는 사실로부터 탈출하기 위해 종교에서 피난처를 찾으려고 한다. 종교는 통일성과 공동체와 목적이라는 이상을 통해 구원의 손길을 일부 제공하긴 하지만, 그 세계관은 과학이 옹호하는 세계관과 모순된다. 영적인 삶을 추구하는 사람은 상반되는 이 두 가지 세계관 사이에서 고민하면서 둘을 조화시키려고 애써야 하지만, 그러한 노력은 성공하기 어렵다.

20세기 초에 양자물리학이 탄생하면서 이렇게 분리된 세계가 완전히 무너지고 말았다. 양자물리학을 개척한 사람들은 물질의 가장 깊은 내면을 들여다보고 깜짝 놀랐다. 물질의 가장 작은 요소는 우리가 알고 있는 물질이 아니었고, 심지어 정해진 어떤 실체도 아니었다. 그것은 어떤 때에는 이것이 되었다가 다른 때에는 저것이 되었다. 더욱 기이한 것은, 그것들은 가능한 모든 상태가 동시에 합쳐져 있는 경우가 많았다. 무엇보다 중요한 사실은, 이 아원자 입자들은 고립된 상태에서는 아무 의미가 없으며, 다른 것과 관계를 맺을 때에만 의미를 지닌다는 점이다. 가장 기본적인 수준에서 물질은 더 이상 독립적인 작은 단위로 쪼갤 수 없다. 우주는 역동적인 상호 연결망으로서만 이해할 수 있다. 한번 접촉한 것은 모든 시간과 공간을 통해 그러한 접촉을 유지한다. 시간과 공간 자체도 이런 수준의 우주에는 더 이상 적용할 수 없는 임의적인 개념으로 보인다. 사실, 우리가 알고 있는 시간과 공간은 존재하지 않는다. 모든 것은 지금 여기서 눈길이 미치는 곳까지 뻗어 있는 하나의 긴 풍경인 것처럼 보인다.

양자물리학의 개척자들—에르빈 슈뢰딩거Erwin Schrödinger, 베르너 하이젠베르크Werner Heisenberg, 닐스 보어Niels Bohr, 볼프강 파울리Wolfgang Pauli—은 자신들이 발을 들여놓은 형이상학적 땅이 어떤 곳인지 어렴풋이 눈치 챘다. 만약 전자들이 동시에 모든 곳에서 연결돼 있다면, 이것은 전체 우주의 본질에 대해 뭔가 심오한 의미를 지닌다. 그들은 자신들이 관찰하는 기묘한 아원자 세계의 심오한 진리를 파악하기 위해 고전적인 철학 문헌을 뒤지기도 했다. 파울리는 정신분석학과 원형과 카발라Qabbalah(유대교의 신비주의적 교파. 또는 그 가르침을 적은 책-옮긴이)를 살펴보았고, 보어는 도교와 중국 철학을, 슈뢰딩거는 힌두교 철학을, 하이젠베르크는 고대 그리스의 플라톤 학설을 들여다보았다.[3] 하지만 양자물리학이 지닌 정신적 의미를 일관성 있게 설명하는 이론은 좀체 찾을 수 없었다. 닐스 보어는 자신의 연구실 문에 '철학자 출입금지. 작업 중'이라는 글을 써 붙였다고 한다.

양자론에는 그 밖에도 완전히 해결되지 않은 상당히 현실적인 문제가 있었다. 보어와 동료 과학자들이 할 수 있었던 실험과 이해에는 한계가 있었다. 그들이 양자 효과가 일어난다는 것을 보여주기 위해 한 실험은 실험실에서 살아 있지 않은 아원자 입자를 대상으로 한 것이었다. 그 결과, 그 뒤를 이은 과학자들은 이 기묘한 양자 세계는 죽은 물질세계에서만 존재한다고 생각했다. 살아 있는 것은 모두 여전히 뉴턴과 데카르트의 법칙에 따라 작용한다고 보았으며, 이 견해는 현대 의학과 생물학의 모든 것에 영향을 미쳤다. 심지어 생화학조차 뉴턴 역학의 힘과 충돌 이론에 의존하고 있다.

그러면 우리는 어떨까? 갑자기 우리는 모든 물리적 과정에서 중심적 존재로 떠올랐지만, 이 사실을 완전히 인정한 사람은 아무도 없었다. 양자론의 개척자들은 우리가 물질에 간섭하는 행동이 중요한 영향을 미친다는 사실을 발견했다. 아원자 입자는 가능한 모든 상태로 존재하지만, 우리가 관찰이나 측정을 통해 간섭을 하는 순간, 마침내 어떤 실제적 상태로 결정된다. 우리의 관찰 행위(인간의 의식)는 아원자 입자의 유동적 상태를 현실에서 어떤 상태로 고정시키는 과정에 핵심 역할을 하지만, 우리 자신은 하이젠베르크나 슈뢰딩거의 수식 어디에도 포함돼 있지 않다. 그들은 우리가 어떤 핵심 역할을 한다는 사실을 깨달았지만, 우리를 수식 속에 어떻게 포함시켜야 하는지 알지 못했다. 과학에서는 우리는 여전히 밖에서 들여다보는 존재이다.

양자물리학의 흩어진 가닥들을 한데 모아 일관성 있는 이론으로 만들려는 시도는 성공한 적이 없었고, 양자물리학은 폭탄 제조나 현대 전자공학에 활용되는 기술 도구로 축소되었다. 내포된 철학적 의미는 망각되고, 실용적인 이점만 남았다. 오늘날 대다수 물리학자들은 슈뢰딩거 방정식 같은 수학이 아주 잘 성립하기 때문에 양자 세계의 기묘한 성질을 액면 그대로 받아들이려고 하지만, 직관에 반하는 그 속성에는 고개를 갸웃거린다.[4] 전자들이 어떻게 모든 것과 동시에 접촉할 수 있단 말인가? 어떻게 전자가 그 상태가 정확하게 결정되지 않은 채 머물러 있다가 관찰되거나 측정되는 순간에 그 상태가 결정된단 말인가? 자세히 바라보기 전까지는 모든 것이 환상에 불과하다면, 이 세상에 과연 확실한 것이 존재할 수 있는가?

그래서 그들은 아주 작은 것에 적용되는 진리와 훨씬 큰 것에 적용되는 진리가 따로 있으며, 살아 있는 대상에 적용되는 진리와 살아 있지 않은 대상에 적용되는 진리가 따로 있다는 답을 내놓았다. 그리고 서로 모순돼 보이는 이러한 진리들을 뉴턴의 기본 공리처럼 받아들여야 한다고 주장했다. 우주의 법칙이 그러하기 때문에 액면 그대로 받아들여야 한다는 것이었다.

수학이 제대로 성립하기만 한다면, 아무 문제가 없다고 보았다.

일부 과학자들은 양자물리학이 제시하는 이러한 그림에 만족하지 못했다. 그들은 많은 질문들에 대해 더 나은 답을 원했다. 그들은 양자물리학의 개척자들이 손을 뗀 곳에서부터 시작하여 더 깊이 파고들어갔다.

어떤 사람들은 양자물리학 계산에서 항상 배제하던 일부 방정식을 다시 생각해보았다. 이 방정식들은 물질들 사이의 공간에서 진동하는 가상 입자 쌍들의 바다인 영점장을 나타냈다. 그들은 물질의 가장 기본적인 본질에 관한 개념에 영점장을 포함시킨다면, 우주의 기반이 넘실대는 에너지 바다—하나의 광대한 양자장—라는 사실을 깨달았다. 만약 이것이 사실이라면, 우주의 모든 것은 나머지 모든 것과 보이지 않는 거미줄로 서로 연결돼 있을 것이다.

그들은 또 우리가 똑같은 기본 물질로 이루어져 있다는 사실을 발견했다. 가장 기본적인 수준에서 보면, 인간을 포함해 모든 생물은 이 무한한 에너지 바다와 정보를 끊임없이 교환하는 양자 에너지 다발이었다. 살아 있는 생물에게서는 약한 복사가 나왔는데, 그것은 생명 과정에서 가장 중요한 측면이었다. 세포 간 커뮤니케이션에서부터 방대한 DNA 제어 장치에 이르기까지 생명 활동의 모든 측면에 관한 정보가 양자 차원의 정보 교환을 통해 전달되었다. 물질의 법칙 밖에서 따로 존재한다고 생각했던 우리의 마음조차 양자 과정을 따르며 작용했다. 생각과 감정(그리고 모든 고등 인지 기능)은 뇌와 신체를 통해 동시에 맥동하는 양자 정보와 관계가 있었다. 인간의 지각은 뇌의 아원자 입자들과 양자 에너지 사이의 상호 작용 때문에 일어났다. 우리는 문자 그대로 세계와 공명하고 있었다.

그들이 발견한 것은 너무나도 기묘하고 이단적인 것이었다. 그들은 생물학과 물리학의 가장 기본적인 법칙들에 도전장을 던진 셈이었다. 그들이 밝혀낸 것은 세포 간 커뮤니케이션에서부터 전체 세계의 지각에 이르기까지, 우리 세계에서 일어나는 모든 정보의 처리와 교환을 설명해주는 열쇠였다. 그들은 인간의 형태학과 살아 있는 의식에 관한 생물학의 가장 심오한 질문들에 답을 내놓았다. 바로 이곳, 소위 '죽은' 공간에 생명 자체의 열쇠가 숨어 있을지도 몰랐다.

무엇보다도 그들은 우리 존재의 근본 바탕에서 우리 모두는 서로와 그리고 우주와 연결돼 있다는 증거를 발견했다. 과학 실험을 통해 우주 전체에 흐르는 생명의 힘(집단의식 또는 신학자들이 말하는 성령을 비롯해 다양한 이름으로 불리는) 같은 게 있을지도 모른다는 사실을 보여주었다. 또, 대체의학이나 기도의 효과에서부터 사후의 삶에 이르기까지 수천 년 동안 인류가 믿어왔지만 확실한 증거나 설명을 제시할 수 없었던 모든 분야에 대해서도 그럴듯한 설명을 제시했다.

그들의 세계관에는 뉴턴이나 다윈의 세계관과 달리 생명의 가치를 높이는 통찰이 있었다. 이 개념들은 거기에 내포된 질서와 통제를 통해 우리에게 큰 힘을 부여했다. 우리는 단순히 자연의 우연한 사고로 만들어진 존재가 아니었다. 우주와 그 속에서 우리가 차지한 위치에는 목적과 통일성이 있고, 우리는 우주에서 중요한 역할을 담당하고 있었다. 우리의 행동과 생각이 중요했다—정말로 우리가 사는 세계를 만들어내는 데 중요했다. 사람들은 서로 분리된 별개의 존재가 아니었다. 더 이상 나와 남의 구별이 없었다. 우리는 우주의 주변에 머물면서 밖에서 안을 들여다보는 존재가 아니었다. 우리는 자신의 적절한 위치로, 세계의 중심으로 돌아갈 수 있었다.

이러한 개념들은 반역을 부추기는 씨앗이다. 많은 경우, 이들 과학자는 견고하게 자리를 잡고서 적대적인 반응을 보이는 기존 과학계와 승산 없는 싸움을 벌여야만 했다. 이들의 연구는 30여 년 동안 계속돼왔지만, 대개는 제대로 인정받지도 못했고 심지어 탄압을 받기까지 했는데, 연구의 질이 떨어져서 그런 것은 절대로 아니었다. 프린스턴 대학교, 스탠퍼드 대학교, 독일과 프랑스의 유명한 연구소를 비롯해 권위 있는 최고의 연구소에서 일하는 이들 과학자는 흠 잡을 데 없는 실험을 했다. 하지만 이들의 실험은 지금까지 신성한 것으로 여겨져온 현대 과학의 핵심 이론과 개념을 많이 공격했다. 이들이 발견한 것은 과학계에서 받아들여지는 지배적인 견해—우주를 기계로 보는—와 일치하지 않았다. 새로운 개념들을 인정하려면 현대 과학이 믿는 것 중 많은 것을 포기하고 어떤 의미에서 처음부터 다시 시작하지 않으면 안 된다. 하지만 보수적인 과학자들은 절대로 그러려고 하지 않았다. 기존의 세계관에 들어맞지 않는 것은 틀린 것이라고 보았다.

하지만 이미 때는 늦었다. 혁명의 물결은 되돌릴 수 없는 것이 되었다. 이 책에서 소개하는 과학자들은 그러한 개척자들 중 일부로, 더 큰 물결을 대표하는 사람들 중 소수에 지나지 않는다.[5] 이들 뒤에도 도전하고 실험하고 자신의 생각을 수정하면서 진정한 탐험가라면 누구나 뛰어들 연구에 몰두하는 사람들이 많이 있다. 정통 과학계는 이러한 정보를 과학적인 세계관과 일치하지 않는다고 배척하는 대신에 자신의 세계관을 여기에 맞춰 수정하려고 노력해야 한다. 이제 뉴턴과 데카르트를 그들에게 합당한 자리로 돌려보낼 때가 되었다. 그 자리는 역사적으로 중요한 견해를 주창한 예언자의 자리이지만, 그 견해는 이제 낡은 것이 되고 말았다. 과학은 시대와 상관없이 항상 성립하는 불변의 법칙들로 이루어진 것이 아니라, 세계와 우리 자신을 이해하려는 과정이며, 그 과정에서 새로운 법칙이 등장하면서 낡은 법칙이 밀려나는 일은 흔하다.

《필드》는 현재 일어나고 있는 이 혁명에 관한 이야기이다. 많은 혁명과 마찬가지로, 이 혁명 역시 하나의 거대하고 통합적인 개혁 운동보다는 여기저기서 일어난 작은 반란들에서 시작되었고, 개개의 힘과 추진력—한 분야에서 일어난 획기적인 돌파구, 또 다른 분야에서 일어난 발견 등—이 한데 합쳐지면서 큰 물결을 이루게 되었다. 그 주인공들은 서로의 연구를 알고 있긴 하지만, 주로 자신의 연구실에 틀어박혀 연구하는 사람들이다. 이들은 실험 연구 영역에서 벗어나 자신이 발견한 것의 완전한 의미를 알려고 시도하길 꺼리며, 다른 과학적 증거와 비교 검토할 시간이 항상 있는 것도 아니다. 각자 발견 항해에 나서 새로운 땅을 조금씩 발견했지만, 그것이 하나의 대륙이라고 선언하고 나설 만큼 과감한 사람은 아직까지 아무도 없었다.

《필드》는 개별적으로 진행된 이러한 연구들을 묶어 일관성 있는 전체로 종합하려는 최초의 시도 중 하나이다. 그러면서 지금까지 주로 종교와 신비주의, 대체의학, 뉴에이지New Age 영역으로 취급돼온 분야들도 과학적으로 입증할 것이다.

이 책에 실린 내용은 모두 과학 실험에서 나온 엄밀한 사실에 기초하고 있긴 하지만, 때로는 이 모든 사실들이 서로 어떻게 아귀가 맞는지 파악하기 위해 나는 해당 과학자들의 도움을 받아 추론에 의지해 나아갈 수밖에 없었다. 그래서 이 이론은 프린스턴 대학교의 명예 학장인 로버트 잔이 즐겨 말하는 것처럼 현재 진행 중인 일이라는 점을 강조하고 싶다. 일부 사례의 경우, 이 책에서 제시한 일부 과학적 증거는 아직까지 독립적인 연구 팀을 통해 동일한 결과가 재현되지 않았다. 새로운 개념이 모두 그렇듯이, 《필드》는 개별적인 발견들을 종합해 일관성 있는 모형으로 만들려는 초기의 시도로 보아야 하며, 그중에는 장래에 수정되거나 개선될 부분도 분명히 있다.

옳은 개념은 결코 확실하게 증명할 수 없다는 금언도 명심하는 게 좋다. 과학이 할 수 있는 최선은 잘못된 개념이 틀렸음을 입증하는 것이다. 이 책에서 소개한 새로운 개념들이 틀렸음을 증명하려는 시도가 많이 있었지만,

지금까지는 아무도 성공을 거두지 못했다. 틀린 것으로 확실히 증명되거나 혹은 더 나은 개념으로 대체되기 전까지는 이들 과학자가 발견한 것은 근거가 있는 것으로 간주해야 한다.

이 책은 일반 대중을 위해 쓴 것이다. 아주 어려운 개념을 이해하기 쉽게 설명하려고 가끔 비유도 사용했는데, 비유는 진리를 어렴풋하게 모사하는 그림자에 지나지 않는다. 이 책에 소개된 급진적인 새 개념을 이해하려면 때로는 상당한 인내력이 필요하다. 따라서 이 책을 늘 편하게만 읽을 수 있다고는 장담하지 못하겠다. 특히 우주의 모든 것이 개별적으로 분리된 채 존재한다고 보는 뉴턴이나 데카르트의 체계에 푹 빠져 있는 사람에게는 이 책에 소개된 많은 개념이 이해하기 쉽지 않을 수 있다.

이 책에 실린 내용 중 내가 직접 발견한 것은 하나도 없다는 사실을 강조하고자 한다. 나는 과학자가 아니다. 나는 리포터에 지나지 않으며, 경우에 따라서는 해설자 역할을 한다. 찬사는 매일 반복되는 지루하고 힘든 실험을 통해 놀라운 사실을 발견하고 알아낸, 대체로 잘 알려지지 않은 과학자들에게 돌려야 마땅하다. 종종 자신이 발견한 것의 의미를 완전히 이해하지 못하기도 했지만, 이들의 연구는 불가능한 것의 물리학을 탐구하는 노력으로 변했다.

린 맥태거트

2001년 7월, 런던에서

1

공명하는 우주

이제 여기가 캔자스가 아니란 걸 알겠어요.

_도로시, 《오즈의 마법사》에서

1

어둠 속의 빛

에드가 미첼Edgar Mitchell이 경험한 일은 무중력 상태 때문에 일어났을지 모른다. 아니면 감각 혼란 때문에 일어났을지도 모른다. 그는 집으로 돌아가는 길이었다. 그 순간 집은 아직도 약 40만 km나 떨어져 있었고, 아폴로 14호 사령선의 창을 통해 구름에 뒤덮인 푸른색과 하얀색의 초승달 모양으로 간간이 보이는 지구 표면 어딘가에 있었다.[1]

이틀 전, 그는 달 표면을 밟은 여섯 번째 인간이 되었다. 이번 여행은 과학적 조사를 수행하기 위한 최초의 달 착륙이라는 의미가 있었다. 채집한 42kg의 암석과 토양 시료가 그 증거였다. 비록 미첼과 앨런 셰퍼드Alan Shepard 선장은 225m 높이의 콘 크레이터Cone Crater 정상에 올라가지는 못했지만, 그들의 손목에 테이프로 붙여둔 자세한 일정 계획(이틀간의 여행 일정을 분 단위로 세세하게 적어놓은)의 나머지 항목들은 확실하게 완료했다.

하지만 그들은 중력이 아주 약하고, 대기의 완충 효과도 없으며, 아무도 살지 않는 이 세계가 감각에 미치는 효과를 제대로 설명할 수 없었다. 회색 먼지로 뒤덮인 황량한 풍경에는 나무나 전화선 같은 표지도 없고, 황금빛 곤충처럼 생긴 달착륙선 안타레스호 외에는 사실상 아무것도 없는 이곳에서는 공간과 척도와 거리와 깊이 등의 지각이 뒤죽박죽으로 변형되었다. 미첼은 사전에 고해상도 사진으로 자세하게 살펴보았던 항행 지점들 사이의 거리가 예상했던 것보다 최소한 두 배나 멀다는 사실에 충격을 받았다. 마치 우주여행을 하면서 몸이 축소되고, 지구에서 볼 때 달 표면의 자그마한 융기 부분이나 두둑처럼 보이던 것이 갑자기 1.8m 이상의 높이로 커진 것처럼 보였다. 몸이 줄어든 느낌에 더해 체중 역시 아주 가벼워졌다. 약한 중력 때문에 몸이 가벼워진 것은 아주 기묘한 경험이었다. 거추장스러운 우주복의 무게와 크기에도 불구하고, 한 걸음 뗄 때마다 몸이 붕 떠오르는 것을 느낄 수 있었다.

대기가 없는 이곳에서 순수한 형태로 내리쬐는 햇빛도 감각을 왜곡시키는 효과를 낳았다. 기온이 최고 140℃까지 치솟기 전인 비교적 서늘한 아침에도 눈부신 햇빛이 내리쬐는 곳에서는 크레이터와 지형지물과 흙(그리고 심지어 하늘마저도)을 비롯해 모든 것이 아주 선명하게 드러났다. 대기의 부드러운 여과 작용에 익숙한 사람에게는 선명한 그림자와 회색 토양의 가변적인 색깔이 착시 현상을 일으킬 수 있다. 미첼과 셰퍼드는 제시간에 그곳에 도달할 수 없으리라고 판단하고 몸을 돌렸지만, 사실은 콘 크레이터 가장자리에서 불과 18m 떨어진 거리(시간으로 따지면 10초면 갈 수 있는 거리)에 서 있었다는 사실을 알지 못했다(달의 고원 지대 한가운데에서 지름 330m의 구멍을 들여다보고 싶어 했던 미첼에게는 몹시 안타까운 일이었다). 그들의 눈은 이러한 이상 상태의 풍경을 어떻게 해석해야 할지 몰랐다. 살아 있는 것은 하나도 없었지만, 시야에서 감추어지는 것도 하나도 없었다. 모든 풍경은 선명한 대조와 그림자로 눈을 압도했다. 어떤 의미에서 미첼은 과거 그 어느 때보다도 사물을 더 선명하게 보는 동시에 덜 선명하게 보고 있었다.

빡빡한 일정에 쫓겨 임무를 수행하느라 이 여행의 더 큰 목적에 대해 성찰하거나 생각할 시간이 별로 없었다. 이들은 역사상 어느 누구보다도 우주 공간에서 더 멀리 나아갔지만, 미국 납세자들이 분당 20만 달러를 부담하고 있다는 사실 때문에 연신 시계를 들여다보면서 휴스턴이 빽빽하게 채워 넣은 세부 일정을 수행하려고 노력하지 않을 수 없었다. 달착륙선이 사령선과 다시 결합하여 지구로 귀환하는 이틀간의 여정에 돌입하고 나서야 미첼은 달 표면의 흙에 더러워진 우주복을 벗고 내복 차림으로 앉아 어수선한 생각을 정리할 시간을 가질 수 있었다.

키티호크호는 우주선 양면에 열을 골고루 받기 위해 꼬챙이에 꿰인 닭처럼 천천히 선회하고 있었다. 그 때문에 모든 것을 삼킬 듯한 캄캄한 밤하늘에서 조그마한 초승달처럼 빛나는 지구가 간간이 창밖으로 지나갔다. 거기서는 지구가 나머지 태양계와 함께 시야에 나타났다 사라졌다 하길 반복했고, 하늘은 지구에서처럼 우주 비행사의 머리 위에만 존재하는 것이 아니라 지구를 온 사방에서 에워싸고 있었다.

그렇게 창밖을 내다보고 있던 바로 그때, 미첼은 이전에 한 번도 경험해 보지 못한 이상한 느낌을 경험했다. 그것은 '연결' 느낌이었는데, 모든 행성과 모든 시대의 모든 사람들이 보이지 않는 망을 통해 서로 연결돼 있는 듯한 느낌이었다. 그는 그 장엄한 느낌에 압도되어 거의 숨도 쉴 수 없었다. 손잡이를 돌리고 단추를 누르는 일을 계속하고 있었지만, 자신이 몸에서 빠져나오고 누군가 다른 사람이 자기 대신에 그런 일을 하는 것처럼 느껴졌다.

모든 사람과 그들의 의도와 생각, 그리고 모든 시대에 존재한 모든 생물과 무생물을 연결하는 어마어마한 역장force field이 그곳에 존재하는 것 같았다. 자신이 하는 행동이나 생각은 모두 나머지 우주 전체에 영향을 미치고, 우주에서 일어나는 모든 일이 자신에게도 그와 비슷한 영향을 미치는 것처럼 보였다. 시간은 인간이 인위적으로 만들어낸 것에 지나지 않았다. 우주에 대해 배운 것, 그리고 사람과 사물이 모두 따로 분리돼 있다고 배운 것은 전부 틀렸다는 느낌이 들었다. 우연한 사고나 개인적 의도 같은 것은 존재하지 않았다. 수십억 년 동안 계속 이어져오고, 자신을 이루는 분자들을 만들어낸 자연 지능 또한 자신의 이 여행에서 어떤 역할을 담당하고 있었다. 이것은 단순히 마음속으로 이해한 사실이 아니었다. 그것은 온몸을 압도하는 직관적인 느낌으로 다가왔는데, 마치 자신의 몸이 물리적으로 창밖으로 나가 우주의 가장 먼 가장자리까지 뻗어 있는 듯한 느낌이 들었다.

미첼은 신의 얼굴을 보진 않았다. 그것은 보통의 종교적 체험이 아니라 순간적으로 떠오른 깨달음에 휩싸이는 느낌(동양의 종교들에서 종종 '일체가 되는 황홀감'이라 부르는) 같은 것이었다. 미첼은 순간적으로 '포스The Force'를 발견하고 느낀 것 같았다.

그는 아폴로 14호에 승선한 다른 우주 비행사들도 자기가 경험한 것을 조금이라도 느꼈는지 궁금한 생각이 들어 셰퍼드와 스투 루사Stu Roosa를 슬쩍 훔쳐보았다. 그들이 안타레스호에서 내려 고원 지대인 프라마우로 평원에 첫발을 내딛는 순간, 미국 최초의 우주 비행사로 평소에 그렇게도 냉정하던 셰퍼드도 이런 종류의 신비하고 기묘한 상황에 미처 적응하지 못해, 거추장스러운 우주복 안에서 애를 쓰면서 위쪽을 올려다보다가 공기 없는 하늘에서 숨 막히게 아름답게 빛나는 지구를 보고 눈물을 흘렸다. 하지만 지금은 셰퍼드와 루사가 자신이 해야 할 일을 기계적으로 하고 있는 것처럼 보였기 때문에, 미첼은 궁극적인 진리를 깨달은 듯한 자신의 느낌을 이야기하고 싶지 않았다.

미첼은 우주 계획에 참여할 때부터 약간 괴짜로 꼽혔고, 셰퍼드보다 어리긴 했지만 나이가 41세로 아폴로 계획에 참여한 우주 비행사 중에서는 연장자에 속했다. 물론 그는 생긴 것도 멀쩡했고, 행동도 정상이었다. 엷은 갈색

머리에 얼굴이 넓적한 미국 중서부 사람처럼 보였고, 말투는 민간 여객기 파일럿처럼 활기가 없고 느릿느릿했다. 하지만 다른 사람들에게 그는 다소 지적인 사람으로 보였다. 우주 비행사들 중에서 박사 학위와 테스트 파일럿 자격증을 모두 지닌 사람은 그뿐이었다. 미첼이 우주 계획에 들어온 방법도 특이했다. MIT에서 천체물리학 박사 학위를 따면 우주 계획에 꼭 필요한 인재가 될 거라는 생각에서 그렇게 했고(그는 이렇게 NASA에 들어갈 계획을 신중하게 세웠다), 지원 자격을 얻으려면 자신이 해외에서 쌓은 비행시간을 더 늘리는 게 필요하다는 사실은 나중에 가서야 알았다. 하지만 비행이라면 자신이 있었다. 다른 동료들과 마찬가지로, 그는 모하비 사막에서 척 예거Chuck Yeager(최초의 초음속 시험 비행에 나선 파일럿으로, 우주 비행사들을 훈련시키는 항공우주연구파일럿학교 책임자로 일했다-옮긴이)의 비행 서커스에 참여해 전혀 그런 목적으로 설계되지 않은 방식으로 항공기를 모는 묘기 비행도 했다. 한때는 우주 비행사들의 교관까지 했다. 하지만 미첼은 자신을 테스트 파일럿보다는 탐험가로, 즉 일종의 진리 탐구자로 생각하길 좋아했다. 과학에 대한 관심은 어린 시절에 주입된 침례교 근본주의와 지속적으로 갈등을 빚었다. 미첼이 최초의 외계인 목격 사건이 일어났다고 일컬어지는 뉴멕시코 주 로스웰에서 자란 것도 우연한 일이 아닌 것처럼 보였다. 게다가 미국 로켓과학의 아버지로 불리는 로버트 고더드Robert Goddard의 집도 그곳에서 불과 몇 km 밖에 떨어져 있지 않았고, 최초의 원자폭탄 실험이 일어난 장소도 산 너머 몇 km 떨어진 곳에 있었다. 과학과 영성靈性이 마음속에 공존하면서 서로 상대를 누르려고 다투었지만, 그는 둘이 서로 악수를 하고 평화롭게 지내길 바랐다.

미첼은 셰퍼드와 루사에게 비밀로 한 게 한 가지 있었다. 그날 밤 늦게 그들이 해먹에서 잠이 든 뒤, 미첼은 달 여행에 나설 때부터 줄곧 해온 실험을 재개했다. 얼마 전부터 그는 인간 의식의 초감각적 성질에 대해 많은 실험을 한 생물학자 조지프 라인Joseph B. Rhine 박사의 연구를 공부하면서 재미삼아 의식과 초감각 지각에 관한 실험을 해왔다. 새로 사귄 친구 중에 의식의 본질에 관해 신뢰할 만한 실험을 해온 의사가 두 명 있었다. 두 사람은 미첼의 달 여행이 라인 박사의 실험실 조건보다 훨씬 먼 거리에서도 인간의 텔레파시가 전달되는지 실험할 절호의 기회라고 생각했다. 지구의 조건을 벗어난 먼 거리에서도 그런 종류의 커뮤니케이션이 일어나는지 알아볼 실험을 하려고 했는데, 그것은 평생에 한 번 올까 말까 한 기회였다.

달 여행에 나선 후 이틀 동안 그랬던 것처럼, 수면 시간이 시작된 지 45분 뒤, 미첼은 작은 손전등을 꺼내 비추면서 클립보드의 종이 위에다 숫자들을 무작위로 적었다. 각각의 숫자는 라인 박사의 유명한 제너 기호Zener symbols(사각형, 원, 십자, 별, 한 쌍의 물결선)에 해당했다. 그러면서 숫자에 정신을 강하게 집중하면서 지구에 있는 동료에게 자신이 선택한 숫자를 전달하려고 노력했다. 그는 이 실험에 매우 흥분했지만, 다른 사람들에게는 비밀로 했다. 한 번은 셰퍼드와 의식의 본질에 관해 토론을 해보려고 했지만, 자신의 상관과 그럴 만큼 가까운 사이도 아니었고, 다른 사람들은 자신만큼 그 주제에 큰 관심이 없었다. 일부 우주 비행사는 우주로 나왔을 때 신을 생각했고, 우주 계획에 참여한 사람들은 모두 자신이 우주의 작용 방식에 대해 뭔가 새로운 것을 찾고 있다는 걸 알고 있었다. 하지만 미첼이 자신의 생각을 지구에 있는 사람들에게 전달하려고 시도한다는 걸 셰퍼드와 루사가 안다면, 미첼을 이전보다 더욱 괴짜로 취급할 게 뻔했다.

미첼은 그날 밤의 실험을 마치고 다음 날 밤에 다시 하기로 했다. 하지만 조금 전에 그 일을 경험하고 나서는 더 이상의 실험이 불필요하다는 생각이 들었다. 그것이 옳다는 신념이 확고하게 생겼기 때문이다. 우리의 마음은 서로 연결되어 있고, 그것은 다시 이 세상과 그 밖의 모든 세상에 존재하는 모든 것과 서로 연결되어 있다. 자기 내면의 직관은 이 사실을 받아들였지만,

자기 내면의 과학자는 그것만으로는 불충분하다고 판단했다. 그래서 그 후 25년 동안 미첼은 우주에서 자신이 경험한 그 일이 과연 무엇이었는지 설명하기 위해 과학적인 연구에 몰두하게 되었다.

미첼은 무사히 집으로 돌아왔다. 지구에서 일어난 어떤 탐험도 달나라 여행과 비교할 수 없다. 하지만 그로부터 2년이 지나기 전에 예산 부족으로 세 차례의 달나라 여행이 취소되자, 그는 NASA를 떠났다. 그리고 그때부터 진짜 여행을 시작했다. 내부 우주의 탐사는 달 표면에 착륙하거나 큰 크레이터를 탐사하는 것보다 훨씬 더 길고 어려운 일로 드러났다.

그가 달 여행 때 했던 ESP(초감각 지각) 실험은 성공적이었는데, 그 결과는 모든 논리를 거부하는 어떤 형태의 커뮤니케이션이 일어났음을 시사했다. 계획했던 대로 여섯 차례의 실험을 다 하진 못했고, 자신이 했던 네 차례의 실험을 지구에서 일어난 여섯 차례의 추측과 그 결과를 비교하기까지는 약간의 시간이 걸렸다. 하지만 9일간의 여행 동안 한 네 차례의 실험 자료를 지구에서 동료 6명이 한 실험 자료와 비교하자, 양자 사이에 유의미한 수준의 일치가 나타났다. 그러한 일치가 우연히 일어날 확률은 약 $\frac{1}{3000}$이었다.[2] 이 결과는 라인과 그 동료들이 다년간에 걸쳐 실시했던 수천 번의 실험 결과와 비슷했다.

미첼이 우주에서 순간적으로 한 경험은 그의 신념 체계 중 많은 곳에 미세한 균열을 일으켰다. 하지만 그 경험에서 무엇보다 마음에 걸리는 것은 현대 과학이 제시하는 생물학에 관한 설명, 그중에서도 특히 의식에 관한 설명이었다. 이제 그러한 설명은 극단적으로 환원주의(철학에서 복잡하고 높은 단계의 사상이나 개념을 하위 단계의 요소로 세분화하여 명확하게 정의할 수 있다고 주장하는 견해-옮긴이)적인 것으로 보였다. MIT에 다닐 때 양자물리학을 배우면서 우주의 본질에 관해 많은 것을 알게 되었지만, 생물학은 여전히 400년

전의 세계관에서 벗어나지 못하고 있는 것 같았다. 현재의 생물학 모형은 여전히 물질과 에너지에 관한 고전적인 뉴턴의 견해(텅 빈 공간 속에서 독립적인 물체들이 예측 가능한 방식으로 움직인다는)와 신체를 영혼이나 마음과는 별개의 것으로 구분한 데카르트의 견해에 기초하고 있는 것처럼 보였다. 이러한 모형은 인간의 진정한 복잡성과 인간과 세계의 관계, 특히 인간의 의식을 정확하게 반영할 수 없었다. 인간과 그 구성 부분들은 여전히 일종의 기계처럼 취급되었다.

생명의 큰 수수께끼를 설명하려는 생물학자들의 시도는 대부분 전체를 점점 더 작은 부분들로 분해하여 이해하는 데 초점을 맞추고 있다. 신체가 그런 모양을 하고 있는 이유는 유전적 프로그램과 단백질 합성과 맹목적인 돌연변이 때문이라고 설명한다. 현대의 신경과학자들은 의식이 대뇌 피질에서 생겨난다고(화학 물질들과 뇌세포 사이에서 일어나는 단순한 혼합의 결과로) 본다. 뇌 속에서 작동하는 텔레비전을 켜는 것도 화학 물질이고, 그것을 우리가 보게 하는 것도 화학 물질이다.[3] 이렇게 우리 자신의 여러 가지 기계 장치가 얽히고설켜 작동하는 결과로 우리는 세계를 파악한다. 현대 생물학은 궁극적으로 분해할 수 없는 세계를 믿지 않는다.

미첼은 MIT에서 양자물리학을 공부하면서 아원자 차원에서는 뉴턴의 고전적인 세계관—모든 것이 예측 가능하고 확실한 방법으로, 따라서 측정 가능한 방식으로 움직이고 작용한다는—은 이미 더 혼란스럽고 불확실한 양자론으로 대체된 지 오래되었다는 것을 배웠다. 양자론은 우주와 그 작용 방식이 과학자들이 이전에 생각해오던 것처럼 말쑥하지 않다는 것을 시사했다.

가장 기본적인 차원에서 물질은 독립적으로 존재하는 단위로 나눌 수 없고, 심지어는 완전하게 기술할 수도 없다. 아원자 입자는 당구공처럼 작은 고체가 아니라, 정확하게 계량화하거나 이해할 수 없는, 진동하는 불확실한 에너지 묶음이다. 오히려 아원자 입자는 정신 분열적 행동을 보인다. 때로는 입자처럼 행동하다가(작은 공간에 갇혀 있는 존재로) 때로는 파동처럼 행동하며(진동하면서 더 넓은 공간과 시간으로 확산해나가는 존재로), 때로는 입자의 성질과 파동의 성질을 동시에 나타내기도 한다. 양자 입자는 또한 모든 곳에 존재한다. 예를 들면, 전자가 한 에너지 상태에서 다른 에너지 상태로 옮겨갈 때, 갈 수 있는 궤도라면 어디든지 모두 다 가려고 시도하는 것처럼 보인다. 그것은 마치 집을 사려는 사람이 어느 구역 안에 있는 모든 집을 다 들락거리면서 살펴보다가 마침내 그중 어느 한 집을 결정하는 것과 비슷하다. 그리고 확실한 것은 하나도 없다. 정확하게 결정된 전자의 위치 같은 것은 없고, 단지 전자가 어떤 장소에 존재할 확률만 알 수 있을 뿐이며, 어떤 일이 확실히 일어난다고 말할 수도 없고, 단지 그것이 일어날 확률만 말할 수 있을 뿐이다. 이러한 차원의 현실에서는 확실하게 보장할 수 있는 것은 아무것도 없다. 과학자들은 그나마 확률로 표현할 수 있다는 사실에 만족해야 한다. 계산으로 알 수 있는 최선의 정보는 확률뿐이다. 즉, 어떤 측정을 할 때, 어떤 결과가 나올 확률이 어느 정도라는 것만 알 수 있다. 아원자 수준에서는 더 이상 인과관계도 성립하지 않는다. 안정해 보이는 원자가 겉보기에는 아무런 원인도 없는데도 갑자기 내부 붕괴가 일어날 수 있다. 전자도 아무 이유 없이 한 에너지 상태에서 다른 에너지 상태로 옮겨갈 수 있다. 물질을 더 가까이 더 자세히 들여다보면, 그것은 심지어 물질도 아니다. 만지거나 기술할 수 있는 단일 고체가 아니라, 수많은 임의적인 자신들이 모두 동시에 돌아다니는 집단이다. 물질의 가장 기본적인 차원에서는 세계와 그 관계들은 고정된 확실성의 우주가 아니라, 불확실하고 예측 불가능하고 무한한 가능성을 지닌 순수한 잠재성의 상태에 머물러 있다.

과학자들은 우주에서 보편적인 연결 관계가 존재한다고 인정하긴 했지만, 오직 양자 세계에서만 그럴 수 있다고 보았다. 즉, 생명이 없는 무생물

영역에서만 성립한다고 본 것이다. 양자물리학자들은 아원자 세계에서 '비국소성nonlocality'이라는 기묘한 성질을 발견했다. 비국소성이란, 전자와 같은 양자 입자가 아무런 힘이나 에너지의 교환이 일어나지 않았는데도 아주 멀리 떨어져 있는 다른 양자 입자에 순간적으로 영향을 미칠 수 있는 능력을 말한다. 이것은 일단 접촉이 일어난 양자 입자들은 서로 아주 멀리 떨어진 이후에도 연결 관계를 계속 유지한다는 것을 시사한다. 아인슈타인은 이것을 '유령 같은 원격 작용'이라고 신랄하게 비판했는데, 이것은 그가 양자역학을 받아들이려 하지 않은 주요 이유 중 하나이기도 했다. 그러나 비국소성은 1982년 이래 여러 물리학자의 실험을 통해 분명히 성립하는 것으로 확인되었다.[4]

비국소성은 물리학의 기반 자체를 뒤흔들었다. 이제 더 이상 물질은 각자 독립적으로 존재한다고 볼 수 없게 되었다. 관찰 가능한 공간에서 관찰 가능한 원인이 없더라도 작용이 일어났다. 가장 기본적인 아인슈타인의 법칙도 성립하지 않았는데, 물질의 어떤 차원에서는 빛보다 더 빨리 달리는 것이 가능했기 때문이다. 아원자 입자는 분리된 상태에서는 아무 의미가 없으며, 상호 관계를 통해서만 이해할 수 있었다. 가장 기본적인 차원에서 세계는 더 이상 분리할 수 없는 상호 의존적 관계의 복잡한 망으로 존재했다.

상호 연결된 우주에서 가장 기본적인 요소는 우주를 관찰하는 살아 있는 의식으로 보였다. 고전 물리학에서는 실험자를 유리 뒤에서 조용히 관찰하는 별개의 존재로 간주했고, 그가 이해하려고 노력하는 우주는 그가 관찰하든 않든 상관없이 흘러간다고 생각했다. 그러나 양자물리학에서는 관찰자가 관찰하거나 측정하는 순간, 양자 입자는 가능한 모든 상태 중 어느 하나로 붕괴되면서 그 상태로 결정된다는 사실이 밝혀졌다. 이 기묘한 현상을 설명하기 위해 양자물리학자들은 관찰자와 피관찰자 사이에 참여 관계가 존재한다고 가정했다. 즉, 입자들은 시간과 공간 속에서 '잠재적으로' 존재하다가 관찰이나 측정 행위를 통해 '간섭'을 받는 순간, 어떤 상태로 결정된다. 이 놀라운 결과는 현실의 본질에 관해서도 기존의 견해를 무너뜨리는 의미를 내포하고 있다. 이 결과는 관찰자의 의식이 관찰 대상을 존재하게 만든다는 것을 의미하기 때문이다. 우주에 존재하는 것 중 우리의 의식과 무관하게 독립적으로 실재하는 것은 아무것도 없다. 매일 매 순간 우리는 세계를 창조하고 있다.

막대와 돌에 적용되는 물리학 법칙과 그것을 이루는 아원자 입자들에 적용되는 물리학 법칙이 다르다는 물리학자들의 주장은 미첼에게 아무래도 큰 역설처럼 보였다. 그런 주장은 작은 것과 큰 것에 적용되는 법칙이 서로 다르고, 산 것과 죽은 것에 적용되는 법칙이 서로 다르다는 것이나 진배없었다. 고전 물리학 법칙이 운동의 기본 성질을 통해 골격이 우리를 어떻게 지탱하고, 폐가 어떻게 호흡을 하고, 심장이 어떻게 펌프질을 하고, 근육이 무거운 하중을 어떻게 움직이는가를 설명하는 데 유용하다는 것은 의심의 여지가 없다. 그리고 몸에서 일어나는 많은 기본 과정—음식물 섭취, 소화, 잠, 성 기능—도 물리학 법칙에 지배를 받는다.

그러나 고전 물리학이나 생물학으로는 우리가 어떻게 생각을 하고, 왜 세포들이 그런 방식으로 조직되고, 사실상 동시에 일어나는 분자 과정이 왜 그렇게 많고, 모두 똑같은 유전자와 단백질로 이루어졌는데도 왜 팔은 팔로 다리는 다리로 발달하고, 왜 우리는 암에 걸리고, 우리를 이루는 신체 기계는 어떻게 스스로 치유하는 기적의 힘이 있는지는 물론이고, 심지어 앎이란 무엇인가와 같은 근본적인 문제를 설명할 수 없었다. 과학자들은 나사와 볼트, 이음매, 다양한 바퀴들은 아주 자세히 이해할지 모르지만, 엔진을 움직이는 힘에 대해서는 아무것도 알지 못한다. 그들은 신체의 가장 작은 기계장치를 분석하고 이해할 수 있을지 모르지만, 생명의 가장 기본적인 수수께끼에 대한 답은 알지 못하는 것처럼 보인다.

만약 양자역학의 법칙이 아원자 세계뿐만 아니라 큰 규모의 세계에도 적용되고, 물질세계뿐만 아니라 생물학에도 적용된다면, 생명과학의 패러다임 전체가 결함이 있거나 불완전한 것이 되고 만다. 뉴턴의 이론이 결국 양자론을 통해 개선된 것처럼 하이젠베르크와 아인슈타인도 틀렸거나 적어도 부분적으로만 옳을 가능성이 있다. 만약 양자론을 큰 규모에서 생물학에 적용한다면, 우리 자신은 화학적 세포 시스템들과 역동적으로 상호 작용하는 에너지장의 복잡한 네트워크라고 볼 수 있다. 그리고 세계는 미첼이 우주 공간에서 경험한 것처럼 서로 분리할 없는 상호 관계의 기반으로 존재할 것이다. 표준 생물학에는 인간 의식의 조직 원리에 대한 설명이 분명히 빠져 있다.

미첼은 종교적 체험, 동양 사상, 의식의 본질에 관한 사소한 과학적 증거를 다룬 책들을 탐독하기 시작했다. 그는 스탠퍼드 대학교에서 여러 과학자와 초기의 연구를 시작했고, 그런 연구를 지원하는 노에틱사이언스연구소Institute of Noetic Sciences를 설립했으며, 의식에 관한 과학적 연구를 모아 책으로 만들기 시작했다. 얼마 후, 그는 오로지 그것만 생각하고 이야기했으며, 그것에 너무 심하게 집착하는 바람에 결혼 생활까지 파탄에 이르고 말았다.

미첼의 연구가 혁명의 불을 지핀 것은 아닐지 몰라도, 그 불을 지피는 데 기여한 것만은 분명하다. 전 세계 각지의 유명한 대학교에서 뉴턴과 다윈의 세계관(물리학의 이원론과 인간의 지각에 관한 현재의 이론)에 반기를 든 반란의 불길들이 조용히 솟아오르기 시작했다. 미첼은 연구를 하면서 예일, 스탠퍼드, 버클리, 프린스턴, 에든버러를 포함한 명문 대학교들에서 그러한 세계관과 일치하지 않는 발견을 이룬 유명한 과학자들과 접촉하게 되었다.

이들 과학자는 미첼과 달리 갑작스런 깨달음을 얻어 그러한 세계관을 갖게 된 것은 아니었다. 이들은 정상적으로 과학 연구를 하다가 기존의 과학 이론에 들어맞지 않는 결과를 얻었고, 그러한 결과를 기존의 이론에 맞추려고 애썼지만 절대로 그럴 수 없다는 사실을 발견했다. 대부분의 과학자는 우연히 그런 결론을 얻었으며, 일단 그런 상황에 처한 이상 마치 엉뚱한 역에 도착한 사람처럼 밖으로 나가 새로운 지형을 살펴보는 수밖에 다른 길이 없다고 생각했다. 진정한 탐험가는 설사 자신이 원치 않는 장소에 도달했다 하더라도 미지의 영역을 계속 탐험하려는 사람이다.

이들 연구자는 설령 발견한 것이 기존의 질서와 어긋나고, 그 결과를 지지하다가 동료들과 멀어지고, 비난을 받고 학계에서 설 자리를 잃는다 하더라도, 결과를 의심하는 태도를 버리고 발견 자체를 열린 마음으로 받아들이는 특징을 공통적으로 지니고 있었다. 오늘날 과학계에서 혁명가가 되려고 하는 것은 과학자의 경력을 포기하려는 자살 행위와 같다. 비록 과학 분야는 실험의 자유를 권장하긴 하지만, 과학의 전체 구조는 매우 경쟁적인 연구비 지원 제도와 논문 발표 제도, 동료 간 비평 제도를 통해 기존의 세계관에 순응하는 사람들을 바탕으로 세워져 있다. 이러한 제도는 진정한 혁신보다는 기존의 견해에 부합하는 실험을 하거나 산업에 도움이 되는 기술을 개발하는 사람들을 선호하고 장려하는 경향이 있다.[5]

이 실험들을 하는 사람들은 현실과 인간에 대해 우리가 알고 있는 모든 것을 획기적으로 뒤바꿔놓을 뭔가 굉장한 것을 만지작거리고 있다는 느낌을 받는다. 하지만 지금 당장은 나침반도 없이 항해하는 탐험가와 같은 처지에 놓여 있다. 독자적으로 연구하던 여러 과학자는 각자 퍼즐 조각을 하나씩 얻었지만, 서로의 연구 결과를 비교해보려는 시도는 하지 않았다. 그들이 발견한 것은 언어로 표현하는 것 자체를 거부하는 것으로 보였기 때문에, 그들의 발견을 기술할 수 있는 공통 언어도 없었다.

그럼에도 불구하고, 미첼이 그들과 접촉하기 시작하자, 각각 별개로 진행되던 그들의 연구는 진화와 인간의 의식과 모든 생명체의 동역학에 관한 대체 이론으로 통합되기 시작했다. 그것은 단순히 가설에 그치지 않고 실제 실험과 수학 방정식에 기초한 통합적인 세계관으로 탄생될 전망이 높아졌다. 미첼은 여기서 중요한 역할을 담당했는데, 이 일을 시작하게 하고, 일부 연구에 자금을 지원하고, 국민 영웅으로 알려진 자신의 명성을 이용해 이 연구를 널리 알리고, 연구 종사자들에게 그들이 혼자가 아니라는 확신을 심어주었다.

모든 연구는 한 가지 주제로 수렴했다. 그것은 각자가 지닌 영향력의 장은 세계에 영향을 미치고, 세계가 지닌 영향력의 장도 각자에게 영향을 미친다는 것이었다. 그리고 모두가 동의한 사실이 한 가지 더 있었는데, 그들이 한 실험들은 모두 기존 과학 이론의 심장에 말뚝을 박는 성격을 띠었다는 점이었다.

2

빛의 바다

빌 처치Bill Church는 차에 기름이 떨어졌다는 사실을 알아챘다. 정상적인 상황이라면, 이것이 하루를 망칠 사건이 될 리 없었다. 그러나 제1차 석유 파동이 일어난 1973년에는 아무 때나 자동차에 기름을 넣을 수 없었다. 기름을 넣을 수 있느냐 없느냐는 그날이 무슨 요일이냐와 자동차 번호판의 끝자리 숫자가 무엇이냐에 달려 있었다. 끝자리 숫자가 홀수인 차는 월요일, 수요일, 금요일에만, 짝수인 차는 화요일, 목요일, 토요일에만 기름을 넣을 수 있었고, 일요일에는 어떤 차량도 기름을 넣을 수 없었다. 처치의 차는 끝자리 숫자가 홀수였는데, 마침 그날은 화요일이었다. 따라서 아무리 중요한 약속이 있거나 어디를 꼭 가야 하더라도, 중동의 몇몇 통치자와 OPEC의 볼모 신세가 되어 집구석에 틀어박혀 있을 수밖에 없었다. 설사 자동차 번호판의 숫자가 요일과 일치한다 하더라도, 몇 블록이나 길게 늘어선 자동차 행렬에 끼여 두어 시간은 기다려야 했다. 그것도 문을 연 주유소가 있을 경우에 말이다.

2년 전만 해도 에드가 미첼을 달나라로 보내고 돌아오게 할 만큼 기름이 풍부했다. 그러나 지금은 미국 전역의 주유소 중 절반이 문을 닫은 상태였다. 닉슨Nixon 대통령은 얼마 전에 국민에게 온도 조절 장치의 설정 온도를 낮추고, 카풀을 이용하고, 가솔린을 1주일에 10갤런 이상 사용하지 말라고 호소했다. 기업들은 작업장의 조명을 절반으로 낮추고, 복도와 창고의 불을 끄라는 권고를 받았다. 워싱턴은 백악관 앞뜰에 서 있던 크리스마스트리의 불을 끔으로써 모범을 보였다. 에너지를 흥청망청 쓰는 데 익숙해 있던 미국 시민은 큰 충격을 받고 처음으로 에너지 절약 운동에 나섰다. 심지어 배급표를 나누어준다는 이야기까지 나왔다. 5년 뒤, 지미 카터Jimmy Carter는 그것을 '전시 상황과 같은 도덕적 노력'이라고 불렀는데, 제2차 세계 대전 이후 가솔린 배급을 경험한 적이 없던 대부분의 중년 미국인들은 그 말에 공감했다.

처치는 집 안으로 들어와 할 푸소프Hal Puthoff에게 전화를 걸어 불평을 털어놓았다. 레이저 물리학자인 푸소프는 과학계에서 처치의 분신과 같은 존재였다. "뭔가 더 나은 방법이 있어야만 해!" 처치가 좌절감에서 이렇게 내뱉었다.

푸소프는 화석 연료를 대체할 에너지원—석탄이나 나무, 원자력 이외의 어떤 것—을 찾아야 할 때가 되었다는 데 동의했다.

"하지만 어떤 에너지원이 있을까?" 처치가 물었다.

푸소프는 현재 개발 가능한 대체 에너지를 나열했다. 광전지(태양 전지를 사용하는), 연료 전지, 물 전지(물속의 수소를 전지 속에서 전기로 바꾸려는 시도)가 있다고 했다. 풍력, 폐기물, 심지어 메탄도 있다고 했다. 그러나 그중에서 어느 것도 그리고 아주 기이한 것도 신뢰성이나 실용성이 높지 않았다.

처치와 푸소프는 정말로 필요한 것은 완전히 새로운 에너지원이라는 데

의견을 같이했다. 아직 발견되지 않은 값싸고 무한한 에너지원이 필요했다. 이들의 대화는 종종 이렇게 엉뚱한 추측으로 흘러가곤 했다. 푸소프는 대체로 좀 더 미래적이고 더 나은 첨단 기술을 선호했다. 그는 물리학자보다는 발명가에 가까웠는데, 이미 35세 때 가변형 적외선 레이저에 대한 특허를 얻었다. 푸소프는 10대 초에 아버지를 여읜 후 혼자 힘으로 학교를 다니면서 자수성가한 사람이었다. 스푸트니크 1호가 발사된 해인 1958년에 플로리다 대학교를 졸업한 그는 케네디 행정부 시절에 전성기를 맞이했다. 같은 세대의 많은 젊은이들처럼 그 역시 케네디 대통령이 주창한, 뉴프런티어를 향해 나아가는 미국이라는 비유에 큰 감명을 받았다. 미국의 우주 계획이 진행되던 시절과 그 후 예산 부족과 관심 부족으로 우주 개발이 시들해진 뒤에도 푸소프는 자신의 연구와 과학이 인류의 미래에 핵심 역할을 할 것이라는 소박한 이상주의를 품고 있었다. 그는 과학이 문명을 이끌어나갈 것이라고 굳게 믿었다. 그는 키는 작아도 튼튼했고, 영화배우 미키 루니Mickey Rooney를 약간 닮았으며, 머리카락은 짙은 밤색이었다. 침착하고 겸손한 겉모습 뒤에는 수평 사고(어떤 문제를 해결할 때, 지배적인 고정 관념에 얽매이지 않고 여러 각도에서 문제에 접근하여 결론을 내리려는 사고방식-옮긴이)와 가능성의 세계를 치열하게 추구하는 내면의 삶이 들끓고 있었다. 첫인상만 봐서는 최전선에서 일하는 과학자로는 전혀 보이지 않았다. 그럼에도 불구하고, 푸소프는 첨단 분야의 연구가 지구의 미래를 위해 꼭 필요하며, 교육과 경제 성장에도 영감을 준다고 굳게 믿었다. 그는 또 연구실 밖으로 나가 물리학을 적용해 실생활의 문제를 해결하길 좋아했다.

빌 처치는 성공한 사업가였고, 과학이 문명을 개선한다는 푸소프의 이상주의에 상당 부분 동조했다. 푸소프가 레오나르도 다빈치라면, 처치는 메디치 가문이라 할 수 있었다. 처치는 가업인 처치스 프라이드치킨(켄터키 프라이드치킨에 맞서 텍사스 주가 내놓은 대안이라 할 수 있는)을 맡기 위해 과학 공부를 중도에 그만두었다. 그는 10년 동안 이 일을 하다가 얼마 전에 처치스를 매각하려고 내놓았다. 그는 큰돈을 벌었고, 이제 젊은 시절의 열정으로 되돌아가고 싶었다. 그러나 적절한 교육을 받지 못한 그는 대리인을 통해 그 열정을 살릴 수밖에 없었다. 그는 푸소프에게서 자신의 완벽한 분신을 발견했다. 푸소프는 보통 과학자는 손도 대려고 하지 않는 분야를 적극적으로 파고드는 재능 있는 물리학자였다. 1982년 9월, 처치는 자신들의 협력 관계를 기념하기 위해 푸소프에게 금시계를 선물했다. 거기에는 'To Glacier Genius from Snow(눈이 빙하 천재에게)'라는 글귀가 새겨져 있었다. 푸소프는 빙하처럼 끈질기고 차갑고 조용한 혁신가인 반면, 처치는 새로운 도전 과제를 미세한 눈가루처럼 계속 뿌려준다는 의미에서 새긴 글귀였다.

"아직까지 이야기하지 않은 거대한 에너지 보고寶庫가 하나 있긴 한데." 라고 푸소프가 말했다. 그리고 양자물리학자라면 누구나 영점장zero point field 을 알고 있다고 설명했다. 양자역학은 완전한 진공, 즉 아무것도 없이 완전히 텅 빈 공간 같은 것은 없음을 보여주었다. 우리는 공간에서 물질과 에너지를 모두 제거한 상태나 별들 사이의 우주 공간을 진공이라고 생각하지만, 그러한 진공도 아원자 차원에서 바라보면 보이지 않는 활동이 들끓고 있다.

양자역학의 개척자 중 한 명인 베르너 하이젠베르크의 불확정성 원리에 따르면, 어떤 입자도 완전히 정지해 있지 않으며, 바닥 상태의 에너지장 때문에 늘 움직이면서 나머지 모든 아원자 입자와 끊임없이 상호 작용하고 있다. 이것은 우주의 기본 구조가, 알려진 어떠한 물리학 법칙으로도 제거할 수 없는 양자장의 바다임을 뜻한다.

우리가 안정적이고 정적이라고 믿는 우주 자체도 사실은 순간적으로 나타났다가 사라지는 수많은 아원자 입자들이 들끓고 있는 소용돌이이다. 하이젠베르크의 불확정성 원리는 아원자 입자의 물리적 성질을 측정하는 것과 관련된 불확실성을 다루지만, 그것 말고도 중요한 의미를 담고 있다. 이 원리에 따르면, 한 입자의 에너지와 수명을 동시에 정확하게 아는 것은 불가능하며, 따라서 아주 짧은 시간 동안에 아원자 차원에서 일어나는 어떤 사건과 연관된 에너지의 양에도 불확실성이 개재하게 된다. 아인슈타인의 유명한 방정식 $E=mc^2$(질량과 에너지의 관계를 나타낸 공식)과 양자역학을 결합한 결과에 따르면, 모든 기본 입자는 다른 양자 입자를 통해 에너지를 교환함으로써 상호 작용한다. 그러한 양자 입자들은 아무 원인도 없이 무無에서 나타났다가 순식간에(정확하게는 10^{-23}초 만에) 서로 결합해 쌍소멸하면서 무작위적인 에너지 요동을 일으킨다. 이 짧은 순간에 나타났다가 사라지는 입자들을 '가상 입자'라 부른다. 가상 입자가 실제 입자와 다른 점은 그러한 에너지 교환이 일어나는 동안—불확정성 원리가 허용하는 '불확정' 시간 동안—만 존재할 수 있다는 점이다. 푸소프는 이 과정을 쏟아지는 폭포수에서 뿜어져 나오는 물보라와 비슷한 것으로 생각하길 좋아한다.[1]

비록 찰나의 순간에 불과하더라도 우주 전체에서 발생하는 이러한 아원자 세계의 탱고를 합치면 막대한 에너지가 되는데, 그것은 우주 전체에 존재하는 모든 물질에 포함된 에너지보다 많다. 물리학자들이 '진공'이라고도 부르는 영점장에 '0'이란 이름이 붙은 이유는, 절대영도의 온도, 즉 가능한 에너지 상태 중 가장 낮은 에너지 상태(물질이 하나도 없고 움직임을 만들어낼 만한 것이 하나도 없는 상태)에서도 장에서 에너지 요동이 포착되기 때문이다. 영점 에너지는 거기서 더 이상 에너지를 뽑아낼 수 없을 만큼 가장 낮은 에너지 상태(아원자 물질의 운동이 0에 최대한 접근한 상태)의 텅 빈 공간에 존재하는 에너지를 말한다.[2] 하지만 불확정성 원리 때문에 가상 입자 교환에서 생겨나는 미세한 움직임이 항상 존재한다. 이것은 항상 존재하는 것이기 때문에 대체로 무시되었다. 대부분의 물리학자들은 물리학 방정식에서 재규격화라는 방법을 사용해 성가신 영점 에너지를 제거하려고 한다.[3] 영점 에너지는 항상 존재하기 때문에 어떤 것에도 변화를 초래하지 않을 것이라고 여겼다.

아무 변화도 초래하지 않는다면, 그것은 무시해도 괜찮다고 여겼다.[4]

푸소프는 오래전에 한 물리학 도서관에서 뉴욕 시티 대학교의 티머시 보이어Timothy Boyer가 쓴 논문을 보고 나서 영점장에 관심을 가지게 되었다. 보이어는 고전 물리학을 영점장에서 끊임없이 들끓는 에너지와 결합함으로써 양자론의 많은 기묘한 현상을 설명할 수 있음을 보여주었다.[5] 만약 보이어의 생각이 옳다면, 우주의 성질을 설명하는 데 굳이 두 가지 물리학(고전 물리학과 양자론)을 사용할 필요가 없었다. 양자 세계에서 일어나는 모든 현상은 영점장을 고려하기만 한다면 고전 물리학으로 충분히 설명할 수 있었다.

푸소프는 영점장에 대해 생각할수록 그것이 자신이 찾던 모든 조건을 충족시킨다는 확신이 들었다. 영점장은 공짜이고 무한할 뿐만 아니라, 오염 물질도 전혀 배출하지 않는다. 영점장은 아직 개발되지 않은 막대한 에너지원일지 몰랐다. 푸소프는 처치에게 "이것을 꺼내 쓸 수만 있다면, 우주선도 추진시킬 수 있을 거야."라고 말했다.

처치는 그 아이디어가 마음에 들어 예비 연구에 자금을 대겠다고 제의했다. 물론 이전에 그것보다 더 기묘한 푸소프의 계획에 연구비를 지원하지 않았던 것은 아니었다. 마침 때가 좋았다. 36세이던 푸소프는 딱히 할 일이 없었다. 첫 번째 결혼 생활은 파탄으로 끝났고, 양자전기역학의 중요한 교과서로 인정받게 될 책의 공동 집필을 막 끝낸 참이었다. 5년 전에는 스탠퍼드 대학교에서 전기공학 박사 학위를 받았고, 레이저 분야에서 중요한 업적을 세웠다. 학계 생활에 지루함을 느낀 그는 자리를 옮겨 그 당시 스탠퍼드 대학교와 제휴 관계에 있던 스탠퍼드연구소에서 레이저 연구자로 일하고 있었다. 성 패트릭 신학교와 스탠퍼드 대학교를 대표하는 스페인 기와지붕 도시 구역 사이에 낀 멘로파크 한쪽 모퉁이에 자리 잡은 스탠퍼드연구소는 직사각형, 정사각형, Z자형의 3층짜리 붉은 벽돌 건물들이 가득 늘어서 있어 그 자체가 하나의 거대한 대학교처럼 보였다. 그 당시 스탠퍼드연구소는 세계에서 둘째로 큰 싱크탱크였고, 누구라도 연구비 지원만 받아낸다면 어떤 주제라도 연구할 수 있었다.

푸소프는 과학 문헌을 읽고 기초적인 계산을 하면서 몇 년을 보냈다. 그는 진공과 일반 상대성 이론과 관련된 다른 측면들을 좀 더 기본적으로 검토했다. 과묵한 편인 푸소프는 연구 활동을 순수하게 지적인 영역에만 한정하려고 했지만, 가끔 자신의 생각이 경솔하게 앞으로 마구 치닫는 것을 막을 수 없었다. 물리학적으로 뭔가 중요한 의미를 지닌 것을 발견했다는 느낌이 들었다. 그것은 실로 놀라운 발견이었는데, 양자물리학을 큰 규모의 세계에 적용하는 방법이거나 어쩌면 완전히 새로운 과학일지도 몰랐다. 이것은 자신이 그때까지 했던 레이저나 그 밖의 연구에서 벗어나는 것이었다. 마치 상대성 이론을 발견한 아인슈타인이 된 듯한 느낌이 들었다. 마침내 푸소프는 자신이 발견한 것이 무엇인지 알아냈다. 그것은 아원자 세계에 관한 '새' 물리학이 틀렸을지도(혹은 최소한 어느 정도의 대대적인 수정이 필요할지도) 모른다는 사실이었다.

푸소프가 발견한 것은 어떤 면에서는 발견이라고 부를 만한 것이 못 되었다. 그것은 물리학자들이 1926년부터 당연한 것으로 여겨왔지만, 실체가 없다면서 무시해온 상황에 지나지 않았다. 양자물리학자에게 그것은 성가신 것이어서 제거하고 무시해야 할 대상이었다. 하지만 종교를 믿는 사람이나 신비주의자에게 그것은 기적을 증명하는 과학이었다. 양자역학의 계산은 우리와 우주가 움직임의 바다—빛의 양자 바다—에 해당하는 것 속에서 숨 쉬며 살아간다는 것을 보여준다. 1927년에 불확정성 원리를 발견한 하이젠베르크에 따르면, 어떤 입자의 모든 성질(예컨대 그 위치와 운동량)을 동시에 아는 것은 불가능한데, 이것은 자연에 본질적으로 내재하는 요동 때문이다. 어떤 입자의 에너지 준위는 정확하게 딱 꼬집어 말할 수가 없는데, 항상 변하기 때문이다. 불확정성 원리에 따르면, 어떤 아원자 입자도 완전히 정지할 수 없으며, 항상 약간의 움직임을 지니고 있다. 과학자들은 오래전부터 마이크로파 수신기나 전자 회로의 무작위적 잡음이 이러한 요동 때문에 생겨나며, 신호를 증폭할 수 있는 정도를 제약하는 요인이 된다는 사실을 알고 있었다. 심지어 형광등도 진공의 요동 때문에 빛을 낸다.

전하를 띤 아원자 입자를 마찰이 전혀 없는 작은 용수철에 매달아놓았다고 상상해보라. 그러면 입자는 한동안 위아래로 진동하다가 절대영도가 되면 움직임을 멈출 것이다. 그러나 하이젠베르크 이래 물리학자들은 영점장의 에너지가 입자에 계속 작용하기 때문에 입자는 결코 멈추지 않고 용수철에 매달린 채 계속 움직인다는 사실을 발견했다.[6]

같은 시대에 살았던 많은 사람들은 진공의 존재를 믿었지만, 아리스토텔레스Aristoteles는 공간이 사실은 플레눔plenum(물질이 충만한 배경 기반 구조)이라고 최초로 주장한 사람들 중 하나였다. 그러다가 19세기 중반에 마이클 패러데이Michael Faraday가 전기와 자기 현상을 설명하면서 장field 개념을 도입했다. 장 개념을 통해 그는 에너지의 가장 중요한 측면은 그 발생원이 아니라 그 주변의 공간이며, 한 물체가 다른 물체에 미치는 영향은 일종의 힘을 통해 일어난다고 설명했다.[7] 패러데이는 원자는 딱딱하고 작은 당구공이 아니라, 공간에서 뻗어나가는 힘이 가장 많이 집중돼 있는 중심 지역이라고 보았다.

장은 공간상의 두 점 혹은 그 이상의 점을 연결하는 매트릭스 또는 매질이고, 그러한 연결은 대개 중력이나 전자기력 같은 힘을 통해 일어난다. 힘은 보통 장 속의 물결 또는 파동으로 표현된다. 예를 들면, 전자기장은 서로 교차하고 있는 전기장과 자기장이 빛의 속도로 에너지파를 방출하는 장이다. 전기장과 자기장은 전하(간단히 말해서, 전자가 많거나 부족한 상태) 주위에 생긴다. 전기장과 자기장은 두 가지 극성(음극과 양극 또는 N극과 S극)이 있으며, 전하를 띤 다른 물체를 끌어당기거나(전하가 서로 반대일 때) 밀어내는(전하가 서로 같을 때) 힘을 미친다. 장은 이러한 전하와 그 효과가 나타나는 공간 지역을 말한다.

전자기장 개념은 과학자들이 전기와 자기의 작용과, 그 힘이 중간에 어떤 물질의 매개도 없이 멀리 떨어져 있는(이론적으로는 무한대까지) 다른 물체에 미치는 놀라운 현상을 설명하기 위해 편의상 만들어낸 추상적 개념에 지나지 않는다. 간단하게 말해서, 장은 영향력이 미치는 영역이다. 두 연구자가 이것을 아주 적절하게 표현했다. "토스터를 사용할 때마다 그 주위의 장은 가장 먼 은하에 있는 대전 입자들에 아주 미약하게나마 영향을 미친다."[8]

공간이 전자기 빛의 에테르라고 최초로 주장한 사람은 제임스 클러크 맥스웰James Clerk Maxwell인데, 이 개념은 1881년에 폴란드 출신의 미국 물리학자 앨버트 마이컬슨Albert Michelson이 실험을 통해 에테르 바다 속에 물질이 존재하는 것이 아님을 증명할 때까지(그는 6년 후에 미국 화학 교수 에드워드 몰리Edward Morley와 함께 또다시 더 정밀한 실험을 통해 이것을 확실히 증명했다) 대다수 물리학자들에게 받아들여졌다.[9] 아인슈타인도 나중에 일반 상대성 이론으로 발전시킨 개념을 통해 공간은 실제로 수많은 활동이 들끓는 장소라는 결론을 얻기 전까지는 공간이 완전히 텅 빈 곳이라고 믿었다. 하지만 양자론을 창시한 막스 플랑크Max Planck가 1911년에 실험을 통해 그것을 보여주고 난 뒤에야 비로소 물리학자들은 진공이 실제로는 수많은 활동이 들끓는 장소라는 사실을 마침내 이해하게 되었다.

양자 세계에서 양자장을 매개하는 것은 힘이 아니라 에너지 교환이며, 그러한 에너지 교환은 역동적인 패턴으로 끊임없이 재분배되고 있다. 끊임없이 일어나는 에너지 교환은 입자의 본질적인 성질이기 때문에, 심지어 '실제' 입자마저도 근원적인 장에서 순간적으로 나타났다가 사라지는 작은 에너지 집단에 지나지 않는다. 양자장 이론에 따르면, 개개의 존재는 일시적인 것이고 실체가 없다. 입자는 그 주위의 텅 빈 공간과 분리할 수 없다. 아인슈타인도 물질 자체는 '극도로 강렬한 곳'—어떤 의미에서는 완벽한 무작위성에 일어난 교란—이며, 유일한 근본적 실체는 모든 것의 바탕을 이루는 장임을 알아챘다.[10]

원자 세계에서 일어나는 요동은 탁구 경기에서 오가는 탁구공처럼 에너지를 끊임없이 주고받는 과정과 비슷하다. 이러한 에너지 교환은 다른 사람에게 10원짜리 동전 하나를 빌려주는 것과 비슷하다. 그러면 나는 10원만큼 가난해지고, 그 사람은 10원만큼 부유해진다. 그러다가 그 사람이 동전을 내게 주면 역할이 바뀐다. 이렇게 가상 입자의 방출과 재흡수 과정은 단지 광자와 전자에서만 일어나는 게 아니라, 우주에 존재하는 모든 양자 입자에서 일어난다. 영점장은 모든 장과 모든 바닥 에너지 상태와 모든 가상 입자가 저장돼 있는 장소이다. 즉, 장들의 장인 셈이다. 모든 가상 입자에서 에너지 교환이 일어날 때마다 에너지가 방출된다. 어떤 전자기장 속에서 한 입자가 한 번의 에너지 교환을 통해 방출하는 영점 에너지는 상상할 수 없을 정도로 작다(광자 하나의 절반 정도로).

그러나 우주에서 끊임없이 생성되었다 소멸하는 온갖 종류의 입자들을 모두 합하면, 고갈되지 않는 막대한 에너지원—원자핵 속의 에너지 밀도와 같거나 그보다 더 큰—을 얻게 된다. 이 에너지는 우리 주변의 텅 빈 공간 속에 조용히 숨어 있다. 계산 결과에 따르면, 영점장에 들어 있는 전체 에너지는 물질 속에 들어 있는 모든 에너지보다 10^{40}배나 크다.[11] 물리학자 리처드 파인먼Richard Feynman은 영점장의 에너지가 얼마나 큰지 설명하기 위해 $1m^3$의 공간에 들어 있는 에너지만 해도 전 세계의 바닷물을 모두 다 끓일 수 있을 만큼 크다고 표현했다.[12]

푸소프는 영점장에서 흥미로운 가능성을 두 가지 보았다. 물론 영점장은 에너지 연구 분야에서 일종의 성배로 간주된다. 영점장의 에너지를 이용할 수만 있다면, 지구에 필요한 연료뿐만 아니라, 머나먼 별로 여행하는 데 필요한 추진력을 비롯해 우리에게 필요한 모든 에너지를 충족하고도 남는다. 현재의 기술로 태양계 밖에 있는 가장 가까운 별까지 여행하려면, 태양만큼 큰 로켓을 만들어야 필요한 연료를 다 실을 수 있다.

그런데 이 광대한 에너지 바다는 더 큰 의미를 내포하고 있다. 영점장의 존재는 우주에 존재하는 모든 물질이 파동을 통해 서로 연결돼 있다고 시사한다. 그 파동은 시간과 공간을 통해 뻗어나갈 수 있다. 영점장 개념은 동양에서 말하는 생명력인 기氣를 비롯해 많은 형이상학적 개념에도 과학적 설명을 제공할 수 있다. 기는 일종의 에너지장으로 간주된다. 심지어 《구약 성경》에서 하느님이 최초로 한 말도 "빛이 생겨라."이며, 거기에서 모든 물질이 생겨났다.[13]

푸소프는 결국 세계적으로 명성 높은 물리학 학술지인 〈피지컬 리뷰Physical Review〉에 논문을 발표하여 물질의 안정 상태는 영점장에서 일어나는 아원자 입자들의 역동적인 상호 교환에 달려 있다는 것을 입증했다.[14] 양자론에서 물리학자들의 골머리를 아프게 한 한 가지 문제는 왜 원자가 안정한가 하는 것이었다. 물리학자들은 이 문제에 대한 답을 항상 실험실에서 수소 원자를 사용해 검토하거나 수학적으로 얻으려고 시도했다. 수소는 양성자 하나와 전자 하나로만 이루어져 있어 우주에서 가장 단순한 원자이다. 양자물리학자들은 왜 전자가 태양 주위를 도는 행성처럼 양성자 주위를 도는가 하는 문제를 풀려고 애썼다. 원자 안에서 원자핵 주위를 도는 전자는 전하를 띠고 있기 때문에 태양 주위를 도는 행성처럼 안정한 궤도를 계속 돌 수가 없다. 전하를 띤 전자는 궤도를 돌면서 그 에너지를 계속 방출하기 때문에 결국에는 나선을 그리며 원자핵으로 추락해야 한다. 그렇게 되면 원자 구조는 필연적으로 붕괴할 수밖에 없다.

양자론의 창시자 중 한 명인 덴마크 물리학자 닐스 보어는 자신은 그런 일이 일어나는 것을 허용하지 않겠다고 선언함으로써 그 문제를 정리했다.[15] 보어는 전자는 한 궤도에서 다른 궤도로 도약할 때에만 에너지를 방출하며, 궤도와 궤도 사이의 에너지 준위 차는 방출되는 광자의 에너지에 해당한다고 설명했다. 그러면서 보어는 자신의 규칙을 만들었는데, 그것은 사실상 "안정된 궤도를 도는 전자는 에너지를 방출하지 않는다. 그것은 금지돼 있다. 나는 원자가 붕괴하는 것을 금지한다."라는 말이나 다름없었다. 이러한 선언과 가정은 물질과 에너지가 파동과 입자의 성질을 모두 지녔다는 추가적인 가정을 낳았다. 이러한 가정은 전자를 정해진 제 궤도에 머물게 했고, 궁극적으로는 양자역학의 발달을 낳았다. 보어가 에너지 준위의 차이를 예측한 것은 적어도 수학적으로는 옳았다.[16]

하지만 티머시 보이어가 시작하고 푸소프가 완성시킨 연구는 영점장을 고려할 경우 보어의 선언에 의존할 필요가 없음을 보여주었다. 전자가 정확하게 제 궤도에서 균형을 잡은 채 영점장으로부터 끊임없이 에너지를 잃거나 얻으면서 동역학적 평형 상태를 유지한다는 것을 수학적으로 증명할 수 있다. 전자는 텅 빈 공간의 요동으로부터 에너지를 공급받으면서 속도를 늦추지 않고 계속 궤도를 돌 수 있다. 다시 말해서, 영점장은 수소 원자의 안정성을 설명하며, 더 나아가 모든 물질의 안정성도 설명할 수 있다. 푸소프는 영점 에너지라는 생명 유지 장치를 떼는 순간, 모든 원자 구조가 붕괴한다는 것을 보여주었다.[17]

푸소프는 또한 물리학 계산을 통해 영점장의 요동이 아원자 입자의 운동에 추진력을 제공하고, 우주에 존재하는 모든 입자들의 운동은 영점장을 만들어내면서 우주 전체가 일종의 자연 발생적 피드백 고리를 이루고 있음을 보여주었다.[18] 그것은 마치 고양이가 자기 꼬리를 붙잡으려고 빙빙 도는 상황과 비슷했다.[19] 논문에서 그는 이렇게 썼다.

> 영점장 상호 작용은 근본적이고 안정한 '맨 아랫단'의 진공 상태를 구성하며, 거기서 일어나는 추가적인 영점장 상호 작용은 동역학적 평형의 기반 위에 기존의 상태를 재현한다.[20]

푸소프는 이것은 '일종의 자기 재생하는 우주의 거대한 바닥 상태'[21]를 의미하며, 어떤 방식으로 교란을 받지 않는 한 이 상태는 끊임없이 스스로를 다시 만들면서 일정한 상태를 유지한다고 말한다. 이것은 또 우리와 우주의 모든 물질은 가장 큰 규모의 영점장 파동을 통해 우주의 가장 먼 부분까지 문자 그대로 서로 연결돼 있다는 것을 의미한다.[22]

아원자 수준에서 발생하는 파동은 바다의 파도나 연못의 잔물결처럼 매질(이 경우에는 영점장)을 통해 나아가는 주기적 진동으로 나타낼 수 있다. 이것은 밧줄의 양 끝을 붙잡고 위아래로 흔들 때 발생하는 것과 같은 옆으로 누운 S자 모양 또는 사인 곡선으로 나타낼 수 있다. 파동의 진폭은 마루와 골 사이 거리의 $\frac{1}{2}$이며, 파장(혹은 사이클)은 파동이 한 번 진동하는 구간, 즉 마루에서 다음 마루 사이 또는 골에서 다음 골 사이의 거리를 말한다. 진동수는 1초 동안 어느 한 점을 지나가는 파장(사이클)의 개수를 말하는데, 보통 헤르츠hertz 단위로 측정한다. 1헤르츠는 초당 1사이클에 해당한다. 영국에서는 전력을 50헤르츠의 주파수로 공급하고, 미국에서는 60헤르츠로 공급한다(전파나 음파가 1초 동안에 진동하는 횟수는 진동수 대신에 흔히 주파수라고 한다. 특히 교류 전기에서 1초 동안에 전류의 방향이 바뀌는 횟수도 주파수라고 한다-옮긴이). 휴대 전화는 900 또는 1800메가헤르츠의 주파수로 작동한다.

물리학자들은 '위상位相/phase'이라는 용어도 사용하는데, 진동하면서 나아가는 파동이 한 주기 내에서 어떤 지점이나 상태에 있는가를 나타내는 말이다. 두 파동의 진폭이 다르더라도, 두 파동의 골과 마루가 발생하는 지점이 서로 일치한다면, 이 두 파동은 위상이 일치한다고 말한다. 위상이 일치할 때, 동조가 일어난다.

파동의 한 가지 중요한 측면은 정보를 암호화하고 전달할 수 있다는 점이다. 두 파동의 위상이 일치하여 서로 중첩될 때(전문 용어로는 '간섭'이라고 한다), 합쳐진 파동의 진폭은 개개 파동의 진폭보다 크다. 그러면 신호가 훨씬 강해진다. 이것을 '보강 간섭constructive interference'이라 부르며, 정보의 각인이나 교환에 해당한다. 한 파동의 마루가 다른 파동의 골과 위치가 일치할 때 두 파동은 상쇄되는데, 이것을 '상쇄 간섭destructive interference'이라 부른다. 두 파동이 충돌하면, 각각의 파동은 에너지 부호화의 형태로 자신이 갖고 있던 모든 정보를 포함해 상대 파동에 대한 정보까지 갖게 된다. 간섭무늬는 규칙적으로 되풀이되는 정보 축적에 해당하며, 파동의 저장 용량은 사실상 무한하다.

만약 우주의 모든 아원자 물질이 끊임없이 주변의 바닥 상태 에너지장과 상호 작용한다면, 영점장의 아원자 파동은 모든 것의 형태에 대한 기록을 끊임없이 새기고 있을 것이다. 모든 파장과 진동수의 출발점이자 각인자인 영점장은 모든 시대에 걸쳐 뻗어 있는 우주의 그림자, 즉 처음부터 지금까지 존재한 모든 것의 거울상이자 기록이라고 할 수 있다. 어떤 의미에서 진공은 우주에 존재하는 모든 것의 시작이자 끝이다.[23]

비록 모든 물질은 영점 에너지로 둘러싸여 있고, 영점 에너지는 주어진 물체에 균일하게 충돌하지만, 장에서 일어나는 교란을 실제로 측정할 수 있는 경우가 가끔 있다. 영점장 때문에 일어나는 그러한 교란 현상 중 하나는 램 이동Lamb shift(수소 원자의 최저 에너지 준위가 이론에서 예견되는 것보다 멀찌감치 이동되어 나타나는 현상-옮긴이)이다. 램 이동은 미국 물리학자 윌리스 램Willis Lamb이 1940년대에 발견했다. 램 이동은 영점장의 요동이 궤도를 도는 전자에 약간 교란을 일으키기 때문에 일어나는데, 그 결과로 최저 에너지 준위에 약 1000메가헤르츠의 진동수에 해당하는 차이가 나타난다.[24]

또 하나의 사례는 1940년대에 네덜란드 물리학자 헨드릭 카시미르Hendrik Casimir가 서로 가까이 놓아둔 두 금속판 사이에 인력이 작용해 두 금속판이 더 가까이 다가간다는 사실을 입증함으로써 발견되었다. 이 효과는 서로 가까이 위치한 두 금속판 사이에서 발생하는 영점 파동은 그 간격보다 큰 파장을 가진 것이 생겨날 수 없기 때문에 나타난다. 장에서 일부 파장을 가진 파동이 배제되기 때문에 장의 평형에 교란이 일어나고, 그 결과로 바깥의 텅 빈 공간보다 두 금속판 사이의 틈이 에너지가 더 낮아져 에너지 불균형이 생긴다. 그래서 바깥쪽의 더 큰 에너지 밀도가 두 금속판을 밀어 서로 가까이 다가가게 한다.

영점장의 존재를 뒷받침하는 또 하나의 고전적인 사례는 판데르발스 힘이다. 이 효과는 발견자인 네덜란드 물리학자 요하네스 디데릭 판 데르 발스Johannes Diderik van der Waals의 이름에서 딴 것이다. 판 데르 발스는 전하의 분포 방식 때문에 원자와 분자 사이에 인력과 척력이 작용한다는 사실을 발견했다. 그리고 결국 이것은 영점장의 평형에 생긴 국지적인 불균형 때문에 일어나는 것으로 밝혀졌다. 이 성질 때문에 일부 기체는 액체로 변한다. 아무 이유도 없이 원자핵이 붕괴하거나 복사를 방출하는 것과 같은 자연 발생적인 복사 방출 역시 영점장 효과와 관계가 있는 것으로 밝혀졌다.

푸소프에게 영감을 준 논문을 쓴 티머시 보이어는 물리학자들의 골머리를 앓게 하고, 기묘한 양자 규칙을 탄생시킨 아원자 물질의 많은 성질은 영점장의 효과를 고려하기만 하면 고전 물리학으로도 쉽게 설명할 수 있음을 보여주었다. 불확정성 원리, 파동-입자 이중성, 입자의 요동 운동을 비롯해 모든 것은 물질과 영점장의 상호 작용과 관계가 있다. 심지어 푸소프는 가장 신비하고 골치 아픈 힘인 중력도 영점장으로 설명할 수 있지 않을까 하고 생각했다.

중력은 물리학의 워털루와 같다. 최고의 천재 과학자들도 물질과 우주의 이 기본적인 성질이 어디서 비롯되는지 알아내려고 골머리를 썩였다. 일반 상대성 이론으로 중력을 아주 잘 기술한 아인슈타인조차 중력이 어디서 나오는지는 설명할 수 없었다. 오랜 세월에 걸쳐 아인슈타인을 포함해 많은 물리학자들이 중력에 전자기 성질을 부여하거나 일종의 핵력으로 정의하거나 심지어 자체 양자 규칙을 부여하려고 시도했지만 모두 실패로 끝났다. 그러다가 1968년에 소련의 유명한 물리학자 안드레이 사하로프Andrei Sakharov가 일반적인 가정을 거꾸로 뒤집어 생각해보았다. 중력은 물체들 사이에 작용하는 상호 작용이 아니라, 단순한 잔존 효과가 아닐까? 좀 더 정확하게 말하면, 중력은 물질의 존재 때문에 장에 생긴 변화가 원인이 되어 일어난 영점장의 잔존 효과가 아닐까?[25]

쿼크와 전자 차원에서 모든 물질은 영점장과의 상호 작용 때문에 요동한다. 전기역학 법칙에 따르면, 요동하는 대전 입자는 전자기 복사 장을 방출한다. 이것은 애초의 영점장 외에 이러한 2차적 장들의 바다가 존재한다는 것을 의미한다. 두 입자 사이에서 이러한 2차적 장들은 서로 끌어당기는 힘의 원천이 되는데, 사하로프는 이것이 중력과 관계가 있다고 믿었다.[26]

푸소프는 이 개념을 깊이 생각하기 시작했다. 만약 이 개념이 옳다면, 물리학자들이 중력을 독립적인 힘으로 간주한 것 자체가 처음부터 길을 잘못 들어선 셈이 된다. 대신에 중력은 독립적인 힘이 아니라 일종의 압력으로 보아야 한다. 그는 중력을 영점장의 파동 일부가 차단된 두 물체 사이에 서로를 끌어당기는 힘이 작용하는 일종의 장거리 카시미르 효과[27]이거나 어쩌면 일정한 거리에 있는 두 원자 사이에 작용하는 인력인 장거리 판데르발스 힘이 아닐까 생각하기 시작했다.[28] 영점장 속에 있는 입자는 영점장과의 상호 작용 때문에 미소하게 흔들리기 시작한다. 두 입자는 단지 이러한 자체 진동뿐만 아니라, 다른 입자가 만들어낸 장에도 영향을 받아 흔들린다. 따라서 이들 입자가 만들어내는 장들(모든 곳에 존재하는 바닥 상태 영점장을 부분적으로 차단하는)이 우리가 중력이라고 생각하는 인력을 나타나게 한다.

사하로프는 이 개념을 단지 하나의 가설로 개발했을 뿐이지만, 푸소프는 거기서 더 나아가 이 가설을 수학적으로 체계화하기 시작했다. 그는 중력 효과가 영점 입자 운동(독일 과학자들이 '치터베베궁zitterbewegung', 곧 '떨림 운동'이라 이름 붙인)과 완전히 일치한다는 것을 보여주었다.[29] 중력을 영점 에너지와 결부시키자 수백 년 동안 물리학자들을 괴롭혀온 많은 난제를 풀 수 있었다. 예를 들면, 왜 중력은 그렇게 약한가라는 질문과 왜 중력은 차단할 수 없는가(모든 곳에 존재하는 영점장은 완전히 차단할 수 없으므로)라는 질문에 답을 내놓을 수 있었다. 왜 양의 질량은 존재하는데 음의 질량은 존재하지 않는가라는 의문도 설명할 수 있었다. 마침내 중력을 핵력과 전자기력과 같은 기본적인 힘과 결합함으로써 유력한 통일 이론을 만들 수 있었다. 힘들의 통일 이론은 수많은 물리학자들이 오랫동안 발견하려고 시도했지만, 번번이 실패했던 일이었다.

푸소프는 자신의 중력 이론을 발표했는데, 이에 대해 물리학자들은 정중하고 차분한 반응을 보였다. 비록 그가 한 연구를 반복해보려고 달려든 사람은 아무도 없었지만, 논문에서 주장한 내용이 사실상 20세기 물리학의 근간 자체를 뒤흔드는 것이었는데도 불구하고, 적어도 푸소프는 조롱을 받진 않았다. 양자물리학은 관찰되고 측정되기 전까지는 입자가 동시에 파동으로도 존재하다가 관찰이나 측정이 이루어지는 순간 모든 임시적 가능성이 하나의 고정된 실체로 붕괴한다고 이야기한다. 푸소프의 이론에서는 입자는 항상 입자로 머물러 있지만, 배경 에너지장과 끊임없이 상호 작용하기 때문에 그 상태가 불확실한 것처럼 보일 뿐이라고 설명한다. 양자론에서 당연하게 생각하는, 전자 같은 아원자 입자가 지닌 또 하나의 특징은 아인슈타인이 '유령 같은 원격 작용'이라고 부른 '비국소성'이다. 이것 역시 영점장으로 설명할 수 있다. 푸소프는 이것이 파도가 밀려오는 해변의 모래에 꽂아놓은 막대 두 개와 같다고 생각했다. 파도를 전혀 모르는 사람은 막대 두 개가 차례로 쓰러지면, 한 막대가 멀찌감치 떨어진 다른 막대에 영향을 미쳤다고 생각하고, 그것을 비국소성 효과라고 부를 것이다. 하지만 양자 실체들에 작용하면서, 한 실체가 다른 실체에 영향을 미치게 하는 근원적인 메커니즘이 영점 요동이라면 어떨까?[30] 만약 그렇다면, 우주의 모든 부분은 나머지 모든 부분과 동시에 접촉할 수 있다는 이야기가 된다.

푸소프는 스탠퍼드연구소에서 다른 연구를 계속하면서 캘리포니아 주 북부 해안 언덕에 위치한 페스카데로에 작은 실험실을 마련했는데, 그 실험실은 훌륭한 공학자 켄 숄더스Ken Shoulders의 집 안에 있었다. 푸소프는 숄더스와 오래전부터 아는 사이였는데, 최근에 자기 일을 도와달라고 고용했다. 푸소프와 숄더스는 전하 응축 기술을 연구하기 시작했다. 이것은 카펫에 발을 문질렀다가 금속에 신체 일부를 갖다 댈 때 일어나는 전기 충격을 더 정교하게 만든 것이다. 정상 상태에서 전자들은 서로 밀어내기 때문에 서로 가까이 다가가려 하지 않는다. 하지만 영점장을 계산에 넣는다면 전하들을 빽빽하게 모을 수 있는데, 영점장은 어느 지점에서 미소한 카시미르 힘처럼 작용해 전자를 밀어내기 시작하기 때문이다. 이것을 이용하면 아주 작은 공간에서 전자공학 응용 기술을 개발할 수 있다.

푸소프와 숄더스는 이 에너지를 사용하는 장치를 개발하기 시작했고, 그 발견에 특허를 신청했다. 결국 두 사람은 피하 주사 바늘 끝에 X선 장비를 장착해 아주 작은 틈으로 신체 부위들을 촬영할 수 있는 특수 장비를 발명했다. 그다음에는 신용 카드만 한 크기의 신호 발생기로 레이더를 만들 수 있는 고주파 신호 발생기 레이더 장비를 개발했다. 두 사람은 또한 폭이 액자 정도밖에 안 되는 평면 텔레비전을 최초로 설계한 사람들 중 하나였다. 두 사람이 제출한 특허들은 궁극적인 에너지원이 "진공 연속체의 영점 복사로 보인다."라는 설명과 함께 전부 다 채택되었다.[31]

푸소프와 숄더스의 발견은 전하 응축 기술(그 당시에는 영점 에너지 연구라고 불렸다)이 펜타곤의 국가 핵심 과제 명단에서 스텔스 폭격기와 광컴퓨터에 이어 세 번째에 오르면서 예상하지 않았던 지원을 받게 되었다. 1년 후, 전하 응축 기술은 그 명단에서 2위로 올라갔다. 관계 부처 간 기술 평가 그룹은 푸소프가 국가 이익에 중요한 것을 발견했으며, 진공에서 에너지를 뽑아낼 수만 있다면 항공우주 분야에 큰 발전이 일어날 것이라고 확신했다.

미국 정부의 인정을 받은 푸소프와 숄더스는 그들의 연구를 지원하겠다고 나선 많은 기업 중에서 적당한 파트너를 선택할 수 있었다. 결국 그들은 1989년에 보잉과 손을 잡았는데, 그들의 소형 레이더 장비에 관심을 보인 보잉은 그 개발을 큰 프로젝트의 일부로 추진하면서 자금을 지원하기로 했다. 하지만 그 프로젝트는 2년간 별 성과가 없었고, 보잉은 투자한 돈을 모두 날렸다. 그러자 다른 회사들은 완전한 원형을 보여주어야만 프로젝트에 자금을 지원하겠다는 태도를 보였다. 푸소프는 스스로 회사를 세워 X선 장비를 개발하기로 결심했다. 일이 절반쯤 진행되었을 때, 푸소프는 자신이 길을 빙 돌아가고 있다는 생각이 들었다. 그 일로 큰돈을 벌 수 있을진 몰라도, 푸소프가 그 프로젝트에 관심을 보인 이유는 단지 에너지 연구에 사용할 자금을 얻기 위해서였다. 회사를 설립해 운영하려면 최소한 10년은 걸릴 것 같았는데, 그러느니 차라리 에너지 연구 자금을 대줄 사람을 찾는 게 더 빠를 것 같았다. 그래서 거기서 바로 결정을 내렸는데, 처음에 생각했던 이타적 목표를 계속 추구하기로 했다. 그리고 결국 자신의 경력 전체를 거기에 쏟아부었다. 봉사를 최우선으로 하고, 영예는 그다음이며, 보상—혹시 그런 게 있다면—은 맨 마지막으로 챙기기로 했다.

푸소프는 다른 사람이 자신의 연구를 재현하고 더 확대할 때까지 20여 년이나 기다려야 했다. 그의 연구를 누가 확인했다는 소식은 새벽 3시에 자동 응답기에 녹음된 전화 메시지의 형태로 날아왔는데, 그것도 대부분의 물리학자라면 허풍이나 심지어 우스꽝스러운 농담으로 여길 메시지였다. 버너드 하이시Bernhard Haisch는 독일 가르힝에 있는 막스플랑크연구소에 연구원으로 일하러 떠나기 전에 팰로앨토에 있던 록히드 사무실에서 마지막 정리 작업을 하고 있었다. 록히드에서 천체물리학자로 일하던 하이시는 남은 여름 동안 별에서 방출된 X선을 연구하려고 했는데, 그럴 기회를 얻게 되어 행운이라고 생각했다. 하이시는 복합적인 개성을 지닌 괴짜였는데, 공식적이고 신중한 태도 뒤에 은밀하게 감추고 있던 표현 욕구를 대중가요 작곡으로 분출했다. 하지만 연구실에서는 친구인 알폰소 루에다Alfonso Rueda처럼 허풍을 떠는 일은 좀체 없었다. 푸소프의 자동 응답기에 메시지를 남긴 장본인은 롱비치에 있는 캘리포니아주립대학교의 물리학자이자 응용수학자로 일하던 루에다였다. 물리학자가 자신의 연구에 대해 유머 감각을 발휘하는 경우는 드문데, 하이시는 묵묵히 자기 일만 하는 사람이지 결코 잘난 체하는 사람이 아니었다. 그 메시지는 아마도 루에다가 나름의 유머 감각을 발휘한 농담이었을 것이다.

하이시의 자동 응답기에 녹음된 메시지는 "오, 맙소사! 내가 방금 $F=ma$를 유도한 것 같아."였다.

이것은 물리학자들 사이에서는 신의 존재를 증명하는 수학 방정식을 발견했다고 주장하는 것과 비슷하다. 여기서 신은 뉴턴에 해당하고, $F=ma$는 제1계명에 해당한다. 뉴턴이 1687년에 출판한 고전 물리학의 성경인 《프린키피아Principia》에서 운동의 기본 방정식으로 상정한 $F=ma$는 물리학의 핵심 교리나 다름없다. 이것은 물리학 이론에서 중심적인 위치를 차지하고 있어, 증명할 수는 없어도 참으로 간주되는 공준公準이나 다름없다. 이 식이 의미하는 바는 힘의 크기는 질량(혹은 관성)에 가속도를 곱한 값과 같다는 것이다. 혹은 힘이 일정할 때 가속도는 질량에 반비례한다는 뜻이다. 관성(정지하는 물체는 계속 정지해 있으려 하고, 움직이는 물체는 그 운동 상태를 계속 유지하려고 하는 성질)은 물체의 속도를 변화시키려는 외부의 힘에 저항한다. 물체가 무거울수록 그 물체를 움직이는 데 더 많은 힘이 필요하다. 벼룩 한 마리를 테니스 코트 너머로 날려 보낼 수 있는 힘으로는 하마를 움직일 수 없다.

문제는 이 정리를 수학적으로 **증명한** 사람이 아무도 없다는 것이다. 이 정리를 기반으로 그 위에 하나의 종교 교리와 체계 전체를 쌓아올릴 수 있다. 뉴턴 이래 모든 물리학자는 이 정리를 기본 전제로 간주하고, 그 토대 위에 이론과 실험을 쌓아올렸다. 뉴턴의 공준은 사실상 관성 질량을 정의했고, 지난 300년 동안 역학의 기반이 되었다. 비록 그것을 실제로 증명한 사람은 아무도 없었지만, 모든 사람은 그것이 참이라고 믿는다.[32]

그런데 알폰소 루에다가 물리학에서 $E = mc^2$ 다음으로 유명한 바로 이 방정식을 몇 달 동안 매일 밤늦게까지 계산하며 매달린 끝에 마침내 유도하는 데 성공했다고 전화 메시지에서 주장한 것이다. 그는 그 자세한 과정을 나중에 독일에 가 있을 하이시에게 우편으로 보내겠다고 했다.

그전에 하이시는 항공우주 연구에 몰두하느라 바쁜 와중에도 할 푸소프가 쓴 논문을 몇 편 읽었고, 먼 우주여행을 할 때 에너지원으로 사용할 수 있지 않을까 하는 생각에 영점장에 관심을 가지게 되었다. 하이시는 영국 물리학자 폴 데이비스Paul Davies와 브리티시컬럼비아 대학교의 윌리엄 언루William Unruh의 연구에도 큰 영향을 받았다. 두 사람은 진공 속에서 일정한 속도로 움직이면, 모든 것이 똑같아 보인다는 사실을 발견했다. 하지만 가속이 시작되면, 운동하는 사람의 관점에서 진공은 열복사로 가득 찬 미지근한 바다처럼 보이기 시작한다. 하이시는 관성이 (이 열복사처럼) 진공 속의 가속 운동에서 비롯되는 것이 아닌가 하는 생각이 들었다.[33]

그러다가 하이시는 한 학술회의에서 유명한 물리학자이자 수학 실력이 탁월한 루에다를 만났다. 평소에 뚱한 성격의 루에다는 하이시에게서 많은 격려와 자극을 받고 나서 영점장과 이상적인 진동자(물리학에서 많은 고전 문제를 푸는 데 사용되는 기본 도구)에 관련된 분석 연구를 시작했다. 하이시는 자기 분야에서 전문가이긴 했지만, 어려운 수학 계산은 뛰어난 수학자의 도움이 필요했다. 그는 중력에 관한 푸소프의 연구에 큰 흥미를 느꼈고, 관성과 영점장 사이에 어떤 관계가 있을 것이라고 생각했다.

몇 개월 뒤에 루에다가 계산을 끝냈다. 그는 영점장 속에서 가속된 진동자는 저항을 경험하며, 저항의 크기는 가속도에 비례한다는 결론을 얻었다. 그것은 정말로 $F=ma$가 왜 성립하는지 증명한 것처럼 보였다. 이제 그것은 단순히 뉴턴이 그렇게 정의했기 때문에 그런 것이 아니었다. 만약 루에다가 옳다면, 세상에서 가장 기본적인 공리를 전자기학에서 유도할 수 있다는 사실이 증명된 것이다. 그렇다면 어떤 것을 가정할 필요조차 없었다. 단지 영점장을 고려하는 것만으로 뉴턴이 옳다는 것을 증명할 수 있었다.

하이시는 루에다의 계산 결과를 받고 나서 푸소프에게 연락을 취해 세 사람이 함께 연구를 하기로 결정했다. 하이시는 그것을 아주 긴 논문으로 썼다. 저명한 물리학 학술지인 〈피지컬 리뷰〉는 약간 뜸을 들이다가 1994년 2월에 그 논문을 수정 없이 그대로 실었다.[34] 그 논문은 물리적 우주에 존재하는 모든 물체가 지닌 관성의 성질은 단순히 영점장 속에서 일어나는 가속에 대한 저항임을 보여주었다. 그들은 관성은 자기장 속에서 움직이는 입자의 속도를 늦추는 힘인 로렌츠 힘(전기장과 자기장 속에서 운동하는 하전 입자에 작용하는 힘. 움직이는 속도 방향과 자기장의 방향에 모두 수직인 방향으로 힘을 받는다-옮긴이)이라는 것을 보여주었다. 이 경우에 자기장은 영점장의 한 구성 성분으로, 전하를 띤 아원자 입자와 반응한다. 물체의 질량이 클수록 그 속에 든 입자가 많고, 따라서 장에서 더 많은 저항을 받게 된다.

이것은 우리가 물질이라고 부르고, 뉴턴 이래 모든 물리학자들이 고유한 질량의 원천이라고 여겨온 이 유형의 물체가 사실상 착각이라고 말하는 것이나 다름없다. 실제로는 우리가 어떤 물체를 밀 때마다 이 에너지 배경 바다가 아원자 입자들을 꽉 붙듦으로써 가속도에 저항하는 일이 일어난다. 이들이 보기에 질량은 하나의 '부기' 도구, 즉 더 일반적인 양자 진공 반응 효과 대신 그 자리를 차지하고 있는 '임시 대타'였다.[35]

푸소프는 자신들의 발견이 아인슈타인의 유명한 방정식 $E=mc^2$과도 관계가 있다는 사실을 깨달았다. 이 방정식은 에너지(우주에서 뚜렷이 구별되는 하나의 물리적 실체)가 질량(또 하나의 뚜렷이 구별되는 물리적 실체)으로 전환될 수 있음을 의미한다. 그런데 이들은 질량과 에너지 사이의 이 관계가 사실은 우리가 물질이라고 부르는 것 속에 들어 있는 쿼크와 전자가 영점장 요동과의 상호 작용으로 생겨나는 에너지에 관한 진술이라는 사실을 알아챘다. 요그러니까 이들이 온건하게 중립적인 물리학 언어로 이야기하는 요지는 질량이 물리학의 기본 성질이 아니라는 것이었다. 아인슈타인의 방정식은 질량처럼 보이는 것을 만들어내는 데 필요한 에너지의 양을 나타내는 수단에 지나지 않았다. 이것은 기본적인 물리적 실체는 두 가지(하나는 물질적인 것, 다른 하나는 비물질적인 것)가 아니라, 에너지 한 가지밖에 없다는 것을 의미한다. 세상에 존재하는 모든 것, 우리가 손에 쥔 어떤 것이 아무리 밀도가 높고 무겁고 크더라도, 가장 기본적인 수준에서 그 본질은 전자기장과 그 밖의 에너지장으로 이루어진 배경 바다와 상호 작용하는 전하들의 집단이다.[36] 좀 더 극단적으로 말하면, 질량 같은 것은 존재하지 않는다. 오직 전하만 존재한다.

유명한 과학 작가인 아서 클라크Arthur C. Clarke는 하이시-루에다-푸소프의 논문이 언젠가 하나의 '기념비'로 간주될 날이 올 것이라고 예언했고,[37] 《3001: 최후의 오디세이3001: The Final Odyssey》에서는 SHARP(사하로프, 하이시, 알폰소 루에다, 푸소프의 머리글자를 딴 이름) 드라이브라는 관성 상쇄 추진 장치로 움직이는 우주선을 등장시킴으로써 이들의 업적에 경의를 표했다.[38] 클라크는 이들의 이론을 불멸의 지위에 올려놓은 자신의 행동을 정당화하면서 다음과 같이 썼다.

> 그것은 너무나도 기본적이어서 흔히 우주는 그냥 그렇게 만들어졌다고 당연하게 생각하는 문제를 다룬다.
>
> HR&P(하이시, 루에다, 푸소프를 가리킴-옮긴이)가 제기하는 질문은 이것이다. "물체를 움직이게 하려면 어떤 노력이 필요하고, 원래의 상태로 돌려놓으려고 해도 정확하게 그것과 똑같은 노력이 필요하도록 물체에 질량(혹은 관성)을 부여하는 것은 무엇인가?"
>
> 그들이 잠정적으로 내놓은 답은 놀라우면서도 잘 알려지지 않은(물리학자들의 상아탑 밖에서는) 사실에 기초하고 있다. 즉, 진공이라고 하는 텅 빈 공간은 에너지로 들끓고 있는 가마솥—영점장—이라는 것이다. (…) HR&P는 관성과 중력은 이 장과의 상호 작용에서 생겨나는 전자기 현상이라고 주장한다.
>
> 패러데이 시절부터 시작하여 중력과 자기를 연결시키려는 시도는 무수히 많았고, 많은 실험자들이 성공했다고 주장했지만, 그들이 내놓은 결과 중 옳은 것으로 검증된 것은 하나도 없었다. 하지만 만약 HR&P의 이론이 증명된다면, 반중력 '우주 추진 장치'의 실현 가능성과 심지어 관성을 제어한다는 환상적인 가능성이 열리게 된다. 이것은 흥미로운 상황을 낳을 수 있다. 만약 여러분이 다른 사람과 살짝 닿기만 해도, 그 사람은 시속 수천 km의 속도로 날아가 $\frac{1}{1000}$초 만에 방 반대편에 충돌할 것이다. 좋은 소식도 있는데, 교통사고가 사실상 사라지게 될 것이다. 자동차(그리고 승객)가 아무리 빠른 속도로 충돌하더라도 아무런 손상을 입지 않을 수 있다.[39]

미래의 우주여행을 주제로 쓴 다른 글에서도 클라크는 이렇게 말했다.

"만약 내가 NASA의 관리자라면 (…) 가장 총명하고 가장 젊고(25세 이상은 지원 불가) 가장 뛰어난 사람들을 뽑아 푸소프 등이 발견한 방정식을 오랫동안 집중적으로 검토하게 할 것이다."[40] 훗날 하이시, 루에다, IBM의 대니얼 콜Daniel Cole은 우주의 구조 자체가 영점장에 기초하고 있다는 논문을 발표했다. 진공은 입자를 가속시키고, 가속된 입자는 응집하여 집중된 에너지 혹은 우리가 물질이라고 부르는 것이 된다고 그들은 주장했다.[41]

어떤 의미에서 SHARP 팀은 아인슈타인이 하지 못한 일을 해냈다.[42] 그들은 우주의 가장 기본적인 법칙 하나를 증명했고, 가장 큰 수수께끼 중 하나를 설명했다. 영점장은 많은 기본 물리 현상의 기반으로 확립되었다. NASA에서 일한 경력이 있는 하이시는 관성과 질량과 중력이 모두 이 배경 에너지 바다와 연결돼 있다는 개념을 우주여행에 활용할 가능성에 주목했다. 하이시와 푸소프는 진공에서 추출할 수 있는 에너지원 개발을 위한 연구비를 지원받았는데, 하이시의 경우에는 우주여행에 획기적인 돌파구가 열리길 기대하는 NASA로부터 지원을 받았다.

만약 우주 어디에서건 영점장에서 에너지를 추출할 수 있다면, 연료를 싣고 갈 필요가 없으며, 우주 공간을 항해하면서 필요할 때 영점장(우주 어디에서나 부는 일종의 바람에 비유할 수 있는)에서 에너지를 꺼내 쓰기만 하면 된다. 푸소프는 대니얼 콜과 함께 쓴 또 다른 논문에서 영점장에서 에너지를 추출하는 것은 원리적으로 열역학 법칙에 전혀 위배되지 않음을 보였다.[43] 또 영점장의 파동을 조작하여 한 방향으로 작용하게 함으로써 우주선을 추진시키는 아이디어도 내놓았다. 하이시는 영점 변환기(파동 변환기)를 조작하는 것만으로 추진력을 얻는 미래를 상상했다. 그것보다 훨씬 기묘한 일도 상상할 수 있는데, 만약 관성을 변화시키거나 없앨 수 있다면, 아주 작은 에너지로 로켓을 발사할 수도 있고, 달리는 로켓을 멈추려고 할 때에는 그런 힘을 변화시키기만 하면 된다. 아주 빠른 로켓을 사용하더라도, 우주 비행사의 관성을 변화시킴으로써 관성력 때문에 몸이 납작하게 짜부라드는 것을 막을 수 있다. 만약 중력을 끌 수 있는 방법이 있다면, 로켓의 무게나 가속하는 데 필요한 힘을 변화시킬 수 있다.[44] 이러한 종류의 가능성은 무궁무진하다.

영점 에너지의 잠재력은 여기서 그치지 않는다. 푸소프는 다른 연구를 하다가 공중 부양 연구를 접하게 되었다. 오늘날의 냉소적인 견해는 공중 부양을 속임수나 일부 종교적 광신도가 경험하는 환각으로 평가절하한다. 하지만 공중 부양이 엉터리라는 것을 밝혀내려는 많은 사람들의 시도는 성공하지 못했다. 푸소프는 공중 부양에 관한 정교한 기록들을 발견했다. 물리학자인 푸소프는 어린 시절에 햄 라디오를 분해했듯이 주어진 상황을 분해해 각 부분을 자세히 조사하는 경향이 있었는데, 기록에 묘사된 상황은 상대적 현상처럼 보였다. 공중 부양은 일종의 염력으로 분류된다. 염력은 알려진 어떤 힘도 사용하지 않고 물체를(혹은 자신을) 움직이는 능력을 말한다. 기록된 공중 부양 사례들이 물리학적으로 가능하려면, 중력을 조절하는 방법밖에 없을 것처럼 보였다. 만약 대부분의 양자물리학자들이 아무 의미 없는 것으로 여기는 진공 요동을 마음대로 끌어다 쓸 수 있다면(자동차 연료로 혹은 정신을 집중함으로써 물체를 움직이는 데), 그것은 연료뿐만 아니라 우리 삶의 모든 측면에 엄청난 변화를 가져올 것이다. 그것은 〈스타워즈〉에 나오는 '포스'와 유사한 것이 될지 모른다.

푸소프는 자기 전문 분야의 연구를 할 때에는 엄격하게 보수적인 물리학 이론의 영역에서 벗어나지 않으려고 했다. 그럼에도 불구하고, 은밀하게 에너지 배경 바다가 지닌 형이상학적 의미를 이해하려고 노력했다. 만약 물질이 안정하지 않고, 본질적인 요소가 주변의 근원적인 에너지 바다라면, 그것을 그 위에 일관성 있는 패턴을 새기는 텅 빈 기반으로 사용하는 것이 가능할 것이다. 특히 영점장이 파동 간섭의 부호화를 통해 지금까지 세계에 나타난 모든 것을 각인시킨 것처럼 말이다. 이런 종류의 정보는 결맞는 입자와 장의 구조를 설명할 수 있다. 하지만 가능한 다른 정보 구조들이 층층이 쌓인 사닥다리의 단처럼 존재할지도 모르며(어쩌면 생명체 주변에 결맞는 장들로), 이것이 우주에서 비非생화학적 '기억'으로 작용할지도 모른다. 심지어 의도적 행위를 통해 이러한 요동들을 조직하는 것이 가능할지도 모른다.[45] 클라크는 "우리는 아주 미소한 방식으로 이미 이것을 이용하고 있는지도 모른다. 이것은 명성 높은 공학자들이 많은 실험 장비에서 보고하고 있는 일부 비정상적 '초효율'(적은 양의 에너지를 투입하고도 더 많은 에너지가 발생하는 현상-옮긴이) 결과를 설명해줄지 모른다."라고 썼다.[46]

푸소프는 하이시와 마찬가지로 철저한 물리학자여서 생각이 엉뚱한 길로 빠지지 않도록 경계하지만, 조금 더 깊이 생각한 결과, 이것은 모든 것이 나머지 우주 전체와 어떤 방식으로 연결되어 균형을 이루고 있는지 보여주는 우주의 통합 개념이라는 사실을 깨달았다. 우주의 통화通貨는 유동적이고 잘 변하는 이 정보의 장에 각인된 정보일지도 모른다. 영점장은 우주의 진정한 통화(그 안정성을 보장하는 근본 이유)가 에너지 **교환**임을 보여준다. 만약 우리 모두가 영점장을 통해 서로 연결돼 있다면, 이 거대한 에너지 정보의 보고에 접속하여 정보를 끌어내는 것이 가능할지 모른다. 이토록 거대한 에너지 은행을 이용할 수 있다면, 사실상 무슨 일이라도 가능하다. 단, 인간이 거기에 접근할 수 있는 양자 구조를 가져야 한다는 단서가 따른다. 이것은 큰 장애물이다. 우리 몸이 양자 세계의 법칙에 따라 작용할 수 있어야 하기 때문이다.

3

빛의 존재

프리츠 알베르트 포프Fritz-Albert Popp는 자신이 암 치료법을 발견했다고 생각했다. 그때는 에드가 미첼이 달 여행에 나서기 1년 전인 1970년이었다. 독일 마르부르크 대학교의 이론생물물리학자인 포프는 전자기 복사가 생체계에 미치는 영향을 다루는 방사선학을 가르치고 있었다. 그는 인간에게 치명적인 발암 물질 중 하나로 알려진 다중 고리 탄화수소 화합물 벤조[a]피렌을 연구하고 있었는데, 특히 벤조[a]피렌에 자외선을 쬐는 실험을 했다.

포프는 빛을 사용하는 실험을 많이 했다. 그는 뷔르츠부르크 대학교에 다니던 학생 시절부터 전자기 복사가 생물에 미치는 영향에 큰 매력을 느꼈다. 대학생 시절에 포프는 빌헬름 뢴트겐Wilhelm Röntgen이 특정 진동수의 광선을 사용해 신체 중 단단한 구조의 사진을 찍을 수 있다는 사실을 우연히 발견한 바로 그 건물, 때로는 바로 그 방에서 연구했다.

포프는 이 치명적인 화합물에 자외선을 쬐어주어 자극하면 어떤 효과가 나타나는지 조사하고 있었다. 그리고 벤조[a]피렌에 믿기 어려운 광학적 성질이 있다는 사실을 발견했다. 벤조[a]피렌은 자외선을 흡수했다가 그것과는 완전히 다른 진동수의 빛을 방출했다. 마치 적의 통신 신호를 도청한 CIA 요원이 그것을 뒤죽박죽으로 섞는 것과 비슷했다. 벤조[a]피렌은 생물학적 주파수대 변환기 역할을 하는 화학 물질이었다. 포프는 마찬가지로 다중 고리 탄화수소 화합물인 벤조[e]피렌을 대상으로 같은 실험을 해보았다. 벤조[e]피렌은 벤조[a]피렌과 분자 구조상 사소한 차이만 있을 뿐 사실상 동일하다. 하지만 고리 중 하나의 미소한 차이가 그 성질에 큰 차이를 빚어내는데, 이 때문에 벤조[e]피렌은 사람에게 무해하다. 그리고 빛은 아무 변화 없이 벤조[e]피렌을 그냥 통과한다.

포프는 이 차이에 큰 호기심을 품고 빛을 이용한 실험을 계속했다. 그는 다른 화학 물질 37가지에 대해서도 같은 실험을 해보았다. 그중에는 발암 물질도 있었고, 발암 물질이 아닌 것도 있었다. 얼마 후, 포프는 어떤 물질이 암을 유발하는지 예측할 수 있었다. 모든 경우에 발암 물질은 자외선을 흡수한 뒤에 그 진동수가 변한 빛을 방출했다.

이 화합물들은 또 한 가지 기묘한 성질이 있었는데, 모든 발암 물질은 특정 파장(380나노미터)의 빛에만 반응했다. 포프는 왜 발암 물질이 빛의 진동수를 변화시키는지 궁금했다. 그는 과학 문헌(특히 인간의 생물학적 반응에 관한)을 뒤적이다가 '광치유photo-repair' 현상을 접하게 되었다. 세포에 자외선을 쬐어 DNA를 포함해 세포의 99%를 파괴한 다음, 같은 파장의 빛을 아주 약한 세기로 쬐어주면 하루 만에 손상된 부분이 회복된다는 사실은 생물학 실험을 통해 이미 잘 알려져 있었다. 지금까지도 과학자들은 이 현상을 잘 이해하지 못하지만, 어쨌든 그런 일이 일어난다는 사실은 아무도 부정하지 않는다. 포프는 또 색소성 피부건조증 환자는 광치유 시스템이 제대로 작동하지 않아 햇빛에 의한 손상을 회복하지 못해서 결국 피부암으로 죽는다는 사실도 알게 되었다. 포프는 광치유 과정이 380나노미터의 파장에서 가장 효율적으로 작동한다는 사실을 발견하고 깜짝 놀랐다. 그것은 발암 물질이 반응하여 빛의 파장을 바꾸는 바로 그 파장이었기 때문이다.

여기서 포프는 논리적 비약을 했다. 자연은 아주 완벽하므로 단순히 우연의 일치로 이런 일이 일어날 리가 없다고 생각했다. 만약 발암 물질이 오직 이 파장에만 반응한다면, 이 파장은 광치유와 뭔가 관계가 있는 게 분명했다. 만약 그렇다면, 신체 내에 광치유에 관여하는 빛이 있을 것이다. 그리고 발암 물질이 암을 일으키는 것은 그 빛을 영원히 차단함으로써 광치유가 일어나지 못하게 하기 때문일 것이다.

포프 자신도 이 생각에 크게 놀랐다. 그리고 바로 그 순간부터 그 연구에 몰두하기로 결심했다. 그는 그것에 관한 논문을 썼지만, 그 내용은 몇 사람에게만 이야기했다. 그리고 암을 다루는 유명한 학술지가 자기 논문을 실어주겠다고 하자 기뻤지만 크게 놀라진 않았다.[1] 논문이 실릴 때까지 몇 달 동안 포프는 누가 자신의 아이디어를 훔쳐갈까 봐 염려했다. 경솔하게 아이디어를 흘렸다간 누군가 그것을 자기 것인 양 특허를 신청할지도 모를 일이었다. 암 치료법을 발견했다는 사실이 마침내 과학계에 알려지는 순간, 자신은 당대 최고 과학자의 반열에 오를 것이라고 잔뜩 기대에 부풀어 있었다. 어쩌면 노벨상을 받을지도 몰랐다.

포프는 상에 익숙했다. 그도 그럴 것이 그때까지 학계에서 받을 수 있는 상은 거의 다 받았기 때문이다. 심지어 대학생 시절에도 소형 입자 가속기를 만드는 방법을 졸업 논문으로 써서 뢴트겐상을 받았다. 포프의 영웅인 빌헬름 뢴트겐을 기려 제정된 이 상은 매년 뷔르츠부르크 대학교에서 물리학과를 수석으로 졸업하는 학생에게 수여되었다. 포프는 신들린 사람처럼 열심히 공부했다. 그는 다른 학생들보다 훨씬 일찍 졸업 시험을 마쳤다. 그리고 기록적인 단기간에 이론물리학 박사 학위를 받았다. 독일에서 교수가 되려면 대학원 과정을 마치는 게 필수적인데, 대부분의 학생에게 5년이 걸리는 이 과정을 포프는 2년을 조금 넘겨서 마쳤다. 이 발견을 했을 무렵에 포프는 이미 동료들 사이에서 신동으로 소문나 있었는데, 단지 머리가 좋아서 그런 게 아니라 활달하고 어려 보이는 용모 때문이기도 했다.

그 논문을 발표했을 때 포프는 할리우드의 멋진 배우처럼 굳은 턱과 꿰뚫어 보는 듯한 회청색 시선에 실제 나이보다 훨씬 어려 보이는 소년 같은 얼굴을 가진 33세의 미남이었다. 심지어 일곱 살이나 어린 아내조차 연상녀로 오해받곤 했다. 그리고 실제로 그에겐 멋진 배우 같은 면모가 있었는데, 동료 학생들 사이에 캠퍼스 검술의 대가로 알려져 있었다. 이 명성은 여러 차례의 결투를 통해 검증되었는데, 한 결투의 결과로 머리 왼편에 길게 베인 자국이 남았다.

포프의 용모와 매너에 한눈을 팔다 보면, 목표를 위해 매진하는 그의 진지함을 간과하기 쉽다. 에드가 미첼처럼 그 역시 과학자인 동시에 철학자였다. 그는 어린 시절부터 세계를 이해하려고, 그리고 인생의 모든 것에 적용할 수 있는 일반적인 해법을 찾으려고 노력했다. 심지어 철학을 공부할 계획까지 세웠다가 생명의 열쇠를 쥐고 있는 방정식을 원한다면 차라리 물리학을 공부하는 편이 나을 거라는 선생님의 충고로 마음을 바꾸었다. 하지만 현실은 관찰자와 무관한 현상이라고 주장하는 고전 물리학에 깊은 의심을 품었다. 그는 칸트를 읽었고, 칸트와 마찬가지로 현실은 살아 있는 계system들이 만들어내는 것이라고 믿었다. 자신의 세계를 만드는 데 관찰자가 중심적 역할을 한다고 생각했다.

포프는 그 논문으로 유명해졌다. 하이델베르크에 있던 독일 암연구센터는 암의 모든 측면에 대해 논의하기 위해 개최한 8일간의 회의에 포프를 초청하면서 세계 최고의 암 전문가 15명 앞에서 강연을 해달라고 요청했다. 그렇게 특별한 전문가들 앞에서 발표를 하기 위한 초청을 받는다는 것은 믿기 힘든 기회였는데, 그 때문에 자신의 대학교에서 포프의 명성은 더 높아졌다. 그는 새로 맞춘 정장을 입고 아주 멋진 모습으로 회의장에 등장했지만, 그의 강연은 형편없었다. 서툰 영어로 청중에게 자신의 강연 내용을 이해하게 하는 데 애를 먹었기 때문이다.

논문뿐만 아니라 강연에서도 포프의 이론은 단 한 가지만 빼고 과학적으로 흠잡을 데가 없었다. 그 한 가지란, 파장 380나노미터의 약한 빛이 체내에서 생겨난다는 가정이었다. 암 연구자들에게 이것은 일종의 농담처럼 들렸다. 만약 그러한 빛이 체내에 존재한다면, 누군가 이미 그것을 발견하지 않았겠느냐고 그들은 반문했다.

오직 한 사람, 마리퀴리연구소에서 분자의 발암 작용을 연구하던 한 광화학자만이 포프의 주장이 옳다고 확신했다. 그녀는 자기와 함께 파리에서 연구하자고 포프를 초청했지만, 포프가 파리로 가기 전에 암으로 죽고 말았다.

암 연구자들이 포프에게 증거를 내놓으라고 하자, 포프는 준비했던 답변을 내놓았다. 만약 자신이 적절한 실험 장비를 만들도록 도와준다면, 그 빛이 어디서 나오는지 보여주겠다고 했다.

얼마 지나지 않아 베른하르트 루트Bernhard Ruth라는 학생이 포프를 찾아와 자신의 박사 학위 논문을 지도해달라고 요청했다.

"좋아. 만약 몸속에 빛이 존재한다는 것을 보여주기만 한다면 당연히 그렇게 하지."라고 포프는 대답했다.

루트는 그것을 터무니없는 제안이라고 생각했다. 당연히 몸속에 그런 빛이 있을 리가 없었다.

그러자 포프는 "좋아. 그렇다면 몸속에 빛이 없다는 증거를 찾아내게. 그러면 박사 학위를 딸 걸세."라고 말했다.

이 만남은 포프에게 예기치 못한 행운이었는데, 마침 루트가 아주 훌륭한 실험물리학자였기 때문이다. 루트는 몸속에서 어떤 빛도 나오지 않는다는 것을 결정적으로 입증할 실험 장비를 만드는 데 착수했다. 2년이 지나기 전에 그는 거대한 X선 검출 장치와 비슷하게 생긴 기계를 만들었다. 그 안에는 광자를 하나하나 세면서 빛을 측정하는 광전자 증배관이 들어 있었다. 이 기계는 아주 미약한 빛의 방출을 측정해야 하기 때문에 고도로 민감해야 했다.

1976년에 첫 번째 실험을 할 준비가 되었다. 그들은 기르기 쉬운 식물인 오이를 재배해 기계 속에 집어넣었다. 광전자 증배관에는 그 오이 모종에서 방출된 광자, 곧 광파가 놀랍도록 높은 강도로 포착되었다. 루트는 두 눈을 의심하지 않을 수 없었다. 이 현상은 엽록소와 어떤 관계가 있는 게 분명하다고 그는 주장했는데, 포프도 같은 생각이었다. 그다음에는 감자를 대상으로 실험하기로 했는데, 광합성이 일어나지 않도록 어린 식물을 어둠 속에서 길렀다. 하지만 감자를 기계 속에 집어넣자, 더 높은 강도의 빛이 검출되었다.[2] 그렇다면 이 빛은 광합성과 아무 관계가 없는 게 분명하다고 포프는 결론을 내렸다. 게다가 살아 있는 계에서 나온 이 광자들은 이전에 자신이 본 그 어떤 것보다 결맞음 수준이 높았다.

양자물리학에서 양자 결맞음quantum coherence이란 용어는 아원자 입자들끼리 서로 잘 협력하는 능력을 가리킨다. 이러한 아원자 파동 또는 입자는 서로를 잘 알 뿐만 아니라, 공통 전자기장의 주파수대를 통해 밀접하게 상호 연결돼 있기 때문에 서로 커뮤니케이션을 할 수 있다. 이것들은 공명하기 시작한 수많은 소리굽쇠와 같다. 파동들의 위상이 일치할 때, 파동들이나 입자들은 거대한 하나의 파동이나 거대한 하나의 아원자 입자처럼 행동하기 시작한다. 그러면 서로를 구별하는 게 불가능해진다. 하나의 파동에서 관찰되는 기묘한 양자 효과는 곧 전체에 적용된다. 그중 하나에 일어난 어떤 일은 곧 전체에 영향을 미친다.

결맞음은 커뮤니케이션을 가능하게 한다. 이것은 아원자 세계의 전화망과 같다. 결맞음 수준이 더 높을수록 전화망도 더 훌륭해지고, 전화의 파동 패턴도 더 우수해진다. 최종 결과는 대규모 관현악단과 비슷하다. 모든 광자들이 함께 협력해 연주하지만, 개개의 악기는 자기가 맡은 부분만 연주할 수 있다. 그럼에도 불구하고, 그 연주를 들을 때 각각의 악기가 내는 소리를 구별하기 어렵다.

더욱 놀라운 사실은, 포프가 살아 있는 계에서 가능한 것 중 가장 높은 수준의 양자 질서 또는 결맞음을 목격하고 있다는 점이었다. 이러한 결맞음(보스-아인슈타인 응축Bose-Einstein condensate이라 부르는)은 보통은 실험실의 아주 차가운 온도(절대영도에서 불과 몇 도 이내) 조건에서 연구하는 초유체나 초전도체 같은 물질에서만 관찰되고, 생명체의 뜨겁고 혼란스러운 환경에서는 관찰되지 않는다.

포프는 자연에 존재하는 빛에 대해 생각하기 시작했다. 물론 빛은 식물 속에도 존재하는데, 광합성 때 에너지원으로 사용된다. 포프는 우리가 식물을 먹을 때 그 광자를 흡수하여 저장하는 게 분명하다고 생각했다. 예를 들어 브로콜리를 먹는다고 하자. 브로콜리가 체내에서 소화되면, 이산화탄소(CO_2)와 물, 그리고 태양에서 얻어 광합성을 통해 저장된 빛으로 분해된다. 우리는 이산화탄소를 뽑아내 배출하고 물을 제거하지만, 전자기파인 빛은 어떤 형태로 저장해야 한다. 몸에 흡수된 광자들은 그 에너지가 점점 약해지기 때문에 결국에는 아주 낮은 것에서부터 아주 높은 것에 이르기까지 온갖 진동수를 가진 전자기 스펙트럼으로 나타나게 된다. 이 에너지가 체내의 모든 분자를 움직이는 원동력이 된다.

광자는 개개의 악기를 연주하게 함으로써 집단의 소리를 내게 하는 지휘자처럼 몸속에서 일어나는 수많은 과정들의 스위치를 켠다. 광자는 진동수에 따라 각기 다른 기능을 수행한다. 포프는 실험을 통해 세포 내 분자들은 특정 진동수에만 반응을 보이며, 광자에서 나오는 다양한 진동은 신체 내의 분자들을 다양한 진동수로 진동하게 한다는 사실을 발견했다. 광파는 또한 신체가 동시에 복잡한 일들을 하는 다양한 신체 부위들을 어떻게 관리할 수 있는가 그리고 어떻게 한 번에 두 가지 이상의 일을 할 수 있는가 하는 의문에도 답을 내놓는다. 포프가 '생체광자biophton 방출'이라고 이름 붙인 이 현상은 완벽한 커뮤니케이션 체계를 제공하여 그 생물의 많은 세포들로 정보를 전달할 수 있다. 그러나 아주 중요한 문제가 하나 남아 있었는데, 바로 그러한 생체광자가 어디서 나오느냐 하는 것이었다.

특출한 재능을 가진 한 학생이 포프에게 어떤 실험을 해보라고 이야기했다. DNA 시료에 브로민화에티듐ethidium bromide이라는 물질을 첨가하면, 브로민화에티듐이 이중 나선의 염기쌍 가운데로 비집고 들어가 꼬여 있는 DNA 가닥을 풀리게 만든다. 그 학생은 브로민화에티듐을 첨가한 뒤에 DNA 시료에서 나오는 빛을 측정해보자고 제안했다. 포프는 브로민화에티듐의 농도를 높일수록 DNA 가닥이 더 많이 풀리지만, 빛의 세기도 더 강해진다는 사실을 발견했다. 반면에 브로민화에티듐의 농도를 낮추었더니 방출되는 빛의 세기도 약해졌다.[3] 또 DNA는 상당히 넓은 범위에 걸친 진동수의 빛을 방출할 수 있으며, 일부 진동수의 빛은 특정 기능과 관계가 있는 것처럼 보였다. 만약 DNA에 이러한 빛이 저장돼 있다면, DNA 가닥이 풀릴 때 자연히 더 많은 빛이 방출될 것이다.

이 실험과 그 밖의 연구를 통해 포프는 빛이 저장된 근원적인 장소 중 하나와 생체광자 방출원이 DNA라고 확신하게 되었다. DNA는 몸속에서 마스터 소리굽쇠 역할을 하는 게 분명했다. 즉, DNA가 특정 진동수의 소리를 내면, 다른 특정 분자들도 그 뒤를 따라 똑같은 소리를 낸다. 포프는 기존의 DNA 이론에서 빠져 있던 잃어버린 고리—인간의 생물학에서 가장 큰 수수께끼, 즉 한 세포가 어떻게 완전한 형태의 인간으로 발달해갈 수 있는가 하는 물음에 대한 답—를 우연히 발견했을지도 모른다고 생각했다.

생물학의 가장 큰 수수께끼 중 하나는 우리를 비롯해 모든 생물이 왜 기하학적 형태를 하고 있느냐 하는 것이다. 오늘날의 과학자들은 왜 우리의 눈 색깔이 파란색이고, 키가 180cm까지 자라며, 심지어 세포가 어떻게 분열하는지 대략적인 답을 알고 있다. 하지만 각각의 세포가 발달 과정의 각 단계에서 자신이 어디에서 분열을 해야 하는지 어떻게 아는가(어떻게 팔이 다리로 발달하지 않고 팔로 발달하며, 세포들이 조직되고 합쳐져서 3차원적으로 인간의 형상과 비슷한 것을 만들어내는 메커니즘이 무엇인가) 하는 물음은 답하기가 훨씬 어렵다.

흔히 제시되는 과학적 설명은 그 답이 분자들 사이의 화학적 상호 작용과 신체의 단백질과 아미노산에 대한 청사진이 담겨 있는 DNA와 관련이 있다고 말한다. 각 DNA 나선 또는 염색체—우리 몸을 이루는 1000조 개의 세포 각각에 들어 있는 23쌍의 구조[4]—속에는 네 가지 염기(각각 간단하게 A, T, C, G로 표시되는)가 독특한 순서로 늘어서 있는 기다란 뉴클레오티드 사슬이 들어 있다. 가장 많은 지지를 받는 주장에 따르면, 집단적으로 작용하여 형태를 결정하는 유전자들로 이루어진 유전적 '프로그램'이 있다고 한다. 혹은 리처드 도킨스Richard Dawkins 같은 신다윈주의자는 시카고 갱단처럼 무자비한 유전자들이 형태를 만들어내는 능력을 갖고 있으며, 우리는 '생존 기계'—유전자로 알려진 그 이기적인 분자들을 맹목적으로 보존하도록 프로그래밍된 로봇 운반 수단—에 불과하다고 주장한다.[5]

이 이론은 DNA를 인체의 르네상스 맨—건축가, 건축 청부업자, 중앙 기관실의 역할을 모두 하는—으로 격상시킨다. DNA는 단백질을 만들어내는 몇 가지 화학 물질을 도구로 사용하여 이 놀라운 일들을 모두 해낸다. 오늘날의 과학적 견해에 따르면, DNA가 신체를 만드는 것을 포함해 그 모든 역동적인 활동을 진두지휘하는 과정은 자신의 특정 부위, 즉 유전자의 스위치를 선택적으로 끄거나 켜는 방법을 통해서 일어난다. 그러면 그 뉴클레오티드, 즉 유전적 지시가 특정 RNA 분자들을 선택하고, RNA 분자들은 다시 수많은 아미노산 알파벳 중에서 적절한 유전적 '단어'를 선택하여 특정 단백질을 만드는 결과를 낳는다. 이 단백질들은 신체를 만들고, 세포 내에서 일어나는 모든 화학적 과정의 스위치를 켜거나 끌 수 있으며, 결국 그러한 화학적 과정을 통해 신체의 모든 작용을 제어할 수 있다.

단백질이 신체의 기능에서 중요한 역할을 한다는 것은 의심의 여지가 없다. 그러나 DNA가 이러한 일들을 언제 지휘해야 하는지 어떻게 알며, 맹목적으로 서로 충돌하는 이 모든 화학 물질들이 어떻게 거의 동시에 작용할 수 있는지 설명하는 대목에 이르면, 다윈주의자들도 말문이 막힌다. 각각의 세포에서는 평균적으로 초당 약 10만 번의 화학 반응이 일어난다(이것은 신체 내의 모든 세포에서 동시에 반복적으로 일어나는 과정이다). 따라서 매초 이런저런 화학 반응이 수백억 회 이상 일어나고 있다. 타이밍도 아주 절묘하게 맞아떨어져야 하는데, 신체 내의 세포 수백만 개에서 일어나는 이러한 화학적 과정 중 어느 하나라도 아주 조금만 늦게 일어난다면, 그 사람은 수십 초 안에 작동이 정지되고 말 것이기 때문이다. 하지만 만약 DNA가 통제실이라면, 개개 유전자와 세포의 활동을 동시에 일어나게 하여 전체 계들을 조화시키는 피드백 메커니즘이 무엇이냐 하는 질문에 대해 유전학자들은 제대로 된 설명을 내놓지 못했다. 어떤 세포들에게 발이 아니라 손으로 발달하도록 지시하는 화학적 또는 유전적 과정은 무엇인가? 그리고 어떤 세포 과정들이 정확하게 언제 일어나는가?

만약 이 모든 유전자들이 상상할 수 없을 정도로 거대한 관현악단처럼 서로 협력하며 작용한다면, 지휘자 역할을 하는 존재는 무엇인가? 그리고 이 모든 과정이 단순히 분자들 사이의 화학적 충돌 때문에 일어나는 것이라면, 생물들이 살아가면서 매 순간 보여주는 결맞는 행동들을 설명할 수 있을 만큼 그토록 빨리 작동하는 메커니즘은 무엇일까?

수정란이 세포 분열을 시작하여 딸세포들을 만들 때, 각각의 세포는 장차 신체에서 자신이 맡게 될 역할에 따라 구조와 기능을 채택하기 시작한다. 모든 딸세포에는 똑같은 유전 정보를 포함한 똑같은 염색체가 들어 있지만, 특정 종류의 세포들은 다른 세포들과 달리 행동하기 위해 다른 유전 정보를 사용해야 한다는 사실을 즉각 알며, 따라서 특정 유전자들은 나머지 유전자들과 달리 지금 자신이 작동해야 할 차례란 사실을 '알아야' 한다. 게다가 이들 유전자는 각 종류의 세포들이 어떤 장소에서 정확하게 얼마나 많이 만들어져야 하는지도 알아야 한다. 또 각각의 세포는 전체 구도와 조화를 이루기 위해 이웃 세포들에 대해서도 알아야 한다. 그러려면 배胚의 발달 초기 단계에서부터 세포들 사이에 기발한 커뮤니케이션 방법이 있어야 하고, 우리가 살아가는 매 순간 그와 동일한 수준의 정교함이 발휘되어야 한다.

유전학자들은 세포들이 처음부터 어떻게 분화해야 하는지 알고, 그러한 차이를 기억하여 그다음 세대의 세포들에게 그 중요한 정보를 전달할 수 있어야 세포 분화가 일어날 수 있다고 인정한다. 현재로서는 이 모든 일이 어떻게 일어나는가, 특히 어떻게 그토록 빨리 일어날 수 있는가 하는 질문에 대해 과학자들은 어깨만 으쓱할 뿐이다.

도킨스도 "정확하게 어떻게 이것이 결국 아기의 발달로 이어지는지 발생학자가 밝혀내기까지는 수십 년, 아니 어쩌면 수백 년이 걸릴지도 모른다. 하지만 실제로 그런 일이 일어난다는 것은 엄연한 사실이다."라고 말한다.[6]

달리 표현하면, 과학자들은 사건을 종결지으려고 애쓰는 경찰처럼 증거를 수집하는 귀찮은 과정을 생략한 채 그냥 가장 유력해 보이는 용의자를 체포한 셈이다. 그들은 그럴 것이라고 확신하지만, 단백질이 스스로 이 모든 일을 어떻게 해내는지 그 자세한 과정은 아주 모호한 상태로 남아 있다.[7] 세포 과정들이라는 전체 관현악단이 지휘되는 방법에 대해서는 생화학자들은 결코 질문을 던지지 않는다.[8]

영국 생물학자 루퍼트 셸드레이크Rupert Shelldrake는 이러한 접근 방법에 대해 계속해서 가장 강력하게 이의를 제기한 사람들 중 한 명이다. 그는 건축 자재를 건물터에 갖다 놓는 것만으로는 그곳에 지을 집의 구조를 설명할 수 없는 것과 마찬가지로, 유전자 작동과 단백질만으로는 형태의 발달을 설명할 수 없다고 주장했다. 또 현재의 유전 이론은 발달하는 계가 어떻게 자기 조절을 할 수 있는지, 계의 일부를 첨가하거나 제거해도 발달 과정에서 어떻게 정상적으로 성장할 수 있는지, 생물이 상실되거나 손상된 구조를 대체하는 재생이 어떻게 일어나는지 설명하지 못한다고 주장했다.[9]

셸드레이크는 인도의 한 아슈람ashram(힌두교도들이 수행하며 거주하는 곳-옮긴이)에서 불현듯 떠오른 영감을 바탕으로 자기 조직하는 생명체—분자와 생물에서부터 사회와 전체 은하에 이르기까지 모든 것—의 형태는 형태장morphic field을 통해 빚어진다는 형태 형성 인과 작용formative causation 가설을 만들었다. 이러한 형태장은 문화와 시간을 통해 비슷한 계들에 대한 형태 공명(일종의 누적 기억)을 포함하고 있기 때문에, 각각의 동식물 종은 어떤 형태를 해야 할지뿐만 아니라 어떻게 행동해야 할지까지도 '기억'한다. 셸드레이크는 분자에서부터 생물, 사회에 이르기까지 생체계의 자기 조직 성질을 기술하기 위해 '형태장'을 포함해 자신이 만들어낸 여러 가지 용어를 사용한다. 그의 설명에 따르면, '형태 공명'은 "유사한 것들이 시간과 공간을 통해 서로 미치는 영향"이다. 그는 형태장(그는 형태장이 많이 존재한다고 생각한다)은 전자기장과 다르다고 생각하는데, 형태장은 정확한 모양과 형태에 대한 고유한 기억을 가지고 세대를 건너뛰며 퍼져나가기 때문이다.[10] 우리가 더 많이 배울수록 다른 사람들이 우리 뒤를 좇아오기가 한결 쉽다.

셸드레이크의 이론은 아름답고도 단순하게 만들어졌다. 하지만 스스로 인정했듯이, 이 이론은 이 모든 것이 어떻게 가능한지, 즉 이 모든 장이 어떻게 그러한 정보를 저장하는지 물리적으로 설명하지 못한다.[11]

포프는 생체광자 방출 개념에서 중앙 지휘자가 있는 전체론적 계에서만 일어날 수 있는 '게슈탈트빌둥gestaltbildung(형태 형성)'—세포들의 조정과 커뮤니케이션—뿐만 아니라 형태 발생 문제에 대한 답을 얻었다고 믿었다. 포프는 실험을 통해 이 약한 빛의 방출은 몸 전체를 조정하고 지휘하기에 충분하다는 것을 보여주었다. 빛의 방출은 아주 약하게 일어나야 하는데, 왜냐하면 그러한 커뮤니케이션은 양자 차원에서 일어나며, 그보다 더 강한 세기로 방출된다면 거시 세계에서만 감지될 것이기 때문이다.

포프는 이 연구를 시작하면서 자신이 많은 사람들의 어깨 위에 서 있다는 사실을 깨달았다. 그들의 연구는 세포체의 성장을 어떤 방식으로 인도하는 전자기 복사장의 존재를 시사했다. 러시아 과학자 알렉산드르 구르비치Alexandr Gurwitsch는 1920년대에 양파 뿌리에서 자신이 '세포 분열 촉진 복사mitogenetic radiation'라고 부른 것을 최초로 발견했다. 구르비치는 신체의 구조 형성은 오로지 화학 물질에 좌우되는 것이 아니라 장field도 거기에 관여한다고 가정했다. 비록 구르비치의 연구는 이론적인 것이었지만, 훗날 연구자들은 조직에서 나오는 약한 복사가 같은 생물의 이웃 조직에서 세포 성장을 자극한다는 사실을 보여주었다.[12]

이 현상(지금은 많은 과학자들이 반복 실험을 통해 확인했다)을 초기에 연구한 사람들 중에 예일 대학교의 신경해부학자 해럴드 버Harold S. Burr가 있다. 버는 1940년대에 생물(특히 도롱뇽) 주변의 전기장을 측정하는 실험을 했다. 버는 도롱뇽이 다 자란 도롱뇽 모양의 에너지장을 갖고 있으며, 미수정란에도 이러한 청사진이 있다는 사실을 발견했다.[13]

버는 또한 곰팡이에서부터 도롱뇽, 개구리, 사람에 이르기까지 모든 종류의 생물 주위에서 전기장을 발견했다.[14] 전하의 변화는 성장과 수면, 재생, 빛, 물, 폭풍, 암의 발달—심지어는 달이 차고 기우는 현상—과 관계가 있는 것으로 드러났다.[15] 예를 들면, 어린 식물을 대상으로 한 실험에서 버는다 자란 어른 식물을 꼭 닮은 전기장을 발견했다.

1920년대 초에 텍사스 대학교의 연구자 엘머 룬드Elmer Lund는 히드라를 대상으로 아주 흥미로운 실험을 했다. 작은 수생 동물인 히드라는 머리를 재생하는 능력이 있어 머리가 최대 12개까지 달릴 수 있다. 룬드는(그리고 나중에 다른 사람들도) 히드라의 몸에 미소한 전류를 흘려주면 재생을 조절할 수 있다는 사실을 발견했다. 히드라 자신의 전기력을 압도할 정도로 강한 전류를 사용함으로써 꼬리가 있어야 할 자리에 머리가 자라나게 할 수 있었다. 훗날 1950년대에 마시G. Marsh와 빔스H. W. Beams는 높은 전압을 가해주면, 온전한 편형동물도 **머리가 꼬리로 바뀌고 꼬리가 머리로 바뀌면서** 재조직을 시작한다는 사실을 발견했다. 아주 어린 배아에서 신경계를 제거한 뒤, 그 배아를 건강한 배아에 이식하면 샴쌍둥이처럼 살아남는다는 연구도 있었다. 또 도롱뇽의 몸에 아주 약한 전류를 흘려줌으로써 재생 과정을 역전시킨 실험도 있었다.[16]

정형외과 의사 로버트 베커Robert O. Becker는 사람과 동물을 대상으로 재생을 자극하거나 촉진하는 실험을 했다. 그는 또한 '손상 전류current of injury'의 존재를 보여주는 실험 사례들을 모아 〈뼈 관절 수술Journal of Bone and Joint Surgery〉이라는 학술지에 발표했다. 여기서 그는 도롱뇽 같은 동물은 다리가 절단되었을 때, 그 장소에 전하 변화가 일어나며, 새로운 다리가 자랄 때까지 그 전압이 상승한다는 실험 결과를 보여주었다.[17]

많은 생물학자와 물리학자는 복사와 진동하는 파동이 세포 분열을 조율하고 몸 전체의 염색체에 지시를 보내는 과정에 관여한다는 개념을 주장했다. 독일물리학회에서 매년 뛰어난 업적을 세운 물리학자에게 수여하는 막스 플랑크 메달 수상자인 리버풀 대학교의 헤르베르트 프뢸리히Herbert Fröhlich는 일종의 집단 진동이 단백질들을 서로 협력하게 하고, DNA와 세포 내 단백질의 지시를 수행하게 한다는 개념을 최초로 제기한 사람 중 하나이다.

프뢸리히는 심지어 세포막 바로 아래에서 그러한 단백질의 진동을 통해 어떤 진동수(오늘날 이것을 '프뢸리히 진동수'라 부른다)가 발생할 수 있다고 예견했다. 파동을 통한 커뮤니케이션은 단백질의 더 작은 활동(예컨대 아미노산의 활동)을 가능하게 하는 수단이며, 단백질과 전체 계 사이의 활동을 동시에 일어나게 하기에 좋은 방법이다.[18]

프뢸리히는 연구를 통해 일단 에너지가 특정 문턱값에 도달하면, 분자들이 일제히 진동하기 시작하여 높은 수준의 결맞음 상태에 이른다는 것을 보여주었다. 그러한 수준에 이르면 분자들은 비국소성을 포함해 특정 양자역학적 성질을 나타낸다. 즉, 서로 협력하여 동시에 작동할 수 있는 단계에 이른다.[19]

이탈리아 파도바 대학교의 물리학자 레나토 노빌리Renato Nobili는 동물 조직 속에서 특정 진동수의 전자기파가 발생한다는 실험적 증거를 모았다. 그는 실험을 통해 세포 속의 액체에 전류와 파동 패턴이 있으며, 이 패턴은 대뇌피질과 두피에서 측정한 뇌파 패턴과 일치한다는 결과를 얻었다.[20] 헝가리 출신의 노벨 생리학·의학상 수상자인 알베르트 센트 죄르지Albert Szent-Györgyi는 단백질 세포가 반도체처럼 작용해 전자들의 에너지를 정보로 보존하고 전달한다는 가설을 세웠다.[21]

그러나 구르비치의 최초 연구를 포함해 이 연구들은 대부분 무시되었는데, 포프의 기계가 발명되기 전까지는 그렇게 작은 빛 입자를 측정할 만큼 정밀한 장비가 없었기 때문이다. 게다가 세포들이 복사를 사용해 커뮤니케이션을 한다는 개념은 20세기 중엽에 호르몬의 발견과 생화학의 탄생에 휩쓸려 밀려나고 말았다. 모든 것을 호르몬이나 화학 반응을 통해 설명할 수 있다는 주장이 대세가 되었기 때문이다.[22]

포프가 광측정 기계를 만들었을 때, DNA의 복사 이론에서 그는 고립무원의 처지에 놓여 있었다. 그럼에도 불구하고, 그는 그 신비한 빛의 성질에 대해 더 많은 것을 알아내기 위해 끈질기게 실험을 계속했다. 실험을 할수록 모든 생명체—가장 단순한 동식물에서부터 매우 복잡한 인간에 이르기까지—는 몇 개에서부터 수백 개에 이르는 광자를 영구적으로 방출한다는 증거를 더 많이 얻었다. 방출되는 광자의 수는 진화의 사닥다리에서 그 생물이 위치한 자리와 관련이 있는 것처럼 보였다. 복잡한 생물일수록 방출하는 광자의 수가 더 적었다. 단순한 동물이 1초에 cm²당 200~800나노미터의 파장(가시광선 영역에 속하는 비교적 높은 진동수)에서 100개의 광자를 방출하는 반면, 사람은 겨우 10개만 방출한다. 포프는 기묘한 사실을 또 한 가지 발견했다. 살아 있는 세포에 빛을 비춰주면, 세포는 그 빛을 흡수했다가 한참 뒤에 그 빛을 강렬하게 내놓았다(이것을 '지연 발광'이라 부른다). 포프는 이것이 교정 장치일지 모른다고 생각했다. 살아 있는 계는 빛의 미묘한 평형을 유지해야 한다. 만약 빛이 너무 많이 들어온다면, 살아 있는 계는 여분의 빛을 거부할 것이다.

세상에서 완벽하게 캄캄한 장소는 드물다. 유일한 후보는 철저하게 폐쇄되어 극소수 광자만 남아 있는 장소일 것이다. 포프에게는 그러한 장소가 있었는데, 그 암실은 1분에 광자 몇 개만 감지될 정도로 어두웠다. 이곳이야말로 인간의 체내에서 나오는 빛을 측정하기에 유일하게 적합한 실험실이었다. 포프는 학생 몇 명을 대상으로 생체광자 방출 패턴을 조사하기 시작했다. 한 실험에서는 피험자(27세의 건강한 여성)를 아홉 달 동안 매일 그 방에 앉힌 뒤 손과 이마의 좁은 면적에서 나오는 광자의 양을 측정했다. 그리고 그 자료를 분석했더니 놀랍게도 광자 방출에 일정한 패턴이 나타났다. 7일, 14일, 32일, 80일, 270일째에 방출량이 동일해지는 생체 리듬이 나타났는데, 그 패턴은 1년 후에도 똑같이 유지되었다. 왼손과 오른손의 방출량에도 상관관계가 있었다. 오른손에서 나오는 광자의 양이 증가하면, 왼손에서 나오는 광자의 양도 비슷하게 증가했다. 아원자 수준에서 양손에서 나오는 파동은 리듬이 일치했다. 즉, 빛이라는 관점에서 볼 때, 오른손은 왼손이 무슨 일을 하는지 안다.

광자 방출은 또한 그 밖의 자연적인 생체 리듬도 따르는 것처럼 보였다. 마치 신체는 그 자체의 생체 리듬뿐만 아니라 세계의 생체 리듬도 따르는 것처럼 밤이나 낮, 주일, 달에 따라서도 광자 방출에서 비슷한 면들을 보여주었다.

그때까지 포프는 건강한 사람만을 대상으로 연구를 했고, 양자 차원에서 높은 수준의 결맞음을 관찰했다. 그런데 아픈 사람의 몸에서는 어떤 종류의 빛이 나올까? 그는 암 환자들을 대상으로 실험을 해보았다. 모든 사례에서 암 환자들은 자연적인 주기를 상실했으며, 결맞음 수준도 낮았다. 내부 커뮤니케이션의 연결선들이 뒤죽박죽으로 엉켜 있었다. 그들은 세계와 연결이 끊어진 상태였다. 사실상 그들의 빛은 꺼져가고 있었다.

다발경화증 환자에게서는 반대 현상이 나타났다. 다발경화증 환자는 오히려 질서가 과도하게 넘치는 상태였다. 이 병에 걸린 사람은 빛을 너무 많이 흡수했는데, 이런 상황은 세포가 제 기능을 수행하는 능력을 방해했다. 너무 지나친 협력적 조화는 유연성과 개별성을 위축시켰다. 그것은 다리를 건널 때 많은 병사들이 발을 정확하게 맞추어 행진하면 다리가 무너지는 것과 비슷하다. 완벽한 결맞음은 혼돈과 질서 사이에 위치한 최적 상태이다. 이것은 협력이 너무 과도하게 일어나는 관현악단에서는 개개 연주자가 더 이상 즉흥적 연주를 할 수 없게 되는 상황과 같다. 다발경화증 환자는 빛에 묻혀 익사하고 있었다.[23]

포프는 스트레스의 효과도 조사해보았다. 스트레스를 받은 상태에서는 생체광자 방출량이 증가했는데, 이것은 환자를 평형 상태로 되돌리기 위한 방어 메커니즘으로 보였다.

이 모든 현상을 통해 포프는 생체광자 방출을 살아 있는 계가 영점장 요동을 바로잡는 과정이라고 생각하게 되었다. 모든 계는 자유 에너지(어떤 계의 내부 에너지 중에서 실제로 일로 변환이 가능한 '자유로운' 에너지-옮긴이)를 최소한으로 유지하길 좋아한다. 완전한 세계에서는 모든 파동이 상쇄 간섭을 통해 사라질 것이다. 그러나 영점장에서는 이것이 불가능한데, 미소한 에너지 요동이 끊임없이 계를 교란시키기 때문이다. 광자 방출은 그러한 교란을 막고, 일종의 에너지 평형을 이루려는 시도라고 볼 수 있다. 포프가 생각한 것처럼 영점장은 인간을 촛불과 같은 존재로 만든다. 가장 건강한 몸은 불빛이 가장 약하고 가장 바람직한 상태인 영(0)의 상태—생물이 무無에 가장 가까이 다가간 상태—에 가깝다.

포프는 자신의 실험이 단순히 암 치료나 '게슈탈트빌둥'하고만 관계가 있는 게 아니라는 사실을 깨달았다. 그것은 지구 상에서 모든 생물이 어떻게 진화했느냐 하는 질문에 대해 신다윈주의자의 이론보다 더 훌륭한 설명을 제공할 수 있는 모형이었다. 운에 좌우되지만 결국에는 무작위적 오류를 바탕으로 한 시스템을 통해 생물이 진화했다고 주장하는 대신에, 이 모형은 만약 DNA가 온갖 종류의 진동수를 정보 도구로 사용한다면, 정보를 암호화하고 전달하는 파동을 통해 완전한 커뮤니케이션이 일어나는 피드백 시스템을 제공할 수 있다.

이 모형은 또 신체 재생 능력도 설명할 수 있다. 많은 동물 종은 떨어져 나간 신체 일부를 재생하는 능력이 있다. 이미 1930년대에 도롱뇽을 대상으로 한 실험에서 다리나 턱, 심지어 수정체를 제거해도, 마치 숨어 있는 설계도를 따르는 것처럼 제거된 부위가 완전히 재생되는 현상이 관찰되었다.

이 모형은 팔이나 다리가 절단된 뒤에도 그것이 붙어 있는 것처럼 느껴지는 환상 사지 현상도 설명할 수 있다. 실제로는 떨어져 나가고 없는 부위에 극심한 경련이나 통증을 호소하는 사람들이 많은데, 그들은 여전히 남아 있

는 실제 신체적 속성—영점장에 각인돼 있는 팔이나 다리의 그림자—을 경험하는 것인지도 모른다.[24]

포프는 체내의 빛에 심지어 건강과 질병의 열쇠가 있을지 모른다는 생각이 들었다. 한 실험에서는 놓아기른 닭이 낳은 달걀과 공장식 양계장의 닭이 낳은 달걀에서 방출되는 광자를 비교해보았다. 놓아기른 닭이 낳은 달걀에서 방출된 광자가 결맞음 수준이 더 높았다. 그러고 나서 포프는 생체광자 방출을 식품의 질을 측정하는 도구로 사용했다. 건강에 좋은 식품일수록 광자 방출이 적으면서 결맞음 정도는 더 높았다. 생체계에 교란이 일어나면 광자 발생이 증가한다. 건강한 상태는 아원자 수준의 커뮤니케이션이 완벽한 상태이고, 건강하지 않은 상태는 아원자 수준의 커뮤니케이션이 붕괴한 상태이다. 체내 파동의 위상이 서로 어긋날 때 건강이 나빠진다.

포프가 이러한 연구 결과를 발표하기 시작하자 과학계는 적대적인 반응을 보였다. 독일의 많은 동료 과학자들은 마침내 포프가 총기를 잃었다고 생각했다. 그의 대학에서 생체광자 방출을 공부하려는 학생들은 비난을 받기 시작했다. 1980년에 조교수 계약 기간이 만료되자, 대학 측은 다른 핑계를 대며 포프를 재임용하지 않았다. 계약 기간이 끝나기 이틀 전, 교직원들이 그의 실험실로 밀고 들어와 실험 장비를 모두 넘기라고 요구했다. 다행히도 사전에 정보를 귀띔해준 사람이 있어 포프는 광전자 증배관을 자신에게 동정적이던 학생의 하숙집 지하실에 숨겨두었다. 그는 대학을 떠났지만, 자신의 소중한 장비를 무사히 챙길 수 있었다.

마르부르크 대학교 당국의 이러한 처사는 공정한 재판 절차도 없이 범죄자를 다루는 것과 같았다. 몇 년 동안 조교수로 재직한 공로를 감안할 때 포프는 상당한 보상을 받을 권리가 있었지만, 학교 측은 아무런 보상도 하지 않았다. 포프는 정당하게 받을 권리가 있는 4만 마르크를 받기 위해 소송을 제기해야 했다. 재판에서 이겨 돈은 챙겼지만, 그의 경력은 끝나고 말았다.

그는 결혼을 했고 세 아이의 아버지였으나 마땅한 일자리를 구할 수 없었다. 그 당시에 어떤 대학도 그와 접촉하려고 하지 않았다.

학계에서의 경력은 그걸로 끝난 것처럼 보였다. 그는 2년 동안 동종 요법 약품을 만드는 제약 회사인 뢰들러에서 일했다. 이 회사는 터무니없어 보이는 그의 이론을 진지하게 받아들인 극소수 단체 중 하나였다. 연구실에서는 완고한 독재자였던 포프는 이러한 역경에도 굴하지 않고 자신의 연구가 옳다는 확신을 갖고 자신의 연구를 계속 끈질기게 해나갔다. 그러다가 마침내 카이저슬라우테른 대학교의 발터 나글Walter Nagl 교수의 신임을 얻어 함께 일하자는 제의를 받았다. 하지만 포프의 연구는 또다시 교수진 사이에서 비판의 대상이 되었고, 교수들은 그 연구가 대학의 명예를 실추시킨다는 이유로 포프의 사임을 요구했다.

결국 포프는 카이저슬라우테른 대학교의 기술연구소에 자리를 얻었다. 이 연구소는 주로 정부로부터 지원금을 받아 응용 연구를 했다. 과학계에서 포프의 견해에 동조하는 사람들이 나오기까지는 그로부터 약 25년을 더 기다려야 했다. 시간이 지나면서 서서히 세계 각지에서 일부 과학자들이 신체의 커뮤니케이션 시스템이 공명과 진동수로 이루어진 복잡한 네트워크일지 모른다고 생각하기 시작했다. 마침내 그들은 전 세계 각지의 국제적 연구 센터에서 일하는 15개 과학자 집단으로 이루어진 국제생물물리학연구소를 결성했다. 포프는 뒤셀도르프 근처의 노이스에 자신의 연구 팀을 위한 사무실을 마련했다. 노벨상 수상자의 형제, 알렉산드르 구르비치의 손자, 보스턴 대학교와 CERN(유럽입자물리학연구소)의 핵물리학자, 중국인 생물물리학자 2명 등 세계적으로 유명한 과학자들이 마침내 포프의 견해에 동조하기 시작했다. 포프의 운이 바뀌기 시작했다. 갑자기 세계 각지의 유명한 대학들에서 교수직 제의가 쇄도했다.

포프는 새 동료들과 함께 같은 종의 여러 개체들을 대상으로 광자 방출을 연구하는 데 착수했다. 맨 처음 연구한 대상은 물벼룩이었는데, 아주 놀라운 결과가 나왔다. 광전자 증배관으로 측정한 결과, 물벼룩은 이웃 물벼룩이 방출한 빛을 서로 흡수하고 있었다. 작은 물고기를 대상으로 한 실험에서도 똑같은 결과가 나왔다. 광전자 증배관의 측정 결과에 따르면, 해바라기는 생물학적 진공청소기처럼 태양 광자를 가장 많이 흡수할 수 있는 방향으로 움직이면서 광자를 빨아들였다. 심지어 세균도 주변의 배양액에서 광자를 흡수하려고 했다.[25]

포프는 이렇게 광자를 방출하는 목적이 신체 바깥쪽에 있는 게 아닐까 하는 생각이 들었다. 파동 공명은 단순히 체내 커뮤니케이션에만 사용되는 것이 아니라, 살아 있는 생물들 사이의 커뮤니케이션에도 사용되고 있었다. 건강한 두 개체는 광자 교환을 통해 광자를 빨아들이고 있었다. 포프는 동물계에서 가장 난해한 수수께끼 중 하나, 즉 물고기 떼나 새 떼가 어떻게 즉각적으로 일사불란하게 협동 행동을 하는가 하는 의문을 푸는 열쇠가 숨어 있을지 모른다고 생각했다. 동물의 귀소 본능을 조사한 많은 실험 결과는 동물이 습관적으로 자국이나 냄새 또는 지구 자기장을 따라가는 게 아니라, 그들 사이에 조용한 커뮤니케이션이 작용한다는 걸 시사했다. 그것은 서로 수 킬로미터나 떨어져 있는 동물들 사이에서도 보이지 않는 고무 밴드처럼 작용한다.[26] 인간의 경우에는 또 다른 가능성이 있다. 만약 우리가 다른 생물의 광자를 흡수할 수 있다면, 그들의 정보를 이용하여 잘못된 우리 자신의 빛을 교정할 수 있을지도 모른다.

포프는 이 개념을 확인하기 위한 실험을 시작했다. 만약 발암 물질이 신체의 생체광자 방출을 변화시킬 수 있다면, 커뮤니케이션을 더 향상시키는 물질도 있을 것이다. 특정 식물 추출물이 암세포의 생체광자 방출 패턴을 변화시킴으로써 그 세포들이 신체의 나머지 부분과 커뮤니케이션을 다시 주고받게 할 수 있지 않을까 하는 생각이 들었다. 그는 암 치료에 효과가 있다는 여러 가지 무독성 물질을 가지고 실험을 시작했다. 딱 한 가지만 빼고 나머지 물질들은 모두 다 종양 세포에서 방출되는 광자의 양을 증가시켜 몸에 더 치명적인 영향을 미쳤다. 유일한 성공 사례는 겨우살이였는데, 종양 세포의 광자 방출을 다시 정상으로 되돌리는 데 도움을 주는 것처럼 보였다. 포프는 유방암과 자궁암에 걸린 30대 여성을 만났다. 이 환자에게서 떼어낸 암 조직에다가 겨우살이와 그 밖의 식물 추출물을 가하는 실험을 한 결과, 겨우살이 요법이 암 조직의 결맞음 수준을 정상 조직과 비슷하게 만든다는 사실을 발견했다. 그 여성은 담당 의사의 동의를 얻어 다른 치료법을 모두 중단하고 겨우살이 추출물 치료만 받았다. 1년 후, 모든 검사 결과가 정상으로 나왔다. 말기 암이라고 삶을 포기했던 여성이 단지 식물 추출물 섭취만으로 정상적인 생체광자 방출을 회복한 것이다.[27]

포프는 동종 요법도 광자 흡수의 효과를 보여주는 한 가지 사례라고 보았다. 그는 동종 요법에 사용되는 용액을 일종의 '공명 흡수제'라고 보았다. 동종 요법은 말 그대로 병의 증상을 일으키는 것과 유사한 물질을 사용해 치료한다는 개념에 기초하고 있다. 많이 섭취하면 두드러기가 발생하는 식물 추출물을 아주 묽은 농도로 사용해 두드러기를 치료한다는 식이다. 만약 체내에서 어떤 나쁜 진동수가 특정 증상을 일으킨다면, 같은 증상을 일으키는 물질을 아주 묽게 만든 것에도 그러한 진동이 들어 있을 것이다. 공명을 일으키는 소리굽쇠처럼 적절한 동종 요법 용액은 나쁜 진동을 끌어들여 흡수함으로써 신체의 상태를 정상으로 돌려놓을 수 있을지도 모른다.

포프는 또 침술의 효과를 전자기 분자 신호로 설명할 수 있을지도 모른다고 생각했다. 전통 중국 의학 이론에 따르면, 인체에는 조직 깊숙한 곳에 기가 흐르는 경락이 있다. 경락 중에서 기가 특히 많이 모이는 곳을 경혈이라 하는데, 그곳에 침을 놓는다. 기는 경혈을 통해 신체 속으로 들어가고, 더 깊은 기관 속으로 흘러가 기(따라서 생명의 힘)를 전달한다고 한다. 질병은 기의 흐름이 막힐 때 생긴다. 포프는 경락이 체내의 특별한 에너지를 특정 장소로 전달하는 것을 돕는 파동처럼 작용할지 모른다고 주장했다.

연구 결과, 많은 경혈은 주변의 피부 부위보다 전기 저항이 현저히 낮다는 사실이 밝혀졌다(경혈에서는 10킬로옴인 데 비해 주변에서는 3메가옴이나 된다).[28] 경혈을 낮은 진동수로 자극하면 진통 효과가 있는 엔도르핀이나 코르티솔이 분비되고, 높은 진동수로 자극하면 기분 조절에 관여하는 중요한 신경 전달 물질인 세로토닌과 노르에피네프린이 분비된다는 사실도 밝혀졌다. 경혈 주변에 있는 다른 피부 지점을 자극하면 이런 효과가 전혀 나타나지 않는다.[29] 침술은 또한 순환계를 확장시키고 신체에서 멀리 떨어진 기관까지 흘러가는 혈액의 양을 증가시킨다고 알려져 있다.[30] 경락의 존재를 뒷받침하고 침술의 효능을 입증하는 연구 결과는 아주 많다. 체내의 전자기장에 대해 많은 연구를 한 정형외과 의사 로버트 베커Robert Becker는 피자 커터처럼 빙 구르면서 몸속으로 들어가는 특별한 전극 기록 장비를 만들었다. 많은 사람을 대상으로 연구한 결과, 모든 피험자들의 동일한 지점에서 전하가 감지되었는데, 그 장소들은 모두 경혈에 해당하는 곳이었다.[31]

탐구할 만한 가치가 있는 가능성들이 많이 있는데, 그중에는 성공하는 것도 있고 실패하는 것도 있을 것이다. 하지만 포프는 한 가지만큼은 확신했는데, 그것은 바로 DNA와 생체광자 방출에 관한 자신의 이론이 옳으며, 이것이 신체에서 일어나는 과정들을 촉진한다는 사실이었다. 그는 생물학적 과정이 자신이 관찰한 양자 과정에 좌우된다는 사실을 추호도 의심하지 않았다. 그에게 필요한 것은 그것이 어떻게 그럴 수 있는지 실험적 증거를 발견한 과학자들이었다.

4

세포의 언어

파리 외곽의 클라마르에 있는 한 하얀색 조립식 컨테이너 건물 안으로 들어가면, 특별히 만든 선반 위에 조그마한 심장이 팔딱팔딱 뛰고 있다. 이 심장이 계속 살아서 뛰는 이유는 프랑스 과학자 팀이 심장 이식에 사용되는 첨단 외과 수술 기술을 사용해 산소와 이산화탄소를 적절히 혼합한 것을 공급해주기 때문이다. 다만 이 실험에서는 심장 기증자나 이식받는 사람이 없다. 이 심장은 원래 주인인 수컷 기니피그의 몸에서 떼어낸 지 오래되었고, 과학자들은 기관 자체와 그 반응에만 관심이 있다. 그들은 혈관 확장제로 알려진 두 가지 물질인 아세틸콜린과 히스타민을 투여하고, 두 물질의 길항제인 아트로핀과 메피라민을 투여한 다음, 마지막으로 관상 동맥의 혈류량과 심박동 등의 변화를 측정했다.

여기까지는 별로 놀랄 만한 것이 없다. 예상대로 히스타민과 아세틸콜린은 관상 동맥에 흐르는 혈류량을 증가시킨 반면, 메피라민과 아트로핀은 그것을 억제했다. 이 실험에서 유일하게 특이한 점은 변화를 일으키는 원인 물질이 약리학적 화학 물질이 아니라 세포에서 나오는 전자기 신호인 낮은 진동수의 파동이란 사실인데, 이 신호는 특별히 그 목적을 위해 설계한 변환기와 사운드 카드가 장착된 컴퓨터를 사용해 기록한 것이었다. 20킬로헤르츠 미만의 전자기 복사인 이 신호는 기니피그의 심장에 가하자, 화학 물질과 마찬가지로 심장을 팔딱팔딱 뛰게 했다.[1]

신호가 실질적으로 화학 물질의 역할을 대신한 이유는 그 신호가 바로 분자의 지문이기 때문이다. 연구 팀은 이 결과가 불러올 폭발적 반응을 잘 알고 있었다. 이것은 분자 수준의 신호 전달과 세포들이 서로 '대화'를 나누는 방법에 관한 기존의 이론들을 고쳐 쓰게 만들 만큼 중대한 발견이었다. 그들은 포프의 주장—우주의 모든 분자는 각자 독특한 진동수를 갖고 있으며, 세계와 대화를 나누는 데 사용하는 언어는 공명 파동이라는 가설—을 실험실에서 증명하기 시작했다.

포프가 생체광자 방출이 지닌 큰 의미에 대해 생각하고 있을 때, 한 프랑스 과학자는 그것을 반대 방향으로 탐구하고 있었다. 즉, 생체광자가 개개 분자에 미치는 효과를 조사하기로 한 것이다. 포프는 생체광자 방출이 체내의 모든 과정을 조율한다고 믿었는데, 이 프랑스 과학자는 그것이 정교하게 작용하는 방식을 찾아내려고 했다. 포프가 체내에서 관찰한 생체광자 진동은 분자들을 진동시켜 각자의 지문 진동수를 만들어내게 하고, 그것이 각 분자 특유의 원동력이자 커뮤니케이션 수단으로 작용한다. 이 프랑스 과학자는 이 미소한 진동에 귀를 기울여 우주의 교향곡을 들었다. 우리 몸속의 모든 분자는 각자 고유한 음의 소리를 내며, 온 세계가 그 소리를 듣는다.

이 발견은 자크 방브니스트Jacques Benveniste라는 프랑스 과학자가 정도에서 벗어나는 연구에 집요하게 매달린 끝에 이뤄낸 것이었다. 의학 박사인 방브니스트는 1980년대까지는 누구나 예상이 가능하고 전도양양한 길을 걸었다. 파리에서 레지던트 과정을 거친 뒤에 알레르기 연구에 몰두하여 알레르기와 염증의 메커니즘에 관한 전문가가 되었다. 그는 프랑스 국립보건의학연구원의 연구실장으로 임명되었고, 천식 같은 알레르기의 메커니즘에 관여하는 혈소판 활성화 인자를 발견하여 유명해졌다.

50세 때 방브니스트는 세상을 거의 얻은 것처럼 보였다. 그가 의학계에서 국제적인 명성을 얻으리라는 건 명약관화해 보였다. 그는 데카르트 이래 프랑스인이 두각을 나타낸 적이 없던 분야에서 성공을 거둔 것을 자랑스럽게 여겼다. 방브니스트가 프랑스 생물학자 중에서는 드물게 노벨상을 수상할지도 모른다는 소문까지 나돌았다. 그가 쓴 논문은 프랑스 국립보건의학연구원의 과학자들 사이에 자주 인용되는 것 중 하나였는데, 그것은 명성과 지위의 척도로 여겨졌다. CNRS(프랑스 국립과학연구원)에서 은메달도 받았는데, 그것은 가장 명성 높은 프랑스 과학계의 영예 중 하나였다. 방브니스트는 우락부락하면서 잘생긴 외모와 위엄 있는 태도를 지녔고, 유머 감각이 뛰어났으며, 30년 동안 결혼 생활을 잘 유지하고 있었다. 하지만 만족스러운 결혼 생활이나 현실도 불장난을 저지르고 싶은 그의 성향을 잠재우지 못했다. 그는 그러한 성향은 프랑스인에게는 의무적인 것이라고 여겼다.

그런데 1984년에 일어난 한 사건(계산 과정에서 일어난 사소한 오류가 원인이 된) 때문에 확실히 보장된 이 밝은 미래가 뒤틀어져버렸다. 프랑스 국립보건의학연구원의 방브니스트 연구실에서는 호염기구(백혈구의 하나. 세포질 중에서 염기성 색소에 잘 물드는 과립을 가지며, 0.5~1%를 차지한다. 호염기성 백혈구라고도 함-옮긴이) 탈과립—알레르기 항원에 대한 특정 백혈구의 반응—을 연구하고 있었다. 하루는 우수한 연구원인 엘리자베트 다브나Elisabeth Davenas가 방브니스트에게 용액 속에 포함된 알레르기 항원 분자가 극소량인데도 불구하고 백혈구 세포의 반응이 기록되었다고 보고했다. 그것은 계산상의 단순한 착오 때문에 일어난 일이었다. 다브나는 처음 용액의 농도가 실제보다 더 진한 것으로 생각했다. 그래서 실험에 사용할 농도로 희석하면서 최종 용액에 자기도 모르게 알레르기 항원 분자를 실험 계획보다 훨씬 적게 들어가게 만들었다.

데이터를 검토한 방브니스트는 다브나를 야단쳤다. 그는 그런 결과는 절대로 나올 수 없다고 단정적으로 말했다. 그 용액은 사실상 알레르기 항원 분자가 하나도 들어 있지 않는 거나 마찬가지였기 때문이다.

"자넨 물을 가지고 실험한 거야. 다시 해보게."

하지만 다브나가 똑같이 희석시킨 용액으로도 동일한 실험 결과를 갖고 돌아오자, 방브니스트는 꼼꼼한 연구원인 다브나가 뭔가 연구할 만한 가치가 있는 것을 발견한 게 아닐까 하는 생각이 들었다. 다브나는 몇 주일 동안 계속해서 설명할 수 없는 동일한 실험 데이터를 내놓았다. 아주 묽게 희석시킨 용액 속에는 효과를 나타낼 만한 알레르기 항원이 충분히 들어 있지 않은데도 생물학적 효과가 분명하게 나타났다. 방브니스트는 온갖 이론을 동원해 이 현상을 설명하려고 노력했다. 어쩌면 두 번째 항체가 머물러 있다가 나중에 반응을 보였을지도 몰랐고, 밝혀지지 않은 두 번째 항원에 대한 반응일지도 모른다고 생각해보았다. 연구실에서 일하던 교수 중 동종 요법도 다루는 의사가 있었는데, 실험 결과를 검토하고 나서 이 실험 결과는 동종 요법의 원리와 아주 유사하다고 지나가는 말로 언급했다. 동종 요법에서도 사실상 처음의 활성 성분이 전혀 남아 있지 않을 정도로(단지 '기억'만 남아 있게) 용액을 희석시켜 사용한다. 그 당시 방브니스트는 동종 요법이 무엇인지도 몰랐지만(이것은 그가 얼마나 정통 의학에 충실한 사람이었는지 보여준다), 그 말을 듣고 큰 흥미를 느꼈다. 그는 다브나에게 원래의 활성 성분 분자가 단 하나도 남지 않을 정도로 용액을 더 묽게 희석하라고 했다. 그런 다음에 맹물에 불과한 그 용액을 가지고 실험을 했더니, 이번에도 활성 성분이 그 속에 남아 있는 것과 같은 결과가 나왔다.

방브니스트는 알레르기 전문가였기 때문에 연구 과정에서 사람의 세포에 전형적인 알레르기 반응을 유도하는 것이 목적인 표준적 알레르기 시험 방법을 사용했다. 그는 표면에 면역글로불린 E(IGE) 항체를 포함한 백혈구의 한 종류인 호염기구를 분리했다. 알레르기 환자에게 과민 반응을 일으키는 원인은 바로 이 세포이다.

방브니스트가 면역글로불린 E 세포를 택한 이유는 이 세포가 꽃가루나 집먼지진드기 같은 알레르기 항원에 쉽게 반응하여 히스타민을 분비할 뿐만 아니라, 특정 항면역글로불린 E 항체에도 반응을 보이기 때문이었다. 그래서 만약 이 세포가 어떤 것에 영향을 받는다면, 그것을 놓칠 리가 없었다. 게다가 방브니스트가 프랑스 국립보건의료연구원에서 개발하여 특허를 얻은 시험 방법을 통해 그 염색 성질을 시험해볼 수 있다는 장점도 있었다. 호염기구는 대부분의 세포와 마찬가지로 투명한 젤리처럼 생겼기 때문에, 그것을 제대로 관찰하려면 염색을 하는 게 필요하다. 그러나 톨루이딘블루 같은 표준 염색 시약을 사용하면, 숙주의 건강이나 다른 세포가 원래 세포에 미치는 영향 등 많은 요인에 따라 염색 수준이 달라질 수 있다. 면역글로불린 E 세포는 항면역글로불린 E 항체에 노출되면, 염료를 흡수하는 능력이 변한다. 항면역글로불린 E는 염료의 작용을 방해하는 능력이 아주 뛰어나 호염기구를 다시 보이지 않게 만들기 때문에 일종의 '생물학적 페인트 제거제'로 불린다.[2]

방브니스트가 희석시킬 물질로 항면역글로불린 E를 택한 마지막 이유는 이 분자가 특별히 크다는 데 있었다. 항면역글로불린 E 분자를 모두 제거한 뒤에도 물에 그 효과가 남아 있는지 알아보려고 한다면, 아주 큰 항면역글로불린 E 세포가 하나라도 여과되지 않고 남아 있을 가능성은 아주 낮다.

다브나가 꼼꼼하게 작성한 실험 일지에 기록돼 있듯이, 1985년부터 1989년까지 4년에 걸친 연구에서 방브니스트 연구 팀은 최초의 항면역글로불린 E 용액에서 $\frac{1}{10}$을 취해 시험관에 담고 거기에 표준 용매 $\frac{9}{10}$을 더해 희석시켰다. 그것을 잘 섞은 다음, 거기서 다시 $\frac{1}{10}$을 취해 표준 용매 $\frac{9}{10}$를 더했다. 그런 식으로 처음 용액의 $\frac{1}{10}$, $\frac{1}{100}$, $\frac{1}{1000}$……로 용액을 점점 희석시켜 나갔다.

이렇게 농도를 묽게 한 각각의 용액을 차례로 호염기구에 투입하고 나서 현미경으로 관찰했다. 놀랍게도 $\frac{1}{10^{60}}$의 농도까지 묽힌 용액에서도 염료의 흡수를 방해하는 효과가 최대 66%까지 관찰되었다. 나중 실험에서는 용액의 농도를 순차적으로 100번 이상 희석시켜 $\frac{1}{10^{120}}$ 농도로 만들어 사실상 항면역글로불린 E 분자가 단 하나도 들어 있지 않은데도 불구하고, 호염기구에 여전히 같은 효과가 나타났다.

그런데 전혀 예상치 못한 또 한 가지 결과가 기다리고 있었다. 항면역글로불린 E의 효과는 $\frac{1}{1000}$ 농도(세 번째 희석액)에서 가장 높게 나타나고 그 이후에는 누구나 예상하듯이 점차 감소했는데, 아홉 번째 희석액부터 그 추세가 뒤집어졌다. 이때부터는 오히려 효과가 증가하기 시작하여 더 많이 희석시킨 용액일수록 효과가 계속 증가하는 양상이 나타났다.[3] 동종 요법의 주장처럼 용액을 더 묽게 할수록 그 효과가 더 강하게 나타난 것이다.

방브니스트는 프랑스, 이스라엘, 이탈리아, 캐나다의 다섯 군데 연구소와 협력하여 연구를 진행했는데, 모든 곳에서 같은 실험 결과가 재현되었다. 13명의 과학자는 4년간의 협력 연구에서 얻은 결과, 즉 항체 용액을 사실상 항체 분자가 하나도 남지 않을 정도로 희석시키더라도 면역 세포에 반응을 일으킨다는 실험 결과를 1988년에 명망 높은 학술지인 〈네이처〉에 발표했다.[4] 저자들은 특정 희석액에는 최초의 용액에 들어 있던 분자가 단 하나도 포함돼 있지 않다고 결론 내리면서 다음과 같이 주장했다.

희석과 혼합 과정에서 특정 정보의 전달이 일어난 것이 분명하다. 예컨대 물이 무한한 수소 결합 네트워크나 전기장과 자기장을 통해 그 분자의 주형 역할을 했을 수 있다. (…) 이 현상의 정확한 본질은 아직 제대로 설명할 수 없다.

이 논문에 주목한 일반 대중 매체들에게는 방브니스트가 '물의 기억'을 발견했고, 그의 연구는 동종 요법의 유효성을 입증한 것으로 보였다. 방브니스트 자신은 그 실험 결과가 대체의학의 모든 이론을 뛰어넘는 영향력을 지니고 있다는 사실을 깨달았다. 만약 물이 분자의 정보를 각인하고 저장할 수 있다면, 이것은 분자 자체와 몸속에서 분자들이 '대화'를 나누는 방식에 대한 우리의 이해에 큰 영향을 미칠 게 분명했는데, 그도 그럴 것이 몸속의 분자들은 물로 둘러싸여 있기 때문이다. 인체에는 단백질 분자 하나당 물 분자가 약 1만 개나 존재한다.

〈네이처〉는 이 발견이 생화학의 기존 법칙에 미칠 반향을 신중히 고려했다. 편집자인 존 매덕스John Maddox는 이 논문을 싣기로 결정했지만 유례없는 조치를 취했는데, 논문 말미에 편집자 의견을 덧붙이기로 한 것이다.

편집자 의견

이 논문을 읽는 독자들은 지난 몇 개월 동안 이 논문 내용의 여러 가지 버전을 평가한 많은 심사 위원들과 마찬가지로 이 실험 결과에 쉽사리 믿음이 가지 않을 것이다. 이 실험 결과의 요지는, 항체 수용액을 아주 묽게, 사실상 시료에 항체 분자가 단 하나도 남지 않을 정도로 묽게 희석한 수용액이 생물학적 반응을 일으키는 능력을 그대로 유지한다는 것이다. 이런 작용을 설명할 수 있는 물리적 근거는 전혀 없다. 그래서 〈네이처〉는 방브니스트 교수의 친절한 협조를 받아 독립적인 연구자들에게 의뢰해 이 실험 결과가 재현되는지 확인해보기로 했다. 이 조사 결과의 보고서는 조만간 발표될 것이다.

매덕스는 사설을 통해 독자들에게도 방브니스트의 연구에 허점이 없는지 찾아보라고 권했다.[5]

방브니스트는 자부심이 강한 사람으로, 기성 체제의 면전에 주먹을 휘두르는 걸 두려워하지 않았다. 그는 과학계에서 가장 보수적인 학술지 중 하나로 꼽히는 〈네이처〉에 논문을 발표하는 도발을 감행했을 뿐만 아니라, 실험 결과가 의심을 받자 자신의 실험실에서 그 실험 결과가 재현되는지 확인하자는 요구를 수용함으로써 그들이 던진 결투 신청까지 기꺼이 받아들였다.

논문이 발표된 지 나흘 후, 매덕스는 방브니스트가 과학 '사기 전담반'이라고 부른 팀을 데리고 왔다. 그 팀은 사기 행위 폭로자로 유명한 월터 스튜어트Walter Stewart와 과학 연구에서 속임수를 가려내기 위해 자주 초청된 전문 마술사 제임스 랜디James Randi로 이루어져 있었다. 방브니스트는 마술사와 저널리스트 그리고 사기 행위 폭로자로 이루어진 팀이 생물학 실험에서 일어나는 미묘한 변화를 평가하는 데 최선의 팀일까 하는 의문이 들었다. 그들이 지켜보는 가운데 다브나는 맹검법으로 진행한 한 차례의 실험을 포함해 모두 네 차례의 실험을 했다. 방브니스트는 그 실험들은 모두 성공적이었다고 말한다. 하지만 매덕스 팀은 결과에 이의를 제기하여 실험 절차를 바꾸고, 부호화 절차를 엄격하게 하고, 심지어 부호를 천장에 테이프로 붙여놓기까지 했다. 스튜어트는 이 실험에 전혀 숙련된 사람이 아닌데도 일부 실험을 자기가 직접 해보겠다고 고집했고 일부 실험 설계를 변경하기까지 했다.

방브니스트 팀이 뭔가를 숨기고 있다고 암시하는 격앙된 분위기에서 새로운 절차에 따라 실시한 세 차례의 실험은 실패로 끝났다. 그러자 매덕스 팀은 먼저 방브니스트의 논문을 복사해달라고 요구한 뒤 그 실험 결과를 가지고 곧장 떠났다.

그들이 5일간의 방문을 마치고 떠난 뒤, 곧 〈네이처〉에는 '고희석 실험 사기'라는 제목의 보고서가 실렸다. 그 보고서는 방브니스트의 연구실에서는 과학적 절차를 엄격하게 지키지 않았다고 주장했다. 그러면서 다른 연구실들에서 나온 긍정적 데이터를 무시했다. 매덕스는 세 차례의 실험이 모두 실패한 사실에 놀라움을 표시했다. 그러나 그것은 생물학 실험에서는 흔히 있는 일이다. 방브니스트가 논문을 발표하기 전에 300차례 이상 실험을 했던 한 가지 이유도 그 때문이다. 매덕스는 또 염색 실험이 고도로 민감한 실험이며, 실험 조건의 미소한 변화만으로도 결과가 달라질 수 있을 뿐 아니라, 그 결과로 일부 기증자의 혈액이 아주 높은 농도의 항면역글로불린 E에도 아무 영향을 받지 않을 수 있다는 사실을 간과했다. 그들은 방브니스트와 논문을 함께 쓴 저자 두 사람이 동종 요법 약품 제조 회사로부터 연구비를 지원받았다는 사실에 실망을 표시했다. 방브니스트는 민간 기업이 과학 연구를 지원하는 것은 일반적인 관행이라고 반박했다. 후원 기업의 비위를 맞추려고 자신들이 실험 결과를 조작했다고 의심하는 것이냐며 발끈했다.

방브니스트는 격정적인 반응을 보이면서 열린 마음을 가지라는 호소로 반격했다.

> 세일럼(매사추세츠 주 북동부의 항구 도시. 1692년에 마녀 사냥과 마녀 재판이 벌어진 곳으로 유명하다. 이 재판으로 19명이 사형당하고 140여 명이 체포당했다-옮긴이)의 마녀 사냥이나 매카시즘과 비슷한 박해는 과학을 죽이고 말 것이다. 과학은 오직 자유 속에서만 활짝 꽃을 피울 수 있다. (…) 서로 엇갈리는 결과에 대해 확실하게 판정을 내릴 수 있는 유일한 방법은 그 결과를 재현하는 것이다. 우리 모두가 정말로 틀렸으면서 옳다고 믿을 가능성도 있다. 하지만 그것은 범죄가 아니라 일상적인 과학이다.[6]

〈네이처〉가 발표한 조사 결과는 프랑스 국립보건의료연구원에서 방브니스트의 명성과 위상에 치명타가 되었다. 프랑스 국립보건의료연구원의 한 과학 위원회는 만장일치에 가까운 성명을 통해 그의 연구를 비난하면서 "어떤 현상이 200여 년 동안 화학 연구에서 발견되지 않은 채 간과되어왔다고 주장하기 이전에" 다른 실험을 했어야 마땅하다고 주장했다.[7] 프랑스 국립보건의료연구원은 〈네이처〉의 조사 결과에 대한 방브니스트의 반론을 들으려고도 하지 않았으며, 더 이상 그 연구를 하지 못하게 했다. 정신 불안정과 사기에 관한 소문도 나돌았다. 그의 연구를 '의심스러운 과학', '잔인한 사기', '사이비 과학'이라고 비난하는 편지들이 〈네이처〉와 다른 학술지들에 쇄도했다.[8]

방브니스트는 품위를 지키면서 이 일에서 손을 떼고 물러날 기회가 여러 차례 있었으며, 직업적으로 이 연구를 계속 추구해야 할 이유도 없었다. 그 연구를 계속 고집하다간 그동안 쌓은 경력을 망칠 위험이 컸다. 방브니스트는 프랑스 국립보건의료연구원에서 올라갈 수 있는 자리까지 올라갔고, 연구원장이 되고 싶은 욕망 같은 것은 없었다. 그는 더 높은 자리에 대한 야심이 없었으며, 오로지 자신의 연구를 계속할 수 있기만 원했다. 그 무렵에 그는 선택의 여지가 없다고 느꼈다. 병 속의 요정은 이미 밖으로 나오고 말았다. 세포의 커뮤니케이션에 관해 배운 모든 것을 허물어뜨리는 증거를 발견한 그는 이제 이전으로 돌아갈 수 없었다. 게다가 그 연구를 하면서 짜릿한 흥분마저 느꼈다. 그것이야말로 가장 매력적인 연구이자 가장 큰 폭발력을 지닌 결과로 보였다. 그는 그것이 자연의 치마를 들춰보는 것과 비슷하다고 즐겨 표현했다. 방브니스트는 프랑스 국립보건의료연구원을 떠나 디지바이오 같은 민간 기업에서 지원을 얻어내려고 노력했다. 디지바이오는 방브니스트와 1997년에 방브니스트 팀에 합류한 에콜상트랄파리의 공학자 디디에 기요네Didier Guillonnet에게 그 연구를 계속하도록 지원했다. 〈네이처〉 사건으로 좌절을 겪은 뒤, 두 사람은 '디지털 생물학' 쪽으로 방향을 틀었는데,

이것은 즉흥적으로 떠오른 영감에서 시작한 것이 아니라, 8년 동안 세심한 실험의 결과로 탄생한 논리적 귀결이었다.[9]

방브니스트는 물의 기억 연구를 통해 살아 있는 세포 내에서 분자들이 커뮤니케이션을 하는 방식을 조사해봐야겠다는 생각이 들었다. 생명 활동의 모든 측면에서 분자들은 서로 대화를 나누어야 한다. 우리가 흥분할 때에는 부신에서 아드레날린이 더 많이 분비되면서 특정 수용체들에게 심장을 더 빨리 뛰게 하라고 지시한다. '정량적 구조 활성 관계Quantitative Structure-Activity Relationship, QSAR'라고 부르는 이 이론은, 구조적으로 서로 딱 들어맞는 두 분자가 특정 (화학적) 정보를 교환하며, 그러한 일은 두 분자가 서로 충돌할 때 일어난다고 설명한다. 이것은 열쇠가 자물쇠의 열쇠 구멍을 찾아가는 것과 비슷하다(이 이론을 흔히 열쇠-열쇠 구멍 상호 작용 또는 자물쇠-열쇠 상호 작용 모형이라고 부르는 이유는 이 때문이다). 생물학자들은 아직도 오로지 접촉을 통해서만 반응이 일어날 수 있다는 데카르트의 기계론적 개념을 신봉하고 있다. 중력의 작용은 받아들이지만, 그 밖의 원격 작용 개념은 그 어떤 것도 부정한다.

만약 이런 일이 우연히 일어난다고 한다면, 세포 우주를 고려할 때 이런 일이 일어날 통계적 확률은 극히 낮다. 평균적인 세포에서 단백질 분자는 물 분자 1만 개당 1개만 존재하기 때문에, 세포 내에서 단백질 분자들은 수영장에 테니스공 몇 개가 떠다니는 것처럼 이리저리 흘러다닌다. 이 이론의 큰 문제점은 우연에 과도하게 의존한다는 점과 시간이 너무 많이 걸린다는 점이다. 이 이론으로는 분노나 즐거움, 슬픔, 두려움 같은 즉각적인 생물학적 반응을 설명할 수 없다. 하지만 만약 각 분자가 고유한 지문 진동수를 갖고 있다면, 그것과 딱 들어맞는 특징을 가진 수용체나 분자는 아무리 멀리 떨어져 있더라도, 라디오가 특정 방송국의 주파수에 동조하듯이(혹은 한 소리굽쇠가 다른 소리굽쇠를 같은 진동수로 진동하게 만들듯이) 이 진동수에 동조하게 될 것이다. 즉, 서로 공명하게 된다—한 물체의 진동이 그것과 같거나 비슷한 진동수를 가진 다른 물체의 진동에 의해 강화되는 일이 일어난다. 생화학 반응에서 두 분자가 같은 파장으로 공명하면, 그다음에는 그다음 분자와 공명하기 시작하고, 방브니스트의 표현을 빌리면, 빛의 속도로 전달되는 전자기 자극 '폭포'가 일어난다(즉, 연쇄 반응이 일어난다). 이것은 생화학 연쇄 반응이 사실상 즉각적으로 일어나는 현상을 우연한 충돌 이론보다 훨씬 잘 설명할 수 있다. 이것은 또한 포프의 연구를 논리적으로 확대한 것이기도 하다. 만약 체내의 광자들이 전체 전자기 진동수 스펙트럼에서 분자들을 자극한다면, 각자 고유한 지문 진동수를 지니고 있다고 보는 것이 논리적이다.

방브니스트의 실험은 세포 활동이 충돌의 우연성에 의존해 일어나는 것이 아니라, 낮은 진동수(20헤르츠 미만)의 전자기 신호에 의존해 일어난다는 것을 결정적으로 보여주었다. 방브니스트가 연구한 진동수의 전자기 신호들은 우리가 감지할 수 있는 소리를 내지는 않지만, 가청 주파수대에 해당한다. 지구에서 나는 모든 소리(흘러가는 시냇물 소리, 천둥소리, 총소리, 새소리 등)는 우리의 귀로 들을 수 있는 범위인 20헤르츠에서 20킬로헤르츠 사이의 낮은 진동수에서 일어난다.

방브니스트의 이론에 따르면, 서로 아주 멀리 떨어져 있더라도 두 분자는 동조하여 같은 진동수로 공명을 일으킨다. 공명하는 두 분자가 또 다른 진동수를 만들어내고, 이것은 다음 단계의 생물학적 반응에서 그다음 분자나 분자 집단과 공명을 일으킨다. 방브니스트는 분자 내의 미소한 변화(예컨대 한 펩타이드의 스위치가 켜지는 것)가 분자가 실제로 하는 일에 극적인 변화를 일으키는 이유를 이것으로 설명할 수 있다고 생각했다.

분자가 진동하는 방식에 대해 지금까지 알려진 지식을 감안한다면, 이것은 전혀 엉뚱한 이야기가 아니다. 특정 분자들과 분자 간 결합들은 모두 특정 진동수의 전자기파를 방출하는데, 이것은 오늘날 가장 민감한 전파 망원경을 사용한다면 수십억 광년 밖에서도 감지할 수 있다. 물리학자들은 이런 진동수를 가진 전자기파들을 오래전부터 받아들였지만, 생물학계에서는 포프와 그보다 앞서 연구한 사람 몇몇을 제외하고는 아무도 그런 진동수의 전자기파가 무슨 목적을 갖고 있는지 생각한 적이 없었다. 방브니스트 이전에도 로버트 베커나 시릴 스미스Cyril Smith 같은 사람들이 살아 있는 생물 체내에서 발생하는 전자기파의 진동수에 관해 광범위한 실험을 한 적이 있었다. 방브니스트의 업적은 분자와 원자가 각자 고유한 진동수를 가지고 있음을 보여준 것인데, 현대 기술을 사용해 그러한 진동수를 기록하고, 그 기록 자체를 세포 간 커뮤니케이션을 사용함으로써 그렇게 했다.

1991년부터 방브니스트는 단순히 증폭기와 전자기 코일을 사용해 특정 분자의 신호를 전달할 수 있음을 보여주었다. 4년 뒤에는 멀티미디어 컴퓨터를 사용해 그런 신호를 기록하고 재생시킬 수 있었다. 수천 번의 실험을 통해 방브니스트와 기요네는 분자의 활동을 컴퓨터에 저장한 뒤, 그것을 재생시키면서 그 물질에 민감한 생체계에 노출시켰다. 그럴 때마다 생체계는 실제 물질과 상호 작용한다고 믿고서 실제로 그러한 분자가 존재하는 것과 똑같은 생물학적 연쇄 반응을 나타냈다.[10] 프랑스 파리 외곽의 뫼동에 위치한 프랑스 국립과학연구원Centre National de la Recherche Scientifique, CNRS과 협력하여 진행한 다른 연구들은 방브니스트 팀이 교류 자기장을 사용해 그러한 신호를 지우고 세포의 활동을 중단시킬 수 있음을 보여주었다. 이 연구들을 통해 분자들이 진동하는 주파수를 사용해 대화를 나눈다는 포프의 가설이 옳다는 결론을 내릴 수밖에 없었다. 분자들이 비국지적으로 그리고 순간적으로 서로 대화를 나눌 수 있게 하는 매질을 영점장이 만들어내는 것처럼 보였다.

디지바이오의 연구 팀은 다섯 가지 연구에 대해 디지털 생물학을 시험해 보았다. 다섯 가지 연구는 호염기구 활성화, 호중구(호중성 백혈구) 활성화, 피부 검사, 산소 활동, 혈장 응고였다. 혈액 속의 노란색 액체 성분인 혈장은 단백질과 노폐물을 실어 나르는 일을 하는데, 온전한 혈액과 마찬가지로 응고한다. 이 효과가 실험에 미치는 영향을 배제하려면, 먼저 킬레이트화(중심 금속 원자가 리간드라고 하는 큰 분자에 달라붙어 고리 구조를 이루고 있는 착화합물을 만드는 반응)를 통해 혈장 속의 칼슘을 제거해야 한다. 그런 다음 칼슘을 함유한 물을 혈액에 가하면 혈액이 응고한다. 이때 항응고제인 헤파린을 첨가하면, 칼슘이 있더라도 혈액이 응고하는 것을 막을 수 있다.

방브니스트는 최근의 연구에서 킬레이트화로 칼슘을 제거한 혈장을 시험관에 넣고, 칼슘을 함유한 물을 디지털 전자기 지문 진동수를 통해 전달한 헤파린 '소리'에 노출시키고 나서 혈장이 담긴 시험관에 첨가했다. 다른 실험들과 마찬가지로, 헤파린의 지문 진동수는 마치 헤파린 분자가 그곳에 있는 것과 똑같은 효과를 나타냈고, 혈액은 평상시보다 잘 응고하지 않았다.

아마도 가장 극적인 실험은 방브니스트가 그 신호를 이메일이나 플로피 디스크로 온 세계에 보낼 수 있음을 보여준 것이 아닌가 싶다. 시카고의 노스웨스턴 대학교에서 일하던 방브니스트의 동료들은 오브알부민, 아세틸콜린, 덱스트란, 물 등에서 방출되는 신호를 기록했다. 분자에서 얻은 신호는 그 목적을 위해 특별히 설계된 변환기와 사운드카드가 장착된 컴퓨터에 기록되었다. 그러고 나서 그 신호를 플로피 디스크로 옮긴 후, 우편으로 클라마르의 디지바이오 연구실로 보냈다. 나중에 한 실험에서는 신호를 첨부 파일의 형태로 바꾸어 이메일로 보냈다. 클라마르의 연구 팀은 보통 물을 디지털화한 오브알부민, 아세틸콜린, 보통 물의 디지털 신호에 각각 노출시킨 다음, 디지털 신호에 노출시킨 물과 보통 물을 기니피그의 몸에서 떼어낸 심장에 각각 주입했다. 디지털 신호에 노출된 물은 노출시키지 않은 보통 물에 비해 관상동맥의 혈류량에 큰 변화를 낳았다. 디지털 신호에 노출된 물의 효과는 실제 물질이 일으키는 것과 똑같은 효과를 심장에 일으켰다.[11]

밀라노핵물리학연구소에서 일하는 두 이탈리아 물리학자 줄리아노 프레파라타Giuliano Preparata와 에밀리오 델 주디체Emilio Del Giudice는 특별히 야심적인 연구 계획을 진행하고 있었다. 그 목적은 왜 어떤 물질은 덩어리로 뭉쳐 존재하는가 하는 질문에 대한 설명을 찾기 위한 것이었다. 과학자들은 고전 물리학 법칙들을 사용해 대체로 기체는 잘 이해하지만, 액체와 고체(응축된 물질)의 작용 원리는 여전히 잘 모른다. 기체는 개개 원자나 분자로 이루어져 있고, 그것들이 넓은 공간에서 개별적으로 행동하기 때문에 이해하기가 쉽다. 하지만 과학자들은 서로 빽빽하게 뭉쳐 집단 행동을 나타내는 원자나 분자를 이해하는 데 어려움을 겪는다. 물리학자에게 왜 물이 그냥 기체로 증발해버리지 않는지, 또는 왜 의자나 나무를 이루는 원자들이 그대로 머물러 있는지 설명해달라고 하면, 그들은 제대로 설명하지 못하고 진땀을 흘릴 것이다. 특히 그 원자들이 바로 옆에 붙어 있는 이웃 원자들하고만 커뮤니케이션을 하고, 아주 짧은 거리에서만 작용하는 힘에 붙들려 있다고 생각한다면 더욱 그렇다.[12]

물은 모든 물질 중에서도 가장 신비로운 물질이다. 물은 산소와 수소라는 두 기체 성분이 결합하여 만들어졌지만, 보통 온도와 압력에서는 액체 상태로 존재한다. 델 주디체와 프레파라타는 연구를 통해 원자와 분자는 빽빽하게 뭉쳐 있을 때에는 '결맞는 영역coherent domain'을 형성해 집단 행동을 나타낸다는 것을 수학적으로 보여주었다. 그들이 이 현상에 특별히 흥미를 느낀 이유는 물에서 그런 현상이 나타나기 때문이었다. 델 주디체와 프레파라타는 〈피지컬 리뷰 레터스Physical Review Letters〉에 발표한 논문에서 물 분자들이 레이저처럼 결맞는 영역을 만든다는 것을 입증했다. 일반적으로 빛은 무지개 속에 포함된 여러 가지 색처럼 다양한 파장의 광자들로 이루어져 있다. 하지만 레이저의 광자들은 같은 파장으로 이루어진 단색광처럼 결맞음 수준이 매우 높다.[13] 물 분자들은 이러한 단일 파장을 갖고 있기 때문에 먼 거리에서도 읽을 수 있도록 그 진동수를 저장하고 전달함으로써 다른 분자들의 존재를 '알아채는' 것처럼 보인다(전하를 띤 다른 분자 주위에서 극성을 나타내는 경향이 있다). 이것은 물이 녹음기처럼 원래의 유효 성분 분자가 있건 없건 정보를 각인하고 전달하는 능력이 있다는 것을 의미한다. 용기를 흔들어주는 것은 동종 요법에서와 마찬가지로 이 과정을 가속시키는 방법으로 작용하는 것처럼 보인다.[14] 에너지와 정보의 전달에 물이 이처럼 중요한 역할을 하기 때문에, 방브니스트 자신의 연구는 실제로 물이라는 매질을 사용하지 않는다면 체내에서 분자 신호가 전달될 수 없음을 보여준다.[15] 일본 오카야마의 노트르담 세이신 대학교 정보과학연구소에서 일하는 물리학자 야스에 구니오保江邦夫는 물 분자가 불협화 에너지를 결맞는 광자들로 조직하는 능력이 있다는 사실을 발견하고, 이 과정을 '초복사superradiance'라 불렀다.[16]

이것은 물이 모든 세포의 천연 매질로서 모든 생물학 과정에서 분자의 지문 진동수를 전달하는 데 핵심 역할을 하며, 물 분자들이 스스로를 조직해 파동의 정보를 각인시킬 수 있는 패턴을 만든다는 것을 시사한다. 만약 방브니스트의 생각이 옳다면, 물은 단지 신호를 보내기만 하는 것이 아니라, 그것을 증폭시키기까지 한다.

과학적 혁신에서 가장 중요한 것은 반드시 최초의 발견이 아니다. 그 연구를 재현하는 사람들이 더 중요할 수도 있다. 최초의 데이터가 재현되어야 그 연구의 정당성이 입증되고, 정통 과학계도 뭔가 새로운 발견이 일어났구나 하고 인정하게 된다. 기성 학계는 사실상 방브니스트의 실험 결과를 조롱했지만, 다른 곳들에서 무시할 수 없는 연구들이 서서히 진행되었다. 1992년 미국실험생물학회연합the Federation of American Societies for Experimental Biology, FASEB은 전자기장과 생체계의 상호 작용을 조사하기 위해 국제생체전기학회가 주최하는 심포지엄을 열었다.[17] 그동안에 많은 과학자들이 고희석 실험 결과를 재현했고,[18] 여러 사람은 디지털 정보를 사용한 분자 커뮤니케이션 실험에 성공했다.[19] 방브니스트가 최근에 한 실험은 프랑스 리옹의 한 독립적인 연구실과 그 밖의 독립적인 세 연구실에서 18번이나 재현되었다.

물의 기억에 관한 논문 때문에 〈네이처〉에서 한바탕 소동이 벌어지고 나서 몇 년이 지난 뒤에도 몇몇 연구 팀은 방브니스트의 실험이 틀렸음을 증명하려고 노력했다. 북아일랜드 벨파스트에 있는 퀸스 대학교의 매들렌 에니스Madeleine Ennis 교수는 동종 요법과 물의 기억이 완전히 엉터리라는 걸 확실하게 증명하기 위해 범유럽 연구 팀에 참여했다. 브뤼셀에 있는 루뱅 가톨릭 대학교의 로베르프루아M. Roberfroid 교수의 지휘하에 이탈리아, 프랑스, 벨기에, 네덜란드의 네 연구소가 컨소시엄을 이루어 호염기구의 탈과립에 관한 방브니스트의 원래 실험을 변형시킨 연구에 착수했다. 그 실험은 흠잡을 데 없이 완벽하게 진행되었다. 연구자 중 어느 누구도 어떤 것이 동종 요법 용액이고, 어떤 것이 물인지 알지 못했다. 심지어 모든 용액을 실험 과정에 관여하지 않은 다른 실험실에서 만들게 했다. 실험 결과를 부호화하고 해독하고 표로 만드는 일 역시 실험 과정에 전혀 관여하지 않은 독자적인 연구자가 맡았다.

결국 네 실험실 중 세 곳에서 동종 요법 용액의 효력을 뒷받침하는 통계적으로 유의미한 결과가 나왔다. 그래도 에니스 교수는 그 결과를 믿지 못하고 인간의 실수 탓으로 여겼다. 그래서 이번에는 혹시 일어났을지도 모를 인간의 실수를 방지하기 위해 수를 자동으로 세는 장비를 도입했다. 하지만 자동화 장비를 사용해 얻은 결과 역시 똑같았다. 유효 성분을 아주 묽게 만든 용액은 그 속에 유효 성분이 아주 약간 남아 있든지 아니면 하나도 남아 있지 않든지 상관없이 효과가 있었다. 결국 에니스도 실험 결과를 인정하지 않을 수 없었다. "실험 결과를 보고 나서 의심을 거둘 수밖에 없었고, 그 결과를 합리적으로 설명할 수 있는 방법을 찾아나서게 되었다."[20]

이 연구는 방브니스트에게 최후의 일격이 될 수도 있었다. 만약 에니스의 실험 결과가 부정적으로 나왔다면, 그것은 당연히 〈네이처〉에 실렸을 테고, 그것으로 방브니스트의 연구는 영원히 쓰레기통 속으로 사라졌을 것이다. 하지만 실험 결과가 방브니스트가 얻은 것과 똑같이 나왔기 때문에, 그 논문은 실험 결과가 나온 지 몇 년 뒤에 그다지 중요하지 않은 학술지에 실렸고, 따라서 별로 주목을 받지 못했다.

동종 요법에 관한 과학적 연구 중에서 방브니스트의 발견을 뒷받침한 것은 에니스의 연구 외에도 여러 가지가 있었다. 이중 맹검법을 따르고 플라세보placebo 효과를 차단하면서 엄격하게 실시한 실험들에서 동종 요법이 여러 가지 증상 가운데서도 천식[21], 설사[22], 어린이 기도 감염[23], 심장병[24]에 효과가 있다는 것이 입증되었다. 동종 요법을 시도한 105차례의 실험 중 81차례에서 긍정적 결과가 나왔다.

글래스고 대학교의 데이비드 라일리David Reilly 박사는 논란의 여지가 없는 실험을 했다. 이중 맹검법을 따르고 플라세보 효과를 차단하면서 아주 엄격하게 실시한 그 실험 결과는 동종 요법이 천식에 효과가 있음을 보여주었다.[25] 과학적으로 엄격하게 설계된 실험임에도 불구하고, 〈란싯The Lancet〉은 그 실험 결과를 게재하는 데에는 동의했지만, 그것을 받아들이길 거부하는 의견을 밝혔는데, 이것은 〈네이처〉가 방브니스트의 최초 발견에 대해 보인 반응을 상기시켰다.

> 아주 묽게 희석시켜서 원래 물질의 분자가 사실상 하나도 환자의 몸 안에 들어갈 가능성이 없는 용액이 치료 효과가 있다는 개념보다 터무니없는 개념이 또 있을까? [라고 사설은 주장했다]. 그렇다, 동종 요법의 희석 원리는 터무니없다. 따라서 치료 효과의 원인은 아마도 다른 곳에 있을 것이다.[26]

라일리의 연구에 관해 〈란싯〉에서 계속되는 논쟁을 읽고 나서 방브니스트는 가만히 있을 수가 없었다.

> 이번 사태를 보면서 19세기에 그 당시 과학계를 후끈 달아오르게 했던 논쟁, 즉 운석의 존재를 놓고 벌어진 열띤 논쟁에서 한 프랑스 학자가 했다는 놀랍도록 오만한 발언이 떠오른다. "하늘에는 돌이 없기 때문에, 하늘에서 돌이 떨어질 리가 없다."[27]

방브니스트는 자신의 연구를 재현하려고 시도하면서 가끔 실패하는 연구실들에 진저리가 난 나머지 기요네에게 로봇을 만들어달라고 했다. 그 로봇은 세 방향으로 움직이는 팔이 달린 상자에 지나지 않았지만, 최초의 측정 행위를 제외하고는 어떤 실험 절차든지 처리할 수 있었다. 이제 로봇에게 실험할 성분들과 플라스틱 시험관을 건네주고 나서 단추를 누르고 실험실을 떠나도 되었다. 로봇은 칼슘이 함유된 물을 받아 코일 속에 넣고, 5분 동안 헤파린 신호를 작동시켜 물에 정보를 제공한 다음, 그렇게 정보를 제공받은 물을 혈장과 함께 시험관에 넣었다. 그리고 그 혼합물의 결과를 측정 장비로 읽고 나서, 그 결과를 연구하는 사람들에게 제공했다. 방브니스트 팀은 이 로봇을 사용해 수백 번의 실험을 했지만, 주목적은 이와 똑같은 장비를 다른 연구실에서도 사용하게 하는 것이었다. 그렇게 함으로써 다른 연구실들과 클라마르 팀은 실험을 표준화하여 동일한 절차를 정확하게 따를 수 있었다.

방브니스트는 로봇을 사용해 연구를 하면서 포프가 물벼룩 실험에서 얻은 것과 대체로 동일한 결과를 얻었다. 즉, 생명체에서 나오는 전자기파가 주변 환경에 영향을 미친다는 증거를 얻은 것이다.

방브니스트는 로봇을 사용해 실험하면서 일부 특별한 경우만 빼고는 아무 문제가 없다는 사실을 발견했다. 특별한 경우는 항상 연구실에 어떤 여자가 있는 날에만 일어났다. 방브니스트는 '그 여자를 조사해봐야겠군.' 하고 생각했다. 똑같은 실험을 하고 있던 리옹의 연구실에서도 이와 비슷한 상황이 발생했는데, 다만 여자가 아니라 남자 때문에 그런 일이 일어났다. 방브니스트는 도대체 그 여자의 어떤 행동이 실험을 망치는지 알아내기 위해 손으로 또는 로봇으로 여러 차례 실험을 해보았다. 그녀의 과학적 방법에는 아무 문제도 없었고, 실험 절차도 제대로 따랐다. 의사이자 생물학자인 그 여자는 섬세하고 숙련된 실험자였다. 그런데도 그녀가 한 실험에서는 한 번도 긍정적 결과가 나오지 않았다. 6개월 동안 연구를 한 끝에 나온 결론은 하나밖에 없었다. 그녀의 존재 자체가 긍정적 실험 결과를 방해한다는 것이었다.

문제의 핵심에 다가가는 것이 중요했는데, 이제 방브니스트는 거기에 무엇이 달려 있는지 알게 되었기 때문이다. 로봇을 케임브리지의 연구실로 보냈는데, 만약 어떤 사람 때문에 실험 결과가 제대로 나오지 않는다면, 그 연구실에서는 그 실험 자체에 문제가 있다고 결론 내릴 것이다. 실제로는 실험 환경에 존재하는 어떤 것이나 사람이 문제인데도 말이다.

생물학적 효과 자체에는 미묘한 것이 작용할 여지가 전혀 없다. 어떤 분자의 구조나 모양이 조금만 변해도 그 분자가 수용체 세포에 자물쇠와 열쇠처럼 딱 들어맞는 능력이 크게 바뀐다. 그 결과는 스위치가 켜지거나 꺼지는 것으로, 즉 성공하거나 실패하는 것으로 나타난다. 약은 효과가 나타나거나 나타나지 않는다. 이 경우에는 문제의 여자에게 실험에 사용된 세포들의 커뮤니케이션을 방해하는 뭔가가 있는 게 분명했다.

방브니스트는 그 여자의 몸에서 신호를 차단하는 어떤 형태의 파동이 나오는 것이 아닐까 의심했다. 그리고 그것을 확인하는 장비를 개발하여 얼마 후 그녀가 자신의 실험에서 커뮤니케이션 신호를 방해하는 전자기장을 방출한다는 사실을 발견했다. 포프의 발암 물질처럼 그녀는 주파수대 변환기 역할을 했던 것이다. 이것은 믿을 수 없는 결과였다. 이러한 이야기는 과학보다는 마법에 더 가깝다고 방브니스트는 생각했다. 그는 그 여자에게 동종요법 과립이 든 시험관을 5분 동안 손에 들고 있게 한 다음, 그 시험관을 자신의 장비로 측정해보았다. 그랬더니 모든 활동—모든 분자 신호—이 지워져 있었다.[28]

방브니스트는 이론가가 아니었다. 심지어 물리학자도 아니었다. 그는 우연히 전자기력의 세계로 발을 들여놓았는데, 이제 자신에게는 완전히 이질적인 영역(물의 기억과 분자가 아주 높은 주파수와 아주 낮은 주파수로 진동하는 능력이 존재하는 세계)이나 다름없는 이곳에 붙들려 연구를 하고 있었다. 이 두 가지 수수께끼는 그로서는 더 이상 해결의 실마리를 찾을 수 없었다. 그가 할 수 있는 최선이라곤 자신이 가장 편안함을 느끼는 곳(자기 연구실에서 실험을 하면서)에서 계속 노력하면서 이러한 효과가 실재한다는 사실을 보여주는 것뿐이었다. 하지만 한 가지만큼은 확실했다. 알 수 없는 어떤 원인으로 그런 신호가 우리 몸 밖으로도 나가며, 다른 존재가 그것을 포착하고 귀를 기울인다는 것이다.

5

세계와 함께 공명하다

지금까지 한 실험은 사실상 모두 다 실패였다. 쥐들은 예상한 행동을 보이지 않았다. 카를 래실리Karl Lashley가 한 이 실험의 목적은 기억 흔적engram(뇌에서 기억이 저장되는 정확한 장소)이 있는 곳을 찾아내기 위한 것이었다. 'engram'이라는 용어는 1920년대에 기억이 뇌 속의 정확한 주소에 자리 잡고 있다는 사실을 발견했다고 생각한 와일더 펜필드Wilder Penfield가 만들었다. 펜필드는 간질 환자들을 대상으로 특이한 실험을 했다. 깨어 있는 상태에서 두피를 마취시킨 다음, 뇌의 특정 부위를 전극으로 자극하면 환자는 과거의 기억 중 어떤 장면을 아주 생생하게 자세히 떠올렸다. 더욱 놀라운 것은 뇌의 똑같은 장소를 자극할 때마다(종종 환자가 모르게) 똑같은 기억이 동일한 수준으로 자세하게 떠오른다는 점이었다.

펜필드와 그 이후의 많은 과학자들은 특정 기억이 뇌의 특정 부분에 저장된다고 자연스레 생각하게 되었다. 우리가 살아가면서 겪는 모든 세세한 과정은 마치 레스토랑에서 손님들이 웨이터의 안내를 받아 정해진 테이블로 가듯이 뇌의 특정 지역에 암호로 기록된다고 생각한 것이다. 남은 문제는 누가 어디에 앉아 있는지(그리고 거기에 덧붙여 안내를 담당하는 웨이터가 누구인지) 밝혀내는 것이었다.

미국의 유명한 신경심리학자인 래실리는 약 30년 동안 기억 흔적을 찾으려고 노력했다. 그는 1946년부터 플로리다 주의 여키스영장류생물학연구소에서 온갖 종을 대상으로 뇌에서 기억을 담당하는 부분이 무엇인지(혹은 그것이 어디에 있는지) 찾으려고 애썼다. 그는 펜필드의 발견을 더 자세히 밝혀낼 것이라고 생각했지만, 실제로 한 일은 오히려 펜필드의 주장이 틀렸음을 입증하는 것처럼 보였다. 래실리는 원래 비판적인 성향이 강했기 때문에 그것은 놀라운 일이 아니었다. 평생 동안 그가 한 연구는 오로지 앞선 사람들이 한 연구가 틀렸음을 입증하는 부정적 목적을 위해 바쳐진 것처럼 보였다. 그 당시 과학계가 푹 빠져 있었지만 래실리가 부정하려고 열심히 노력한 또 다른 믿음은 모든 심리적 과정이 측정 가능한 물리적 형태(근육의 움직임, 화학 물질 분비 등)로 나타난다는 개념이었다. 여기서도 뇌는 부산스럽게 웨이터 역할을 한다고 보았다. 래실리는 초기에는 주로 영장류를 연구했지만, 그다음에는 쥐로 옮겨갔다. 그는 쥐가 도약대에서 점프를 한 뒤에 작은 문들을 통과하면 보상으로 먹이를 주었다. 실험의 목적을 강조하기 위해 과제를 제대로 수행하지 못하는 쥐는 물에 빠지게 했다.[1]

쥐들이 규칙을 제대로 학습했다는 확신이 들자, 래실리는 그 기억을 외과적 방법으로 지우려고 시도했다. 다른 연구자들의 실수나 잘못에 혹독한 비판을 서슴지 않던 래실리였지만, 자신이 한 외과 수술은 임시변통으로 허겁지겁 한 것으로 조잡하기 이를 데 없었다. 그가 사용한 실험 절차는 오늘날의 동물 보호 운동가들이 알았더라면 난리가 났을 만한 것이었다. 래실리는 무균 수술을 하지 않았는데, 쥐한테 그런 것은 불필요하다고 생각했다. 어쩌면 의도적으로 그랬는지도 모르는데, 그는 상처를 단 한 땀만으로 꿰매는(큰 포유류에게는 뇌 감염을 일으키기에 완벽한 조건) 등 어떤 의학적 기준으로 보더라도 조잡하고 엉성한 외과 의사였다. 하지만 그 당시 대부분의 뇌 연구자들보다 특별히 더 조잡한 것은 아니었다. 실제로 이반 파블로프Ivan Pavlov의 개들 중에서도 뇌수술을 받고 나서 살아남은 개는 한 마리도 없었고, 모두 뇌농양이나 간질로 죽었다.[2] 래실리는 어느 부분이 특정 기억에 대한 소중한 열쇠를 간직하고 있는지 알아내기 위해 쥐의 뇌 중 특정 부위의 활동을 정지시키려고 했다. 이를 위해 특수 장비를 도입했는데, 그것은 바로 아내가 머리를 마는 데 쓰던 **머리 인두**였다. 그는 인두로 정지시키고자 하는 뇌 부위를 그냥 태워버렸다.[3]

특정 기억 장소를 찾으려고 했던 처음의 시도는 실패로 끝났다. 쥐들은 비록 가끔 신체적 손상을 입었지만, 한번 배운 것을 정확하게 기억했다. 래실리는 점점 더 많은 뇌 부위를 태웠지만, 쥐들은 여전히 도약대에서 점프를 잘했다. 래실리는 인두를 더욱 자유자재로 다루면서 뇌의 한 부분에서 다른 부분으로 죽 그으며 태우기도 했지만, 쥐의 기억 능력은 아무 영향도 받지 않는 것처럼 보였다. 뇌의 상당 부분에 손상을 입어(그리고 인두는 깨끗한 외과적 절개보다도 뇌에 훨씬 큰 손상을 입혔다) 운동 능력을 일부 상실하고 절뚝거리며 걷는 경우에도 **쥐는 여전히 그 방법을 기억하고 있었다!**

비록 실험은 실패로 끝났지만, 그 결과는 인습 타파주의 성향이 강한 래실리의 마음에 드는 것이었다. 그는 1929년에 발표한 〈뇌의 메커니즘과 지능〉이라는 논문(처음에는 그 과격한 개념 때문에 악명을 널리 떨친)에서 대뇌 피질의 기능은 모든 곳에서 똑같아 보인다는 견해를 이미 명확히 밝혔다.[4] 훗날 래실리가 지적했듯이, 그의 모든 실험 연구에서 나온 필연적인 결론은 "학습 자체가 전혀 가능하지 않다는 것"이었다(특정 학습 내용이 기억되는 장소가 따로 없기 때문에 이런 결론에 이르렀다-옮긴이).[5] 인지에 관한 한, 뇌는 어느 모로

보나 곤죽이나 다름없었다.[6]

위대한 사람과 연구를 하고 싶다는 포부를 품고 플로리다 주로 온 젊은 신경외과 의사 카를 프리브람Karl Pribram에게 래실리의 실패는 어떤 계시처럼 보였다. 프리브람은 래실리의 중고 논문을 10센트에 사서 읽어보았고, 플로리다 주에 처음 왔을 때에는 래실리의 많은 동료들이 보여준 것에 못지않은 열정을 가지고 그의 견해에 도전하는 것을 주저하지 않았다. 래실리는 총명한 조수에게 자극을 받았고, 결국에는 그를 아들처럼 여겼다.

기억과 뇌의 인지 과정에 대해 프리브람이 가졌던 견해는 전부 다 뒤집어지기 시작했다. 만약 특정 기억이 저장되는 장소가 정해져 있지 않다면(래실리는 다양한 실험을 통해 쥐의 뇌에서 모든 부분을 다 태웠다), 우리의 기억과 어쩌면 나머지 고등 인지 과정(우리가 '지각'이라고 부르는 모든 것)도 뇌 전체에 골고루 퍼져 있는 게 틀림없었다.

1948년, 29세이던 프리브람은 세계 최고의 신경과학연구소가 있던 예일대학교에 일자리를 얻었다. 그는 그 당시 수만 명의 환자에게 시술되고 있던 전두엽(이마엽) 절개술의 효과를 이해하기 위해 원숭이 전두 피질의 기능을 연구하려고 했다. 프리브람은 돈을 많이 버는 신경외과 의사로 일하는 것보다 가르치고 연구하는 일에 더 매력을 느꼈다. 몇 년 후에 그는 뉴욕의 마운트시나이병원으로부터 연봉 10만 달러의 제의를 받았지만, 그보다 보수가 낮은 교수직을 고수했다. 에드가 미첼처럼 프리브람도 자신을 의사나 병을 고치는 사람보다는 탐험가라고 생각했다. 여덟 살 때 그는 버드 제독이 북극 항해 탐험에 나선 이야기를 수십 번이나 읽고 또 읽었다. 그 나이에 빈에서 미국으로 건너온 소년에게는 미국 자체가 탐험해야 할 새로운 변경처럼 보였다. 프리브람의 아버지는 유명한 생물학자였는데, 제1차 세계 대전이 끝나고 나서 전화에 시달려 가난해진 유럽은 아들을 키우기에 좋은 장소가 아니라고 판단해 1927년에 미국으로 건너갔다. 체격도 왜소하고 실제로 직접 탐험에 나설 만큼 열정적이지도 못했던 프리브람은(만년에 그는 외모가 작은 아인슈타인이라고 불릴 만큼 아인슈타인을 닮게 되는데, 어깨까지 치렁치렁 늘어진 백발까지도 비슷했다) 어른이 되고 나서 대신에 탐험할 장소로 인간의 뇌를 선택했다.

프리브람은 래실리 밑에서 나와 플로리다 주를 떠난 후 20년 동안 뇌의 구조와 지각과 의식에 관한 수수께끼를 푸는 데 몰두했다. 그는 원숭이와 고양이를 대상으로 독자적인 실험을 했고, 뇌의 어느 부분이 어떤 일을 하는지 알아내기 위해 각고의 노력을 기울여 시스템 연구를 진행했다. 그의 연구실은 인지 과정과 감정과 동기가 일어나는 장소를 최초로 확인한 곳 중 하나였고, 그는 큰 성공을 거두었다. 그의 실험은 이 모든 기능이 뇌에서 담당하는 장소가 각각 따로 정해져 있음을 분명하게 보여주었다. 그것은 래실리가 선뜻 믿기 힘든 결과였다.

하지만 근본적인 역설처럼 보이는 수수께끼가 남아 있었다. 뇌에서 인지 과정이 일어나는 장소는 정확하게 정해져 있지만, 그러한 장소들 내에서 일어나는 과정 자체는 래실리가 표현한 것처럼 '특정 신경세포와 관계없이 (…) 많은 자극'에 의해 결정되는 것으로 보였다.[7] 뇌의 각 부위가 특정 기능을 담당하는 것은 맞지만, 실제로 정보를 처리하는 일은 특정 신경세포(뉴런)가 아니라 더 기본적인 어떤 것(특정 세포 집단에 속하지 않은 것이 확실한)이 담당하는 것처럼 보였다. 예를 들면 정보가 저장되는 장소는 특정 위치 전체에 골고루 분포하고 있지만, 때로는 그 너머로까지 뻗어 있는 것처럼 보였다. **'하지만 도대체 어떤 메커니즘을 통해 이런 일이 가능한가?'**

래실리와 마찬가지로 높은 수준의 지각에 관해 프리브람이 초기에 한 연구들도 대부분 그 당시의 기존 학설과 모순되는 것처럼 보였다. 시각에 관한 기존의 견해(대부분은 지금도 그대로 받아들여지고 있지만)에 따르면, 우리 눈이 주변 세계를 '보는' 것은 뇌의 시각 피질 표면(내부 영사기처럼 상을 받아들이고 해석하는 부분)에 풍경이나 물체의 사진 같은 상이 재생되기 때문이다. 만약 이 설명이 옳다면, 시각 피질의 전기 활동은 눈에 비치는 것을 정확하게 반영해 일어날 것이다—전반적으로는 어느 정도 그렇다. 그러나 래실리는 많은 실험에서 사실상 고양이의 시신경을 전부 제거하더라도, 고양이가 자신이 하는 일을 보는 능력에 별로 큰 지장을 받지 않는다는 사실을 발견했다. 놀랍게도 고양이는 여전히 모든 것을 자세히 보는 것 같았는데, 복잡한 시각 능력이 필요한 일을 척척 해냈기 때문이다. 만약 내부 영사기와 화면 같은 게 있다고 한다면, 연구자가 영사기 중에서 몇 cm만 남기고 다 잘라냈는데도, 이전과 별 차이 없이 화면에 영상이 선명하게 비치는 것과 같았다.[8]

프리브람과 그 동료들은 다른 실험들에서 원숭이에게 원이 그려진 카드를 보여주면 특정 막대를 누르고, 줄무늬가 그려진 카드를 보여주면 다른 막대를 누르도록 훈련시켰다. 그리고 원숭이가 원이나 줄무늬를 보는 순간의 뇌파를 기록하기 위해 원숭이의 시각 피질에 전극을 갖다 댔다. 이것은 단순히 카드에 그려진 그림에 따라 뇌파가 각기 달리 나타나는지 알아보기 위한 실험이었다. 그런데 이 실험에서 프리브람은 원숭이의 뇌파에는 카드의 그림에 따른 차이뿐만 아니라, 자신이 올바른 막대를 눌렀는지와 그리고 심지어 막대를 누르기 전에 그것을 누르려고 한 의도까지 기록된다는 사실을 발견했다. 이 실험 결과를 보고 프리브람은 뇌의 더 높은 영역에서 제어가 일어나 그 지시가 더 기본적인 수신 기지로 전달된다는 확신을 얻었다. 이것은 그 당시 과학자들이 생각하던 견해(감각 기관에서 뇌로, 그리고 뇌에서 근육과 분비샘으로 흐르는 단순한 정보의 흐름을 통해 우리가 외부의 자극을 보고 그에 반응한다는)보다 훨씬 복잡한 일이 일어나고 있음을 시사했다.[9]

프리브람은 패턴과 색을 지각하는 장소를 더 구체적으로 찾아낼 수 있는지 알기 위해 원숭이가 특정 과제를 수행하는 동안 뇌의 활동을 측정하는 실험을 하면서 몇 년을 보냈다. 이 실험에서 뇌의 반응이 피질 전체에 걸쳐 여기저기 덩어리로 분포하고 있다는 증거가 추가로 나왔다. 또 다른 연구에서는 갓 태어난 고양이들에게 각각 수직 방향의 줄무늬와 수평 방향의 줄무늬가 있는 두 종류의 콘택트렌즈를 끼웠다. 그런데 서로 다른 종류의 콘택트렌즈를 쓴 고양이들의 행동에는 큰 차이가 없었다. 이제 고양이의 뇌세포들은 수평 방향이나 수직 방향의 직선에 적응했을 텐데도 불구하고 이런 결과가 나왔다. 이것은 지각이 직선 감지를 통해 일어나지 않는다는 것을 뜻했다.[10] 그의 실험과 래실리를 비롯해 다른 사람들이 한 실험은 지각에 관한 기존의 신경 이론과 일치하지 않았다. 프리브람은 내부에 투영되는 상 같은 것은 없으며, 우리가 세계를 지각하는 과정에는 다른 메커니즘이 관여한다고 확신했다.[11]

프리브람은 1958년에 예일 대학교에서 스탠퍼드 대학교의 행동과학응용연구센터로 자리를 옮겼다. 만약 프리브람의 친구이자 스탠퍼드 대학교의 심리학자이던 잭 힐가드Jack Hilgard가 1964년에 교과서를 개정하면서 지각에 관한 최신 이론을 소개하려고 하지 않았더라면, 프리브람은 기존의 학설을 대체할 새 이론을 내놓지 않았을지도 모른다. 뇌에서 전기적 '상'이 생긴다는(뇌에서 세계의 상에 대응하는 전기적 신호가 생겨난다는) 기존의 학설이 지닌 문제점은 이미 프리브람의 실험으로 확인되었다. 프리브람은 또 자신의 원숭이 실험을 통해 그 당시 가장 인기 있던 최신 지각 이론(우리가 선 감지기를 통해 세계를 파악한다는)도 의심하게 되었다. 만약 선 감지기 이론이 옳다면, 단지 어떤 사람의 얼굴에 초점을 맞추려고 해도 거기서 시선이 몇 cm씩 벗어날 때마다 뇌는 엄청나게 복잡한 계산을 해야만 한다. 힐가드는 계속 프리브람을 재촉했다. 프리브람은 친구에게 어떤 이론을 추천해야 할지 알 수 없는 상태에서 뭔가 그럴듯한 견해를 제시하기 위해 고민했다. 그때 한 동료가 〈사이언티픽 아메리칸〉에 실린 존 에클스John Eccles의 글을 읽었다. 존

에클스는 오스트레일리아의 유명한 생리학자로, 상상이 뇌 속에서 발생하는 마이크로파와 관련이 있을지 모른다는 가설을 세웠다. 그리고 1주일 뒤, 같은 학술지에 미시간 대학교의 공학자 에밋 리스Emmet Leith가 신기술인 스플릿 레이저 빔과 광학적 홀로그래피에 대해 쓴 글이 실렸다.[12]

답은 바로 거기에, 처음부터 줄곧 자신의 코앞에 있었다. 그것은 바로 자신이 그토록 찾던 은유였다. 20년 동안 찾아 헤맸던 물음에 대한 답이 파면波面과 홀로그래피 개념에 숨어 있는 것처럼 보였다. 래실리는 뇌 속의 파동 간섭 패턴 이론을 만들었지만, 그것이 피질 속에서 어떻게 생겨나는지 설명할 수 없어 포기했다.[13] 그런데 에클스의 개념은 그 문제를 해결할 수 있는 것처럼 보였다. 프리브람은 뇌가 어떤 방법을 통해 보통의 상을 파동 간섭 패턴으로 바꾼 다음, 레이저 홀로그램처럼 그것을 다시 가상 이미지로 바꿈으로써 정보를 '읽는' 게 분명하다고 생각했다. 홀로그래피 은유는 또 기억에 관한 수수께끼에도 답을 제시했다. 기억은 구체적인 어느 장소에 저장되는 게 아니라 모든 곳에 퍼져 있고, 각 부분에 전체가 포함돼 있다.

파리에서 열린 유네스코UNESCO 회의에서 프리브람은 1940년대에 원자를 볼 수 있는 고배율 현미경을 만들려고 하다가 홀로그래피를 발견한 공로로 노벨상을 수상한 데니스 가보르Dennis Gabor를 만났다. 공학자로서는 최초로 노벨 물리학상을 수상한 가보르는 광선과 파장의 수학을 연구했다. 그 과정에서 그는 광선을 쪼개 그것으로 물체의 사진을 찍고 그 정보를 파동 간섭 패턴으로 저장한다면, 보통 사진에서 평평한 2차원 필름 위에 각각의 점을 일대일로 대응하는 식으로 기록하는 것보다 훨씬 나은 상을 얻을 수 있다는 사실을 발견했다. 수학 계산을 위해 가보르는 푸리에 변환이라는 미적분 방정식을 사용했다. 푸리에 변환은 19세기 초에 그것을 개발한 프랑스 수학자 장 푸리에Jean Fourier의 이름에서 딴 것이다. 처음에 푸리에는 포신이 과열되지 않도록 대포를 발사할 수 있는 최적의 시간 간격을 찾아내라는 나폴레옹의 요청을 받고 자신의 해석학 체계를 연구하기 시작했는데, 그 결과는 현대 수학과 컴퓨터과학의 기본 도구가 되었다. 푸리에의 방법은 어떤 복잡성을 가진 패턴도 양자 파동들 사이의 관계를 기술함으로써 수학적 언어로 분해하여 정확하게 기술할 수 있는 것으로 밝혀졌다. 어떤 광학적 상도 간섭 패턴(파동들이 서로 중첩할 때 그 결과로 생기는 정보)에 해당하는 수식으로 바꿀 수 있었다. 이 기술을 사용하면 시간과 공간상에 존재하는 어떤 것을 '스펙트럼 영역spectral domain'(파동들 사이의 관계를 시간과 공간을 초월하여 나타내는 일종의 표현으로, 에너지로 측정한다)으로 옮길 수 있다. 방정식이 제공하는 또 하나의 놀라운 묘기는 이것을 거꾸로도 사용할 수 있다는 점이다. 즉, 파동의 상호 작용을 나타내는 성분들(진동수, 진폭, 위상 등)을 가지고 어떤 상이라도 재구성할 수 있다.[14]

프리브람과 가보르는 저녁 시간을 함께 보내면서 특별히 기억에 남을 만한 보졸레 와인을 마시고, 세 장의 냅킨 위에 복잡한 푸리에 방정식을 적어가면서 뇌가 어떻게 특정 파동 간섭 패턴에 반응하고 이 정보를 상으로 바꾸는 복잡한 일을 해낼 수 있는지 알아내려고 애썼다.[15] 실험실에서 해결해야 할 문제들이 많았기 때문에 그 자리에서 완벽한 이론을 만들 수는 없었다. 하지만 두 사람은 한 가지만큼은 확신하게 되었는데, 그것은 바로 지각이 다른 수준의 현실에서 정보를 읽고 변환하는 복잡한 과정의 결과로 일어난다는 사실이었다.

이것이 어떻게 가능한지 이해하려면 파동의 특별한 성질을 이해하는 게 필요하다. 이것은 프리브람의 상상력을 사로잡은 은유인 레이저 홀로그램을 사용해 가장 잘 설명할 수 있다. 고전적인 레이저 홀로그램에서는 레이저 빔을 쪼갠다. 그중 하나를 물체(예컨대 찻잔이라 하자)에 반사시키고, 다른 하나는 여러 개의 거울에 반사시킨다. 그런 다음, 이들을 합쳐 한 장의 사진 필름에 담는다. 필름에 기록된 결과(이 파동들의 간섭 패턴을 나타내는)는 아무렇게나 휘갈겨 쓴 일련의 낙서나 동심원처럼 생겼다.

하지만 필름을 통해 같은 종류의 레이저로 빛을 비춰주면, 놀랍도록 선명한 3차원 찻잔의 가상 이미지가 공중에 완벽하게 재현된다(영화 〈스타워즈〉에서 알투디투가 레이아 공주의 상을 만들어낸 것처럼). 그 작용 메커니즘은 정보를 암호화할 수 있는 파동의 성질과 레이저 빔의 특별한 속성, 즉 단일 파장만으로 이루어진 순수한 빛을 내보냄으로써 간섭 패턴을 만들기에 완벽한 광원 역할을 하는 속성과 관계가 있다. 쪼개진 레이저 빔이 둘 다 사진 필름에 도착할 때, 절반은 광원의 패턴을 제공하고, 나머지 절반은 찻잔의 형태를 담고 있는데, 둘이 합쳐져 간섭을 일으킨다. 같은 종류의 광원을 필름 위에 비춤으로써 거기에 각인된 상을 되살릴 수 있다. 홀로그래피가 지닌 또 한 가지 기묘한 성질은 부호화된 정보 속의 작은 부분 하나하나에 전체 상이 포함되어 있다는 것이다. 따라서 사진 필름을 여러 조각들로 나누어 그 중 어느 하나에 레이저 빔을 비추면 완전한 찻잔의 상을 얻을 수 있다.

비록 홀로그래피 은유가 프리브람에게 중요한 것이긴 했지만, 그의 발견에서 정말로 중요한 것은 홀로그래피(유령 같은 3차원 투영에 대한 심상이나 우리의 생각이 투영된 것에 불과한 우주를 연상시키는) 자체가 아니었다. 정말로 중요한 것은 방대한 양의 정보를 하나의 전체로서 3차원으로 저장하는 양자 파동의 독특한 능력과 우리 뇌가 그 정보를 읽고 그것으로부터 세계를 만들어내는 능력이었다. 그런데 뇌가 실제로 작용하는 방식—상이 어떻게 생성되어 저장되고, 그것을 어떻게 다시 불러내고 다른 것과 연관을 지을 수 있는지—을 그대로 재현하는 것처럼 보이는 기계적 장비가 마침내 나왔다. 무엇보다도 중요한 것은, 이것이 프리브람에게 가장 큰 수수께끼로 남아 있던 문제에 단서를 제공했다는 점이다. 그것은 과제들을 어떻게 뇌의 각 부분에 할당하면서 더 큰 전체 뇌에서 그것들을 처리하고 저장할 수 있는가 하는 문제였다. 어떤 의미에서 홀로그래피는 파동 간섭—영점장의 언어—을 나타내는 편리한 표현에 지나지 않는다.

잠시 후에 다루겠지만, 프리브람의 뇌 이론에서 마지막으로 중요한 측면은 가보르가 이룬 또 다른 발견과 관계가 있다. 가보르는 하이젠베르크가 양자물리학에서 사용한 것과 똑같은 수학을 커뮤니케이션에 적용해보았는데, 대서양 횡단 케이블을 통해 전달하는 전화 메시지를 최대한 얼마나 압축할 수 있는지 계산하기 위해서였다. 프리브람과 그 동료들은 수학 모형으로 그의 가설을 개발하는 데 착수하여 같은 수학으로 인간 뇌에서 일어나는 과정들 역시 설명할 수 있음을 보여주었다. 그 결과로 프리브람이 내놓은 개념은 터무니없을 정도로 급진적인 것이었는데, 뇌처럼 뜨겁고 살아 있는 물체는 기묘한 양자론 세계의 법칙에 따라 작용한다는 것이었다.

프리브람은 우리가 세계를 관찰할 때, 단순히 '저 밖'에 존재하는 막대와 돌로 이루어진 세계보다 더 깊은 수준에서 관찰한다고 가정했다. 우리 뇌는 자신과 나머지 신체와 대화할 때, 단어나 상 또는 비트나 화학적 자극을 사용하는 게 아니라, 주로 파동 간섭이라는 언어를 사용한다. 즉, 위상과 진폭과 진동수로 이루어진 언어('스펙트럼 영역')를 사용한다. 우리는 어떤 물체와 '공명'함으로써, 곧 그 물체와 '동조'함으로써 그 물체를 지각한다. 세계를 안다는 것은 문자 그대로 세계와 파장이 일치하는 것이다.

뇌를 피아노라고 생각해보자. 우리가 세계에서 뭔가를 관찰할 때, 뇌의 어느 부분은 특정 진동수로 공명한다. 뭔가에 관심을 기울일 때마다 뇌는 어떤 건반들을 누르며, 그 건반들은 특정 길이와 진동수를 가진 현을 울린다.[16] 그러면 현의 진동이 마침내 피아노 전체를 통해 공명할 때, 뇌의 정상적인 전기화학적 회로가 이 정보를 포착한다.

프리브람에게 떠오른 개념은 우리가 무엇을 볼 때, 머리 뒤편이나 망막 뒤쪽에 생긴 그 상을 보는 게 아니라, 3차원으로 저 바깥 세계에 있는 상을 본다는 것이다. 그 물체의 가상 이미지를 실제 물체가 존재하는 것과 똑같은 장소의 공간에 우리가 만들어내고 투영함으로써 그 물체와 그 물체에 대한 우리의 지각이 일치하도록 하는 게 분명하다고 그는 생각했다. 이것은 시각 기술이 변환 기술이라는 것을 의미한다. 어떤 의미에서 우리는 관찰 행위를 하면서 시간과 공간을 초월한 간섭 패턴의 세계를 구체적이고 별개로 존재하는 시간과 공간의 세계로 변환한다고 볼 수 있다. 우리는 망막 표면 위에 시간과 공간을 만들어낸다. 눈의 수정체는 홀로그램과 마찬가지로 특정 간섭 패턴을 포착해 3차원 상으로 전환시킨다. 머릿속에 있는 어떤 장소가 아니라 실제로 사과가 있는 장소에 손을 뻗어 사과를 만지려면, 이러한 종류의 가상 투영이 필요하다. 만약 우리가 늘 공간에 상들을 투영하고 있다면, 우리가 보는 세계의 이미지는 실제로 가상의 창조물이다.

프리브람의 이론에 따르면, 우리가 뭔가를 처음 보았을 때 뇌 속의 신경세포들에서 특정 진동수들이 공명한다. 이 신경세포들은 이 진동수들에 대한 정보를 다른 신경세포들로 전달한다. 두 번째 집단의 신경세포들은 이 진동수들을 가지고 푸리에 변환을 하여 그 정보를 세 번째 집단의 신경세포들로 보내고, 여기서 어떤 패턴이 만들어져 저 밖의 공간에서 과일 그릇에 담긴 사과의 가상 상을 만들어낸다.[17] 이 3중 과정은 뇌가 별개의 상들을 서로 연관짓는 일을 훨씬 쉽게 해준다—이것은 파동 간섭 표현을 가지고 하면 쉽지만, 실제 현실 물체의 상을 가지고 하려면 굉장히 어렵다.

물체를 본 뒤에 뇌는 그 정보를 파동-진동수 패턴의 표현으로 처리하고, 그것을 분산 네트워크를 통해 뇌 전체로 확산시켜야 한다고 프리브람은 생각했다. 마치 사무실 내의 많은 직원에게 내리는 주요 지시를 모두 다 복사하는 근거리 통신망처럼 말이다. 기억을 파동 간섭 패턴으로 저장하는 것은 아주 효율적이기 때문에 인간의 방대한 기억 능력도 쉽게 설명할 수 있다. 파동은 상상하기 어려울 정도로 많은 데이터를 저장할 수 있다—평균적인 사람의 기억에 평생 동안 축적되는 용량인 280,000,000,000,000,000비트보다 훨씬 많이.[18] 홀로그래피 파동 간섭 패턴을 이용하면, 영어로 출판되는 거의 모든 책이 보관돼 있는 미 의회 도서관의 모든 책에 담긴 정보를 큰 각설탕 하나 속에 담을 수 있다고 한다.[19] 홀로그래피 모형은 또한 기억이 즉각적으로, 그리고 흔히 3차원 상으로 떠오르는 것도 설명할 수 있다.

기억의 역할 분산과 뇌의 파면 언어에 관한 프리브람의 이론들은 많은 반대에 부닥쳤는데, 특히 그것을 처음 발표한 1960년대 초에는 반대가 매우 심했다. 기억 분산 이론을 공격하고 나선 주요 인물 중 한 명은 인디애나 대학교의 생물학자 폴 피치Paul Pietsch였다. 피치는 도롱뇽의 뇌를 꺼내 혼수상태에 빠뜨리더라도, 나중에 뇌를 다시 집어넣으면 뇌의 기능이 다시 제대로 작동한다는 사실을 발견했다. 만약 프리브람의 이론이 옳다면, 도롱뇽의 뇌 일부를 제거하거나 뒤섞더라도 아무 이상 없이 정상적으로 기능해야 할 것이다. 피치는 프리브람의 이론이 틀렸다고 확신하고서 그것을 입증하기로 마음먹었다. 700회 이상의 실험을 통해 피치는 도롱뇽의 뇌 수십 개를 꺼냈다. 그리고 뇌에 약간 변화를 준 다음에 그것을 다시 제자리에 집어넣었다. 그는 뇌를 거꾸로 뒤집고, 일부를 잘라내고, 뒤섞고, 심지어는 소시지를 만들듯이 다지기까지 했다. 그러나 아무리 엉망으로 훼손시키고 크기를 축소시키더라도, 남은 뇌를 도로 집어넣어 의식을 회복시키자, 도롱뇽은 평상시와 다름없이 행동했다. 그러자 피치는 기억이 뇌 전체에 퍼져 있다는 프리브람의 견해를 완전히 반대하던 입장에서 지지하는 입장으로 돌아섰다.[20]

1979년에 버클리에 있는 캘리포니아 대학교의 부부 신경생리학자 러셀 드발루아Russell DeValois와 캐런 드발루아Karen DeValois가 프리브람의 이론을 또다시 입증했다. 두 사람은 단순한 격자무늬 패턴을 푸리에 파동으로 변환시켜 실험한 결과, 고양이와 원숭이의 뇌세포가 격자무늬 패턴 자체에 반응을 보이는 것이 아니라, 그 구성 파동의 간섭 패턴에 반응을 보인다는 사실을 발견했다. 드발루아 연구 팀이 《공간 시각Spatial Vision》[21]이란 책에서 자세하게 소개한 많은 연구들은 시각계의 수많은 세포들이 특정 진동수에 동조한다는 것을 보여준다. 영국 케임브리지 대학교의 퍼거스 캠벨Fergus Campbell의 연구를 비롯해 여러 연구실에서 한 연구들도 인간의 대뇌 피질이 특정 진동수에 동조할지 모른다는 결과를 보여주었다.[22] 이것은 물체들의 크기가 상당히 차이가 날 때에도 우리가 그것들을 같은 것으로 인식하는 이유를 설명해준다.

프리브람은 또한 뇌가 식별 능력이 아주 뛰어난 진동수 분석기임을 보여주었다. 그는 뇌에는 무한한 파동 정보를 제한하는 특별한 '막' 또는 메커니즘이 있음을 입증했다. 그 덕분에 우리는 영점장에 있는 무한한 파동 정보에 폭격을 받는 것을 피할 수 있다.[23]

프리브람은 고양이와 원숭이의 시각 피질이 제한된 범위의 진동수에 반응을 보인다는 사실을 자신의 연구실에서 한 실험을 통해 직접 확인했다.[24] 러셀 드발루아와 그 동료들은 피질에 있는 신경세포들의 수용장receptive field이 아주 좁은 범위의 진동수에 동조한다는 것을 보여주었다.[25] 케임브리지 대학교의 캠벨은 고양이와 인간에 대한 연구를 통해 뇌의 신경세포들이 제한된 범위의 진동수에만 반응을 보인다는 것을 입증했다.[26] 그러다가 프리브람은 러시아의 니콜라이 베른스타인Nikolai Bernstein이 한 연구를 우연히 접하게 되었다. 베른스타인은 실험 대상자들에게 검은 옷을 입히고, 흰색 테이프와 점으로 팔다리를 표시한 다음(할로윈의 해골 의상과 비슷하게), 검은색 배경 앞에서 춤을 추게 하면서 그 모습을 촬영했다. 적절한 처리 과정을 거친 뒤에 필름을 돌리자, 화면에는 연속적인 파동 패턴을 그리며 움직이는 흰 점들만 나타났다. 베른스타인은 그 파동을 분석해보았다. 놀랍게도 율동적인 모든 움직임은 푸리에 급수(일정 부분이 반복되는 주기 함수를 삼각함수의 합으로 표현한 무한급수-옮긴이)로 나타낼 수 있었고, 그것으로 다음 동작을 '몇

mm 이내의 정확도로' 예측할 수 있었다.[27]

움직임을 푸리에 방정식으로 정확하게 표현할 수 있다는 사실에서 프리브람은 뇌와 신체의 대화는 이미지의 형태가 아니라, 파동과 패턴의 형태로 일어날지 모른다는 생각이 들었다.[28] 뇌는 동작을 분석하고, 그것을 파동의 진동수로 분해하여 그 파동 패턴 표현을 나머지 신체로 전달하는 능력이 있었다. 이 정보가 모든 부분에 동시에 비국지적으로 전달된다고 보면, 자전거나 롤러스케이트를 타는 것처럼 많은 신체 부위가 관여하는 복잡한 과제를 우리가 어떻게 쉽게 해내는지 설명할 수 있다. 또 우리가 어떤 과제를 쉽사리 흉내 내는 것도 설명할 수 있다. 프리브람은 또 우리의 다른 감각들(후각, 미각, 청각)도 진동수 분석을 통해 작용한다는 증거를 발견했다.[29]

프리브람은 고양이를 대상으로 한 연구에서 고양이가 오른쪽 앞발을 위아래로 움직일 때 운동 피질의 진동수를 기록했다. 그 결과, 피아노에서 개개의 현이 제한된 범위의 진동수에만 반응을 보이는 것처럼, 고양이의 운동 피질에 있는 개개 세포들은 시각 피질의 세포들과 마찬가지로 제한된 진동수의 움직임에만 반응을 보였다.[30]

프리브람은 이 복잡한 파면 해독과 변환 과정이 어디서 일어나는가 하는 문제를 붙들고 씨름했다. 그러다가 뇌에서 파동 간섭 패턴이 만들어지는 장소는 어떤 세포가 아니라, 세포들 사이의 공간이 아닐까 하는 생각이 떠올랐다. 뇌세포의 기본 단위인 모든 신경세포의 끝부분에는 시냅스synapse가 있다. 시냅스는 신경세포와 신경세포 사이의 공간으로, 화학적 전하가 축적되다가 마침내 전기적 자극 신호를 다른 신경세포로 발사하는 일이 일어나는 곳이다. 같은 공간에서 가지돌기(신경 말단에 나뭇가지 모양으로 붙어 있는 짧은 돌기로, 산들바람에 흔들거리는 벼 이삭처럼 좌우로 흔들린다. 수상돌기라고도 한다)는 전기 파동 자극 신호를 내보내고 받으면서 다른 신경세포들과 커뮤니케이션을 한다. 이러한 '느린 파동 전위slow-wave potential'는 신경세포를 둘러싸고 있는 신경아교세포glial cell(신경 조직을 지지하고 신경세포의 영양에 관여하는 세포-옮긴이)를 통해 흘러가면서 다른 파동들과 살짝 스치거나 심지어 충돌하기도 한다. 시냅스와 가지돌기 사이에서 전자기 커뮤니케이션이 끊임없이 발생하는 접합 장소인 바로 이곳이 파동의 진동수를 포착하여 분석하고 홀로그래피 상이 만들어지는 장소로 가장 유력해 보인다. 이러한 파동 패턴들이 끊임없이 교차하면서 수백만 가지의 파동 간섭 패턴을 만들어내기 때문이다.

프리브람은 이러한 파동 충돌이 우리 뇌에서 상을 만들어낸다고 추측했다. 우리가 어떤 것을 지각하는 것은 신경세포 자체의 활동 때문이 아니라, 뇌 주변에 분포하면서 무선 전신국처럼 특정 진동수에 공명하도록 맞추어져 있는 특정 가지돌기 집단 때문이다. 비유하자면, 우리의 머릿속에는 엄청나게 많은 피아노 현이 있지만, 특정 음을 연주할 때에는 극소수의 현만 진동한다.

프리브람은 자신의 가설을 검증하는 일은 다른 사람들에게 맡겼는데, 이러한 혁명적인 개념에 너무 깊이 관여함으로써 정통적인 것에 더 가까운 자기 연구실의 연구가 의심을 받는 사태를 피하기 위해서였다. 한동안 그의 가설은 주목을 받지 못하고 방치돼 있었다. 수십 년이 지나고 나서야 과학계의 다른 개척자들이 그의 가설에 주목하기 시작했다. 가장 중요한 지지자는 전혀 예상치 않았던 곳에서 나왔다. 그 사람은 의료 진단 장비를 개선하려고 노력하던 독일인이었다.

독일 지겐 대학교에서 수학 교수로 일하던 발터 솀프Walter Schempp는 16~17세기에 활동한 천문학자 요하네스 케플러Johannes Kepler가 한 연구를 다시 하고 있었다. 케플러는 《우주의 조화Harmonice mundi》라는 책에서 지상 사람들이 별들의 음악을 들을 수 있다고 주장했다. 동시대 사람들은 케플러가 미쳤다고 생각했다. 그로부터 400년 후, 두 미국인이 실제로 하늘의 음악이 있음을 보여주었다. 1993년에 헐스Hulse와 테일러Taylor는 이중 펄서double pulsar를 발견한 공로로 노벨상을 받았다. 펄서란 펄스pulse(일정한 주기로 반복되는 파동)의 형태로 전자기파를 방출하는 별을 말한다. 두 사람은 푸에르토리코 아레시보의 산꼭대기에 설치된 아주 민감한 전파 망원경으로 펄서에서 날아온 전파를 포착해 펄서가 존재한다는 증거를 얻었다.

셈프는 음파의 진동수와 위상을 분석하기 위해 조화해석harmonic analysis이라는 수학 분야를 전공했다. 어느 날 자기 집 정원에 앉아 있을 때(세 살 먹은 아들이 앓고 있을 때였다), 음파에서 3차원 상을 추출할 수 있지 않을까 하는 생각이 떠올랐다. 가보르의 연구 논문을 읽어본 적이 없었던 그는 수학 이론을 바탕으로 재구성하여 독자적인 홀로그래피 이론을 만들었다. 자신의 수학책들을 참고했지만 별 도움이 되진 않았는데, 광학 이론 분야에서 일어난 성과를 조사하다가 가보르의 연구를 만나게 되었다.

셈프는 1986년에 출판한 책에서 레이더로 수신한 전파 메아리로 홀로그램을 만들 수 있음을 수학적으로 증명했는데, 이 책은 최첨단 기술인 레이더 분야에서 고전으로 꼽히게 되었다. 셈프는 파동 홀로그래피의 원리를 자기공명영상(MRI)에 응용할 수 있지 않을까 하고 생각하기 시작했다. 자기공명영상은 인체의 부드러운 조직을 검사하는 의료 장비로, 그 당시 개발 초기 단계에 있었다. 그런데 셈프는 그 가능성에 대해 전문가들의 의견을 묻다가 MRI를 개발하거나 장비를 조작하는 사람들이 MRI의 작용 원리를 잘 모른다는 사실을 알게 되었다. 그 기술은 아직 원시적이어서 순전히 직관적으로 사용되고 있었다. 환자들은 천천히 사진을 찍는 동안 4시간이나 꼼짝 않고 있어야 했는데, 왜 그래야 하는지 정확하게 설명하는 사람이 아무도 없었다. 셈프는 그 당시의 MRI 기술이 매우 불만스러웠고, 더 선명한 상을 얻을 가능성이 충분히 있다고 생각했다.

그러나 이미 머리가 하얗게 세어가고 우울한 기질 때문에 실제 나이보다 훨씬 늙어 보이는 50세의 과학자가 그런 일을 해내려면 비범한 수준의 몰입이 필요했다. MRI 장비를 사용하려면 의사 자격이 있어야 했기 때문에 의학과 생물학, 방사선학을 공부해야 했다. 그는 메릴랜드 주 볼티모어에 있는 존스홉킨스 의학대학원(미국 최고의 외래 환자 방사선과가 있는)에서 제안한 일자리를 얻었고, 그 뒤에 MIT와 제휴 관계에 있는 매사추세츠 종합병원에서 수련 과정을 밟았다. 셈프는 취리히에서 방사선학 특별 연구원으로 일한 뒤, 마침내 독일로 돌아와 정식으로 MRI 장비를 만질 수 있는 자격을 얻었다.

MRI로 뇌와 부드러운 조직의 사진을 찍는 것은 보통은 구석진 곳과 틈에 숨어 있는 물을 찾아내는 일이다. 그러려면 뇌 곳곳에 널려 있는 물 분자의 원자핵을 찾아내야 한다. 원자핵 속의 양성자는 작은 자석처럼 회전하기 때문에, 그 위치를 찾아내는 일은 대개 자기장을 가해주기만 하면 간단히 해결할 수 있다. 자기장을 가해주면 양성자의 회전이 가속되다가 마침내 원자핵이 통제 불능 상태로 회전하는 초소형 자이로스코프처럼 행동한다. 이러한 분자 차원의 조작을 거치면, 물 분자가 더 쉽게 드러나 MRI 장비로 그 위치를 찾아낼 수 있고, 마침내 뇌의 부드러운 조직을 촬영할 수 있다.

물 분자의 회전 속도가 느려질 때 복사가 방출된다. 셈프는 이 복사에 신체에 관한 파동 정보가 부호화되어 들어 있기 때문에, MRI 장비로 포착한 그 정보로 신체의 3차원 상을 재구성할 수 있다는 사실을 알아냈다. 여기서 추출하는 정보는 살펴보고자 하는 뇌나 신체 부위의 단면이 부호화된 홀로그램이다. 푸리에 변환과 많은 신체 단편을 사용해 그 정보를 결합하면 마침내 광학적 사진을 얻을 수 있다.

셈프는 MRI 장비를 혁명적으로 개선하는 데 도움을 주었고, 그것을 주제로 교재도 한 권 썼으며, 이를 통해 MRI가 홀로그래피처럼 작용한다는 것을 보여주었다. 그는 곧 MRI 장비와 기능(감각 자극으로 일어나는 뇌의 활동을 실제로 관찰할 수 있게 해주는) 분야에서 세계적인 권위자가 되었다.[31] 솀프의 연구 덕분에 MRI 사진을 찍기 위해 환자가 쓰는 시간은 4시간에서 20분으로 줄어들었다. 그러고 나서 솀프는 MRI 장비의 작용 원리에 관한 수학과 이론을 생체계에도 적용할 수 있지 않을까 생각하기 시작했다. 그는 자신의 이론을 '양자 홀로그래피'라 불렀는데, 3차원 형태를 비롯해 물체에 관한 모든 종류의 정보가 영점장의 양자 요동을 통해 전달되며, 이 정보를 포착하여 재조합하면 3차원 상으로 만드는 게 가능하다는 사실을 발견했기 때문이다. 솀프는 푸소프가 예언한 것처럼 영점장이 광대한 기억 저장고라는 사실을 발견했다. MRI 장비는 푸리에 변환을 통해 영점장에 부호화되어 존재하는 정보를 포착해 상으로 바꿀 수 있다. 그런데 그가 제기한 진짜 질문은 MRI 장비로 더 선명한 상을 얻을 수 있느냐는 문제를 훌쩍 뛰어넘는 것이었다. 그것은 바로 자신의 수학 방정식이 인간의 뇌에 관한 수수께끼를 푸는 열쇠를 제공할 수 있느냐 하는 것이었다.

자신의 이론을 좀 더 큰 것에 적용하려고 애쓰던 솀프는 피터 마서Peter Marcer의 연구를 접하게 되었다. 영국 물리학자인 마서는 데니스 가보르의 제자이자 동료로 함께 일했고, 나중에는 스위스의 CERN에서 일했다. 마서는 소리의 파동 이론을 바탕으로 한 계산 방법을 연구하다가 그것을 인간의 뇌에 적용할 수 있겠다는 생각이 직감적으로 들었다. 문제는 그 이론이 추상적이고 일반적이어서 구체적인 이론으로 만들려면 수학적 기반이 더 필요하다는 데 있었다. 1990년대 초에 마서는 솀프의 전화를 받았다. 솀프의 연구는 마서의 이론에 구명조끼를 던져준 것이나 다름없었는데, 자신의 이론에 깔끔한 수학적 기반을 제공해주었기 때문이다.

마서가 보기에 솀프의 MRI 장비는 프리브람이 인간의 뇌에서 작용한다고 생각한 것과 똑같은 원리로, 즉 영점장에서 나오는 자연 복사와 방사물을 읽는 방법으로 작용했다. 솀프는 뇌에서 정보 처리 과정이 어떻게 일어나는지 보여주는 정확한 수학적 지도를 갖고 있었는데, 이것은 프리브람의 이론을 수학적으로 입증하는 것이나 다름없었다. 그는 또 이 과정에 따라 작동하는 장비도 갖고 있었다. 셈프의 MRI 장비는 프리브람의 뇌 모형과 마찬가지로, 여러 각도에서 바라본 신체 이미지들에서 얻은 파동 간섭 정보를 결합하여 그것을 가상 이미지로 변환시키는 단계적 과정을 거쳤다. MRI는 마서의 양자역학 이론이 실제로 성립한다는 것을 실험적으로 입증했다.

셈프는 이전에 자신의 연구를 생체계에 적용하는 방법에 관해 일반적인 논문을 몇 편 쓰긴 했지만, 자신의 이론을 자연과 개개 세포의 이론에 적용할 수 있게 된 것은 마서와 협력 연구를 하고 나서부터였다. 두 사람은 공동으로 논문을 썼는데, 그러면서 늘 앞서 발표한 논문을 개선해나갔다. 2년 뒤 마서는 어느 학술회의에 참석했다가 에드가 미첼이 자연과 인간의 지각에 관한 이론을 발표하는 것을 들었는데, 뜻밖에도 그것은 자신의 이론과 너무나도 비슷했다. 두 사람은 서로의 기록을 비교하면서 흥분이 넘치는 점심시간을 여러 차례 함께 보냈다. 그러고는 세 사람이 함께 협력할 필요가 있다는 데 동의했다. 셈프는 프리브람과도 서신을 주고받으며 정보를 교환했다. 그들이 발견한 것은 프리브람의 연구가 늘 암시하던 것이었다. 즉, 지각이 물질의 훨씬 근본적인 단계—양자 입자들이 존재하는 저 아래의 깊은 세계—에서 일어난다는 것이었다. 우리는 사물 그 자체를 보는 것이 아니라, 그 양자 정보를 보며, 그것을 바탕으로 세계에 대한 상을 만든다. 즉, 세계를 지각하는 것은 영점장에 동조하는 것이다.

애리조나 대학교의 마취학 교수 스튜어트 해머로프Stuart Hameroff는 마취 가스가 어떻게 의식을 잃게 하는가 하는 문제로 고민하고 있었다. 일산화이질소(N_2O), 에테르($CH_3CH_2OCH_2CH_3$), 할로탄($CF_3CHClBr$), 클로로포름($CHCl_3$), 이소플루레인($CHF_2OCHClCF_3$)처럼 화학적 구조가 제각각 다른 기체들이 어떻게 모두 의식을 잃게 하는 효과를 내는지 궁금했다.[32] 그것은 화학 외에 다른 성질과 관계가 있는 게 분명했다. 해머로프는 일반적인 마취제는 미세소관microtubule(튜불린 단백질로 이루어진 세포질 내의 구조물. 세포 골격, 중심립, 방추사, 편모와 섬모 따위를 이룬다-옮긴이) 내의 전기 활동에 간섭함으로써 의식을 잃게 한다고 추측했다. 만약 실제로 그렇다면 그 반대도 성립해야 할 것이다. 즉, 뇌의 가지돌기와 신경세포 내부에 있는 미세소관의 전기 활동이 의식에서 핵심 역할을 해야 할 것이다.

미세소관은 세포의 구조와 모양을 유지하는 비계 역할을 한다. 튜불린tubulin이란 가느다란 단백질 섬유로 이루어진 미세소관은 육각형 격자 모양을 하고 있으며, 속이 텅 빈 작은 원통들을 이룬다. 열세 가닥의 가느다란 관이 텅 빈 중심 주위를 나선 모양으로 에워싸고 있으며, 세포 속에서 모든 미세소관은 중심에서 세포막을 향해 방사상으로 뻗어 있다. 이 미소한 벌집 같은 구조가 세포들(특히 신경세포) 사이에서 다양한 산물을 운반하는 통로 역할을 하며, 세포 분열 때 염색체를 둘로 나누는 데 중요한 역할을 한다는 사실이 밝혀졌다. 또 대부분의 미세소관이 무한한 레고 세트처럼 조립과 해체를 끊임없이 반복하면서 스스로를 다시 만든다는 사실도 밝혀졌다.

해머로프는 소형 포유류의 뇌를 가지고 한 실험에서 포프와 마찬가지로 살아 있는 조직이 광자를 전달하며, 뇌의 특정 지역에서는 '빛'의 투과가 잘 일어난다는 사실을 발견했다.[33]

미세소관은 펄스를 예외적으로 잘 전달하는 도체처럼 보였다. 한쪽 끝에서 출발한 펄스는 단백질 집단들을 통과하여 아무 변화 없이 반대쪽 끝에 도착했다. 해머로프는 이웃하고 있는 미세소관들은 결맞음 수준이 상당히 높으며, 그래서 한 미세소관에서 일어난 진동이 그 이웃 미세소관들에도 공명을 일으키는 경향이 있다는 사실도 발견했다.

해머로프는 가지돌기와 신경세포 속에 있는 미세소관이 광자를 전달하는

'도파관waveguides' 역할을 하면서 뇌 전체에 걸쳐 세포와 세포 사이에 이러한 파동을 에너지 손실 없이 전달하는 '광 파이프'일지도 모른다는 생각이 들었다. 더 나아가 미세소관이 몸 전체에서 이러한 광파를 전달하는 통로 역할을 하지 않을까 하는 생각까지 들었다.[34]

해머로프가 자신의 이론을 만들기 시작할 무렵, 프리브람이 처음 주장한 파격적인 개념들이 여러 곳에서 받아들여지고 있었다. 전 세계 각지의 연구소에서 일하는 과학자들은 뇌가 양자 과정을 사용한다는 견해에 동의하기 시작했다. 일본의 양자물리학자 야스에 구니오는 신경 단계에서 일어나는 미세 과정의 이해를 돕기 위해 그것을 수학적으로 기술했다. 프리브람과 마찬가지로 그의 방정식은 뇌에서 일어나는 과정이 양자 수준에서 일어나며, 뇌의 가지돌기 네트워크는 양자 결맞음을 통해 함께 동시에 작용한다는 것을 보여주었다. 양자물리학에서 개발된 방정식은 이러한 협조적 상호 작용을 정확하게 기술했다.[35] 야스에 구니오는 오카야마 대학교의 마취학과에서 근무하는 동료 지부 마리治部眞理와 함께 뇌의 양자 메시지 전달 과정이 세포들의 미세소관을 따라 진동하는 장들을 통해 일어난다는 이론을 세웠다.[36] 또 다른 사람들은 모든 뇌 기능의 기초는 뇌 생리학과 영점장 사이의 상호 작용과 관계가 있다는 이론을 만들었다.[37] 이탈리아 생체전자공학연구협회에서 일하는 에치오 인신나Ezio Insinna는 미세소관을 대상으로 한 실험 연구를 통해 이 구조들이 전자 전달과 관련이 있는 것으로 보이는 신호 메커니즘을 갖고 있다는 사실을 발견했다.[38]

각자 퍼즐 조각을 하나씩 발견한 이 과학자들은 협력하기로 결정했다. 프리브람, 야스에 구니오, 해머로프, 맥길 대학교 물리학과에서 일하는 스콧 헤이건Scott Hagan은 인간 의식의 본질에 관한 공동 이론을 만들었다.[39] 이들의 이론에 따르면, 미세소관과 가지돌기의 막은 신체의 인터넷에 해당한다. 뇌의 모든 신경세포는 내부의 양자 과정을 통해 동시에 로그인하여 나머지 모든 신경세포와 동시에 대화할 수 있다.

미세소관은 체내에서 조화를 이루지 못하는 에너지를 정렬해 전체적으로 결맞음 파동을 만드는 데 도움을 주고(이 과정을 '초복사superradiance'라 부른다), 이렇게 생겨난 결맞는 신호를 신체 곳곳으로 보낸다. 결맞음 상태에 이른 광자들은 광 파이프들을 투명한 것처럼 통과해 지나가는데, 이 현상을 '자체 유도 투명성self-induced transparency'이라 부른다. 광자는 미세소관의 중심으로 침투해 신체 전체의 다른 광자들과 커뮤니케이션을 할 수 있으며, 이것은 뇌 전체에서 미세소관에 있는 아원자 입자들의 집단 협력을 이끌어낼 수 있다. 만약 이것이 사실이라면, 사고와 의식의 통일성(우리가 여러 가지 일을 동시에 생각하지 않는 현상)을 설명할 수 있다.[40]

이 메커니즘을 통해 결맞음은 각각의 세포에서 세포 집단으로(그리고 뇌에서는 어떤 신경세포의 세포 집단으로부터 다른 신경세포의 세포 집단으로) 퍼져나간다. 이것은 뇌가 $\frac{1}{10000}$ ~ $\frac{1}{1000}$ 초 만에 반응을 보이면서 즉각적으로 작동하는 현상을 설명해준다. 이런 일이 일어나려면 정보가 초당 100~1000m의 속도로 전달되어야 하는데, 이것은 신경세포의 축삭돌기나 가지돌기 사이에 존재하는 연결 부위의 능력을 훨씬 뛰어넘는 속도이다. 광 파이프를 통해 일어나는 초복사는 오랫동안 관찰돼온 다른 현상, 곧 뇌파의 패턴이 동조하는 경향도 설명할 수 있다.[41]

해머로프는 전자들이 뒤엉키는 일 없이(고정된 단일 상태가 되어) 광 파이프를 통해 쉽게 전달되는 것을 관찰했다. 이것은 전자들을 양자 상태(가능한 모든 상태가 존재하는 조건)로 머물러 있게 하여 결국 뇌가 그중에서 어떤 것을 선택할 수 있게 한다. 이것은 자유 의지도 설명할 수 있다. 매 순간 우리 뇌는 양자 차원의 선택을 하면서 잠재적 상태들을 실재 상태들로 바꾸고 있다.[42]

이것은 이론에 지나지 않지만(포프의 이론과 그의 생체광자 방출을 철저하게 검증하는 실험은 아직 일어나지 않았다), 일부 훌륭한 수학 연구와 정황 증거는 이 이론에 힘을 실어준다. 이탈리아 물리학자 에밀리오 델 주디체와 줄리아노 프레파라타도 광 파이프 내부에 결맞는 에너지장이 있다는 해머로프의 이론을 뒷받침하는 실험적 증거를 일부 내놓았다.

미세소관은 내부가 뻥 뚫려 있고, 약간의 물 외에는 텅 비어 있다. 수돗물이나 강물 같은 보통의 물은 분자들이 무작위로 움직이기 때문에 무질서하다. 하지만 뇌세포 속에 있는 일부 물 분자들은 결이 맞는데, 이탈리아 연구팀은 이 결맞음 상태가 세포 골격 밖으로 3나노미터 이상까지 뻗어 있다는 사실을 발견했다. 만약 그렇다면, 미세소관 속의 물도 질서가 있을 가능성이 매우 높다. 이것은 내부에서 양자 결맞음을 만들어내는 어떤 종류의 양자 과정이 있음을 뒷받침하는 간접 증거이다.[43] 그들은 또 이러한 파동 집중에서 지름 15나노미터(미세소관의 안쪽 중심부의 지름과 똑같은)의 빔이 생겨난다는 것을 보여주었다.[44]

이 모든 것은 이미 포프가 생각했던 이단적인 개념으로 연결되었다. 의식은 단지 뇌뿐만이 아니라 신체 모든 곳에서 일어나는 보편적인 현상이다. 그리고 의식은 가장 기본적인 차원에서는 결맞는 빛이다.

이들 과학자—푸소프, 포프, 방브니스트, 프리브람—는 각자 독자적으로 연구했지만, 에드가 미첼은 이들의 연구를 종합하면 마음과 물질의 통일 이론(물리학자 데이비드 봄David Bohm의 '하나로 연결된 전체'라는 세계관을 뒷받침하는 증거)이 된다는 사실을 처음으로 알아챈 몇 안 되는 사람 중 하나이다.[45] 우주는 에너지 교환의 방대한 거미줄이 역동적으로 얽혀 있는 장소로, 그 하부 구조에는 가능한 모든 형태의 물질로 이루어진 가능한 모든 종류의 버전이 존재한다. 자연은 눈이 멀거나 기계적인 것이 아니며, 오히려 제한이 없고, 지능과 목적이 있으며, 정보가 생물과 환경 사이에서 오가는 결맞는 학습 피드백 과정을 이용한다. 자연의 통합 메커니즘은 운 좋은 실수가 아니라, 모든 곳에서 동시에 부호화되고 전달되는 정보이다.[46]

생물학적 과정은 양자 과정이다. 세포 커뮤니케이션을 포함해 체내에서 일어나는 모든 과정은 양자 요동에서 촉발되며, 높은 차원의 모든 뇌 기능과 의식 또한 양자 차원에서 작용하는 것으로 보인다. 양자 기억에 관한 셈프의 발견은 단기 기억 및 장기 기억은 뇌에 저장되는 것이 아니라, 영점장에 저장된다는 놀라운 개념을 낳았다. 프리브람의 발견 이후에 시스템과학자 에르빈 라슬로Ervin Laszlo를 비롯해 많은 과학자들은 뇌가 단순히 궁극적인 기억 매체인 영점장의 복구 및 읽기 메커니즘에 지나지 않는다는 주장을 펼쳤다.[47] 프리브람의 일본인 동료들은 우리가 기억이라고 생각하는 것은 단순히 영점장에서 방출되는 결맞는 신호에 지나지 않으며, 장기 기억은 이러한 파동 정보가 모여 조직된 구조를 가진 것이라는 가설을 세웠다.[48] 만약 이게 사실이라면, 왜 아주 사소한 기억 하나만 떠올려도 시각과 청각, 후각에 동시에 민감한 반응이 나타나는지 설명할 수 있다. 또 어떤 기억을 떠올리는 일이(특히 장기 기억의 경우) 수년 동안 저장된 기억을 일일이 검토하는 메커니즘 없이도 즉각적으로 일어나는지 설명할 수 있다.

만약 이들의 가설이 옳다면, 우리 뇌는 기억 매체가 아니라 어느 모로 보나 수신 메커니즘이고, 기억은 정상적인 지각의 먼 친척에 지나지 않는다. 뇌는 '새로운' 정보를 처리하는 것과 똑같은 방식(파동 간섭 패턴을 홀로그래피로 전화하는 것)으로 '낡은' 정보를 복구한다.[49] 래실리가 뇌 일부를 태워 없앤 쥐들은 시행착오를 통해 배운 기억을 온전히 되살릴 수 있었는데, 그 기억은 불에 타 사라진 적이 없기 때문이다. 뇌에 수신 메커니즘이 조금이라도 남아 있는 한(프리브람이 보여주었듯이, 그것은 뇌 전체에 퍼져 있다), 영점장을 통해 다시 그 기억에 접속할 수 있다.

일부 과학자들은 여기서 한 발 더 나아가 더 높은 인지 과정은 모두 영점장과의 상호 작용에서 비롯된다고 주장한다.[50] 이런 종류의 상호 작용이 끊임없이 일어난다고 하면, 직관이나 창조성을 설명할 수 있다. 즉, 아이디어가 때로는 단편적으로 떠오르지만, 대개는 기적같이 한꺼번에 전체가 순간적인 깨달음처럼 떠오르는 이유를 설명할 수 있다. 직관적 도약이 일어나는 순간은 영점장에서 순간적으로 결맞음이 일어나는 것일지도 모른다.

인체가 가변적인 양자 요동의 장과 정보를 교환하고 있다는 것은 세계에 대해 심오한 의미를 지닌 사실을 시사한다. 이것은 인간의 지식과 커뮤니케이션 능력이 우리가 알고 있는 것보다 훨씬 더 깊고 넓다는 것을 암시한다. 또한 이것은 각자가 지닌 개별성의 경계를 흐릿하게 만든다. 만약 생물이 궁극적으로는 장과 상호 작용하면서 양자 정보를 송수신하는 하전 입자들이라면, 우리는 어디에서 끝나고, 나머지 세계는 어디에서 시작될까? 그리고 의식은 어디에 존재할까? 우리 몸 안에 있을까, 아니면 저 밖의 영점장에 있을까? 실제로 우리와 나머지 세계가 본질적으로 서로 연결돼 있다면, '저 밖'은 더 이상 존재하지 않을 것이다.

이것에 내포된 의미는 무시할 수 없을 정도로 엄청난 것이다. 생물이 일정한 패턴을 지닌 에너지가 교환되는 계이고, 그 계의 기억이 영점장에 존재한다는 개념은 인간 자체뿐만 아니라 인간과 세계의 관계에 대해 온갖 종류의 가능성을 암시한다. 현대 물리학자들은 인류의 발전을 수십 년 동안 지연시켰다. 그들은 영점장의 효과를 무시함으로써 상호 연결의 가능성을 배제했고, 많은 종류의 기적을 과학적으로 설명하는 것을 막았다. 그들이 방정식을 재규격화하면서 한 일은 신을 배제하려고 한 행동과 비슷한 것이었다.

THE FIELD

2
확장된 마음

당신이 곧 세계이다.

_크리슈나무르티

6

창조적인 관찰자

일상생활의 온갖 자질구레한 일들 중에서 특별히 마음에 달라붙어 오래도록 사라지지 않는 것이 가끔 있다. 헬무트 슈미트Helmut Schmidt의 경우, 〈리더스 다이제스트Reader's Digest〉에서 읽은 글이 그랬다. 그것을 읽은 때는 쾰른 대학교를 다니던 스무 살 무렵, 독일이 제2차 세계 대전의 전화에서 막 벗어나기 시작하던 1948년이었다. 그것은 슈미트가 독일에서 미국으로, 그리고 학계에서 산업계로(쾰른 대학교의 교수 자리에서 워싱턴 주 시애틀에 있는 보잉과학연구소의 연구 물리학자로) 두 차례의 이민을 거치며 살아남으려고 애쓴 20여 년 동안 줄곧 기억 속에 깊이 뿌리를 내리고 있었다.

국적과 직업의 변화를 겪으며 마음이 복잡한 와중에도 슈미트는 그 글의 의미를 계속 생각했다. 그것을 의식적으로 인식하기 전부터 그것이 자신의 삶에서 중심을 차지하리란 사실을 어렴풋이 알았던 것 같다. 그는 가끔 깊은 사색에 잠겨 마음속에서 그 글을 꺼내 이리저리 돌려보며 자세히 검토하

다가 어떻게 처리해야 할지 확신이 서지 않아 미완의 상태로 다시 기억 속에 집어넣었다.[1]

그 글은 생물학자이자 초심리학자인 조지프 라인이 쓴 글을 축약한 것에 지나지 않았다. 그것은 예지 능력과 초감각 지각에 관한 실험을 다루었는데, 그중에는 훗날 에드가 미첼이 우주 공간에서 사용한 카드 실험도 포함돼 있었다. 라인은 모든 실험을 엄격하게 통제된 조건에서 했는데, 거기에서 아주 흥미로운 결과가 나왔다.[2] 그 연구 결과는 사람이 카드의 기호에 대한 정보를 다른 사람에게 전달하거나 주사위를 던질 때 어떤 눈이 나올 확률을 높이는 것이 가능함을 보여주었다.

슈미트가 라인의 연구에 마음이 끌린 것은 그것이 지닌 물리학적 의미 때문이었다. 슈미트는 학생 시절부터 반골 기질이 있어 과학의 한계에 도전하길 좋아했다. 그는 물리학과 그 밖의 과학 분야들, 그리고 우주의 많은 수수께끼를 설명했다는 이들의 주장을 주제넘은 짓이라고 여겼다. 그는 양자물리학에 가장 흥미를 느꼈지만, 여기서도 반골 기질이 발휘돼 잠재적 문제가 가장 많은 양자론의 측면들에 끌렸다.

슈미트의 흥미를 가장 끈 것은 관찰자 효과였다.[3] 양자물리학에서 매우 신비로운 측면 중 하나는 코펜하겐 해석(양자물리학의 창시자 중 한 명인 닐스 보어가 코펜하겐에서 활동했기 때문에 이런 이름이 붙었다)이다. 보어는 양자물리학을 기본적인 통합 이론으로 설명을 하려고 하는 대신에 다양한 해석을 통해 이해하려고 했으며, 오늘날 전 세계의 물리학자들이 받아들이는 수학 방정식들의 결과가 말해주는 전자의 행동에 대해 유명한 말을 많이 남겼다. 보어는(그리고 하이젠베르크도) 실험 결과에 따르면 전자가 확실한 실체로 존재하는 것이 아니라, 우리가 관찰하거나 측정하기 전까지는 가능성으로만, 곧 가능한 모든 상태의 중첩 또는 총합으로 존재한다고 주장했다. 그러다가 관찰이나 측정이 이루어지는 순간에 전자가 특정 상태로 결정된다. 그리고 우리가 관찰이나 측정 행위를 멈추면 전자는 다시 모든 가능성이 뒤섞여 있는 상태로 되돌아간다.

'상보성complementarity' 개념이 이 해석의 일부를 차지한다. 이것은 전자 같은 양자적 실체는 모든 속성을 동시에 아는 것이 불가능하다고 말한다. 대표적인 예로 속도와 위치를 들 수 있다. 만약 어느 하나(예컨대 전자의 위치)에 대한 정보를 정확하게 안다면, 다른 하나(전자의 속도)를 정확하게 알 수 없다.

양자론을 만든 사람들 중 대다수는 자신들이 계산하고 실험한 결과에 내포된 더 큰 의미를 파악하려고 애썼고, 심지어 형이상학이나 동양 철학 문헌을 참고하기까지 했다.[4] 그러나 그 뒤를 따라간 많은 물리학자들은 양자 세계의 법칙에 대해 불만을 느낄 수밖에 없었는데, 수학적 관점에서 보면 틀린 것이 없지만, 상식과 어긋나는 게 너무나도 많았기 때문이다. 노벨상을 수상한 프랑스 물리학자 루이 드브로이Louis de Broglie는 양자론을 논리적으로 추구하여 그 결론을 얻는 기발한 사고 실험을 생각했다. 파리에서 전자 하나를 상자에 넣은 다음, 상자를 둘로 쪼갠다고 상상해보자. 그리고 반쪽은 도쿄로, 나머지 반쪽은 뉴욕으로 보낸다면, 우리가 그 안을 들여다보기 전까지 전자는 두 상자 모두에 존재해야 할 것이다(양자론에 따르면). 그러다가 우리가 어느 한 상자를 들여다보는 순간, 전자는 어느 한 상자 안에만 존재하는 것으로 결정된다.[5]

코펜하겐 해석은 무작위성이 자연의 본질적 속성임을 시사한다. 물리학자들은 빛을 반투명 거울에 비추는 실험이 이것을 보여준다고 믿는다. 거울에 빛이 부딪치면, 그중 절반은 반사되고, 절반은 거울을 통과한다고 하자. 하지만 광자 1개만 거울에 도착할 경우, 그 광자는 반사되든가 통과하든가 둘 중 하나가 되겠지만, 어느 쪽인지는 알 도리가 없다. 모든 양자택일 과정과 마찬가지로 여기서도 광자가 어느 길을 갈지 알아맞힐 확률은 50 대

50이다.[6] 아원자 세계에서는 인과 메커니즘이 존재하지 않는다.

슈미트는 만약 그렇다면 라인의 피험자들은 카드와 주사위(광자처럼 무작위적 과정의 지배를 받는 도구)의 결과를 어떻게 제대로 추측할 수 있었을까 하는 의문이 들었다. 만약 라인의 연구가 옳다면, 양자물리학의 기초 중 뭔가가 틀린 게 분명했다. 소위 무작위로 일어나는 양자택일 과정을 예측하거나 심지어 거기에 영향을 미칠 수가 있다는 말이 되기 때문이다.

무작위성에 변화를 초래한 원인은 살아 있는 관찰자인 것처럼 보였다. 양자물리학의 기본 법칙에 따르면, 아원자 세계에서 일어나는 어떤 사건은 가능한 모든 상태로 존재하다가 관찰이나 측정 행위가 일어나는 순간에 어느 한 가지 상태로 결정된다. 이 과정을 전문 용어로 파동함수의 붕괴라고 부르는데, '파동함수'란 가능한 모든 상태의 총합을 말한다. 슈미트에게는(그리고 많은 사람들에게도) 수학적으로 완벽한데도 불구하고 바로 여기에 양자론의 약점이 있는 것으로 보였다. 관찰자와 독립적으로 어느 상태에 존재하는 것은 아무것도 없는데도 불구하고, 관찰자가 보는 것은 기술할 수 있지만, 관찰자 자신은 기술할 수 없다. 관찰 행위가 일어나는 순간은 수식에 포함되지만, 관찰을 하는 의식은 포함되지 않는다. 관찰자를 나타내는 방정식은 없었다.[7]

이 모든 것에서 순간적인 속성도 문제였다. 물리학자들은 주어진 양자 입자에 대해 진정한 정보를 제시할 수 없었다. 확실하게 말할 수 있는 것이라곤 어느 시점에 어떤 측정을 했을 때, 이러저러한 것을 발견하게 된다는 것뿐이었다. 그것은 마치 날아가는 나비를 붙잡는 것과 비슷하다. 고전 물리학에서는 관찰자를 언급할 필요가 없었다. 뉴턴의 세계관이나 이론에 따르면, 우리가 보건 보지 않건 의자나 행성은 그곳에 존재한다. 세계는 우리와 무관하게 독립적으로 존재한다.

그러나 기묘한 양자 세계의 어스름에서는 아원자 실체가 지닌 불완전한 측면만 결정할 수 있다. 그것도 늘 가능한 것이 아니라 관찰이 이루어지는 순간에 해당 전자가 지닌 특징 중 한 측면만 알 수 있을 뿐이다. 양자 세계는 순전히 가능성만 존재하는 완전히 밀폐된 세계로, 외부의 침입자가 간섭할 때에만 그러한 가능성이 현실(어떤 의미에서는 덜 완전한)로 변한다.

거의 같은 시기에 많은 사람들이 같은 질문을 제기하기 시작했다는 것은 사람들의 생각에 중요한 변화가 일어나고 있었음을 말해준다. 슈미트는 라인의 글을 읽고 나서 거의 20년이 지난 1960년대 초에 에드가 미첼, 카를 프리브람을 비롯한 여러 사람들과 마찬가지로, 양자물리학과 관찰자 효과가 제기하는 질문들에 호기심을 느껴 인간 의식의 본질을 파악하려고 나선 과학자 대열에 합류했다. 만약 인간 관찰자가 전자를 어느 상태로 고정시킬 수 있다면, 더 큰 규모의 현실에서는 어느 정도나 영향을 미칠 수 있을까? 관찰자 효과는 살아 있는 의식이 개입할 때에만 영점장 같은 원시 수프에서 현실이 나타난다는 것을 시사했다. 그렇다면 이 논리를 따른다면, 우리가 관여할 때에만 물리적 세계가 구체적인 상태로 존재할 수 있다는 결론에 이르게 된다. 슈미트는 우리가 지각하지 않는 한, 그 어떤 것도 독립적으로 존재할 수 없다는 주장이 사실인지 궁금했다.

슈미트가 이런 것들을 생각한 지 몇 년 후, 미첼은 염력이 뛰어난 사람들을 대상으로 의식에 관한 실험을 하기 위해 미국 서해안의 스탠퍼드로 가서 연구 기금을 모았다. 미첼도 슈미트와 마찬가지로 라인의 실험 결과가 중요한 이유는 그것이 현실의 본질을 보여줄 가능성에 있다고 생각했다. 두 사람은 우주의 질서가 인간의 행동이나 의도와 얼마나 관련이 있는지 궁금했다.

만약 의식 자체가 질서를 만들어낸다면(혹은 정말로 어떻게 하여 세계를 만들어낸다면), 인간은 알려져 있는 것보다 훨씬 큰 능력을 지닌 셈이 된다. 또 그것은 인간과 세계의 관계, 그리고 모든 생명체 사이의 관계에 대해서도 혁명적인 개념을 시사했다. 슈미트가 던진 또 하나의 질문은 우리 몸이 얼마나 멀리 뻗어 있느냐 하는 것이었다. 우리 몸은 늘 고립된 개체로 생각해온 그 경계에서 끝날까, 아니면 우리와 세계의 경계가 불분명할 정도로 저 밖으로 멀리 뻗어 있을까? 살아 있는 의식은 양자장 같은 속성을 갖고 있어서 저 밖의 세계에 영향력을 미칠 수 있을까? 만약 그렇다면, 우리는 단순히 관찰하는 행동 외에 그 이상의 일도 할 수 있을까? 우리가 미칠 수 있는 영향력은 얼마나 클까? 양자 세계에서 관찰자로 참여하는 행동으로부터 논리적으로 조금만 더 나아가면, 우리가 세계에 영향을 미치고 창조자가 될 수도 있다는 결론에 이르게 된다.[8] 우리는 날아가는 나비를 어느 지점에서 멈추게 할 뿐만 아니라, 나비가 날아갈 경로에도 영향을 미치지 않을까(나비를 특정 방향으로 밂으로써)?

라인의 연구는 이에 관련된 양자 효과가 비국소성, 즉 원격 작용일 가능성을 제기했다. 비국소성이란, 한번 접촉한 두 아원자 입자가 아주 멀리 떨어진 뒤에도 서로 커뮤니케이션을 주고받는 것처럼 보이는 현상을 말한다. 만약 라인의 초감각 지각 실험 결과를 믿는다면, 전체 세계에도 원격 작용이 존재할지 모른다.

슈미트는 37세가 된 1965년에서야 비로소 자신의 생각을 시험해볼 기회를 얻었다. 그 당시 슈미트는 보잉의 연구소에서 항공우주 개발에 관련된 것이건 관련되지 않은 것이건 순수 연구를 마음대로 할 수 있는 좋은 환경에서 일했다. 그런데 그 당시 보잉은 잠잠한 시기를 보내고 있었다. 항공우주 산업계의 거대 기업인 보잉사는 초음속 여객기를 개발했지만 생산을 보류했으며, 747기는 아직 발명되기 전이었다. 그래서 슈미트는 자유롭게 연구할 시간이 많았다.

한 가지 아이디어가 천천히 구체화되기 시작했다. 모든 것을 검증할 수 있는 가장 간단한 방법은 라인이 한 것처럼 인간의 의식이 어떤 종류의 확률론적 계에 영향을 미치는지 조사해보는 것이었다. 라인은 초감각 지각 '강제 선택'(둘 중에서 하나를 반드시 선택해야 하는 방식의) 추측 또는 '예지' 실험을 위해 특수 카드를 사용했고, 마음이 물질에 영향을 미치는지 알아보는 '염력' 실험에는 주사위를 사용했다. 두 가지 도구는 모두 나름의 한계가 있었다. 주사위를 던지는 것이 인간의 의식에 영향을 받는 무작위적 과정인지 또는 카드를 알아맞히는 것이 순전히 우연으로 일어난 것이 아닌지 확실하게 증명할 수 있는 방법은 없다. 카드들이 제대로 섞이지 않았을 수도 있고, 주사위의 모양이나 무게 때문에 어떤 눈이 특별히 더 잘 나올 수도 있다. 또 한 가지 문제는 실험 결과를 손으로 적는 과정인데, 이 과정에서 인간의 오류가 일어날 가능성이 있었다. 마지막으로, 모든 과정을 수동으로 진행했기 때문에, 실험을 하는 데 시간이 오래 걸린다는 단점이 있었다.

슈미트는 실험 과정을 기계화하면 라인의 연구를 개선할 수 있을 것이라고 생각했다. 그가 관심을 가진 것은 양자 효과였기 때문에, 양자 과정을 통해 무작위성이 결정되는 기계를 만드는 것이 타당해 보였다. 슈미트는 레미 쇼뱅Remy Chauvin과 장 피에르 장통Jean-Pirrre Genthon이라는 두 프랑스인이 한 실험 결과를 읽었는데, 두 사람은 피험자가 방사성 물질의 붕괴율(가이거 계수기에 기록되는)에 영향을 미치는지 알아보는 실험을 했다.[9]

방사성 붕괴보다 더 무작위적인 과정도 없다. 양자물리학에는 한 원자가 붕괴하면서 전자가 방출되는 일이 언제 일어나는지 정확하게 예측할 방법이 없다는 금언이 있다. 만약 방사성 붕괴를 이용해 기계를 설계한다면, 명사 모순(의미상 서로 모순되는 두 단어가 들어 있는 진술)처럼 들리는 기계를 만들 수 있을 것이다. 즉, 양자역학적 불확정성을 바탕으로 한 정밀 기계를 만들 수 있다.

양자 붕괴 과정을 이용한 기계는 확률과 유동성의 영역을 다룰 수 있다.

이 기계는 원자 입자들에 좌우되고, 원자 입자들은 양자역학의 확률론적 우주에 좌우된다. 이 기계에서 나오는 결과는 물리학에서 '무질서' 상태로 간주하는 완전히 무작위적인 행동이 될 것이다. 피험자들이 주사위에 영향을 미친 것처럼 보인 라인의 연구는 일부 정보 전달 메커니즘이나 질서를 세우는 메커니즘(물리학자들이 '음의 엔트로피' 혹은 '네겐트로피negentropy'라 부르는)이 일어나 실험 결과를 무작위성 쪽에서 질서 쪽으로 옮겨가게 했다는 것을 시사했다. 만약 피험자가 실험 결과 중 어떤 요소를 변화시켰다는 사실이 입증된다면, 피험자가 사건의 확률을 변화시켰다는(일어나는 사건의 확률이나 어떤 계가 특정 방식으로 행동하는 경향을 변화시켰다는) 이야기가 된다.[10] 그것은 마치 교차로에서 어느 길로 가야 할지 마음을 정하지 않은 채 멈춰 서 있는 보행자를 설득해 어느 한쪽 길로 가게 만드는 것과 비슷하다. 다시 말해서 피험자가 질서를 만들어낸 것이다.

슈미트가 그동안 한 연구는 대부분 이론물리학 분야였기 때문에, 그런 기계를 만들려면 전자공학을 다시 공부해야 했다. 그는 한 기술자의 도움을 받아 두꺼운 양장본 책보다 조금 더 큰 직사각형 상자를 만들었다. 그 상자는 네 가지 색의 전등과 단추가 붙어 있었고, 굵은 케이블을 통해 종이테이프에 구멍을 뚫어 암호를 표시하는 기계에 연결돼 있었다. 슈미트는 그 기계를 '난수 생성기random number generator'라고 불렀는데, 나중에는 줄여서 RNG라고 불렀다. 난수 생성기 윗부분에는 네 가지 색(빨간색, 노란색, 초록색, 파란색)의 전구가 있었는데, 각각의 전구에 불이 무작위로 들어왔다.

피험자가 어느 전구 아래에 있는 단추를 누르면, 그것은 바로 그 위에 있는 전구에 불이 들어온다고 예측한 것으로 기록되었다.[11] 만약 실제로 그 전구에 불이 들어온다면, 1점을 얻는다. 난수 생성기 위에는 계수기가 두 대 있었다. 하나는 피험자가 결과를 정확하게 예측한 횟수를 세고, 다른 하나는 시행 횟수를 세었다. 실험을 하는 동안 피험자는 자신의 성공률이 기록되는 광경을 눈앞에서 본다.

슈미트는 가이거 계수기 옆에 방사성 동위 원소인 스트론튬-90을 소량 놓아두었는데, 이 불안정한 원소에서 전자가 방출될 때마다 가이거 계수기에 그 수가 기록되었다. 초당 100만 회의 빠른 속도로 1~4의 숫자들 사이를 질주하는 가이거 계수기는 전자를 감지할 때마다(초당 10회의 비율로) 멈춰 선다. 그리고 멈춰 선 곳의 숫자에 해당하는 전구에 불이 들어온다. 만약 피험자가 어느 전구에 불이 들어올지 예측하는 데 성공한다면, 그것은 곧 다음번 전자가 언제 도착할지 직감적으로 알아채 어느 전구에 불이 들어올지 알았다는 이야기가 된다.

순전히 추측에만 의존할 경우, 피험자가 제대로 알아맞힐 확률은 25%이다. 슈미트의 첫 번째 실험에 참여한 사람들은 대부분 이것보다 나은 결과를 얻지 못했다. 그러다가 슈미트는 시애틀의 전문 심령술자 집단과 접촉하여 피험자들을 모집했는데, 이들은 더 성공적인 결과를 보여주었다. 그 후 슈미트는 피험자를 모집할 때, 예지 능력이 뛰어나다는 사람들을 구하려고 애썼다. 그 효과는 아주 미미할 가능성이 있었기 때문에 성공 가능성을 최대한 높여야 한다고 판단했다. 첫 번째 실험 연구에서 슈미트는 27%의 성공률을 얻었다. 이것은 큰 의미가 없는 결과로 보일지 모르지만, 통계학적으로 뭔가 흥미로운 일이 일어났다고 결론 내릴 만큼 평균에서 충분히 벗어나는 편차였다.[12]

피험자의 마음과 기계 사이에 어떤 연결이 일어난 것처럼 보였다. 하지만 그것은 도대체 무엇일까? 피험자들이 어떤 전구에 불이 들어올지 예견한 것일까? 아니면 여러 가지 색의 전구들 중 하나를 선택하여 정신적 힘으로 그 전구에 불이 들어오게 한 것일까? 그 효과는 예지 능력일까 염력일까?

슈미트는 염력 효과만 따로 분리해 조사해보기로 결정했다. 그가 생각한 것은 라인의 주사위 실험을 전자적 방식으로 변형시키는 것이었다. 그래서 다른 종류의 기계를 만들었는데, 그것은 20세기의 동전던지기 기계라고 부를 만한 것이었다. 이 기계는 양자택일 방식('예' 또는 '아니오', '켜짐' 또는 '꺼짐', '0' 또는 '1')을 바탕으로 작동했다. 이 기계는 '앞면'과 '뒷면'으로 이루어진 무작위적 배열을 전자적 방식으로 만들어낼 수 있었고, 그 결과를 원형으로 배열된 전구 9개에서 움직이는 불빛의 움직임으로 표시했다. 전구 하나는 항상 켜져 있었다. 시작할 때 맨 위에 있는 전구에 불이 들어오고, 그다음부터는 앞면이나 뒷면이 나올 때마다 그 불은 시계 방향이나 반시계 방향으로 하나씩 옮겨갔다. 만약 '앞면'이 나오면 시계 방향으로 다음번 전구에 불이 들어오고, '뒷면'이 나오면 반시계 방향으로 다음번 전구에 불이 들어왔다. 기계 자체에만 맡겨두면, 원형으로 늘어선 전구 9개에서 불이 제멋대로 왔다 갔다 하며 옮겨 다닐 것이다. 그리고 어느 한쪽 방향으로 움직이는 횟수는 전체 시행 횟수 중 대략 절반을 차지할 것이다. 약 2분에 걸쳐 128회의 움직임 뒤에 기계가 멈추고, 그동안 나온 앞면과 뒷면의 수가 표시되었다. 앞면과 뒷면이 나온 전체 순서도 종이테이프에 자동으로 기록되며, 앞면과 뒷면의 전체 횟수는 계수기에 표시되었다.

슈미트는 피험자에게 염력으로 불빛을 시계 방향으로 더 많이 이동하게 하는 실험을 하려고 했다. 즉, 피험자에게 기계에서 뒷면보다 앞면을 더 많이 나오게 하라고 요구했다.

한 실험에서는 두 피험자를 대상으로 실험을 했는데, 한 사람은 적극적이고 외향적인 성격의 북아메리카 여자였고, 한 사람은 초심리학을 연구하는 신중한 성격의 남아메리카 남자였다. 예비 테스트에서 북아메리카 여자는 줄곧 뒷면보다 앞면이 많이 나온 반면, 남아메리카 남자는 앞면이 더 많이 나오게 하려고 크게 노력했는데도 불구하고 반대 결과가 나왔다. 100차례 이상으로 규모를 확대한 실험에서도 두 사람이 얻은 결과는 거의 같은 경향을 보였다(여자는 앞면이 더 많이 나왔고, 남자는 뒷면이 더 많이 나왔다). 여자가 실험을 할 때에는 불빛은 전체 시행 횟수 중 52.5%의 비율로 시계 방향으로 움직였다. 하지만 남자가 정신을 집중할 때에는 기계가 자신의 의도와 정반대 방향으로 움직였다. 결국 불빛이 시계 방향으로 움직인 비율은 47.75%밖에 되지 않았다.

슈미트는 알려진 물리학 법칙으로 이것을 설명할 수 있을지 분명히 알 수 없었지만, 뭔가 중요한 결과를 얻었다고 생각했다. 계산을 해보니 순전히 우연만으로 두 사람의 점수에 그만한 차이가 나타날 확률은 1000만 대 1 이상이었다. 즉, 우연에만 의존해 그런 결과를 한 번 얻으려면, 그 실험을 적어도 1000만 번은 해야 한다는 이야기였다.[13]

슈미트는 자신이 가장 쉽게 찾을 수 있는 사람 18명을 모았다. 첫 번째 실험에서 이들은 남아메리카 남자와 마찬가지로 기계에 역효과를 미치는 것처럼 보였다. 이들은 불을 시계 방향으로 움직이게 하려고 노력했지만, 기계는 반대 방향으로 움직였다.

슈미트의 주요 관심은 방향에 상관없이 그들이 정말로 기계에 조금이나마 효과를 미치는가를 알아내는 데 있었다. 그는 피험자가 나쁜 점수를 얻을 가능성이 더 높아지도록 실험을 설계할 수 있는지 알아보기로 했다. 만약 피험자에게 부정적 효과를 미치는 힘이 있다면, 그것을 증폭시키기로 한 것이다. 우선 기계에 부정적 효과를 미친 사람들만 골라서 선택했다. 그리고 실패를 조장하는 실험 분위기를 조성했다. 피험자에게 기계와 함께 작고 어두운 벽장에 들어가 몸을 웅크린 채 실험을 하게 했고, 긍정적 자극을 주지 않으려고 노력했다. 심지어 피험자에게 실패할 게 틀림없다고 이야기하기까지 했다.

예상대로 이 피험자들은 난수 생성기에 상당한 부정적 효과를 미쳤다. 불은 그들이 의도한 것과 반대 방향으로 더 많이 이동했다. 비록 반대 방향이긴 하지만, 어쨌든 그들이 기계에 어떤 효과를 미쳤다는 사실이 중요했다.

비록 미소한 것이긴 하지만, 그들은 기계를 무작위적 행동에서 약간 벗어나게 했다. 그들이 얻은 결과는 기댓값인 50%보다 약간 작은 49.1%였다. 통계적으로 이 수치는 상당히 유의미한 결과였다. 순전히 우연만으로 그러한 일이 일어날 확률은 1000 대 1이었다. 피험자들은 난수 생성기가 어떻게 작용하는지 전혀 몰랐기 때문에, 그들이 미친 작용은 일종의 의도를 통해 일어난 것이 분명했다.[14]

슈미트는 비슷한 연구를 수년간 계속하면서 〈뉴사이언티스트New Scientist〉와 그 밖의 학술지에 논문을 발표하고, 비슷한 생각을 가진 사람들을 만나고, 자신의 연구에서 상당히 유의미한 결과를 얻었다—때로는 예상 결과인 50%를 훨씬 넘어 54%를 얻기도 했다.[15] 미첼이 달 표면을 걷기 전해인 1970년 무렵에 보잉은 이익이 크게 줄어들어 감원을 단행했다. 우선순위로 분류된 수백 명에 슈미트도 포함되었다. 보잉은 항공우주 산업의 연구 개발 부문에서 많은 일자리를 제공하던 핵심 투자자였기 때문에, 여기서 쫓겨난 연구원들은 달리 갈 곳이 별로 없었다. 시애틀의 국경에는 "시애틀을 마지막으로 떠나는 사람은 불을 좀 꺼주시겠습니까?"라는 표지판이 서 있다. 슈미트는 세 번째이자 마지막으로 일자리를 옮겼다. 그는 초심리학자들 사이에서 물리학자로 일하면서 의식에 관한 연구를 계속했다. 그는 노스캐롤라이나 주의 더럼으로 가 라인의 연구소인 인간본성연구재단에서 난수 생성기에 관한 연구를 라인과 함께 했다.

몇 년 후, 슈미트의 기계에 관한 소문이 프린스턴 대학교까지 퍼졌는데, 전기공학을 전공하던 한 여학생이 거기에 큰 관심을 보였다. 2학년이던 그 학생은 마음이 기계에 영향을 미칠 수 있다는 개념에 흥미를 느꼈다. 1976년에 그 학생은 공과대학 학장을 찾아가 슈미트의 난수 생성기 연구를 재현하는 연구를 특별 프로젝트로 추진하자고 제안했다.[16]

로버트 잔Robert Jahn은 너그러운 사람이었다. 베트남 전쟁의 확전으로 미국 전역의 대학들과 마찬가지로 프린스턴 대학교도 학내 소요가 분출했을 때, 공학 교수이던 잔은 부지불식간에 첨단 기술을 옹호하는 입장에 섰는데, 하필이면 미국의 첨예한 양극화 때문에 첨단 기술이 비난의 대상이 되던 시점에 그런 행동을 했다. 그는 프린스턴 대학교 학생들에게 실제로는 기술이 그러한 분열에 해결책을 제공할 것이라고 설득력 있게 주장했다. 그의 유화적 태도는 캠퍼스의 불안을 진정시켰을 뿐만 아니라, 인문학에 치중하던 대학교에 과학과 기술을 중시하는 풍토를 만드는 데에도 기여했다. 1971년에 학장으로 임명된 데에는 잔의 외교적 수완도 한몫을 했을 것이다.

그런데 지금 한 학생이 그의 유명한 너그러움이 어느 정도인지 시험하려 들었다. 잔은 평생을 교육과 기술 개발에 바쳐온 응용물리학자였다. 그는 모든 학위를 프린스턴 대학교에서 받았으며, 첨단 우주 추진 장치와 고온플라스마역학 연구로 현재의 명성과 지위를 얻었다.

그는 1960년대 초에 항공공학과에 전기 추진 기술을 도입하는 임무를 띠고 프린스턴 대학교로 돌아왔다. 그런데 지금 사실상 초능력 현상 영역에 속하는 프로젝트를 지원해달라는 요청을 받은 것이다. 잔은 그것은 성공할 수 있는 주제가 아니라고 생각했지만, 제안을 한 학생이 모든 과정을 빠르게 이수한 우수한 학생이어서 결국 그 제안을 수락하고 말았다. 잔은 여름 동안 그 학생이 프로젝트를 진행할 수 있도록 자유재량으로 쓸 수 있는 예산 중에서 일부를 지원해주기로 했다. 그 학생이 맡은 과제는 난수 생성기 연구와 그 밖의 염력 연구에 관한 기존의 과학 문헌을 조사하고, 일부 예비 실험을 하는 것이었다. 만약 영점장이 정말로 신빙성이 있고, 더 중요하게는 기술적 관점에서 접근이 가능하다는 것을 입증할 수만 있다면, 잔은 그 학생에게 독자적인 연구를 할 수 있도록 지원하겠다고 약속했다.

잔은 열린 마음을 가진 학자의 관점에서 그 주제에 접근하려고 노력했다.

여름 동안 그 학생은 조사한 논문을 복사하여 잔의 책상에 놓아두었고, 심지어는 초심리학협회의 회의에 함께 참석하자고 제안했다. 잔은 늘 비주류 과학으로 홀대받아온 분야를 연구하는 사람들을 이해하려고 노력했다. 그러면서 차라리 이 주제 자체가 완전히 사라졌으면 하는 생각도 들었다. 비록 그 프로젝트, 특히 주변의 온갖 복잡한 장비에 자신이 어떤 영향을 미칠지 모른다는 개념이 아주 흥미롭긴 했지만, 결국은 이것이 자신을 곤란한 처지로 몰아넣을지도(특히 동료 교수들 사이에서) 모른다는 생각이 들었다. 이것을 어떻게 진지한 연구 주제라고 설명할 수 있겠는가?

학생은 그런 현상이 존재한다는 증거를, 그것도 갈수록 더 그럴듯한 증거를 계속 가져왔다. 이 연구에 종사한 사람들이나 연구 자체에 신빙성이 약간 있다는 것은 확실했다. 결국 잔은 그 학생이 진행할 2년간의 연구 프로젝트를 지도하기로 동의했고, 학생이 성공적인 실험 결과를 내놓기 시작하자, 자신도 제안을 하거나 장비를 개선하는 데 힘을 보탰다.

프로젝트를 시작한 지 2년째에 접어들었을 때, 잔 자신도 난수 생성기 실험에 조금씩 관여하기 시작했다. 거기에 뭔가 흥미로운 게 있는 것처럼 보이기 시작했다. 그 학생은 대학을 졸업하면서 난수 생성기 연구에서 손을 털고 떠났다. 그것은 그녀에게 흥미로운 사고 실험이었을 뿐 그 이상은 아니었으며, 실험 결과에 호기심이 충족되었던 것 같다. 그러고는 처음에 선택했던 정통 과학계로 돌아가 컴퓨터과학 분야에서 화려한 경력을 쌓아갔지만, 그녀가 남기고 간 감질나는 자료이자 폭탄은 잔의 인생을 완전히 바꾸어놓았다.

잔은 의식을 연구하는 연구자들을 존중했지만, 개인적으로는 그들이 뭔가 잘못하고 있다고 생각했다. 라인의 연구를 비롯해 그 비슷한 연구들은 아무리 과학적이라 하더라도, 일반적으로 초심리학으로 분류되었는데, 과학계에서는 초심리학을 하는 사람들을 대체로 사기꾼이나 마술사 비슷하게 여겼다. 따라서 확실한 근거를 바탕으로 한 아주 정교한 연구 계획이 필요했다. 그래야 그 연구가 적절한 학문적 틀을 갖출 수 있을 것이기 때문이다. 잔은 슈미트와 마찬가지로 이 실험에 아주 큰 의미가 있다고 느꼈다. 데카르트가 마음은 육체와 분명히 분리되어 있다고 지적한 이래 모든 과학 분야는 마음과 물질을 분리하여 다뤄왔다. 그런데 슈미트가 기계로 한 실험 결과는 그러한 분리가 존재하지 않음을 시사하는 것처럼 보였다. 잔이 하려고 하는 실험은 단순히 인간이 주사위나 숟가락, 마이크로프로세서 같은 무생물 물체에 영향을 미치는 능력이 있느냐 없느냐 하는 질문에 대한 답을 얻는 것 이상의 의미가 있었다. 그것은 현실과 살아 있는 의식의 본질 자체를 파고드는 연구였다. 그것은 아주 경이로우면서도 기본적인 과학이었다.

슈미트는 특별히 좋은 결과를 얻을 수 있는 예외적 능력을 가진 사람들을 찾으려고 애썼다. 슈미트의 실험 계획은 이상한 현상을 다루는 것으로, 비정상적인 사람들이 보여주는 비정상적인 재주를 관찰하는 것이었다. 잔은 이런 접근 방법이 이 주제를 더 사람들의 관심에서 벗어나게 만들 수 있다고 생각했다. 그것보다 더 흥미로운 질문은 누구나 그런 능력을 가지고 있느냐 하는 것이라고 생각했다.

잔은 또 이것이 우리의 일상생활에 어떤 영향을 미치는지 궁금했다. 1970년대에 공과대학 학장으로 있던 잔은 세상이 거대한 컴퓨터 혁명이 일어나기 직전의 단계에 와 있다는 사실을 알아챘다. 마이크로프로세서 기술은 점점 더 민감해지면서 취약해지고 있었다. 만약 살아 있는 의식이 그렇게 민감한 장비에 영향을 미칠 수 있다면, 장비의 작동 방식에도 큰 영향을 미칠 것이다. 양자 과정의 미소한 교란은 정해진 행동에서 크게 벗어나는 결과를 초래할 수 있고, 아주 작은 움직임도 그것을 완전히 다른 방향으로 확대시킬 수 있다.

잔은 자신이 특별한 도움을 줄 수 있는 위치에 있다는 사실을 알고 있었다. 만약 유명한 대학에서 정통 과학을 바탕으로 이 연구를 진행한다면, 이 전체 주제가 좀 더 학문적인 방식으로 알려질 것이다.

그는 작은 연구 프로그램을 진행할 계획을 세우고, 거기에 '프린스턴 공과대학 이상 현상 연구Princeton Engineering Anomalies Research'라는 중립적인 이름을 붙였는데, 나중에 머리글자를 따 PEAR라 알려지게 되었다. 잔은 의도적으로 다양한 초심리학 협회와 거리를 두고, 자신의 연구를 외부에 알리는 것을 피하면서 외로이 절제된 방식으로 연구를 하기로 했다.

얼마 지나지 않아 민간 부문에서 연구비 지원이 들어오기 시작하자, 잔은 자신의 PEAR 연구에 대학 예산을 한 푼도 쓰지 않는 선례를 세우고 그 후 그것을 충실히 따랐다. 대학 측은 조숙하지만 제멋대로 구는 아이를 둔 인내심 많은 부모의 심정으로 PEAR 연구를 방관했는데, 이런 태도에는 잔의 명성이 큰 역할을 했다. 공과대학 지하실에 있던 여러 방이 실험실로 배정되었는데, 이 방들은 이 미국 아이비리그 캠퍼스의 더 보수적인 학과들로 이루어진 우주 안에 또 하나의 작은 우주로 존재하게 되었다.

잔은 그만한 규모의 연구를 시작하는 데 필요한 게 무엇인지 생각하면서 물리학 중 미개척 분야와 의식 연구 분야에 새로 뛰어들어 탐구하는 사람들을 많이 접촉했다. 그 과정에서 시카고 대학교의 발달심리학자 브렌다 던Brenda Dunne을 만나 자기 연구실에서 일하게 했다. 던은 투시에 관한 실험을 많이 하여 그 효과를 입증한 바 있었다.

잔은 일부러 자신과 아주 대조적인 인물인 던을 선택했는데, 그것은 바로 눈에 들어오는 신체적 차이에서도 확연히 드러났다. 잔은 마른 체격에 보수적인 학계의 비공식 정장인 말쑥한 체크무늬 셔츠와 평상복 바지를 자주 입었고, 평소의 태도나 박학다식한 말투는 절제된 느낌을 주었으며, 불필요한 말이나 제스처는 절대로 하지 않았다. 이에 반해 던은 감정을 풍부하게 분출하는 스타일이었다. 하늘하늘한 드레스를 자주 입었고, 숱이 많고 희끗희끗한 머리카락은 그냥 흘러내리게 하거나 인디언 여성처럼 댕기 머리로 땋았다. 던은 노련한 과학자였지만, 본능에 따라 행동하는 경향이 있었다. 던이 맡은 일은 대체로 분석적인 잔의 접근 방법을 보완하기 위해 자료를 좀 더 형이상학적이고 주관적으로 이해하는 관점을 제공하는 것이었다. 잔은 기계를 설계하는 일을 맡고, 던은 실험의 겉모양과 느낌을 디자인하는 일을 맡기로 했다. PEAR를 대표해 바깥세상과 접촉하는 일은 잔이 맡고, PEAR를 대표해 피험자들을 대하는 일은 던이 맡기로 했다.

잔이 염두에 둔 첫 번째 과제는 난수 생성기의 성능을 개선하는 것이었다. 잔은 자신의 무작위 사건 생성기Random Event Generator, REG를 원자의 붕괴 대신에 전자 잡음 발생원을 바탕으로 돌아가도록 만들기로 했다. 이 기계가 무작위로 쏟아내는 결과는 라디오 다이얼을 방송국 채널들 사이에서 돌릴 때 나는 백색 소음과 비슷한 것(자유 전자들의 출렁임으로 이루어진 파도)의 지배를 받는다. 이것은 양의 펄스와 음의 펄스가 무작위로 교대되며 계속 발생하는 메커니즘을 제공했다. 그 결과는 컴퓨터 화면에 표시되었고, 그러고 나서 온라인을 통해 데이터 관리 시스템으로 보내졌다. 부당한 간섭이나 갑작스런 작동 중단에 대비해 전압 및 열 감시 장치 같은 자동 안전장치도 충분히 마련했고, 의도의 작용을 실험하는 데 사용하지 않을 때에는 1이나 0의 두 가지 가능성 중 어느 한쪽이 나올 확률이 항상 거의 50%가 되도록 만전을 기했다.

앞면이나 뒷면이 나올 확률이 정상적인 50 대 50에서 조금이라도 벗어나는 결과는 모두 전자적 결함에서 나타나는 게 아니라, 순전히 기계에 작용하는 정보나 영향에서 나타나도록 보장하는 하드웨어 안전장치에도 꼼꼼하게 신경을 썼다. 또 아무리 미소한 효과라도 즉시 컴퓨터로 계량화할 수 있었다. 잔은 또 하드웨어의 성능을 높여 그 속도를 훨씬 빠르게 했다. 이렇게 준비를 다 마치고 나자, 라인이 평생 동안 얻은 것보다 훨씬 많은 자료를 오후 한나절에 얻을 수 있었다.

던과 잔은 실험 절차도 개선했다. 그들은 모든 REG 실험이 똑같은 실험 설계를 따르도록 했다. 기계 앞에 앉은 피험자들을 대상으로 동일한 시간의 테스트를 세 가지 했다. 맨 먼저, 의도의 힘을 사용해 기계가 0보다 1을 더 많이(PEAR 연구자들의 표현으로는 'HI'가 더 많이) 나오게 했다. 두 번째 테스트에서는 의도의 힘을 사용해 기계가 1보다 0을 더 많이('LO'가 더 많이) 나오게 했다(HI는 하이high, LO는 low란 뜻을 담고 있다. 1은 I, 0은 O로 표기할 수 있기 때문에, 연구자들이 장난삼아 이런 용어를 만들어 사용한 것이다-옮긴이). 세 번째 테스트에서는 기계에 아무런 영향도 주지 않았다. 이렇게 3단계 과정을 밟은 이유는 기계에서 나타날지도 모를 편향을 방지하기 위한 것이었다. 기계는 피험자의 결정을 사실상 동시에 기록했다.

피험자가 단추를 누르면, 약 0.2초 동안에 걸쳐 기계에서 1과 0 중 하나가 200개 쏟아져 나오는데, 그러는 동안 피험자는 기계에 영향을 미치려고 정신을 집중한다(예컨대 1이 우연만으로 나올 기댓값인 100번 이상 나오도록 노력하면서). PEAR 팀은 각 피험자에게 대개 한 번에 50번씩 실험을 하게 했다. 그러려면 시간이 약 30분이나 걸렸지만, 1과 0을 1만 개 얻을 수 있었다. 던과 잔은 대개 각 피험자를 대상으로 이러한 실험을 50회 또는 100회(각 피험자가 의도 실험을 시도한 횟수를 모두 합하면 2500번 또는 5000번으로, 1과 0이 50만 개 또는 100만 개가 나온 결과) 시행한 결과를 종합해 그 점수를 검토했는데, 추세를 신뢰할 수 있게 파악하려면 적어도 그 정도의 데이터가 필요하다고 판단했기 때문이다.[17]

그 결과를 분석하기 위해 정교한 방법이 필요하다는 것은 처음부터 분명했다. 슈미트는 단순히 1과 0이 나온 결과를 센 다음, 그것을 우연히 일어날 확률과 비교했다. 잔과 던은 통계학에서 검증된 방법인 누적편차를 사용하기로 결정했다. 이것은 각각의 실험마다 우연만으로 얻을 수 있는 기댓값

(100개)에서 벗어나는 편차를 계속 더한 뒤에 평균을 구하고, 그것을 그래프에 나타내는 방법이었다.

이 그래프는 평균과 특정 표준편차들(결과가 평균에서 벗어나지만, 아직 유의미한 것으로 간주되는 차이)을 보여준다. 양자택일 결과가 무작위로 나오는 실험을 200번 시행할 때, 평균적으로 앞면과 뒷면이 각각 100번씩 나올 것이다. 따라서 여기서 얻은 종형 곡선에서 평균은 100(그래프의 가장 높은 지점에서 아래로 그은 수직선이 가리키는 값)이 될 것이다. 기계가 한 번 실험을 할 때마다 각각의 결과를 그래프로 그리면, 종형 곡선에 자리 잡은 각각의 점들—101, 103, 96, 104 등—은 각 실험의 점수를 나타낸다. 어떤 효과 하나가 미치는 영향은 아주 미미하기 때문에, 이런 식으로는 전체적인 경향을 파악하기가 어렵다. 하지만 얻은 결과를 계속 더해가고 평균을 구하면, 아무리 효과가 미소하다 하더라도 점수는 꾸준히 기댓값에서 점점 더 많이 벗어날 것이다. 이렇게 누적 평균은 평균에서 벗어나는 경향을 확대시켜 보여준다.[18]

잔과 던은 또 엄청나게 많은 데이터가 필요하다는 사실을 알았다. 2만 5000회에 이르는 많은 데이터도 통계적 결함이 나타날 수 있다. 동전던지기처럼 우연에 기초한 양자택일적 사건을 대상으로 연구할 때에는 통계적으로 앞면이나 뒷면이 나오는 횟수가 각각 절반이 되어야 한다. 동전을 200번 던져 앞면이 102번 나왔다고 해보자. 이 경우에는 시행 횟수가 비교적 적기 때문에, 앞면이 약간 더 많이 나온 것은 통계적으로 충분히 우연의 법칙 이내에 있다고 볼 수 있다.

하지만 동전을 200만 번 던져 앞면이 102만 번이 나온다면, 이것은 갑자기 단순한 우연의 법칙에서 크게 벗어나는 결과가 된다. REG 실험처럼 미소한 효과를 다룰 때, 통계적으로 유의미한 결과는 개별적인 실험이나 작은 규모의 실험 집단에서 나타나는 게 아니라, 방대한 양의 데이터를 결합했을 때 그 결과가 그 기댓값에서 점점 많이 벗어나면서 나타난다.[19]

잔과 던은 처음 5000회의 실험을 한 뒤에 그 데이터를 가지고 그때까지 일어난 결과를 계산하기로 했다. 그날은 일요일 오후였는데, 두 사람은 잔의 집에서 만났다. 그들은 각 피험자가 얻은 평균 결과를 그래프로 나타내기 시작했다. 피험자가 기계에 HI(앞면)가 많이 나오도록 정신을 집중한 결과는 빨간색 점으로, LO(뒷면)가 많이 나오도록 정신을 집중한 결과는 초록색 점으로 표시했다.

그러고 나서 그 결과를 검토했다. 만약 결과가 우연에서 벗어나지 않았다면, 두 종형 곡선은 평균이 100인 우연한 사건의 종형 곡선 위에 포개져야 할 것이다.

하지만 그렇지 않았다. 두 곡선은 서로 반대 방향으로 비켜나 있었다. 빨간색 종형 곡선은 우연한 사건의 종형 곡선 오른쪽에, 초록색 종형 곡선은 그 왼쪽에 나타났다. 아주 엄격한 절차를 따른 과학 실험이었는데도 불구하고, 피험자들(모두 뛰어난 초능력자가 아닌 평범한 사람들로 이루어진)은 순전히 의도만으로 기계의 무작위적 행동에 영향을 미쳤다는 결론이 나왔다.

잔은 그 데이터에서 눈을 들어 의자에 앉아 몸을 뒤로 젖혔다. 그리고 던과 눈이 마주치자, "아주 근사하군요!"라고 말했다.

던은 믿을 수 없다는 표정으로 그를 응시했다. 과학적으로 엄밀하고 기술적으로 정확한 방법을 사용해 실시한 실험에서 이전까지만 해도 신비적 체험이나 기이한 공상 과학의 영역에 속한다고 여겼던 사건이 증명된 것이다. 두 사람은 인간의 의식에 관해 뭔가 혁명적인 사실을 증명한 것이다. 언젠가 이 연구는 양자물리학의 개선을 낳은 계기로 평가받을지도 몰랐다. 실제로 그들이 지금 손에 넣은 것은 기존 과학의 범위를 **넘어서는** 것이었고, 어쩌면 새로운 시작을 알리는 것일지도 몰랐다.

"**아주 근사한 게 다 뭐예요?** 이것은 완전히…… **믿을 수 없는 것이라고요!**"라고 던이 말했다.

야단을 떨거나 공중에 주먹을 흔드는 것을 극도로 싫어하는 잔도 조심스럽고 신중한 태도로 식탁 위에 흩어져 있는 그래프들을 응시하면서 현재 자신이 알고 있는 과학 용어로는 이 결과를 설명할 방법이 없다는 사실을 인정하지 않을 수 없었다.

피험자와 기계 사이에 일어나는 것처럼 보이는 '공명'을 촉진하기 위해 기계를 더 매력적으로 만들고 실험 분위기를 더 편안하게 하자고 먼저 제안한 사람은 던이었다. 잔은 무작위로 행동하는 기계 장비와 광학 장비, 전자 장비(흔들리는 진자, 물을 내뿜는 분수, 매력적인 이미지를 무작위로 바꾸는 컴퓨터 화면, 테이블 위에서 앞뒤로 무작위로 왔다 갔다 하는 이동식 REG, 그리고 PEAR 실험실에서 가장 빛나는 보석이라고 할 수 있는 무작위적 기계 폭포 등)를 다양하게 만들기 시작했다. 무작위적 기계 폭포는 멈춰 있을 때에는 벽에 붙어 있는 거대한 핀볼 기계처럼 보였는데, 1.8×3m 크기의 틀 안에 330개의 나무못이 박혀 있었다. 작동시키면 폴리스티렌 공 9000개가 12분 동안 나무못들 위로 쏟아지면서 아래쪽에 있는 19개의 통으로 들어가 쌓이는데, 그 전체적인 모습은 종형 곡선과 비슷해졌다. 던은 이동식 REG 위에 장난감 개구리를 올려놓고 매력적인 컴퓨터 이미지를 선택하느라 많은 시간을 보냈는데, 피험자가 특정 이미지를 더 많이 봄으로써 그것을 선택할 경우 '보상'을 주기 위해서였다. 그들은 나무 패널도 장식했고, 테디베어 컬렉션도 시작했으며, 피험자에게 간식과 휴식도 제공했다.

수년 동안 잔과 던은 산더미 같은 데이터를 수집하는 지루한 작업을 계속해나갔다. 그것은 결국 원격 의도에 관한 연구 자료로서는 가장 방대한 데이터베이스가 되었다. 두 사람은 가끔 데이터 수집을 멈추고 그때까지 모은 데이터를 분석했다. 12년 동안 250만 회의 실험을 한 끝에 전체 시도 중 52%가 의도한 방향으로 결과가 나타났고, 피험자 91명 중 약 3분의 2가 기계에 영향을 미치는 데 대체로 성공했다. 이런 결과는 어떤 종류의 기계를 사용하든지 상관없이 나타났다.[20] 그 밖의 어떤 요소—피험자가 기계를 바라보는 방식이나 집중 정도, 조명, 배경 잡음, 다른 사람의 존재 등—도 결과에 어떤 차이를 빚어내지 않았다. 하지만 피험자가 기계에서 앞면이나 뒷면의 결과가 나오도록 정신을 집중할 경우, 실제로 그것에 영향을 받는 일이 유의미한 비율로 나타났다.

개인에 따라 결과에 차이가 있었다(어떤 사람은 뒷면이 나오도록 정신을 집중했는데도 앞면이 더 많이 나왔다). 그럼에도 불구하고 많은 피험자는 고유한 '지문' 결과를 나타냈다(A는 뒷면보다 앞면이 많이 나오는 경향이 있는 반면, B는 그 반대 경향이 나타나는 식으로).[21] 또 실험 결과는 기계와 상관없이 개인에 따라 독특하게 나타나는 경향이 있었다. 이것은 이 과정이 특정 상호 작용을 통해서 일어나거나 특정 개인에게만 일어나는 것이 아니라, 보편적인 현상임을 시사했다.

1987년, PEAR 팀의 로저 넬슨Roger Nelson과 딘 래딘Dean Radin은 그때까지 이루어진 모든 REG 실험 결과(800건 이상)를 합쳤다.[22] 슈미트와 PEAR 팀의 연구를 포함해 68명의 연구자가 각자 실험으로 얻은 결과를 종합해 분석했더니, 피험자들은 전체 시행 횟수 중 약 51%에서 기계에 영향을 미쳐 원하는 결과가 나타나게 한 것으로 밝혀졌다. 이 결과는 많은 주사위 실험을 검토한 이전 결과들과 비슷했다.[23] 슈미트가 얻은 결과는 이 실험들 중에서도 가장 극적인 것이었는데, 그 비율이 54%나 되었기 때문이다.[24]

51%나 54%나 별 대단한 효과처럼 보이지 않을 수 있지만, 이것은 통계적으로 아주 큰 걸음에 해당한다. 래딘과 넬슨이 한 것처럼 모든 연구를 합쳐 '메타분석'을 할 때, 전체 점수가 이렇게 나올 확률은 1조 대 1 정도로 낮다.[25] 메타분석을 하면서 래딘과 넬슨은 실험 절차나 데이터, 장비와 관련해 REG 연구에 가장 많이 제기되는 비판까지 감안해 각 실험자의 전체 데

이터를 판단하고 각 실험에 질적 점수를 매기는 16가지 기준을 마련했다.[26] 1959년부터 2000년까지의 REG 데이터를 최근에 메타분석한 결과도 이와 비슷하게 나왔다.[27] 미국국립연구회의도 REG 실험 결과는 우연만으로 설명할 수 없다고 결론 내렸다.[28]

효과 크기effect size는 연구에서 나타난 변화나 결과의 실제 크기를 반영한 수치이다. 이것은 피험자 수와 실험의 길이 같은 변수들을 고려함으로써 구할 수 있다. 일부 의약품 연구에서는 의약품에 긍정적 효과를 나타낸 사람의 수를 전체 피험자 수로 나눔으로써 구한다. PEAR 데이터베이스의 전체 효과 크기는 시간당 0.2였다.[29] 대개 0.0에서 0.3 사이의 효과 크기는 작고, 0.3~0.6은 중간, 그리고 0.6 이상은 크다고 간주된다. PEAR의 효과 크기는 작은 편이었고, 전체 REG 연구는 작은 것과 중간 사이에 걸쳐 있었다. 하지만 이 정도 효과 크기는 의학 분야에서 큰 성공으로 간주되는 많은 의약품보다 훨씬 큰 것이다.

많은 연구에서 프로프라놀롤과 아스피린은 심장병 위험을 줄이는 데 큰 효과가 있다고 밝혀졌다. 특히 아스피린은 심장병 예방약의 희망으로 각광받았다. 하지만 큰 규모의 연구 결과에서 프로프라놀롤의 효과 크기는 0.04, 아스피린의 효과 크기는 0.032로 나타났는데, 이것은 PEAR 팀이 얻은 결과보다 10배나 작은 것이다. 효과 크기의 규모를 결정하는 한 가지 방법은 그 수치를 100명의 표본에서 살아남는 사람의 수로 환산하는 것이다. 의학적으로 생사가 걸린 상황에서 0.03의 효과 크기는 100명 중 3명이 더 살아남을 수 있다는 걸 뜻하고, 0.3의 효과 크기는 100명 중 30명이 더 살아남을 수 있다는 걸 뜻한다.[30]

이러한 차이가 얼마나 큰 것인지 이해를 돕기 위해 특정 종류의 심장 수술을 하는 상황에서 수술을 받은 환자 100명 중 30명만 살아남는다고 가정해보자. 그런데 심장 수술을 받는 환자들에게 효과 크기가 0.3(PEAR의 효과 크기와 같은)인 신약을 투여한다고 하자. 수술에 더해 이 약을 투여할 경우, 환자의 생존율은 사실상 두 배로 늘어날 것이다. **생존율이 절반 미만이었던 치료법에 추가로 효과 크기가 0.3인 치료법을 추가하면, 과반수 이상을 살리는 효과가 나타난다.**[31]

REG 기계를 사용해 실험한 다른 연구자들은 인간만이 물리적 세계에 이러한 효과를 미치는 게 아니라는 사실을 발견했다. 프랑스 과학자 르네 페오크René Peoc'h는 잔의 REG 기계를 약간 변형해 병아리를 대상으로 기발한 실험을 했다. 병아리가 알에서 깨어나자마자 이동식 REG가 병아리의 '어미'로 '각인되게' 했다. 그런 다음, 그 로봇을 병아리 우리 밖에 놓아두고 자유롭게 돌아다니게 하면서 그 경로를 추적했다. 얼마 후 드러난 증거는 명백한 사실을 말해주었다. 로봇은 무작위로 돌아다닐 때 그러는 것보다 병아리 쪽으로 더 많이 다가갔다. 이것은 어미 곁에 있고 싶어 하는 병아리들의 바람이 '추정되는 의도'로 작용하여 기계를 더 가까이 끌어당기는 효과를 발휘한 것처럼 보였다.[32] 페오크는 새끼 토끼를 대상으로 비슷한 실험을 해보았다. 이동식 REG에 새끼 토끼가 싫어하는 밝은 불빛을 달았다. 이 실험 데이터를 분석했더니, 토끼들은 의도의 힘으로 기계를 자신에게서 멀어지게 하는 데 어느 정도 성공을 거둔 것으로 나타났다.

잔과 던은 이론을 만들기 시작했다. 만약 현실이 의식과 환경의 정교한 상호 작용의 결과로 나타난다면, 의식도 물질의 아원자 입자처럼 확률 체계에 기초하고 있는지도 모른다. 루이 드브로이가 처음 주장한 양자물리학의 한 가지 핵심 내용은 아원자 입자가 입자(공간상에 정해진 위치가 있는 정확한 물체)와 파동(경계가 없이 분산돼 있으면서 영향력이 미치는 지역으로, 공간상에서 흘러다니고 다른 파동과 간섭을 일으키는)의 양면을 모두 지니고 있다는 것이다. 잔과 던은 의식도 그와 비슷한 이중성을 지니고 있을 가능성을 검토하기 시작했다. 각자의 의식은 '입자 같은' 개별성을 지니고 있지만, 또한 어떤 장벽이나 거리에 구애받지 않고 흘러다니면서 물리적 세계와 정보를 교환하고 상호작용하는 '파동 같은' 행동도 나타낸다. 때로는 아원자 의식이 아원자 물질과 공명하여 같은 진동수로 진동한다. 이 모형에서 그들은 보통 원자(예컨대 REG 기계의 원자)와 결합한 의식 '원자'를 조립해 전체가 그 구성 부분들과 다른 '의식 분자'를 만들었다. 원래의 원자들은 각자 자신이 지닌 개별적 실체를 포기함으로써 더 크고 복잡한 하나의 실체를 만든다. 이 이론은 가장 기본적인 수준에서 우리와 REG 기계 사이에 결맞음이 발달한다고 주장한다.[33]

일부 실험 결과는 이 해석을 뒷받침하는 것처럼 보였다. 잔과 던은 만약 여러 사람이 힘을 합쳐 기계에 영향력을 행사한다면, 실험에서 관찰된 각 개인의 미소한 효과가 더 크게 나타나는지 궁금했다. PEAR 실험실에서는 사람들을 한 쌍씩 묶은 뒤에 두 사람이 합심하여 기계에 영향력을 미치도록 노력하게 하는 실험을 해보았다.

15쌍이 참여하여 42차례 실시한 실험에서 모두 25만 6500번의 시도를 했고, 그중에서 많은 쌍은 독특한 '지문' 결과를 보여주었는데, 그것은 각자가 혼자서 미친 효과와 반드시 비슷하진 않았다.[34] 동성인 쌍들에서는 아주 약한 부정적 효과가 나타났다. 이 쌍들은 각자가 따로 실험한 경우보다 결과가 더 나빴는데, 여덟 쌍은 그 결과가 의도한 것과 정반대로 나타났다. 서로를 잘 아는 이성 쌍들에서는 보강 효과가 강하게 나타나 혼자서 실험할 때보다 무려 3.5배나 효과가 강하게 나타났다. 하지만 가장 강한 효과를 나타낸 쌍은 혈연관계처럼 특별한 관계로 결합된 쌍이었는데, 혼자서 실험할 때보다 무려 6배나 강한 효과가 나타났다.[35]

만약 이러한 효과가 두 의식 사이에 일어난 일종의 공명에서 비롯된 것이라면, 형제나 쌍둥이 또는 부부처럼 정체성을 공유한 사람들에게서 더 강한 효과가 나타나는 현상은 충분히 이해할 수 있다.[36] 사이가 가까운 관계가 결맞음을 만들어내는지도 모른다. 위상이 일치하는 두 파동이 신호를 증폭시키는 것처럼 특별한 관계로 결합된 쌍은 특별히 강한 공명이 일어나 기계에 미치는 공동의 효과가 커지는지도 모른다.

몇 년 뒤, 던은 성별에 따라 결과에 차이가 있는지 알아보기 위해 데이터베이스를 분석해보았다. 성별로 결과를 나누어 분석했더니, 전반적으로 남성이 기계를 원하는 방향으로 움직이는 효과가 더 높았다. 다만 전체적인 효과는 여성보다 약했다. 반면에 여성은 기계에 미치는 효과가 훨씬 강했지만, 반드시 자신이 의도한 방향으로 기계가 움직인 것은 아니었다.[37] 1979년부터 1993년까지 135명을 대상으로 실시한 아홉 차례의 실험에서 얻은 270가지 데이터베이스를 분석한 결과, 남성은 앞면이건 뒷면이건(혹은 HI이건 LO이건) 기계를 원하는 방향으로 움직이게 하는 데 동일한 성공률을 보였다. 반면에 여성은 앞면(HI)이 더 많이 나오게 하는 데에는 성공했지만, 뒷면(LO)이 더 많이 나오게 하는 데에는 실패했다. 사실, 뒷면이 나오도록 영향력을 미친 시도는 대부분 실패로 끝났다. 기계는 우연의 법칙을 따르는 결과에서 벗어났지만, 그것은 여성들이 의도한 것과 반대 방향으로 나타났다.[38]

때로는 여성이 기계에 온전히 집중하는 대신에 딴 일을 함께 할 때 더 나은 결과가 나왔지만, 남성이 성공을 거두는 데에는 기계에 정신을 집중하는 것이 중요한 요인인 것처럼 보였다.[39] 이것은 여성이 남성보다 멀티태스킹에 더 뛰어난 반면, 남성은 집중력이 더 뛰어나다는 것을 뒷받침하는 아원자 차원의 증거가 될지도 모른다. 남성은 미소한 방식으로 세계에 더 직접적인 영향을 미치는 반면, 여성이 미치는 효과는 그보다 더 심오한 방식으로 나타나는지 모른다.

그러고 나서 잔과 던이 실험에서 관찰한 효과의 본질에 관한 가설을 재검토하게 만드는 사건이 일어났다. 1992년, PEAR는 기센 대학교와 프라이베르크연구소와 제휴하여 마음-기계 컨소시엄을 조직했다. 이 컨소시엄이 맨 처음 맡은 과제는 PEAR가 처음에 얻은 데이터를 재현하는 것이었는데, 누구나 당연히 그래야 한다고 생각했다. 그런데 세 연구소의 결과를 검토해보았더니, 언뜻 보기에는 분명한 실패로 보였다. 순전히 우연만으로 일어나는 50 대 50의 결과보다 별로 나은 것이 없었기 때문이다.[40]

결과를 꼼꼼히 옮겨 적던 잔과 던은 데이터에 기묘한 왜곡이 일부 일어났음을 발견했다. 이차 변수들에 뭔가 흥미로운 일이 일어났던 것이다. 통계 그래프는 평균이 얼마인지뿐만 아니라, 거기서 벗어나는 값들이 평균에서 얼마나 멀리 뻗어 있어야 하는지까지 보여준다. 마음-기계 컨소시엄이 얻은 데이터에서는 평균이 우연한 사건들의 결과와 같은 지점에 있었지만, 나머지는 그렇지 않았다. 변동의 크기가 너무 컸고, 종형 곡선의 모양은 균형이 맞지 않았다. 전체적인 분포는 우연한 사건들의 결과보다 훨씬 비대칭적이었다. 뭔가 기묘한 일이 일어난 게 분명했다.

데이터를 좀 더 자세히 검토해보니 가장 명백한 문제는 피드백과 관련이 있었다. 그때까지 그들은 즉각적인 피드백(피험자에게 자신이 기계에 어떤 영향을 미치고 있는지 알려주는 것)을 제공하고, 매력적인 디스플레이나 피험자가 집중할 수 있는 기계를 만들어주면 좋은 결과를 얻는 데 도움이 될 것이라는 가정하에 실험을 했다. 그렇게 하면 피험자가 실험 과정에 몰입하여 기계와 '공명'하는 데 도움이 될 것이라고 기대했다. 정신적 세계가 물리적 세계와 상호 작용하려면, 그 간극을 허무는 데 인터페이스(매력적인 디스플레이)가 중요한 역할을 하리라고 생각했다.

그러나 마음-기계 컨소시엄에서 얻은 데이터를 분석했더니, 피험자들은 피드백이 전혀 없을 때에도 여전히 좋은(때로는 더 좋은) 결과를 보여주었다.

그들이 한 또 다른 연구인 ArtREG도 전체적으로 유의미한 결과를 얻는 데 실패했다.[41] 그들은 마음-기계 컨소시엄의 결과를 바탕으로 그 연구를 좀 더 자세히 조사하기로 했다. 그들은 컴퓨터에 눈길을 끄는 이미지들을 사용했는데, 이것들은 무작위로 왔다 갔다 하며 바뀌었다(한 경우에는 나바호 족의 모래 그림과 이집트 신화에서 죽은 자들을 심판하는 신인 아누비스 이미지가 교대로 바뀌었다). 그리고 피험자에게 정신을 집중함으로써 기계가 그중 한 이미지를 더 많이 나오게 하라고 지시했다. PEAR 팀은 이번에도 매력적인 이미지가 당근 역할을 할 것이라고 가정했다. 즉, 피험자가 자신이 좋아하는 그림을 더 많이 봄으로써 자신의 의도에 대해 '보상'을 받을 것이라고 생각했다.

실험 데이터를 분석했더니, 가장 성공적인 결과를 낳은 이미지들은 모두 비슷한 범주에 속했다. 그것들은 원형적이거나 의식적이거나 종교적으로 상징성이 있는 이미지들이었다. 이것은 표현되지도 않고 말로 나타내지도 않은 꿈의 영역이었다. 즉, 원천적으로 무의식을 끌어들이도록 설계된 이미지들이었다.

만약 그렇다면, 의도는 무의식 마음 깊은 곳에서 나오고, 이것이 실험에서 나타난 효과의 원인일지도 몰랐다. 잔과 던은 자신들의 가정에서 무엇이 잘못되었는지 깨달았다. 피험자를 의식 차원에서 작동하게 만드는 장비를 사용한 것이 걸림돌이 되었을지도 몰랐다. 그것은 피험자에게 의식적 자각을 증가시키는 대신에 오히려 감소시킨 게 분명했다.[42]

이것을 깨달은 두 사람은 실험실에서 관찰한 효과가 어떻게 일어나는지에 대한 생각을 수정했다. 잔은 그것을 자신의 '진행 중인 일work in progress'이라고 부르길 좋아했다. 무의식 마음은 잠재적으로 실재하는 물리적 세계(모든 가능성이 존재하는 양자 세계)와 커뮤니케이션을 하는 능력이 있는 것처럼 보였다. 형체가 없는 마음과 물질의 이러한 결합은 현상계에 실재하는 존재를 만들어낸다.[43]

이 모형은 프리브람과 포프를 비롯해 그 밖의 사람들이 제안한 영점장과 양자생물학 이론도 함께 고려한다면, 아주 타당해 보인다. 무의식 마음(생각과 의식적 의도 이전의 세계)과 물질의 '무의식'(영점장)은 모든 가능성의 확률적 상태로 존재한다. 무의식 마음은 거기서 개념이 생겨나는 전前개념 단계의 기반이고, 영점장은 물리적 세계의 확률적 기반이다. 이 둘의 근본은 마음과 물질이다. 아마도 공통의 기원에서 생겨난, 잠재적으로 실재하는 이 차원에서는 양자 상호 작용이 일어날 가능성이 더 클 것이다.

잔은 가끔 아주 급진적인 개념도 생각해보았다. 양자 세계 속으로 충분히 깊이 들어가면, 정신과 물질의 구별이 없어질지 모른다. 그곳에는 오직 그 개념만이 존재할지도 모른다. 그것은 수많은 정보를 이해하려고 애쓰는 의식일지도 모른다. 실재하지 않는 세계는 두 개가 아니라, 오직 하나만 존재할지 모른다—그것은 바로 영점장과 스스로를 결맞게 조직하는 물질의 능력이다.[44]

프리브람과 해머로프의 이론에 따르면, 의식은 아원자 결맞음의 폭포가 파문처럼 퍼져나가는 초복사에서 생겨난다. 앞에서도 말했듯이, 초복사는 광자 같은 아원자 입자들이 개별성을 상실하고 보조를 맞춰 행진하는 군대처럼 하나의 단위로 행동하기 시작할 때 일어난다. 모든 생물학적 과정에서 모든 하전 입자의 모든 움직임은 영점장에 반영되기 때문에, 우리의 결맞음은 세계에서 널리 퍼져나간다. 고전 물리학 법칙, 그중에서도 특히 엔트로피 법칙에 따르면, 무생물 세계의 움직임은 항상 카오스와 무질서를 향해 나아간다. 하지만 의식의 결맞음은 자연에서 알려진 가장 거대한 형태의 질서이며, PEAR 연구는 이러한 질서가 세계의 질서를 빚어서 만들어내는 데 기여한다고 시사한다. 우리가 어떤 것을 바라거나 의도할 때(이것은 매우 높은 사고의 통일성이 필요한 행동이다), 우리 자신의 결맞음은 어떤 의미에서 전염성이 있을지도 모른다.

PEAR 연구는 또한 가장 심오한 차원에서 현실은 우리 각자에 의해, 오직 우리의 관심에 의해 만들어진다고 시사한다. 마음과 물질의 가장 기본적인 차원에서 우리 각자가 세계를 만들어낸다.

잔이 기록할 수 있었던 효과들은 거의 감지하기 힘든 것들이었다. 그리고 그런 효과가 나타나는 이유는 아직 때가 너무 일러 알 수가 없었다. 기계 장비가 너무 조잡해서 그 효과를 제대로 포착하기 힘들었거나, 진짜 효과는 신호의 바다(살아 있는 모든 생물이 영점장에서 일으키는 상호 작용)로부터 일어나는데, 그중 하나의 신호만을 포착했는지도 모른다. 자신이 얻은 결과와 슈미트가 얻은 결과의 차이는, 그런 능력은 모든 사람들 사이에 퍼져 있지만, 예술적 능력과 비슷한 것임을 시사했다. 개인에 따라 그것을 이용하는 데 더 뛰어난 사람이 있다.

잔은 이 과정이 확률적 과정에 미소한 효과를 미치는 걸 목격했는데, 이것은 기계에 긍정적 또는 부정적 효과를 미치는 사람들에 관한 그 모든 이야기(왜 운이 나쁜 날에는 컴퓨터와 전화와 복사기가 오작동을 일으키는지)를 설명할 수 있을지도 모른다. 심지어 방브니스트가 로봇을 사용한 실험에서 겪었던 문제도 설명할지 모른다.

우리는 자신의 결맞음을 주위 환경으로 확장할 수 있는 능력이 있는 것처럼 보인다. 우리는 단순히 어떤 것을 바라는 행위만으로 질서를 만들어낼 수 있다. 이것은 상상할 수 없을 만큼 큰 힘이다. 잔은 적어도 아원자 단계에서는 마음이 물질을 지배하는 것 같은 일이 일어난다는 것을 증명했다. 그와 함께 인간 의도의 강력한 본질에 대해 훨씬 기본적인 사실도 입증했다. REG 데이터는 인간 창조성(창조하고 조직하고 심지어 치유하는 능력)의 본질을 들여다볼 수 있는 작은 창문을 제공했다.[45] 잔은 인간의 의식이 무작위적인 전자 장비에 질서를 만들어내는 능력이 있다는 증거를 얻었다. 이제 남은 질문은 그 밖에 또 어떤 것이 가능한가 하는 것이었다.

7

꿈의 공유

아마존 열대우림 깊숙한 곳에서는 아추아르족과 와오라니족 인디언들이 매일 의식을 위해 모인다. 매일 아침 모든 부족민이 동트기 전에 일어나 여명의 시간에 함께 모여 세계가 빛 속으로 폭발해가는 동안 각자가 꾼 꿈을 함께 나눈다. 이것은 단순히 재미있는 오락, 즉 사람들에게 이야기를 들려주는 기회가 아니다. 아추아르족과 와오라니족은 꿈이란 그 사람만의 소유물이 아니라 집단 전체가 함께 나누어야 하는 것이며, 꿈을 꾼 사람은 꿈이 부족 전체와 대화하기 위해 잠깐 빌리기로 결정한 그릇에 지나지 않는다고 생각한다. 이 부족들은 꿈이 낮에 깨어 있는 시간을 위한 지도라고 여긴다. 꿈은 그들 모두에게 앞으로 다가올 일을 예고하는 것이다. 꿈을 통해 그들은 조상과 나머지 우주와 연결된다. 꿈은 참이다. 오히려 깨어 있는 현실이 거짓이다.[1]

거기서 더 북쪽에서 한 무리의 과학자들 역시 방음이 잘된 전자기파 차폐벽 뒤쪽 방에서 머리에 전극을 붙인 채 잠든 사람이 꾸는 꿈이 그 사람의 소유가 아니라는 사실을 발견했다. 그 꿈의 소유자는 시티 칼리지의 박사 과정 학생인 솔 필드스타인Sol Fieldstein으로, 수백 미터 떨어진 방에서 카를로스 오로스코 로메로Carlos Orozco Romero가 그린 〈사파티스타스Zapatistas〉라는 그림을 감상하고 있었다. 〈사파티스타스〉는 에밀리아노 사파타Emiliano Zapata(포르피리오 디아스의 독재 정권에 대항하여 1910년 시작된 멕시코 혁명의 지도자. 사파티스타스는 '사파타주의자들'이란 뜻이다-옮긴이)를 지지하는 멕시코인 혁명가들이 폭풍우가 임박한 어두컴컴한 구름 아래에서 숄을 걸친 여인들과 함께 행진하는 장면을 파노라마로 그린 작품이다. 필드스타인이 받은 지시는 이 그림의 이미지를 꿈꾸는 사람에게 자신의 의도를 통해 보내는 것이었다. 잠시 후, 꿈꾸던 사람인 정신분석학자 윌리엄 어윈William Erwin이 잠에서 깼다. 그는 자신이 꾼 꿈의 내용은 세실 데밀Cecil B. DeMille(호화 스펙터클 사극을 많이 제작한 미국의 영화감독-옮긴이)의 영화처럼 터무니없는 것이었다고 말했다. 그는 꿈속에서 음산한 하늘 아래에 고대 멕시코 문명 비슷한 풍경이 펼쳐진 이미지가 계속 보였다고 말했다.[2]

꿈꾸는 사람은 빌려온 생각, 곧 집단 개념을 담는 그릇이며, 그 집단 개념은 꿈꾸는 사람들 사이에 미소한 진동으로 존재한다. 꿈꾸는 상태는 그런 연결을 뚜렷하게 보여주기 때문에 올바른 실체에 더 가깝다. 각자의 방에서 따로 고립된 채 깨어 있는 상태는 아마존 인디언들의 생각처럼 가짜이다.

PEAR 연구에서 나온 한 가지 질문은 생각의 소유권에 관한 것이다. 만약 내가 기계에 영향을 미칠 수 있다면, 내 생각은 정확하게 어디에 존재할까라는 질문이 자연히 나오게 된다. 인간의 마음은 정확하게 어디에 있을까? 서양 문화의 일반적인 가정에 따르면, 마음은 뇌에 존재한다. 하지만 만약 그렇다면, 생각이나 의도가 어떻게 다른 사람에게 영향을 미칠 수 있을까? 생각이 '저 밖'의 다른 곳에 존재하는 것은 아닐까? 아니면 확장된 마음이나 집단 사고 같은 것이 있을까? 우리의 생각이나 꿈이 다른 사람에게 영향을 미칠 수 있을까?

윌리엄 브로드William Braud는 바로 이런 종류의 질문들에 사로잡혀 있었다. 그는 멕시코 그림을 가지고 한 앞의 실험과 같은 연구 결과들을 읽었다. 멕시코 그림을 사용한 실험은 뉴욕 브루클린에 위치한 마이모니데스의료센터의 유명한 의식 연구자 찰스 호노턴Charles Honorton이 실시한 극적인 텔레파시 연구 중 하나였다. 브로드 같은 행동과학자에게는 호노턴의 연구가 새로운 급진적 가르침으로 보였다.

얼굴 대부분이 무성한 수염으로 덮여 있는 브로드는 목소리가 부드럽고 생각이 깊으며, 태도도 온화하고 신중하다. 그는 정통 심리학자로 경력을 시작했고, 기억과 학습에 관한 심리학과 생화학에 특별한 관심을 보였다. 하지만 브로드는 특이한 취향이 있었는데, 미국에서 심리학의 창시자로 일컬어지는 윌리엄 제임스William James가 '흰 까마귀white crow'라고 부른 것에 큰 매력을 느꼈다. 브로드는 비정상적인 것, 삶에서 조화를 이루지 못하는 것, 비틀어볼 수 있는 가설을 좋아했다.

박사 학위를 받고 나서 몇 년이 지난 1960년대에, 그의 상상력을 강하게 옥죄었던 파블로프와 스키너B. F. Skinner의 영향이 느슨해지기 시작했다. 그 무렵에 브로드는 휴스턴 대학교에서 기억과 동기와 학습을 주제로 강의를 하고 있었다. 최근에는 인간 뇌의 놀라운 성질을 보여주는 연구에 관심을 갖게 되었다. 바이오피드백biofeedback(생물과 피드백의 합성어로, 생물이 뇌파와 심전도, 혈압, 근전도, 피부 온도, 피부 전기 반사 등을 통해 자기 제어하는 것을 말한다. 생체 되먹임 또는 생체 자기 제어라고도 한다-옮긴이)과 이완을 초기에 개척한 사람들은 우리가 특정 부위들에 차례로 관심을 집중함으로써 자신의 근육 반응이나 심장 박동에 영향을 미칠 수 있음을 입증했다. 바이오피드백은 심지어 뇌파 활동과 혈압, 피부의 전기 활동에도 측정 가능한 효과를 미쳤다.[3]

브로드는 초감각 지각에 관한 실험을 해오고 있었다. 최면술을 배운 학생이 브로드의 실험에 참여하기로 동의했는데, 이 실험에서 브로드는 자신의 생각을 텔레파시로 전달하려고 시도했다. 그러자 뭔가 놀라운 감정 전이가 일어났다. 최면 상태에 빠져 복도 건너 다른 방에 앉아 있던 학생은 브로드가 하는 행동을 전혀 알 수 없는데도 불구하고, 브로드와 어느 정도 공감 연결이 일어난 것처럼 보였다. 브로드가 자신의 손을 찌르고, 촛불 위에 갖다 대는 행동을 하자, 학생은 손에 통증과 열을 느꼈다. 브로드가 배 그림을 바라보자, 학생은 배를 언급했다. 브로드가 연구실 문을 열어 텍사스 주의 눈부신 햇빛이 들어오게 하자, 학생은 태양을 언급했다. 브로드는 어디에서든지(건물 반대편 또는 밀폐된 방에 갇힌 학생에게서 몇 킬로미터 떨어진 곳에서도) 실험의 목적을 달성할 수 있었고, 동일한 결과를 얻었다.[4]

29세이던 1971년에 브로드는 아폴로 14호 임무를 막 마치고 돌아온 에드가 미첼을 우연히 만났다. 미첼은 의식의 본질에 관한 책을 쓰기로 마음먹고서 그것에 관한 훌륭한 연구가 있는지 찾아다니던 참이었다. 휴스턴 대학교에서 의식의 본질에 관해 신뢰할 만한 연구를 한 사람은 브로드를 포함해 딱 2명밖에 없었다. 따라서 브로드와 미첼의 만남은 자연스러운 귀결이었다. 두 사람은 정기적으로 만나 이 분야에서 일어난 연구에 관한 조사 자료를 서로 비교했다.

텔레파시 연구 결과는 많았다. 미첼이 우주 공간에서 직접 해본 조지프 라인의 아주 성공적인 카드 실험도 있었다. 더욱 그럴듯한 연구는 1960년대 후반에 마이모니데스의료센터의 특별한 꿈 연구소에서 한 실험이었다. 몬태규 얼먼Montague Ullman과 스탠리 크리프너Stanley Krippner는 생각을 보내 다른 사람의 꿈속에 들어가게 할 수 있는지 알아보기 위해 멕시코 그림으로 한 것과 비슷한 실험을 아주 많이 했다. 마이모니데스의료센터의 연구는 아주 성공적이었는데,[5] 초능력 연구 전문가인 캘리포니아 대학교의 한 통계학자가 그것을 분석했더니 정확도가 놀랍게도 84%나 되었다. 우연만으로 이러한 일이 일어날 확률은 25만 대 1이었다.[6]

심지어 다른 사람의 통증을 공감할 수 있다는 증거도 일부 나왔다. 버클리의 심리학자 찰스 타트Charles Tart는 특별히 잔인한 연구를 설계했는데, 자신에게 전기 충격을 가해 그 통증을 다른 사람에게 보내려고 시도했다. 수신자의 신체에는 심장 박동과 혈압을 비롯해 그 밖의 생리적 변화를 측정하는 장비들이 연결돼 있었다.[7] 실험 결과, 타트는 수신자가 자신의 통증을 느끼지만, 의식 차원에서 느끼는 것이 아니라는 사실을 발견했다. 그들이 느꼈을지도 모르는 공감은 혈류량 감소나 심장 박동 증가와 같은 생리적 현상으로 나타났지만, 그들은 그것을 의식하지 못했다. 피험자들은 타트가 전기 충격을 받은 사실도 전혀 몰랐다.[8]

타트는 또 두 피험자가 서로 상대방에게 최면을 걸면, 공통의 환각을 강렬하게 경험한다는 사실도 발견했다. 그들은 또한 초감각적 커뮤니케이션까지 공유하면서 상대방의 생각과 감정을 알았다고 주장했다.[9]

이렇게 해서 흰 까마귀가 브로드에게서 학문적인 정식 연구를 밀어내고 중점 연구 과제로 자리 잡게 되었다. 브로드 자신의 신념 체계는 뇌화학의 단순한 인과 관계 방정식을 받아들였던 원래의 생각에서 조금씩 벗어나 의식과 관련해 더 복잡한 개념 쪽으로 옮겨갔다. 그가 직접 한 잠정적 실험 결과가 너무나도 극적이었기 때문에, 뇌에는 화학 물질보다 훨씬 복잡한 것이 작용하고 있다고(만약 이런 일이 뇌에서 일어난다면) 확신하게 되었다.

브로드는 심리학에서 의식 변화와 이완의 효과에 관심을 가지면서 자신의 행동주의 이론과 결별했다. 미첼은 의식 연구에 몰두하는 마음과학재단으로부터 일부 연구비를 지원받고 있었다. 마침 이 재단은 샌안토니오로 옮길 계획을 세우면서 선임 연구원을 한 명 더 충원하려고 했다. 그 일자리는 의식의 본질에 관한 실험에 무제한의 자유를 보장했기 때문에, 브로드가 절실히 원하던 것이었다.

의식 연구 분야는 좁은 세계였다. 헬무트 슈미트도 그 재단에 소속된 연구자 중 한 명이었기 때문에, 브로드는 곧 슈미트와 그의 REG 기계를 만나게 되었다. 브로드가 마음의 영향력이 얼마나 멀리까지 미치는지 궁금하게 여기기 시작한 것도 이곳에서였다. 결국 인간은 REG와 마찬가지로 상당한 가소성과 가변성—변화의 잠재력인—을 지닌 계이다. 이 역동적인 계들은 항상 유동적이고, 어느 수준(양자 수준이건 다른 수준이건)에서 염력에 영향을 받을 수 있다.

거기서 한 걸음 더 나아가, 브로드는 만약 사람들이 정신을 집중시켜 자신의 몸에 영향을 미칠 수 있다면, 다른 사람에게도 똑같은 효과를 일으킬 수 있을 것이라는 생각이 들었다. 만약 우리가 REG 같은 무생물 물체에서 질서를 만들어낼 수 있다면, 다른 생물체에도 질서를 만들어낼 수 있지 않을까? 이런 맥락의 생각에서 의식이 신체의 제약을 받지 않을 뿐만 아니라, 다른 몸이나 생명체로 옮겨가 그것이 자신의 몸인 것처럼 영향을 미치는 초월적 존재라는 모형이 탄생했다.

브로드는 개인의 의도가 다른 생명체에 미치는 영향력이 어느 정도나 되는지 탐구하기 위해 일련의 실험을 하기로 했다. 그런 실험은 설계하기가 쉽지 않았다. 생체계를 다룰 때 마주치는 대부분의 문제는 생체계의 역동성과 관련된 것이다. 변수가 너무나도 많기 때문에 변화를 측정하는 일이 쉽지 않다. 브로드는 단순한 동물부터 시작하여 서서히 더 복잡한 동물로 옮겨가기로 했다. 무엇보다도 그 변화를 쉽게 측정할 수 있는 단순한 계를 찾아야 했다. 그러다가 우연히 완벽한 후보를 발견했다. 그는 뒷날개고기*Gymnotus carapo*가 약한 전기 신호를 방출한다는 사실을 발견했는데, 그 전기 신호는 아마도 항행을 위해 사용하는 것 같았다. 브로드는 작은 수조 옆에 전극을 붙여놓았는데, 이것은 물고기가 방출하는 전기 활동을 측정하여 영향을 미친 사람에게 오실로스코프 화면으로 즉각 피드백을 제공했다. 이 실험에서 그 답을 얻고자 한 질문은 사람이 이 물고기가 헤엄치는 방향을 변화시킬 수 있느냐 하는 것이었다.

모래쥐의 일종인 몽골리안저빌도 좋은 후보였는데, 활동 바퀴에서 뛰길 좋아하기 때문이었다. 이것 역시 측정하기에 편리한 요소를 제공했다. 브로드는 모래쥐가 달리는 속도를 측정하면서 사람의 의도로 모래쥐를 더 빨리 달리게 할 수 있는지 알아보려고 했다.

브로드는 의도가 사람 세포에 미치는 효과를 시험하고 싶었다. 면역계 세포가 이상적이라고 생각했는데, 만약 외부의 행위 주체가 면역계에 영향을 미칠 수 있다면, 그런 효과를 통한 치료 전망이 매우 높아질 것이기 때문이었다. 하지만 그의 연구실에서는 그런 실험을 하기 힘들었다. 면역계는 너무나도 복잡해서 인간의 의도에 관한 실험에서 일어난 변화를 계량화하거나 그러한 변화를 일으킨 원인을 밝혀내는 것이 거의 불가능하기 때문이었다.

그보다는 적혈구가 훨씬 나은 후보였다. 염분 농도가 혈장과 같은 용액 속에 적혈구를 넣어두면, 적혈구의 세포막은 아무 변화 없이 오랫동안 살아남는다. 소금을 조금 더 많이 넣거나 적게 넣으면, 적혈구의 세포막이 약해져 마침내 터지면서 헤모글로빈이 용액 속으로 흘러나오는데, 이것을 '용혈溶血'이라 부른다. 용액 속의 염분을 변화시킴으로써 용혈 속도를 조절할 수 있다. 용혈이 일어나면 적혈구가 적어져 용액이 더 투명해지기 때문에, 분광광도계를 사용해 빛의 투과율을 측정함으로써 용혈 속도를 계량화할 수 있다. 이처럼 적혈구는 측정하기가 비교적 쉬운 생체계이다. 브로드는 실험 지원자를 모집해 실험을 해보기로 결정했다. 적혈구가 담긴 시험관에 치명적인 양의 소금을 넣고서 멀리 떨어진 방에 앉아 있는 피험자의 의도로 적혈구의 용혈 속도를 느리게 함으로써 적혈구가 파괴되지 않도록 '보호할' 수 있는지 알아보는 실험을 했다.

모든 실험에서 성공적인 결과가 나왔다.[10] 피험자들은 물고기의 방향을 변화시키고, 모래쥐가 달리는 속도를 빠르게 하고, 적혈구의 파괴를 유의미한 수준으로 보호할 수 있었다. 이제 인간으로 실험 대상을 옮길 단계가 되었지만, 물리적 효과를 분리할 수 있는 방법이 필요했다. 여기에 딱 알맞은 장비는 거짓말 탐지기로 사용되는 피부 전기 활동electrodermal activity, EDA 측정 장비였다. 거짓말 탐지기는 피부의 전도성 증가를 측정해 용의자가 거짓말을 하는지 알아낸다. 땀샘의 활동이 증가하면 피부의 전도성도 함께 증가하는데, 땀샘의 활동은 교감 신경계의 지배를 받는다. 의사가 심전도와 뇌파를 측정해 심장과 뇌의 전기적 활동을 측정하는 것처럼 거짓말 탐지기는 피부 전기 활동 증가를 측정한다. 피부 전기 활동이 높다는 것은 감정 상태를 지배하는 교감 신경계가 과잉 활동을 한다는 것을 말해준다. 이것은 그 사람이 스트레스를 받거나 감정 또는 기분 변화를 겪고 있다는 걸 나타낸다—거짓말을 할 때 이런 현상이 나타날 가능성이 높다. 이것은 흔히 '투쟁 혹은 도피fight or flight' 반응이라고 부르기도 하는데, 이 반응은 위험하거나 불쾌한 일을 겪을 때 더 강하게 나타난다. 이 반응이 일어날 때에는 심장 박동이 빨라지고, 동공이 확대되고, 피부에 땀이 더 많이 흐르고, 말단에 퍼져 있던 혈액이 가장 필요한 곳으로 모이는 현상이 일어난다. 이런 측정값들을 분석하면 무의식적 반응의 수준을 알 수 있는데, 피험자가 의식하기도 전에 교감 신경계가 스트레스를 받기 때문이다. 반대로, 피부 전기 활동 수치가 낮은 것은 평온한 상태를 나타내기 때문에, 거짓말 탐지기 조사를 받는 사람은 진실을 말하고 있을 가능성이 높다.

브로드는 나중에 자신의 대표적인 연구 중 하나가 된 인간 실험을 시작했는데, 그것은 응시 효과를 측정하는 것이었다. 의식의 본질을 연구하는 사람들은 특히 이 현상을 좋아하는데, 성공 여부를 판단하기가 비교적 쉬운 초감각 실험이기 때문이다. 생각의 전달 여부를 실험할 때에는 수신자의 반응이 전송자의 생각과 일치하는지 결정하는 데 고려해야 할 변수가 너무 많다. 하지만 응시 실험에서 수신자는 그것을 느끼거나 느끼지 않거나 할 뿐이다. 이것은 주관적 감정을 REG 기계의 단순한 양자택일적 선택으로 환원할 수 있는 최선의 실험이다.

브로드의 실험에서 상대를 응시하거나 응시를 받는 행동은 최신 기술을 활용하는 스토커의 낙원이 되었다. 피험자들을 방 안에 앉혀놓고, 그 몸에 염화은 전극과 피부 저항 증폭기와 컴퓨터를 연결시켰다. 그 밖에 방 안에 있는 장비는 히타치 컬러 캠코더 VM-2250뿐이었는데, 이것은 피험자를 감시하는 도구였다. 이 소형 비디오카메라는 두 개의 복도와 네 개의 문을 지나 다른 방에 있는 19인치 소니 트리니트론 모니터에 연결돼 있었다. 이 덕분에 응시자는 피험자에게 어떤 감각적 단서도 제공할 가능성이 전혀 없는 상태에서 평화롭게 피험자를 응시할 수 있었다.

응시자의 대본은 교묘한 수학적 계산—컴퓨터의 무작위 알고리듬—에서 나온 순수한 우연에 지배를 받았다. 대본이 지시할 때마다 응시자는 모니터의 피험자를 뚫어지게 응시하면서 그의 주의를 끌려고 노력한다. 한편, 다른 방에 있는 피험자는 자신이 언제 응시를 당하는지는 전혀 생각하지 말고 다른 걸 생각하라는 지시를 받고서 안락의자에 편안하게 앉아 쉬고 있다.

브로드는 이 실험을 열여섯 차례 실시했다. 대부분의 경우, 응시를 받는 사람은 그때 자신은 의식하지 못했더라도 피부 전기 활동이 상당히 증가했다. 두 번째 피험자들을 대상으로 실험할 때, 브로드는 조건을 조금 바꾸었다. 이번에는 실험을 시작하기 전에 피험자들을 서로 만나게 했다. 브로드는 그들에게 서로 이야기를 나눌 때 상대방의 눈을 쳐다보고, 상대방을 유심히 바라보라고 주문했다. 응시를 받을 때의 불편한 감정을 줄이고, 서로 친해지도록 하기 위해서였다. 이렇게 사전 준비를 거친 뒤에 실험을 하자, 그 결과는 먼젓번과 정반대로 나왔다. 피험자들은 응시를 받을 때에도 평온한 상태를 유지했다. 인질이 범인에게 호의적인 감정을 갖게 되는 스톡홀름 증후군처럼 응시를 받는 사람들은 그 상황을 좋아하게 되었다. 어떤 면에서 그들은 그것에 중독되었다고 말할 수 있다. 그들은 응시를 받을 때(아주 멀리 떨어진 곳에서라도) 오히려 더 편안함을 느꼈으며, 아무도 자기를 쳐다보지 않을 때면 응시를 받는 것을 그리워했다.[11]

이 연구에서 브로드는 사람들이 설사 그것을 알지 못하더라도, 멀리서 자기에게 주의를 기울이는 사람과 커뮤니케이션을 주고받거나 거기에 반응하는 어떤 방법이 있다는 확신을 갖게 되었다.[12] 찰스 타트의 전기 충격을 전달받은 사람들과 마찬가지로, 응시를 받는 사람은 그 사실을 전혀 알지 못했다. 그러한 자각은 잠재의식 속 깊은 곳에서 일어났다.

이 연구들을 통해 중요하게 고려해야 할 사항이 한 가지 부각되었는데, 필요가 효과 크기에 얼마나 큰 영향을 미치느냐 하는 것이었다. 이제 브로드가 보기에는 무작위적인 계나 영향을 받을 잠재성이 높은 계는 인간의 의도에 영향을 받는 게 분명했다. 그런데 만약 계가 변화할 '필요'가 있다면, 그 효과가 조금이라도 더 크게 나타날까? 다른 사람을 진정시키는 것이 가능하다면, 그러한 진정이 필요한 사람(예컨대 불안한 에너지가 과도한 사람)에게서는 그 효과가 더 크게 나타날까? 다시 말해서, '필요'는 영점장의 효과에 접근할 수 있는 기회를 더 높일까? (생물학적으로) 더 고도로 조직된 우리는 그러한 정보에 접근하여 그것에 다른 사람의 주의를 끄는 데 더 유리한가?

1983년, 브로드는 인류학자 메릴린 슐리츠Marilyn Schlitz와 함께 일련의 연구를 통해 이 가설을 검증하는 데 나섰다. 슐리츠도 헬무트 슈미트와 함께 의식에 관한 연구를 한 적이 있었다. 브로드와 슐리츠는 큰 불안을 느끼는(교감 신경계의 활동 증가로 판단할 때) 사람들의 집단과 차분한 사람들의 집단을 선택했다. 두 사람은 번갈아가며 응시 실험과 비슷한 실험 계획을 사용해 두 집단의 사람들을 진정시키려고 시도했다. 성공과 실패는 이번에도 거짓말 탐지기로 피부 전기 활동을 측정함으로써 판정했다.

피험자들에게는 또 다른 실험에 참여하도록 요구했는데, 여기서는 표준적인 이완 방법을 사용해 스스로를 진정시키려고 노력하도록 했다.

실험이 끝났을 때, 브로드와 슐리츠는 두 집단의 결과에서 큰 차이를 발견했다.[13] 의심했던 대로 진정 효과가 필요한 집단에서 효과가 더 크게 나타났다. 사실, 그 집단에서 브로드가 그때까지 한 모든 실험 가운데 가장 큰 효과가 나타났다. 반면에 차분한 사람들의 집단은 거의 아무런 변화도 없었다. 그 효과는 우연히 발생할 수 있는 것과 아주 약간만 차이가 날 뿐이었다.

무엇보다 기묘한 것은, 불안한 집단에 미치는 효과 크기는 다른 사람이 그들을 진정시키려고 노력한 경우가 그들 스스로 진정시키려고 노력한 경우보다 아주 약간만 낮을 뿐이라는 점이었다. 통계학적으로 이것은 다른 사람이 내게 미치는 심신 효과(마음이 몸에 미치는 효과)는 내가 스스로에게 미치는 효과와 거의 같다는 뜻이다. 그러니까 다른 사람이 나를 위해 좋은 생각을 하는 것은 스스로 바이오피드백을 사용하는 것만큼 효과적이다.

브로드는 또 이와 비슷한 연구를 하면서 우리가 원격 영향을 통해 다른 사람에게 주의를 집중하도록 도울 수 있음을 보여주려고 했다. 이번에도 그 효과는 주의가 가장 산만한 사람에게서 가장 크게 나타났다.[14]

메타분석은 개별적으로 진행한 연구들을 많이 모아 그 데이터를 합침으로써 관찰된 효과가 실제적이고 유의미한지 평가하는 과학적 방법이다. 메타분석은 데이터가 너무 적어 확실히 신뢰할 수 없다고 무시되던 단일 연구들의 결과를 종합함으로써 하나의 거대한 실험으로 통합한다. 형태와 크기가 서로 다른 연구들을 비교하는 문제가 있긴 하지만, 이 방법은 조사하는 효과가 큰지 작은지 판단하는 데 도움을 줄 수 있다. 슐리츠와 브로드는 의도가 다른 생명체에 미치는 효과를 조사한 모든 연구를 모아 메타분석을 해 보았다. 전 세계에서 실시된 연구 결과는 인간의 의도가 세균과 효모, 식물, 개미, 병아리, 생쥐와 쥐, 개와 고양이, 인간 세포 표본, 효소의 활동에 영향을 미칠 수 있음을 보여주었다. 인간을 대상으로 한 연구에서는 한 집단의 사람들이 다른 집단 사람들의 눈이나 큰 근육 운동 움직임, 호흡, 심지어는 뇌의 리듬에도 영향을 미칠 수 있는 것으로 나타났다. 그 효과는 작았지만, 일관성 있게 나타났고, 처음으로 이 능력을 시도한 보통 사람들에게서도 그런 효과가 나타났다.

슐리츠와 브로드의 메타분석에 따르면, 전체적으로 이 연구들의 성공률은 37%로, 우연히 일어날 수 있는 확률 5%보다 훨씬 높았다.[15] 피부 전기 활동 연구만 떼어놓고 보면, 성공률은 47%나 되었는데, 우연히 일어날 수 있는 확률은 5%였다.[16]

이러한 결과로부터 브로드는 원격 영향에 대해 중요한 단서를 몇 가지 얻었다. 보통 사람이 다른 생명체에 근육 활동, 운동 활동, 세포 변화, 신경계 활동을 비롯해 많은 수준에서 영향을 미칠 능력이 있다는 사실은 명백해 보였다. 이 연구들은 또 한 가지 기묘한 가능성을 시사했는데, 영향력의 크기는 영향을 행사한 사람에게 그것이 얼마나 중요한가에 따라 또는 그 사람이 영향을 받는 사람과 얼마나 관계가 가까운가에 따라 증가했다. 가장 작은 효과는 물고기 연구에서 관찰되었다. 모래쥐를 대상으로 한 실험에서는 그 효과가 약간 증가했고, 인간 세포를 대상으로 한 실험에서는 더 증가했으며, 사람이 다른 사람에게 영향을 미치려고 시도할 때 그 효과가 가장 크게 나타났다. 하지만 가장 큰 효과는 영향을 받는 사람이 그것이 절실히 필요할 때 나타났다. 진정이나 주의 집중처럼 어떤 것이 필요한 사람은 다른 사람보다 외부의 영향을 잘 받는 것처럼 보였다. 그리고 무엇보다도 기묘한 사실은, 내가 남에게 미치는 영향은 내가 나 자신에게 미치는 영향보다 아주 약간만 작을 뿐이라는 것이다.

브로드는 원격 영향 실험을 하는 동안 심지어 텔레파시가 통하는 사례도 목격했다. 한번은 다른 사람에게 영향을 미치려고 시도하던 피험자가 자기도 모르게 상대방의 피부 전기 흔적이 열병을 하듯이 정연하게 늘어서 독일의 테크노팝 밴드인 크라프트베르트Kraftwerk를 연상시킨다고 말했다. 실험이 끝나고 나서 브로드가 영향을 받은 피험자가 있는 방으로 갔더니, 그 여성은 기묘하게도 실험이 시작되고 나서 얼마 후부터 크라프트베르트가 계속 생각났다고 말했다. 브로드의 실험에서 이런 종류의 연상은 예외적인 사건이 아니라 흔한 일이었다.[17]

의식 연구를 한 과학자들은 모두 똑같은 생각을 하고 있었다. 왜 어떤 사람은 다른 사람보다 영향력이 더 강하고, 왜 어떤 조건은 다른 조건보다 영향을 미치는 데 더 유리한가 하는 것이었다. 그것은 마치 어떤 사람이 다른 사람보다 길을 더 잘 찾는 비밀의 미로와도 같았다. 잔과 던은 무의식을 자극하는 원형적 또는 신화적 이미지가 염력 효과가 가장 크다는 사실을 발견했다. 텔레파시 실험에서 큰 성공을 거둔 마이모니데스의료센터의 연구는 피험자들이 잠자면서 꿈을 꿀 때 한 것이다. 심지어 아주 소극적으로 실험에 참여한 경우에도, 브로드는 최면 상태에서 성공률이 높다는 것을 보여주었다. 타트의 연구와 원격 응시 연구에서는 수신자가 의식하지 못하는 상태에서 무의식적으로 커뮤니케이션이 일어났다.

브로드는 이 모든 실험에서 공통의 끈을 찾으려고 애썼다. 그는 성공을 더 잘 보장하는 것처럼 보이는 특징을 여러 가지 찾아냈다. 어떤 종류의 이완 기술(명상이나 바이오피드백 또는 그 밖의 다른 방법을 통해), 감각 입력 또는 신체 활동의 감소, 꿈이나 그 밖의 내면 상태나 감정, 우뇌 활용 의존 등이 그런 것이었다.

브로드를 비롯해 여러 과학자들은 양/염소 효과sheep/goat effect를 발견했다. 양/염소 효과란, ESP 효과가 작용할 것이라고 믿는 사람(양)에게는 그러한 효과가 잘 나타나고, 그렇지 않은 사람(염소)에게는 평균보다 낮게 나타나는 현상을 말한다. REG 기계와 마찬가지로 두 경우 모두 피험자는 결과에 영향을 미친다(설사 피험자가 염소여서 부정적 효과를 미친다 하더라도).

또 한 가지 중요한 특징은 변화한 세계관으로 드러났다. 세계와 자신을 따로 구별하고 개개의 사람과 사물을 서로 분리된 별개의 존재로 믿는 사람보다는 모든 것이 서로 연결돼 있는 전체로 보는 사람이 성공을 거둘 확률이 더 높았다.[18]

보통 사람들은 좌뇌가 조용히 있고 우뇌가 활발하게 활동할 때, 이런 정보에 잘 접근할 수 있는 것처럼 보였다. 브로드는 인도의 고대 힌두교 경전인 《베다》를 읽다가 깊은 명상에 빠졌을 때 일어나는 불가사의한 사건인 '싯디siddhis'(성취 또는 완성이란 뜻으로, 신묘한 정신 능력을 가리키며, 실지悉地라고도 함-옮긴이)를 묘사한 구절을 발견했다. 명상에 빠진 사람은 최고의 상태에 이르면 일종의 전지 능력(모든 곳을 동시에 보는 느낌)을 경험하게 된다. 명상하는 사람은 정신을 집중한 대상과 일체 상태가 된다. 또 공중 부양이나 멀리 있는 물체를 마음으로 움직이는 것처럼 전반적인 염력 능력이 생길 수 있다.[19] 명상에 잠긴 사람은 거의 다 일상생활에서 쏟아져 들어오는 모든 감각 정보가 차단된 채 수용성이 매우 민감한 깊은 우물과 연결된다.

이러한 커뮤니케이션은 일반적인 형태의 커뮤니케이션과 동일한데, 일상생활의 잡음 때문에 우리가 그것을 듣지 못하는 것은 아닐까? 브로드는 사람을 감각 박탈 상태로 만들면, 평소에 쉴 새 없이 재잘거리는 뇌가 감지하지 못하는 미묘한 효과를 마음이 더 쉽게 감지할 수 있을 것이라고 생각했다. 만약 일상적인 자극을 없애면 지각이 더 향상될까? 그러면 영점장에 접근할 수 있을까?

이것은 초월 명상의 창시자인 마하리시 마헤시 요기Maharishi Mahesh Yogi가 주장한 바로 그 이론이다. 모스크바뇌연구소의 신경사이버네틱스연구소가 초월 명상이 뇌에 미치는 효과를 조사하는 연구를 여러 차례 했는데, 여기서 정보의 지각에 관여하는 피질 영역이 증가하고, 좌뇌와 우뇌의 기능적 관계가 증가한다는 사실이 발견되었다. 이 연구들은 명상이 지각의 문을 조금 더 넓게 열어준다고 시사했다.[20]

브로드는 감각 입력을 차단하는 방법인 '간츠펠트ganzfeld' 실험에 관한 이야기를 들었다. 간츠펠트는 독일어로 '전체 시야'란 뜻이다. 브로드는 고전적인 간츠펠트 실험 계획을 사용해 초감각 지각 실험을 하기 시작했다. 피험자들은 방음이 되고 부드러운 조명이 비치는 방에서 편안한 의자에 앉아 있었다. 피험자의 눈 위에는 탁구공을 반으로 자른 것 같은 반구를 올려놓고, 귀에는 조용하고 정적인 소리가 흘러나오는 헤드폰을 씌웠다. 브로드는 피험자들에게 20분 동안 머릿속에 떠오르는 인상을 모두 이야기하라고 시켰다.

그다음부터는 통상적인 텔레파시 실험 설계를 따랐다. 브로드의 직감은 옳았다. 간츠펠트 실험은 모든 실험 중에서 성공률이 가장 높았다.

브로드의 연구를 다른 연구 27건과 합쳐서 분석해보았더니, 그중 23건, 즉 82%는 성공률이 우연히 나타날 확률보다 더 높았다. 효과 크기의 중앙값은 0.32로, PEAR에서 한 REG 실험의 효과 크기와 비슷했다.[21]

흥미로운 사건들이 동시에 일어나는 일이 계기가 되어 중요한 사고의 전환이 일어나는 경우가 많다. 마이모니데스의료센터의 찰스 호노턴과 에든버러 대학교의 심리학자 에이드리언 파커Adrian Parker도 브로드와 똑같은 생각에서 인간 의식의 본질을 탐구하는 수단으로 간츠펠트를 연구하기 시작했다. 모든 간츠펠트 실험을 합쳐 메타분석을 해보았더니, 100억 대 1의 확률로만 가능한 결과가 나왔다.[22]

브로드는 간츠펠트를 자신에게 사용했을 때 심지어 예감도 경험했다. 어느 날 저녁, 휴스턴에 있는 아파트 거실에서 반구로 눈을 가리고 헤드폰을 쓴 채 앉아 있던 그의 눈앞에 갑자기 오토바이가 밝은 전조등과 비에 젖은 거리 모습과 함께 강렬하고도 생생하게 나타났다.

실험이 끝나자 곧 아내가 집으로 돌아왔다. 그런데 아내는 브로드가 그 환상을 본 바로 그때 오토바이에 치일 뻔했다고 말했다. 그녀를 향해 밝은 전조등 불빛이 비쳤고, 거리는 비에 젖어 있었다.[23]

자기가 한 연구의 의미를 생각하던 브로드의 마음속에는 불안한 생각이 떠올랐다. 만약 우리가 다른 사람에게 좋은 일이 일어나게 할 수 있다면, 나쁜 일도 일어나게 할 수 있지 않을까?[24] 부두교의 주술 효과에 관한 일화는 많은데, 자신이 얻은 실험 결과에 따르면 나쁜 의도도 어떤 효과를 일으키는 게 충분히 가능할 것 같았다. 그렇다면 나쁜 효과로부터 자신을 보호하는 것도 가능할까?

브로드는 예비 연구를 통해 그것이 가능하다고 확신하게 되었다. 한 연구는 원치 않는 영향을 차단하거나 피하는 것이 가능함을 보여주었다.[25] 이것은 심리적 '차단 전략'을 사용하면 가능하다. 안전하거나 보호하는 방패나 장벽 또는 차폐물을 시각화함으로써 영향이 침투하는 것을 막을 수 있다.[26] 이 실험에서 피험자들에게 자신의 피부 전기 활동을 높이려고 시도하는 다른 두 피험자의 영향으로부터 스스로를 보호하라고 지시했다. 또 다른 집단을 대상으로 같은 실험을 하면서 이번에는 피험자들에게 원격 영향을 차단하려고 노력하지 말라고 지시했다. 영향을 미치려고 노력하는 사람들은 누가 자신의 시도를 차단하고 누가 차단하지 않는지 알지 못했다. 실험이 끝난 후, 영향을 차단하려고 노력한 집단은 그렇지 않은 집단에 비해 물리적 효과가 훨씬 적게 나타났다.[27]

초기의 초감각 지각 연구는 모두 정신 라디오mental radio 모형을 만들었는데, 그것을 통해 한 사람이 다른 사람에게 생각을 보낸다고 주장했다. 하지만 브로드는 진실은 그것보다 훨씬 복잡하다고 확신했다. 전송자 의식의 정신적·신체적 구조는 덜 조직된 수신자에게 질서를 높이는 영향을 미칠 수 있는 것처럼 보였다. 또 질서가 영점장 같은 어떤 종류의 장에 늘 존재하고 있으며, 필요할 때 거기에 연결하여 가져올 수 있을 가능성도 있다. 이것은 데이비드 봄이 생각한 견해인데, 봄은 모든 정보가 보이지 않는 어떤 영역 혹은 더 높은 현실에 존재하지만(숨겨진 질서), 필요할 때 활성 정보active information를 소방대처럼 불러올 수 있다고 가정했다.[28] 브로드는 모든 정보가 들어 있는 장과 다른 사람이나 사물의 질서를 높이는 정보를 제공하는 인간의 능력, 이 두 가지가 합쳐져 그런 효과가 나타나는 게 아닐까 생각했다. 프리브람이 입증했듯이, 보통 지각의 경우, 뇌의 가지돌기 네트워크가 영점장에서 정보를 수신하는 능력이 엄격하게 제한되어 있다. 우리는 제한된 범위의 진동수에만 동조할 수 있다. 그러나 의식 변화 상태(명상이나 이완, 간츠펠트, 꿈 등을 통해)는 이러한 제약을 풀어준다. 시스템과학자 에르빈 라슬로는 이것은 마치 우리가 라디오이고, 우리의 '대역폭'이 크게 확대되는 것과 같다고 말했다.[29] 우리 뇌의 수신 영역이 영점장에서 더 많은 파장의 신호를 수신할 수 있게 된다는 것이다.

우리가 신호를 수신하는 능력은 브로드가 조사한 것과 같은 종류의 깊은 개인 간 연결이 일어날 때에도 증가한다. 두 사람이 각자의 대역폭을 '이완'시키고, 깊은 연결 관계를 맺으려고 시도할 때, 두 사람의 뇌 패턴이 동기화된다.

멕시코에서도 브로드가 한 것과 비슷한 연구를 했는데, 두 피험자를 각기 다른 방에 앉혀놓고 다른 피험자의 존재를 느껴보라고 했더니, 두 사람의 뇌파가 동기화하기 시작했다. 그와 함께 두 반구의 전기 활동 역시 동기화되었는데, 이것은 보통 명상 상태에서만 볼 수 있는 현상이다. 그럼에도 불구하고 상대방에게 영향을 행사하는 쪽은 대체로 뇌파 패턴의 결맞음 상태가 가장 높은 사람이었다. 질서가 더 높은 뇌파 패턴을 가진 사람이 늘 더 우세했다.[30]

이런 상황에서는 물 분자의 경우와 마찬가지로 일종의 '결맞는 영역'이 생겨나고, 평상시에 존재하던 개별성의 경계가 허물어진다. 두 피험자의 뇌는 자신의 독립적인 정보에 귀를 덜 기울이면서 다른 사람의 정보를 더 잘 받아들이게 된다. 사실상 이들은 영점장에서 상대방의 정보를 마치 자기 정보인 것처럼 얻는다.

모든 생체계는 양자역학의 지배를 받기 때문에, 불확정성과 확률은 우리 모든 신체 과정을 지배하는 특징이다. 우리는 걸어다니는 REG 기계나 다름없다. 살아가는 매 순간 우리의 정신적·육체적 존재를 이루는 미소한 과정들은 많은 경로 중에서 어느 하나를 따르도록 영향을 받을 수 있다. 두 사람의 대역폭이 '동기화된' 브로드의 실험 상황에서는 결맞음 또는 질서의 정도가 높은 관찰자가 덜 조직적인 수신자의 확률적 과정에 영향을 미친다. 브로드의 실험에 참여한 한 쌍의 피험자 중 더 조직적인 사람이 덜 조직적인 사람의 어떤 양자 상태에 영향을 미쳐 그것을 질서가 더 높은 방향으로 나아가게 한다.

라슬로는 이러한 '확장된' 대역폭 개념이 전생 요법을 받거나 전생을 기억한다고(주로 아주 어린아이들 사이에서 일어나는 현상) 주장하는 사람들에 관해 자세하게 보고된 많은 사례들을 설명할 수 있다고 믿는다.[31] 다섯 살 미만인 아이들의 뇌파를 분석한 연구들에 따르면, 아이들의 뇌파는 정상적인 성숙한 의식을 나타내는 베타 모드보다는 알파 모드(어른의 경우에는 의식 변화 상태에 해당하는)로 계속 작동하는 것으로 나타났다. 아이는 보통 어른보다 영점장의 정보에 훨씬 더 많이 열려 있다. 사실상 아이는 영구적인 환각 상태로 걸어다닌다. 만약 어린아이가 전생을 기억한다고 주장한다면, 그 아이는 자신의 경험과 영점장에 저장된 다른 사람의 정보를 구별하지 못하는지도 모른다. 일부 공통적인 특징(어떤 장애나 특별한 재능)이 어떤 연상을 촉발하면, 아이는 그 정보를 마치 자신의 전생 '기억'인 양 받아들이는 것인지도 모른다. 이것은 환생 사건이 아니라, 동시에 여러 방송국의 신호를 수신할 수 있는 능력을 가진 사람이 우연히 다른 사람의 라디오 방송에 주파수를 맞추었을 뿐이다.[32]

브로드의 연구가 제시한 이 모형은 우리가 어느 정도 제어력을 행사할 수 있는 우주 모형이다. 우리의 소망과 의도가 우리의 현실을 만들어낸다. 우리는 이것을 이용해 더 행복한 삶을 살고, 나쁜 영향을 차단하고, 선의의 보호 울타리 안에서 살아갈 수 있다. 자신이 소망하는 것에 주의해야 한다고 브로드는 생각했다. 우리 각자는 그것을 현실로 만들 능력이 있기 때문이다.

브로드는 특유의 편안하고 조용한 방식으로 이 개념을 검증하기 시작했는데, 의도를 사용해 어떤 결과를 이루는 것이 가능한지 알아보려고 했다. 그것은 효과가 있는 것처럼 보였는데, 다만 강하게 소망하거나 노력하는 대신에 가볍게 소망할 때에만 효과가 있었다. 그것은 잠을 자려고 애쓰는 것과 비슷해서, 잠자려고 더 애쓸수록 그 과정에 더 많이 간섭하게 된다. 브로드가 보기에 인간은 두 가지 차원—강한 동기를 가지고 뜻을 이루려고 애쓰는 현실 세계와 이완되고 수동적이고 수용적인 영점장 세계—에서 작용하고, 이 둘은 공존할 수 없는 것처럼 보였다. 시간이 지나면서 브로드가 소망하는 결과가 우연히 나타날 확률보다 더 자주 나타나는 것처럼 보이자, 그는 '소원을 빌어주는 사람'이라는 명성을 얻게 되었다.[33]

브로드의 연구는 많은 과학자들이 막 깨닫기 시작한 사실을 뒷받침하는 증거를 추가로 제공했다. 우리 존재의 자연 상태는 관계, 즉 일종의 탱고처럼 늘 서로에게 영향을 미치는 상태에 있는 관계이다. 우리를 이루는 아원자 입자들이 공간과 주변의 다른 입자들과 분리될 수 없는 것과 마찬가지로, 생명체들은 서로 분리될 수 없다. 결맞음 정도가 더 높은 생체계는 더 무질서하고 무작위적이고 혼돈스러운 계와 정보를 교환하거나 그러한 계에서 결맞음 상태를 만들어내거나 회복시킬 수 있다. 살아 있는 세계의 자연 상태는 질서(결맞음이 더 높은 상태를 향해 나아가려는 추동)인 것처럼 보인다. 네겐트로피가 더 강한 힘으로 보인다. 관찰 행위와 의도를 통해 우리는 일종의 초복사를 세계로 확장하는 능력이 있다.

이러한 탱고는 우리의 신체적 과정뿐만 아니라 생각으로까지 확장돼 있는 것처럼 보인다. 깨어 있는 시간뿐만 아니라 꿈조차도 우리 사이에서뿐만 아니라, 지금까지 지구에서 살아간 모든 사람과 함께 공유하는지도 모른다. 우리는 영점장과 끊임없이 대화를 나누면서 영점장에서 정보를 가져올 뿐만 아니라 영점장을 풍부하게 만든다. 인류의 위대한 성취 중 많은 것은 축적된 공유 정보(영점장에서 축적된 집단 노력)에 갑자기 접촉한 개인을 통해 영감이라는 형태로 일어나는지도 모른다. '천재성'이라 부르는 능력도 단순히 영점장에 접속하는 능력이 뛰어난 것일지도 모른다. 이런 의미에서 지능과 창조성과 상상력은 우리의 뇌 속에 있는 게 아니라 영점장과의 상호 작용 형태로 존재한다.[34]

브로드의 연구가 제기하는 가장 근본적인 질문은 개별성과 관련이 있다. 우리 각자는 어디에서 끝나고, 어디에서 시작하는가? 만약 모든 결과와 사건이 관계이고 생각이 공동의 과정이라면, 우리가 세계에서 제대로 잘 기능하기 위해서는 좋은 의도를 가진 강한 공동체가 필요할 것이다. 많은 연구들은 강한 공동체 참여가 가장 중요한 건강 지표 중 하나임을 보여주었다.[35]

가장 흥미로운 사례는 펜실베이니아 주의 로세토라는 작은 읍에서 볼 수 있다. 이곳 주민은 모두 이탈리아의 같은 지역에서 이주해온 사람들이었다.

그러다 보니 주민과 마찬가지로 문화도 이탈리아에서 그대로 옮겨다 놓은 것이나 다름없었다. 이곳 주민은 공동체 의식이 유달리 강하다. 부자와 빈자가 서로 부대끼며 살아가지만, 서로 간의 관계가 긴밀하기 때문에 시기심은 아주 적었다. 로세토는 건강 기록이 아주 양호했다. 공동체 내의 위험 요소(흡연, 경제적 스트레스, 고지방 음식)가 많았는데도 불구하고, 심장마비 발병률은 이웃 도시 주민의 절반 정도에 불과했다.

그런데 한 세대가 지나자, 공동체의 응집력이 느슨해졌다. 젊은이들 사이에서는 공동체 의식이 희박해졌고, 얼마 지나지 않아 전형적인 미국 도시(각자 고립된 채 살아가는 개인들의 집단)처럼 변해가기 시작했다. 그와 함께 심장마비 발병률도 금방 이웃 도시들과 비슷한 수준으로 높아졌다.[36] 이전의 짧았지만 귀중한 세월 동안 로세토는 응집력(결맞음)이 매우 높았다.

브로드는 사람이 개인 간의 장벽을 뛰어넘을 수 있다는 것을 보여주었다. 하지만 우리가 얼마나 멀리까지 여행할 수 있는지는 아직 몰랐다.

8

확장된 눈

스탠퍼드 대학교 물리학과 건물 지하에서는 세계에서 가장 작은 물질의 미소한 깜박임을 포착해 측정하고 있었다. 아원자 입자의 움직임을 측정하는 그 장비는 높이 90cm 정도의 믹서 비슷하게 생겼다. 자력계에는 출력 장치가 붙어 있었는데, 자력계가 측정하는 진동수는 자기장의 변화율을 나타낸다. 진동수는 아주 미소하게 변화하면서 *x-y*축의 종이 그래프 기록 장치 위에 천천히 꿈틀거리는 S자 곡선을 일정한 속도로 그려냈다. 비전문가의 눈에는 쿼크가 꼼짝도 않고 가만히 있는 것으로 보일 것이다. 그래프에는 아무런 변화가 없었다. 물리학자가 아닌 사람에게는 이 장비가 그저 고성능 진자 비슷한 것으로 보일 수도 있다.

스탠퍼드 대학교 물리학과 학생인 아서 헤버드Arthur Heberd는 박사 학위를 받고 난 뒤에 할 일로 초전도 차등 자력계 개발이 좋겠다고 생각했다. 그래서 우연히 지나가는 쿼크가 전자기장에 일으키는 변화 외에는 어떤 변화에도 반응하지 않는 장비를 설계하려고 연구비 지원을 신청했다. 하지만 쿼크를 측정하는 일을 조금이라도 아는 사람이라면 이해하겠지만, 그것은 아주 섬세한 작업이었다. 아원자 입자의 무한히 작은 언어를 들으려면, 우주에서 끊임없이 쏟아져 들어오는 전자기 잡음을 전부 다 차단해야 한다. 이를 위해 자력계 내부는 차폐벽(구리 차폐벽, 알루미늄 케이스, 초전도 니오브 차폐벽, 심지어 특별히 자기장을 제한하는 금속인 뮤μ 금속 차폐벽 등)으로 층층이 에워싸야 한다. 그런 다음, 이 장비를 실험실 바닥의 콘크리트 우물에 파묻는다. SQUID superconducting quantum interference device(초전도 양자 간섭계)는 스탠퍼드 대학교에서 다소 불가사의한 장비로 간주되었는데, 볼 수는 있어도 그 구조와 작동 원리를 제대로 이해한 사람은 거의 없었기 때문이다. 그 복잡한 내부 구조를 설명하는 논문도 발표한 사람이 아무도 없었다.

할 푸소프에게 자력계는 가짜를 가려내는 데 유용한 도구였다. 그는 그것을 초능력 같은 것이 있는지 검증하는 데 완벽한 도구라고 생각했다. 그는 염력이 실제로 작용하는지 시험할 만큼 마음이 열린 사람이었으나, 염력의 존재를 확신하지는 않았다. 푸소프는 오하이오 주와 플로리다 주에서 자랐지만, 미주리 주에서 왔다고 말하길 좋아했다. 미주리 주의 별명은 '쇼 미 스테이트Show Me state'인데, 쇼 미는 문자 그대로 '보여달라'라는 뜻으로, 회의론자의 궁극적인 태도이다. 보여줘, 증명해봐, 작동 원리를 설명해봐. 푸소프에게 과학적 원리는 편안한 피난처였고, 현실을 이해하는 최선의 방법이었다. 자력계 주위를 에워싼 여러 겹의 차폐벽은 그날 오후에 뉴욕에서 비행기를 타고 올 초능력자 잉고 스완Ingo Swann에게 가장 어려운 도전 과제를 안겨줄 것이다. 푸소프는 자력계를 불시에 들이밀어 그를 당황시키려고 했다. 원자 수준에서 일어나는 폭발 외에는 어떤 것에도 반응하지 않는 이 기계의 패턴을 스완이 변화시킬 수 있는지 시험할 예정이었다.

그때는 1972년이었는데, 푸소프가 영점장 이론 연구를 시작하기 1년 전이었고, 아직 스탠퍼드연구소에서 일하고 있었다. 양자 영점 요동의 의미에 대해 생각하기 전이던 그 무렵에도 푸소프는 생명체 사이에 상호 연결이 존재할 가능성에 흥미를 느꼈다. 하지만 그 단계에서는 이론은 말할 것도 없고, 집중적으로 연구할 대상조차 아직 정해지지 않은 상태였다. 그는 빛보다 더 빠른 속도로 달린다는 가상의 입자인 타키온tachyon 연구에 조금 손을 대고 있었다. 그는 수백 킬로미터나 떨어져 있거나 여러 가지 수단으로 차폐된 상황에서도 동물과 식물이 일종의 순간 커뮤니케이션을 주고받는 능력을 보여주는 연구 결과들을 타키온으로 설명할 수 있지 않을까 생각했다. 푸소프는 양자론을 사용해 생명 과정을 설명할 수 있는지 알고 싶었다. 미첼과 포프와 마찬가지로, 푸소프는 오래전부터 우주에 존재하는 모든 것은 가장 기본적인 차원에서는 양자의 성질을 지니고 있는 게 아닐까 생각했다. 이것은 생명체 사이에 비국소 효과가 존재한다는 걸 뜻했다. 그는 만약 전자에 비국소 효과가 나타난다면, 이것은 큰 규모의 세계에서도, 특히 생명체에서 기묘한 일(정보를 순간적으로 습득하거나 수신하는 어떤 방법)이 일어난다는 것을 의미한다는 개념을 깊이 생각하고 있었다. 그 당시 푸소프가 이 가설을 검증할 수 있는 방법으로 생각할 수 있는 것은 주로 조류藻類를 사용하는 비교적 간단한 실험밖에 없었는데, 빌 처치는 푸소프의 설득에 넘어가 이 연구에 1만 달러를 지원했다.

푸소프는 뉴욕의 거짓말 탐지기 전문가인 클리브 백스터Cleve Backster에게 연구 제안서를 보냈다. 백스터는 식물이 느끼는 어떤 '감정'(전기 신호의 형태로)이 거짓말 탐지기에 기록되는지(사람이 스트레스에 대한 반응으로 그러는 것처럼) 재미삼아 연구하고 있었다. 푸소프는 이 연구에 아주 큰 흥미를 느꼈다. 백스터는 식물의 잎을 태우면서 거짓말 탐지기로 사람의 피부 전도율을 측정하듯이 식물의 전기 반응을 측정하려고 시도했다. 흥미롭게도, 사람이 손을 데었을 때 나타나는 것과 똑같이 스트레스가 증가한 반응이 기록되었다. 푸소프의 흥미를 더욱 끈 것은, 거짓말 탐지기에 연결되지 않은 채 옆에 있던 식물의 잎을 태운 실험이었다. 그랬더니 거짓말 탐지기에 연결된 원래의 식물은 자신의 잎을 태울 때 그랬던 것과 똑같이 '통증' 반응을 나타냈다. 원래의 식물은 그 정보를 어떤 초감각적 메커니즘을 통해 수신하여 공감을 나타내는 것처럼 보였다. 이 실험은 생명체 사이에 어떤 연결 관계가 있음을 보여주는 것 같았다.[1]

'백스터 효과'는 식물과 동물 사이에서도 관찰되었다. 표준적인 정신전기 반응psychogalvanic response, PGR 장비에 기록된 결과에 따르면, 한 장소에서 아르테미아새우가 갑자기 죽으면 그 사실이 다른 장소에 있는 식물들에게 즉각 알려지는 것처럼 보였다. 백스터는 짚신벌레, 배양한 곰팡이, 혈액 표본 등을 대상으로 서로 간에 수백 킬로미터의 거리를 두고 이런 종류의 실험을 했는데, 모든 경우에 다른 생물과 식물 사이에 불가사의한 커뮤니케이션이 일어났다.[2] 〈스타워즈〉에서 묘사한 것처럼 각 생명체의 죽음은 영점장에 교란을 일으켰다.

잉고 스완이 왔을 때, 백스터의 책상 위에는 마침 푸소프가 보낸 조류 실험 제안서가 놓여 있었다. 화가인 스완은 뛰어난 초능력자로 알려져 있었는데, 뉴욕 시티 칼리지의 심리학 교수 거트루드 슈마이들러Gertrude Schmeidler와 함께 초감각 지각 실험을 한 적도 있었다.[3] 스완은 푸소프의 제안을 꼼꼼히 읽어보고 큰 흥미를 느껴 푸소프에게 편지를 보냈다. 무생물과 생물 사이에 존재하는 공통의 기반을 찾고 싶다면, 함께 초능력 현상에 관한 실험을 하지 않겠느냐고 제안하는 내용이었다. 그전에 스완은 유체 이탈 실험을 하여 좋은 결과를 얻은 적이 있었다. 푸소프는 의심이 들었지만, 용감하게 그 제안을 받아들였다. 그는 빌 처치에게 연락하여 연구 계획을 바꾸어 연구비 중 일부를 스완을 1주일 동안 캘리포니아로 초청하는 데 사용해도 되겠느냐고 물었다.

키가 작고 통통한 체격에 성격이 쾌활한 스완은 마치 록 스타처럼 하얀 카우보이모자를 쓰고 흰색 재킷과 리바이스 청바지를 입고 나타났다. 그를 본 순간, 푸소프는 빌 처치의 돈을 낭비했구나 하는 생각이 들었다. 스완이 도착하고 나서 이틀 후, 푸소프는 그를 데리고 물리학과 건물인 베리언 홀의 지하실로 내려갔다.

푸소프는 자력계를 가리키면서 스완에게 그 자기장을 변화시켜보라고 했다. 그리고 자기장에 조금이라도 변화가 생기면, 출력 테이프에 그것이 기록된다고 설명했다.

스완은 이전에 이런 실험을 해본 적이 없었기 때문에 처음에는 성공 가능성을 낮게 보았다. 그는 먼저 자력계에 어떻게 영향을 미쳐야 할지 파악하기 위해 정신적으로 그 내부를 들여다보겠다고 말했다. 그러는 동안 갑자기 S자 곡선의 진동수가 45초 동안 두 배로 증가했는데, 그 시간은 스완이 정신을 집중한 시간과 같았다.

푸소프는 스완에게 자력계에 일어난 자기장 변화(S자 곡선으로 나타난)를 멈출 수 있겠느냐고 물었다.

스완은 눈을 감고 45초 동안 정신을 집중했다. 그러자 같은 시간 동안 출력 장치에서 나오는 그래프는 골과 마루의 패턴이 멈추면서 길게 직선을 그렸다. 스완이 정신 집중을 멈추자, 자력계는 다시 정상적인 S 곡선을 그리기 시작했다. 스완은 기계 속을 들여다보면서 다양한 부품에 정신을 집중함으로써 기계가 하는 일을 변화시킬 수 있다고 설명했다. 스완이 말하는 동안 기계는 다시 진동수가 두 배로 증가했다가 그다음에는 절반으로 감소했다. 스완은 그 현상은 자신이 기계 속에 있는 니오브 구슬에 정신을 집중하는 것과 관련이 있다고 말했다.

푸소프는 스완에게 기계에 대한 생각을 멈추라고 말하고, 몇 분 동안 다른 주제로 대화를 나누었다. 그러자 정상적인 S 곡선이 다시 나타났다. 푸소프가 다시 자력계에 정신을 집중해보라고 말했다. 그래프의 곡선이 아주 거칠게 진동하기 시작했다. 다시 집중을 멈추라고 하자, 느릿느릿 출력되는 S자 곡선이 다시 나타났다. 스완은 자신이 들여다보았다는 기계 내부를 간단히 스케치해 보여주고는, 피곤하니 이젠 그만해도 되겠느냐고 물었다. 그 다음 3시간 동안 자력계의 출력은 단조롭고 일정한 곡선으로 되돌아갔다.

그곳에 모인 대학원생들은 자력계에 나타난 변화를 우연히 시스템 속으로 흘러든 이상한 전자기 잡음 탓으로 돌렸다. 실험을 하는 동안 삐삐거리는 신호음이 났기 때문에 그것은 적절한 설명처럼 보였다. 하지만 자력계를 만든 대학원생 헤버드는 스완의 스케치를 보고 나서, 아주 정확하다고 말했다.

푸소프는 이것을 어떻게 이해해야 할지 알 수 없었다. 스완과 자력계 사이에 뭔가 비국소 효과가 일어난 것처럼 보였다. 푸소프는 집으로 돌아가 그 주제로 조심스러운 논문을 써서 동료들에게 보여주고는 의견을 말해달라고 했다. 그가 본 현상은 흔히 아스트럴 투사astral projection, 유체 이탈, 투시 등으로 부르는 것이지만, 그는 그것을 결국 감정이 개재되지 않은 근사하고 중립적인 용어인 '원격 투시remote viewing'라고 부르기로 했다.

이 간단한 실험이 계기가 되어 푸소프는 영점장 연구와 병행하여 13년이 걸릴 연구 프로젝트를 시작했는데, 그것은 사람이 알려진 감각 메커니즘을 뛰어넘어 사물을 보는 능력이 있는지 알아보기 위한 것이었다. 푸소프는 인간의 어떤 특성을 발견했다고 생각했는데, 그것은 백스터가 관찰한 것(보이지 않는 어떤 존재와 즉각 연결되는 것)과 크게 다르지 않았다. 원격 투시는 생명체 사이의 상호 연결에 대해 그가 조사하고 있던 개념과 종류가 같은 것으로 보였다. 나중에 그는 개인적으로 원격 투시가 영점장과 관계가 있는지 깊이 생각하게 된다. 하지만 이 무렵에 푸소프는 자기가 본 것이 사실인지, 그리고 그것이 얼마나 잘 작용하는가라는 문제에 관심이 있었다. 만약 스완이 자력계 내부를 들여다볼 수 있다면, 이 세상 어느 곳이라도 마음대로 볼 수 있을까?

푸소프는 자기도 모르게 미국이 투시를 활용하는 최대 규모의 스파이 프로그램을 시작하는 데 기여했다. 논문을 동료들에게 보여준 지 몇 주일 후, 파란색 양복을 입은 CIA 요원 두 사람이 그 논문을 손에 들고서 찾아왔다. 그들은 소련이 보안부대의 지원으로 방대한 규모의 초심리학 실험을 하고 있는데, 그에 대한 우려가 점점 커지고 있다고 말했다.[4] 소련이 투입하는 자원 규모로 판단할 때, 그들은 초감각 지각을 이용해 서방 세계의 모든 비밀을 알아낼 수 있다고 확신하는 것처럼 보였다. 미국 국방정보국Defense Intelligence Agency, DIA은 얼마 전에 '통제된 공세 행동—USSR'이란 보고서를 내놓았는데, 그 보고서는 소련이 초능력 연구를 통해 일급 기밀문서의 내용과 군대 및 선박의 움직임, 군사 시설의 위치, 장성급과 영관급 장교의 생각을 알 수 있을 것이라고 예측했다. 심지어 원거리에서 사람을 죽이거나 비행기를 격추시킬 수 있을지도 모른다고 했다.[5] CIA의 많은 간부들은 미국도 이제 초능력 연구에 눈을 돌려야 할 때라고 믿었지만, 문제는 그런 이야기를 하면 대부분의 연구소에서 비웃음을 받는다는 점이었다. 미국 과학계에서는 어느 누구도 초감각 지각이나 투시를 진지한 연구 대상으로 여기지 않았다. CIA는 만약 지금 이 연구에 뛰어들지 않는다면, 이 분야에서 소련은 유리한 위치를 선점할 것이고, 미국은 절대로 소련을 따라잡지 못할 것이라고 판단했다. 그래서 정통 학계 밖에서 조용히 소규모로 연구를 추진할 작은 연구소를 찾아나섰고, 스탠퍼드연구소(그리고 현재 푸소프가 기울이고 있는 관심 주제도)가 그 일을 맡기에 적격인 것처럼 보였다. 푸소프는 보안 위험 면에서도 결격 사유가 없었는데, 해군 정보부에서 복무했고, 국가안보국을 위해 일한 적도 있었기 때문이다.

그들은 푸소프에게 간단한 실험을 몇 가지 해달라고 요청했다. 그것은 정교한 종류의 실험과는 거리가 먼 것으로, 상자 속에 들어 있는 물체가 무엇인지 추측하는 것과 같은 간단한 실험이었다. 만약 그 실험이 성공한다면, CIA는 시험적 연구 계획을 지원하겠다고 했다. 워싱턴에서 온 두 사람은 나중에 스완이 상자 속에 든 나방을 정확히 묘사하는 걸 지켜보았다. CIA는 깊은 인상을 받아 여덟 달 동안 진행할 시험적 연구 계획에 약 5만 달러를 쾌척했다.

푸소프는 상자 속에 든 물체를 추측하는 실험을 계속하기로 동의하고, 몇 달 동안 스완과 함께 실험을 했다. 스완은 순전히 추측만으로 알아맞힐 수 있는 것보다 훨씬 높은 확률로 상자 속에 든 물체를 정확하게 묘사했다.

그때, 러셀 타그Russell Targ라는 레이저물리학자가 푸소프 팀에 합류했다. 타그는 실베이니아라는 회사에서 레이저 개발을 선도한 사람이었다. 빛이 공간을 지나가면서 내는 효과에 관심을 가진 물리학자가 마음이 먼 거리까지 전파될 가능성에 흥미를 느낀 것은 결코 우연한 일이 아닐 것이다. 타그도 실베이니아에서 비밀 연구에 참여했기 때문에 보안 위험에 관한 문제가 전혀 없었다. 타그는 195cm의 큰 키에 깡마른 체격이었고 엉클어진 곱슬머리가 이마를 가리고 있었다. 타그가 검은 머리의 아트 가펑클Art Garfunkel(미국의 싱어송라이터이자 배우-옮긴이)이라면, 푸소프는 조금 더 건장한 폴 사이먼Paul Simon(미국의 싱어송라이터-옮긴이)이라고 할 수 있었다. 하지만 두 사람의 닮은 점은 그걸로 끝이었다. 타그는 렌즈가 두꺼운 검은색 안경을 쓰고 있었다. 그는 시력이 아주 나빠서 법적으로는 맹인으로 취급되었다. 안경을 쓰고도 정상 시력에 한참 모자랐다. 마음의 눈으로 그림을 더 선명하게 보는 한 가지 이유는 시력이 나쁘기 때문인지도 몰랐다.

타그는 아마추어 마술사로 취미 활동을 하면서 인간 의식의 본질에 흥미를 느꼈다. 무대 위에 선 그는 관객 중에서 지원자를 선택해 마술 묘기를 보여주곤 했는데, 비록 트릭을 사용하긴 했지만, 마술 시범 도중에 자신이 그 사람에게서 들은 이야기보다 그 사람에 대해 더 많은 정보를 알고 있다는 느낌이 갑자기 들 때가 많았다. 어떤 장소에 관한 질문의 답을 생각하는 척할 때, 갑자기 머릿속에 그 장소의 심상이 선명하게 떠올랐다. 그리고 마음속에 떠오른 그림은 늘 정확한 것으로 드러났는데, 그것은 단지 마술사의 명성만 높여주는 데 그쳤지만, 그는 어떻게 그런 일이 일어나는지 의문이 생겼다.

자신의 능력을 실제로 검증해보자고 제안한 사람은 스완이었다. 그것도 CIA가 원격 투시를 활용하고자 생각하는 방식과 아주 비슷한 것으로 실험을 하자고 했다. 그는 감정의 개입 없이 깨끗하고 빨리 해당 장소에 가는 방법으로 지리적 좌표를 사용하는 아이디어를 생각해냈다. 푸소프와 타그는 그 아이디어에 의심을 품었다. 스완에게 지리적 좌표를 주었을 때, 스완이 그 장소를 정확하게 추측한다 하더라도, 그것은 단순히 스완이 사진적 기억을 갖고 있어 사전에 지도를 통째로 외워서 얻은 정보일 수도 있었다.

그들은 두서없이 몇 차례 실험을 해보았는데, 스완이 보여준 결과는 형편없었다. 그러나 50차례 시도를 한 뒤부터는 결과가 좋아지기 시작했다. 100번의 시도 뒤에 푸소프는 확신이 생겨 CIA의 과학정보과에서 분석가로 일하는 크리스토퍼 그린Christopher Green에게 전화를 걸어 CIA가 원하는 진짜 실험을 하게 해달라고 요청했다. 그린은 반신반의했지만, 자신조차 잘 모르는 장소에 대한 지도상의 좌표를 제공하기로 동의했다.

몇 시간 뒤, 그린의 요청에 따라 행크 터너Hank Turner[6]라는 동료가 종이 위에 일련의 숫자들을 적었다. 그것은 오직 터너만이 알고 있는 어떤 장소의 위도와 경도를 분, 초 단위까지 정확하게 나타낸 것이었다. 그린은 그 종이를 받아들고 푸소프에게 전화를 걸었다.

푸소프는 스탠퍼드연구소의 책상 앞에 스완을 앉힌 뒤, 그 좌표를 건네주었다. 푸소프가 시가를 피우면서 눈을 감았다가 종이 위에 뭔가를 적길 반복하는 동안 스완은 떠오르는 이미지를 묘사하기 시작했다. '흙 둔덕과 구릉지', '기복이 있는 언덕', '멀리 동쪽으로 흘러가는 강', '북쪽의 도시'. 그는 그곳이 기묘한 장소라고 말했는데, "군사 기지 부근에서 볼 수 있는 잔디밭과 비슷한" 곳이라고 묘사했다. '오래된 벙커들'이 여기저기 있는 듯한 느낌이 든다고 했다. 혹은 그것은 단순히 '은폐한 저수조'일지도 모른다고 말했다.[7]

다음 날, 스완은 집에서 또 한 번 그 좌표를 생각하면서 느낀 인상을 보고서로 작성해 나중에 푸소프에게 제출했다. 이번에도 그는 지하에 뭔가가 있다는 느낌을 받았다고 했다.

며칠 뒤, 푸소프는 타호 호(시에라네바다 산맥에 있는 대형 담수호. 캘리포니아 주와 네바다 주의 경계에 위치하고 있으며, 최대 수심이 501m로 미국에서 두 번째로 깊은 호수이다-옮긴이) 부근에 사는 건축 도급업자이며 크리스마스트리를 재배하는 일도 하는 팻 프라이스Pat Price에게서 전화를 받았다. 스스로 초능력자라고 생각하는 프라이스는 전에 어느 강연에서 푸소프를 만난 적이 있었는데, 이번에 실험에 도움을 주겠다고 전화한 것이었다. 혈색이 좋고 재치 있는 말을 잘하는 50대 초반의 아일랜드계 남자인 프라이스는 오래전부터 원격투시 능력을 사용해왔는데, 심지어 범죄자를 잡는 데에도 사용한 적이 있다고 했다. 그는 로스앤젤레스 교외 지역인 버뱅크에서 경찰서장으로 잠깐 일한 적도 있었다. 그는 상황실에 있다가 범죄사건 보고가 올라오면, 마음속으로 도시를 샅샅이 훑었다. 그러다가 특정 장소가 결정되면 즉각 그곳으로 경찰차를 보냈다. 그리고 거의 항상 자신이 떠올린 그 장소에서 범인이 체포되었다고 말했다.

푸소프는 충동적으로 CIA에서 받은 좌표를 프라이스에게 알려주었다. 3일 뒤, 푸소프는 프라이스가 보낸 소포를 받았다. 두 사람이 전화로 대화를 나눈 다음 날에 보낸 그 소포에는 그 장소에 대한 설명과 스케치가 들어 있었다. 스완이 말한 것과 동일한 장소를 묘사하고 있는 게 분명했지만, 프라이스의 묘사가 훨씬 자세했다. 산과 그 장소의 위치, 도로와 마을에서 얼마나 가까운지까지 아주 정확하게 묘사했다. 심지어 날씨도 묘사했다. 하지만 프라이스의 흥미를 끈 곳은 한 산꼭대기 지역의 내부였다. 그는 잘 은폐한, 아마도 '의도적으로 은폐한' 다양한 종류의 '지하 저장 시설'을 보았다고 썼다.

프라이스는 계속해서 "이전의 미사일 기지로 보임. 미사일 발사 기지는 아직 남아 있지만, 지금은 기록 보관소. 마이크로필름, 파일 캐비닛 등이 있다."라고 썼다. 또, 알루미늄 미닫이문, 방들의 크기, 방 안에 있는 물건, 심지어 벽에 걸려 있는 큰 지도 등도 묘사했다.

푸소프는 프라이스에게 전화를 걸어 다시 한 번 그곳을 들여다보면서 장교들의 암호명이나 이름 같은 구체적인 정보를 알아낼 수 없느냐고 물었다. 푸소프는 이 사실을 그린에게 전달하려고 했는데, 아직도 남아 있는 일말의 의심을 떨치려면 좀 더 자세한 정보가 필요했다. 프라이스는 한 사무실에서 'Flytrap(파리잡이풀)'과 'Minerva(미네르바)'라는 제목의 파일과 파일 문서 캐비닛 속에 있는 폴더들의 라벨 이름, 철제 책상에 앉아 있는 대령과 소령들의 이름을 말했다.

그린은 이 정보를 터너에게 전달했다. 터너는 보고서를 읽고 나서 고개를 가로저었다. 그는 초능력자들이 완전히 틀렸다고 말했다. 그린에게 준 좌표는 자신의 여름 별장이었다.

그린은 그대로 돌아갔는데, 스완과 프라이스가 모두 아주 비슷한 장소를 묘사한 것에 약간의 호기심을 느꼈다. 주말에 그는 아내와 함께 그곳을 방문했다. 그런데 좌표에서 몇 킬로미터 밖의 비포장 도로 아래쪽에 정부가 세운 '출입 금지' 팻말이 서 있었다. 그 장소는 두 사람이 묘사한 곳과 일치하는 것처럼 보였다.

그린은 그 장소에 대해 더 자세히 알아보았다. 그러자 그는 곧 보안 위반 문제로 강도 높은 조사를 받게 되었다. 스완과 프라이스가 정확하게 묘사한 그 장소는 웨스트버지니아 주의 블루리지 산맥에 위치한 펜타곤의 비밀 지하 시설이었고, 국가안보국 소속의 암호 해독가들이 상주하면서 국제 통화를 감시하고 미국의 첩보 위성을 통제하는 일을 하고 있었다. 아마도 두 사람의 초능력 안테나는 원래 좌표에서 눈에 띌 만한 특징을 발견하지 못해 그 주변 지역을 훑다가 군사적인 것과 관련이 있는 파장을 포착한 것 같았다.

몇 달 동안 국가안보국은 푸소프와 타그, 그리고 심지어 그린마저도 이 정보를 그 시설의 내부자에게서 제공받았을 것이라고 확신했다. 푸소프와 타그는 위험인물이 아닌지 조사를 받았고, 그들의 친구와 동료는 두 사람이 공산당과 관련이 없는지 질문을 받았다. 프라이스는 우랄 산맥 북쪽에 위치한 소련의 비밀 기지(국가안보국의 비밀 기지와 비슷한)에 관한 정보를 제공하고 나서야 비로소 국가안보국 관계자들을 진정시킬 수 있었다.

웨스트버지니아 주의 비밀 기지 사건이 있고 나서 CIA의 고위 관리들은 이 분야의 연구를 본격적으로 추진해볼 필요가 있다는 확신이 생겼다. 하루는 CIA의 한 담당자가 CIA가 큰 관심을 갖고 있던 소련의 어느 장소에 대한 지리적 좌표를 갖고 스탠퍼드연구소를 찾아왔다. 타그와 푸소프가 들은 정보는 그 장소가 연구 개발용 시험 장소라는 것뿐이었다.[8]

그들은 프라이스의 능력을 시험해보길 원했다. 타그와 프라이스는 전파물리학과 건물 2층에 위치한 특별한 방으로 갔다. 그 방은 이중의 구리 차폐벽으로 철저하게 둘러싸여 있어 모든 전기 에너지를 차단했다. 만약 원격투시 능력이 고주파 전자기장에서 나온다면, 이 방은 그 능력을 차단할 것이다. 프라이스는 안경을 벗고 의자에 등을 기댄 채 편안한 자세로 앉아 흰 손수건을 꺼내 안경을 닦았다. 그리고 눈을 감았다가 1분이 지난 뒤 입을 열었다.

"전 2층 혹은 3층 벽돌 건물 지붕 위에 등을 대고 누워 있습니다." 그는 꿈을 꾸는 듯이 말했다. "날씨는 화창합니다. 따뜻한 햇살이 참 좋아요. 저기 아주 놀라운 게 있군요. 머리 위에서 거대한 갠트리 크레인이 앞뒤로 움직이고 있습니다. (…) 공중으로 올라가 내려다보니 이 갠트리 크레인은 건물 양편으로 지나가는 레일 위에서 움직이는 것 같습니다. 이런 건 생전 처음 보았어요."[9] 프라이스는 건물의 설계를 스케치하고, 자신이 '갠트리 크레인'이라고 계속 묘사한 것에 특별한 관심을 보였다.

그 장소에 대한 실험이 끝나고 나서 2~3일 후, 타그와 푸소프와 프라이스는 그 장소가 지하 핵실험 장소로 추정되는 곳이었다는 이야기를 듣고 깜짝 놀랐다. CIA는 이 장소에 촉각을 곤두세우고 있었다. 미국은 이곳 내부에서 무슨 일이 일어나고 있는지 알아내기 위해 첩보 역량을 총동원하고 있었다. 프라이스가 그린 그림은 위성사진과 아주 흡사했는데, 심지어 압축가스 실린더의 세부 묘사까지 정확했다.

프라이스는 건물의 바깥 모습을 묘사하는 데 그치지 않았다. 내부에서 일어나는 일도 묘사했다. 그는 쐐기꼴 모양의 금속 조각들을 용접하여 지름 18m의 거대한 금속 구를 조립하려고 애쓰는 작업자들을 보았다. 그러나 금속 조각들이 뒤틀리고 있었는데, 프라이스의 생각에는 그들이 더 낮은 온도에서 용접할 수 있는 재료를 찾기 위해 노력하는 것 같았다.

미국 정부 안에서는 그 시설 내부에서 어떤 일이 일어나는지 정확하게 아는 사람이 아무도 없었고, 프라이스는 1년 뒤에 죽었다. 하지만 2년 뒤에 공군이 작성한 보고서가 〈에이비에이션 위크Aviation Week〉에 유출되었는데, CIA가 고해상도 촬영이 가능한 정찰 위성을 사용하고 있다는 내용의 그 보고서는 마침내 프라이스가 본 것이 사실임을 확인해주었다. 그 위성은 단단한 화강암층을 파고들어가는 소련의 행동을 감시하는 임무를 수행했다. 정찰 위성은 근처에 있는 건물에서 거대한 강철 조각을 제조하는 장면을 포착했다.

〈에이비에이션 위크〉에 실린 기사에는 "이 강철 부품은 지름 약 18m로 추정되는 거대한 구의 일부이다."라고 쓰여 있었다.

> 미국 관계자들은 이 구들이 핵추진 폭발물이나 펄스 발전기에서 나오는 에너지를 모아 저장하는 데 필요한 것이라고 생각한다. 처음에 일부 미국 물리학자들은 러시아인이 강철 조각들을 구형으로 용접하여 폭발적인 핵분열 과정에서 발생하는 압력을 견뎌낼 수 있을 만큼 튼튼한 용기를 만들 방법이 없다고 믿었다. 특히 용접하는 강철이 아주 두꺼워야 하기 때문에 불가능하다고 믿었다.[10]

프라이스가 그린 그림이 정찰 위성이 찍은 사진과 너무나도 비슷했기 때문에, CIA는 그가 본 구들이 원자폭탄을 만들기 위해 제조되었다고 판단했다. 그러한 추정이 꼬리에 꼬리를 물고 이어지다가 결국 레이건 정부는 흔히 스타워즈 계획이라 부르는 전략 방위 구상을 세우기에 이르렀다.[11] 수십억 달러의 예산을 투입하고 나서야 그 시설은 속임수임이 밝혀졌다. 프라이스가 본 장소인 세미팔라틴스크는 군사 시설도 아니었다. 소련은 유인 화성 탐사를 위해 핵추진 로켓을 개발하려고 한 것이었다.

프라이스는 미국 정부에 세미팔라틴스크의 용도가 정확하게 무엇인지 말해줄 수 없었고, 일찍 죽는 바람에 스타워즈 계획을 추진하지 말라고 경고하지도 못했다. 그러나 타그와 푸소프에게는 프라이스가 세미팔라틴스크를 보았다는 사실이 초능력 첩보 활동 이상의 의미가 있었다. 그것은 원격 투시가 어떻게 일어나는지 보여주는 중요한 증거였다. 그것은 지구 상의 어느 곳이건 지리적 좌표만으로 그곳에서(심지어 미국의 어느 누구도 전혀 알지 못하는 장소에서) 무슨 일이 일어나는지 직접 보고 경험하는 게 가능함을 보여주는 증거였다.

그런데 원격 투시는 아무리 먼 곳이라도 가능할까? 또 하나의 흥미로운 실험에는 스완이 참여했다. 스완은 원격 투시자가 어떤 장소를 투시하려면 그곳에 인간 신호등이 있어야 한다는 가설을 검증하는 데에도 관심이 있었다. 그래서 그는 과감한 제안을 했다. 자신의 능력을 최대한 발휘해야 하는 실험을 하겠다고 나선 것이다. 그는 NASA가 무인 우주 탐사선 파이어니어 10호를 발사하기 전에 목성을 원격 투시하겠다고 제안했다.

실험 도중에 스완은 당황스러움을 감추지 못하면서 목성 주위에서 고리를 하나 보았다고 말하고 그것을 그렸다. 그는 푸소프에게 실수로 토성에 주의를 집중한 것인지도 모르겠다고 말했다. 그때만 해도 아무도 스완이 그린 그림에 큰 관심을 보이지 않았지만, 나중에 파이어니어 10호가 목성을 지나가면서 실제로 고리를 발견했다.[12]

스완의 실험은 정보를 얻고자 하는 그 장소에 반드시 사람이 존재할 필요가 없으며, 또 아무리 멀리 떨어진 곳이라도 우리가 '보거나' 정보를 얻는 것이 가능함을 입증했다—이것은 미첼이 달을 여행하는 동안에 한 카드 실험에서도 입증되었다.

푸소프와 타그는 원격 투시를 확인하는 과학적 실험 계획 절차를 만들려고 했다. 그들은 점차 좌표에서 실제 장소로 초점을 옮겼다. 그들은 스탠퍼드연구소에서 차로 30분 이내 거리에 있는(샌프란시스코 만에서부터 산호세에 이르는 지역) 표적 장소 100군데—건물, 도로, 다리, 지형지물 등—가 포함된 파일을 만들었다. 이 모든 것은 다른 실험자가 독립적으로 준비하고 밀봉하여 안전한 금고 속에 넣어두었다. 표적 장소 중 하나를 선택할 때에는 숫자를 무작위로 고르도록 프로그래밍된 전자계산기를 사용하기로 했다.

실험을 하는 날에는 스완 또는 프라이스를 특수한 방에 가두었다. 실험자 중 한 명(나쁜 시력 때문에 대개 타그가 맡았다)은 스완과 함께 남았다. 한편, 푸소프와 또 다른 실험 책임자 한 명은 밀봉된 봉투를 들고 표적 장소로 갔다. 물론 피험자나 타그에게 그 장소는 비밀로 했다. 푸소프는 '신호등' 역할을 했는데, 스완이나 프라이스가 현실 속에서 어떤 장소를 찾으려고 할 때, 주파수를 맞추는 대상으로 그들이 잘 아는 사람을 쓰고 싶었기 때문이다. 사전에 합의한 실험 시작 시간이 되자, 스완은 15분 동안 표적 장소에 대해 떠오르는 모든 인상을 그림으로 그리고 녹음기에 녹음했다. 타그도 표적 장소를 전혀 몰랐기 때문에, 자기도 모르게 스완에게 단서를 누설할 염려 없이 자유롭게 질문을 던질 수 있었다. 표적 장소에 갔던 팀이 돌아오자, 그들은 원격 투시자를 표적 장소로 데려갔다. 그것은 자신이 보았다고 생각한 것이 얼마나 정확한지 직접 피드백하기 위해서였다. 스완의 성적은 놀라웠다. 모든 실험에서 표적 장소를 상당히 정확하게 알아맞혔다.[13]

시간이 지나자 프라이스가 주요 원격 투시자로서 그 중요성이 커지게 되었다. 푸소프와 타그는 철저하게 이중 맹검법 절차를 따르면서 프라이스에게 팰로앨토 부근의 표적 장소—후버 탑, 자연 보호 구역, 전파 망원경, 계선장, 통행료 징수소, 드라이브인 극장, 미술공예 플라자, 가톨릭 성당, 수영장 건물—를 원격 투시하는 실험을 아홉 차례 했다. 독립적인 판정 위원들은 프라이스가 아홉 번 중 일곱 번을 정확하게 알아맞혔다고 판정했다. 후버 탑의 경우에는 프라이스는 그것을 알아보았을 뿐만 아니라 그 이름까지 정확하게 말했다.[14] 프라이스는 놀라운 정확성과 여행하는 파트너의 눈을 통해 사물을 '보는' 능력으로 명성을 떨쳤다. 하루는 푸소프가 보트 계선장으로 갔을 때, 프라이스는 눈을 감았다가 잠시 후 눈을 뜨더니 이렇게 말했다. "지금 제 눈앞에 만을 따라 작은 보트 부두 또는 독이 보입니다……."[15]

푸소프는 프라이스에게 좀 더 자세한 실험도 하게 했다. 그는 CIA의 그린을 소형 비행기에 태워 보내면서 상의 윗주머니에 숫자 3개가 적힌 종이를 집어넣었다. 숫자나 문자는 원격 투시자가 정확하게 알아보기가 거의 불가능하다고 알려져 있었다. 하지만 프라이스는 그 숫자들을 순서까지 정확하게 알아맞혔다. 그는 다만 멀미가 좀 난다고 했고, 특별한 종류의 십자가 그림을 그렸는데, 그것이 흔들리는 모습이 자꾸 떠올라서 멀미를 느끼는 것 같다고 했다. 실제로 그린은 프라이스가 그린 것과 비슷한 고대 이집트의 십자가인 '앵크'를 목에 걸고 있었는데, 비행기를 타고 여행하는 동안 목걸이가 심하게 흔들린 것 같았다.[16]

프라이스와 스완이 얻은 결과는 인상적인 것이긴 했지만, CIA는 이것이 단순히 한 특별한 개인이 지닌 초능력에 그치거나 그보다 더 나쁘게는 교묘한 속임수가 아니라는 확신을 얻길 원했다. CIA에서 파견된 평가 요원 두 사람은 자신들이 직접 실험에 참여해도 되겠느냐고 물었다. 그러지 않아도 보통 사람도 원격 투시를 할 수 있는지 궁금했던 푸소프에게는 아주 솔깃한 제안이었다. 두 사람은 각자 세 차례 실험에 참여했고, 연습을 하면서 결과가 점점 좋아졌다. 한 사람은 회전목마와 다리를 정확하게 알아보았고, 다른 한 사람은 풍차를 정확하게 알아보았다.[17]

CIA가 의뢰한 시험적 연구에서 성공을 거두자, 푸소프와 타그는 보통 사람들 사이에서 자원자를 선발하기 시작했다. 일부는 타고난 재능이 있지만 이전에 원격 투시를 해본 적이 전혀 없는 사람들이었고, 나머지는 그런 재능이 전혀 없는 사람들이었다. 1973년 후반부터 1974년 초까지 푸소프와 타그는 네 사람을 선택했는데, 그중 세 사람은 스탠퍼드연구소 직원이었고, 한 사람은 타그의 친구이자 사진사인 헬라 해미드Hella Hammid였다. 해미드는 이전에 초능력 연구에 한 번도 참여한 적이 없었는데, 선천적으로 원격 투시 능력을 타고난 것으로 밝혀졌다. 해미드는 9개의 표적 중 5개를 정확하게 알아맞혔다.[18]

마침 코스타리카에 갈 일이 생긴 푸소프는 그 여행을 장거리 표적으로 사용하기로 했다. 여행 동안 그는 매일 오후 1시 30분 정각에 자신이 있는 곳과 하고 있는 일을 자세히 기록했다. 그리고 같은 시각에 해미드 또는 프라이스에게 푸소프가 있는 장소를 묘사하고 그림으로 그리게 했다.

하루는 해미드와 프라이스가 아직 오지 않았을 때, 타그가 그들을 대신해 원격 투시 실험을 해보았다. 그러자 타그는 코스타리카가 대부분 산악 지역이라는 사실을 알고 있는데도 불구하고, 푸소프가 바다나 해변에 있다는 느낌을 강하게 받았다. 자신의 느낌이 과연 정확한지 미심쩍었지만, 어쨌든 그는 모래 해변 위에 공항과 활주로가 있고, 그 한쪽 끝에 넓은 바다가 펼쳐져 있었다고 묘사했다. 그 무렵에 푸소프는 원래 예정에 없었지만, 기분 전환을 위해 앞바다에 있던 섬으로 여행을 갔다. 타그가 원격 투시를 하던 바로 그 시각에 그는 작은 섬의 공항에 착륙한 비행기에서 내리고 있었다. 타그는 공항의 모습을 딱 한 가지만 제외하고 정확하게 묘사하고 그렸다. 유일한 오류는 공항 그림이었는데, 그가 그린 공항 건물은 퀀셋 막사(반원형 군대 막사-옮긴이) 같은 모습이었지만, 실제로는 직사각형 건물이었다. 나머지 여행 동안 해미드와 프라이스는 푸소프가 수영장 밖에서 쉬거나 화산 아래의 열대우림 지역을 차를 타고 지나가는 모습 등을 정확하게 알아맞혔다. 심지어 호텔의 카펫 색깔까지도 알아보았다.[19]

푸소프는 원격 투시자 9명(대부분 초능력자로 활동한 경력이 전혀 없는 초심자들이었다)을 모아 50회가 넘는 원격 투시 실험을 했다. 이번에도 공정한 심사위원들이 표적을 피험자들이 묘사한 기록과 엄밀하게 비교했다. 피험자들이 기술한 내용 중에는 일부 부정확한 내용도 포함돼 있었지만, 전체 시도 중 절반 정도는 표적과 일치한다는 판정을 내릴 수 있을 만큼 자세하고 정확했다.

원격 투시가 얼마나 정확한지 판단을 좀 더 확실하게 하기 위해 푸소프는 그 연구와 아무 연관이 없는 스탠퍼드연구소의 과학자 5명으로 이루어진 판정단에게 원격 투시자들이 묘사한 글과 그림(장소가 명기되지 않고 편집도 전혀 되지 않은 상태의)을 아홉 군데의 표적 장소와 연결지어보라고 요구했다. 판정단은 아홉 군데의 표적 장소를 차례로 방문한 뒤에 판정을 했다. 판정단이 원격 투시자들의 기록과 표적 장소를 정확하게 연결한 것은 모두 24회로, 기대치인 5회보다 훨씬 높았다.[20]

푸소프와 타그는 서서히 원격 투시를 믿게 되었다. 인간은 타고난 능력에 상관없이 어떤 거리에 있는 어떤 장소라도 볼 수 있는 잠재 능력이 있는 것 같았다. 원격 투시 능력이 아주 뛰어난 사람은 어떤 의식의 틀로 들어가 이 세상의 어떤 장면이라도 볼 수 있었다. 그리고 이 실험에서는 약간의 준비 과정을 거치기만 하면 누구라도(심지어 원격 투시라는 개념 자체를 의심하는 사람조차도) 그런 능력이 있다는 결론이 나왔다. 가장 중요한 요소는 투시자에게 불안이나 걱정스러운 예상을 초래하지 않도록 편안하고 심지어 즐길 수 있는 환경을 제공하는 것이었다. 약간의 연습 외에는 이것만으로 충분했다. 스완 자신도 시간이 지나면서 신호를 잡음과 분리하는 요령을 터득하게 되었다. 즉, 어떤 것이 자신의 상상이고, 어떤 것이 분명히 현장에 있는 것인지 구별할 수 있게 되었다.

푸소프와 타그는 과학자 입장에서 원격 투시를 다루면서 그것을 검증하는 과학적 방법을 개발했다. 브렌다 던과 로버트 잔은 그 과학적 방법을 더 개선시키고 발전시켰다. 이것은 그들에게는 자연스런 진전이었다. 스탠퍼드연구소의 원격 투시 연구를 최초로 재현한 사람 중 한 명은 먼델라인 칼리지에 다니던 대학생 브렌다 던이었다. 나중에 던은 시카고 대학교에서 대학원 과정을 밟다가 프린스턴 대학교로 옮겼다.[21] 던이 한 연구의 장점은 초능력자가 아니라 보통 사람들을 대상으로 실험을 했다는 데 있다. 평범한 학생 2명을 대상으로 실시한 여덟 차례의 실험에서 피험자들이 표적 장소를 정확하게 묘사할 수 있음을 입증했다. 던이 프린스턴 대학교로 옮겨가자, 원격 투시는 PEAR의 연구 과제에 포함되었다.

잔과 던은 이런 종류의 연구가 엄격하지 못한 실험 계획과 데이터 처리

기술, 그리고 실험자와 피험자의 고의적 또는 의도하지 않은 '감각적 단서 제공' 면에서 취약점을 보일 가능성이 높다는 점을 크게 염려했다. 이러한 취약점을 보완하기 위해 두 사람은 연구 설계에 많은 노력을 기울였다. 그들은 성공 여부를 측정하는 최신의 주관적 방법을 도입했는데, 그것은 바로 표준화된 체크리스트였다. 원격 투시자에게 표적 장소를 묘사하고 그림으로 그리는 것 외에 그 장소의 세부 사실에 대한 다항 선택식 질문 30개에 답하게 했다. 한편, 멀리 떨어진 현장에 간 사람 역시 그곳 사진을 찍고 그림을 그리는 것 외에 같은 질문지에 답하게 했다. 많은 경우, 표적 장소는 PEG 기계 중 하나로 선택하여 밀봉 봉투에 넣어 현장을 방문하는 사람에게 주었으며, PEAR에서 멀리 떨어진 곳에서 봉투를 개봉하게 했다. 때로는 여행자가 프린스턴에 남아 있는 사람이 아무도 모르는 먼 장소에 도착한 후에야 표적 장소를 선택하게 했다.

여행자가 돌아오면, PEAR의 한 연구자가 그 자료를 컴퓨터에 입력하여 여행자와 원격 투시자의 체크리스트를 비교하고, 그 리스트들을 데이터베이스에 있는 다른 리스트들과도 비교했다.

잔과 던이 공식적으로 실시한 실험 횟수는 모두 336회였는데, 48명의 여행자가 참여했고, 여행자와 원격 투시자 사이의 거리는 8km에서 9600km까지 다양했다. 그리고 결과의 정확성을 판단하기 위해 매우 정밀한 수학적 분석 평가를 했다. 심지어 각 경우에 대해 순전히 우연만으로 정답을 얻을 수 있는 확률적 점수도 구했다. **그랬더니 약 3분의 2는 순전히 우연만으로 설명할 수 있는 것보다 더 정확한 결과가 나왔다.** PEAR의 완전한 원격 투시 데이터베이스에서 우연만으로 이러한 전체 결과가 나올 확률은 10억 대 1이었다.[22]

한 가지 비판을 제기한다면, 원격 투시 실험에 참여한 피험자 쌍이 대부분 서로 아는 사이였다는 점이다. 피험자 사이의 정서적 또는 생리적 유대는 점수를 높이는 경향이 있는 것처럼 보이긴 하지만, 여행자와 원격 투시자가 서로 전혀 모르는 사이일 때에도 높은 점수가 나왔다. 스탠퍼드연구소에서 한 최초의 연구와 달리, 이 실험에서는 텔레파시 능력이 있다고 알려진 사람들을 선택하지 않았다. 게다가 여행자에게 어떤 장소를 자발적으로 선택하라고 할 때보다 수많은 후보지 중에서 무작위로 선택해 장소를 배정했을 때 더 높은 점수가 나왔다. 이 사실로 미루어보아 피험자 사이의 어떤 공통 지식이 점수를 높였을 가능성은 거의 없다.

푸소프뿐만 아니라 잔도 현재의 생물학이나 물리학 이론으로는 원격 투시를 제대로 설명할 수 없다는 사실을 알고 있었다. 러시아 과학자들은 원격 투시가 일종의 극저주파extremely-low-frequency, ELF 전자기파를 통해 작용한다고 주장했다.[23] 하지만 이 해석에는 문제점이 있는데, 많은 실험에서 원격 투시자들은 마치 자신이 그 장소에 있는 것처럼 그곳 풍경이 움직이는 비디오처럼 보였다고 말했기 때문이다. 이것은 원격 투시가 극저주파 전자기파가 아닌 다른 방법으로 일어난다는 것을 의미한다. 게다가 특별한 이중의 구리 차폐벽으로 둘러싸 저주파 전파가 차단되는 방을 사용한 실험에서도 어떤 장면(심지어 수천 킬로미터 밖에서 일어나는 사건까지도)을 보거나 묘사하는 능력이 전혀 감소하지 않았다.

푸소프는 극저주파 전자기파 가설을 검증하기 위해 캐나다의 국제유체역학회사HYGO가 만든 5인승 토러스 소형 잠수함을 사용해 실험을 두 차례 해보았다. 수심 수백 미터의 바닷물은 전자기 스펙트럼에서 아주 낮은 진동수의 전자기파를 제외하고는 사실상 모든 전자기파를 차단한다고 알려져 있다. 원격 투시자(대개 해미드나 프라이스)는 잠수함을 타고 캘리포니아 주 남부 앞바다에 있는 샌타카탈리나 섬 근처의 바다에서 170m 아래까지 내려갔다. 푸소프와 정부 측 평가 요원은 샌프란시스코 근처의 많은 표적 후보 가운데 하나를 선택했다. 그리고 지정된 시간에 그곳으로 가서 15분 동안 머물렸다. 그때, 해미드나 프라이스는 자신의 파트너가 800km나 떨어진 곳에서 두 눈으로 보는 것을 묘사하거나 그림으로 그렸다.

두 실험에서 그들은 표적 장소(포톨라 계곡의 한 언덕 위에 있는 나무와 마운틴뷰의 쇼핑몰)를 모두 정확하게 알아맞혔다. 이 실험으로 전자기파(아무리 진동수가 낮은 것이라도)가 커뮤니케이션 채널로 사용될 가능성은 거의 사라졌다. 주파수가 아주 낮은 10헤르츠의 뇌파조차도 수심 170m의 바닷속을 통과할 수는 없다. 차단되지 않는 유일한 파동은 양자 효과뿐이다. 모든 물체는 영점장을 흡수하고 재방출하기 때문에, 정보가 물 '차폐벽'을 통과해 반대편으로 재방출될 수 있다.

푸소프와 타그는 원격 투시의 특징에 대해 몇 가지 단서를 얻었다. 무엇보다도, 스탠퍼드연구소에서 실험한 모든 원격 투시자들은 자신만의 고유한 신호를 가지고 있는 것처럼 보였다. 각자의 방향감은 다른 측면들에서 나타나는 그 사람의 경향성과 일치하는 것으로 보였다. 감각적 원격 투시자는 직접 자신의 감각으로 원격 투시를 했다. 그 장소의 지도를 그리고, 건축적 특징이나 지형적 특징을 묘사하는 데 아주 뛰어난 사람도 있고, 표적 장소의 감각적 '느낌'에 집중하는 사람도 있고, 표적 장소에 가 있는 피험자의 행동에 초점을 맞추거나 그 사람이 느끼고 보는 것을 잘 묘사하는 사람도 있었다(마치 자신이 그곳으로 이동해 그 사람의 눈을 통해 보는 것처럼).[24] 많은 원격 투시자는 마치 자신이 그곳에 있는 것처럼 표적 피험자의 관점으로 현장을 경험하면서 '실시간'으로 반응했다. 푸소프가 코스타리카에서 수영을 하고 있을 때, 원격 투시자들은 푸소프의 관점에서 그 풍경을 보았다. 만약 푸소프가 중심 장면에서 다른 데로 시선을 돌리면, 원격 투시자들도 따라서 그렇게 했다. 원격 투시자는 마치 두 사람—자기 자신과 현장에 있는 사람—의 감각을 바탕으로 반응하는 것처럼 보였다.

신호는 어떤 저주파 채널을 통해 전송되는 듯한 양상을 보였다. 실험에서 정보는 종종 단편적으로, 그리고 불완전하게 수신될 때가 많았다. 기본적인 정보는 도착했지만, 세부 정보는 가끔 약간 흐릿한 상태로 도착했다. 마치 거울을 통해 보는 것처럼 표적 장소의 풍경이 거꾸로 뒤집힌 상태로 보이는 경우가 많았다. 타그와 푸소프는 이것이 시각 피질의 정상적인 활동과 관계가 있지 않을까 생각했다. 정통 학설에 따르면, 시각 피질은 사물의 상을 뒤집힌 형태로 받아들이고, 뇌가 그것을 다시 뒤집어 해석한다. 원격 투시에서는 눈이 그 장소를 직접 보는 것은 아니지만, 뇌는 여전히 풍경을 뒤집는 수정 과정을 수행하는지 모른다. 하지만 정상적인 뇌 활동과 비슷한 점은 여기서 끝난다. 많은 원격 투시자들은 풍경을 바라보는 관점을 바꿀 수 있었는데, 특히 실험자가 요청하면 높이와 각도를 마음대로 바꾸거나 심지어는 어느 장소를 집중적으로 확대시켜 볼 수도 있었다. 프라이스는 펜타곤의 비밀 기지를 처음 원격 투시할 때, 전체적인 모습을 파악하기 위해 450m 상공에서 그 장소를 내려다본 다음, 그 풍경을 확대하면서 세부 모습을 자세히 들여다보았다.

원격 투시자가 가장 서툰 부분은 자기가 본 것을 해석하거나 분석하는 것이었다. 이것은 정보가 여전히 여과 과정을 거치며 들어오고 있는 상황에서 자신이 느낀 인상을 왜곡시키는 경향이 있었고, 대개는 잘못된 추측을 낳았다. 그리고 그러한 추측을 바탕으로 그곳에 있는 다른 물체들도 먼저 해석한 주요 이미지에 맞춰 해석하기 시작했다. 만약 자신이 성을 보았다고 생각한다면, 그다음에는 해자가 없나 찾기 시작한다. 이러한 기대나 상상이 수신되는 신호를 대체하게 된다.[25] 정보가 공간적으로 그리고 전체론적으로 번득이는 이미지 형태로 온다는 것은 의심의 여지가 없었다. PEAR와 브로드가 연구한 현상과 마찬가지로, 이 감각 채널은 뇌에서 무의식적이고 비분석적인 부분을 사용하는 것처럼 보인다. 던과 잔이 REG 기계로 발견한 것처럼 좌뇌는 영점장의 적이다.

원격 투시자들은 투시를 끝내고 나면 기진맥진했고, 현실로 돌아오면 일종의 감각 과부하에 압도되었다. 그들은 일종의 초의식super consciousness 상태에 들어갔다 온 것처럼 보였고, 그러고 나면 세상은 이전보다 훨씬 강렬하게 느껴졌다. 하늘은 더 파랗게 보이고, 소리는 더 크게 들리고, 모든 것이 이전보다 더욱 생생하게 느껴졌다. 간신히 감지할 수 있는 미약한 신호에 주파수를 맞추는 동안 그들의 감각 기능이 최대로 확대된 것처럼 보였다. 그러다가 다시 현실 세계로 돌아오면, 정상적인 풍경과 소리가 그들의 감각에 폭격을 가했다.[26]

푸소프는 원격 투시가 어떻게 일어나는지 생각하기 시작했다. 그는 가설을 만들려고 하지 않았다. 대부분의 과학자와 마찬가지로 그는 분명하지 않은 추측을 싫어했다. 하지만 어떤 인식 수준에서 우리가 세상의 모든 것에 관한 정보를 모두 다 가지고 있다는 것은 의심의 여지가 없었다. 인간 신호등이 항상 필요한 것이 아니라는 사실도 분명했다. 좌표만 있어도 우리는 그 장소에 갈 수 있다. 우리가 먼 곳을 즉각적으로 볼 수 있다면, 그것은 양자 세계의 비국소 효과 때문에 일어날 가능성이 크다. 사람들은 연습을 통해 영점장에 저장된 정보에 접근하는 뇌의 수신 메커니즘을 확대할 수 있다. 우주에 존재하는 모든 원자에 의해 끊임없이 부호화되는 이 거대한 암호에는 세상의 모든 정보(모든 광경과 소리와 냄새)가 들어 있다. 원격 투시자가 특정 장면을 '볼' 때, 그의 마음이 실제로 그 장소로 이동하는 것은 아니다. 그가 보는 장면은 여행자가 양자 요동으로 부호화한 정보이다. 원격 투시자는 영점장에 있는 정보에 접속할 뿐이다. 어떤 의미에서 영점장은 우주 전체를 우리 안에 담을 수 있게 해준다. 원격 투시 능력이 뛰어난 사람도 나머지 사람들이 볼 수 없는 것은 보지 못한다. 원격 투시자가 그 능력을 발휘할 수 있는 것은 필요 없는 나머지 잡다한 정보를 잠재우기 때문이다.

모든 양자 입자는 아주 깊은 양자 차원에서 매 순간 세계의 이미지를 운반하면서 세계를 파동으로 기록하고 있기 때문에, 아마도 그 장소와 관련된 어떤 것(표적 장소에 있는 사람이나 좌표)이 신호등 역할을 할 것이다. 원격 투시자는 표적 개인으로부터 신호를 포착하는데, 그 신호에는 우리가 양자 차원에서 포착한 이미지가 담겨 있다. 프라이스처럼 경험이 많고 능력이 뛰어난 사람을 제외하고는 이러한 정보는 마치 송신 장치에 문제라도 있는 것처럼 거꾸로 뒤집히거나 불완전한 이미지로 수신된다. 이 정보는 우리의 무의식 마음이 수신하기 때문에, 마치 꿈꾸는 상태나 기억이나 통찰이 갑자기 떠오를 때 그러는 것처럼(전체 중 일부 이미지가 섬광처럼 떠오르면서) 수신할 때가 많다. 프라이스가 러시아의 비밀 기지를 알아내고, 스완이 목성의 고리를 본 사례는 지도나 부호처럼 연상을 돕는 단서만으로도 실제 장소를 떠올릴 수 있음을 시사한다. 백치천재idiot savant가 도저히 불가능해 보이는 계산을 순간적으로 할 수 있는 것처럼, 영점장은 우리에게 물리적 세계의 이미지를 우리 내면에 담게 해주고, 어떤 상황에서는 우리의 대역폭을 넓게 열어젖힘으로써 그 일부를 엿보게 해주는지도 모른다.

스탠퍼드연구소의 원격 투시 연구 계획은 23년 동안 비밀리에 진행되었다 — 나중에는 연구 장소를 과학응용국제협회Science Applications International Corporation, SAIC로 옮겨서 진행되었다. 연구비는 전액 정부가 지원했으며, 처음에는 푸소프가, 그다음에는 타그를 거쳐 에드윈 메이Edwin May가 책임을 맡았다. 체격이 건장한 메이는 이전에 다른 정보 관련 분야에서 연구를 수행한 적이 있는 핵물리학자였다. 1978년, 미 육군은 독자적으로 그릴 플레임Grill Flame이라는 암호명의 초능력 정보 부대를 창설했다. 펜타곤에서 추진하는 가장 비밀스런 계획이 아닐까 생각되는데, 이 부대는 초능력에 재능이 있다고 알려진 병사들로 구성되어 있었다. 메이의 임기가 끝날 무렵에 노벨상 수상자 두 사람과 대학 학장 두 사람으로 이루어진 유명한 과학자들이 미국 정부의 '인간의 이용 및 절차 감독 위원회' 위원으로 선정되었는데, 이들이 선발된 이유는 초능력을 의심하는 태도 때문이었다. 이 위원회의 임무는 스탠퍼드연구소에서 행한 모든 원격 투시 연구를 검토하는 것이었는데, 속임수를 방지하기 위해 불시에 예고 없이 과학응용국제협회를 방문할 수 있는 특권이 주어졌다. 모든 위원은 그 연구에 하자가 없다고 결론 내렸고, 절반은 그 연구가 실제로 뭔가 중요한 것을 입증했다고 생각했다.[27] 그럼에도 불구하고, 지금까지 미국 정부는 스탠퍼드연구소에 쌓인 산더미 같은 연구 자료 중 극히 일부인 세미팔라틴스크에 관한 연구만 공개했다. 그것도 러셀 타그가 격렬한 캠페인을 벌인 끝에 마지못해 그렇게 했다.[28]

1995년에 연구 계획이 끝나자, 미국 정부의 후원으로 스탠퍼드연구소와 과학응용국제협회의 모든 자료를 검토하는 작업이 벌어졌다. 그 일을 맡은 사람은 데이비스에 있는 캘리포니아 대학교의 통계학 교수 제시카 어츠Jwssica Utts와 초능력 현상을 회의적인 시각으로 바라보던 레이 하이먼Ray Hyman 박사였다. 검토 결과, 두 사람은 원격 투시 현상에 관한 통계적 결과가 그런 현상이 우연히 일어날 수 있는 확률보다 훨씬 높다는 데 의견을 같이했다.[29] 미국 정부가 바라볼 때, 스탠퍼드연구소의 이 연구는 미국이 러시아보다 첩보 활동에서 유리한 입장에 설 가능성을 제시했다. 그러나 연구에 참여한 과학자들에게 그 결과는 냉전이라는 체스 게임에서 두어진 묘수보다 훨씬 중요한 의미로 다가왔다. 그것은 우리가 영점장과 끊임없이 대화를 하고 있기 때문에, 드브로이의 전자처럼 동시에 모든 곳에 존재한다는 것을 시사하는 것처럼 보였다.

9

무한한 이곳과 지금

CIA는 프라이스가 세미팔라틴스크 기지를 원격 투시한 결과에 크게 놀랐지만, 푸소프와 타그가 가장 놀란 실험은 그것이 아니었다. 그것은 바로 그보다 1년 전에 일어났고, 첩보 활동하고는 아무 관계도 없는 수영장과 관련된 사건이었다.

타그는 프라이스와 함께 스탠퍼드연구소의 전파물리학과 건물 2층에 구리로 사방이 차단된 방에 앉아 있었다. 푸소프와 한 동료는 전자계산기를 사용해 무작위로 여러 장소 중 한 곳을 선택했는데, 이번에 나온 장소는 8km쯤 떨어진 팰로앨토의 링코나다 공원에 있는 수영장 건물이었다.

30분 뒤, 푸소프가 이제쯤 표적 장소에 도착했을 거라고 생각한 타그는 프라이스에게 원격 투시를 시작하라고 지시했다. 프라이스는 눈을 감고 그곳 풍경을 자세하게 말하기 시작했다. 큰 수영장과 작은 수영장과 콘크리트 건물의 크기도 거의 정확하게 말했다. 그가 그린 그림은 한 가지만 빼고 모두 정확했는데, 프라이스는 그곳에 일종의 정수장이 있다고 주장했다. 게다가 수영장 그림에 회전 장비를 집어넣었고, 그 장소에 물탱크 두 개도 추가했다.

푸소프와 타그는 몇 년 동안 이 부분만큼은 프라이스가 실수를 했다고 생각했다. 이런 경우에 그들은 흔히 신호에 잡음이 너무 많이 끼어든 탓이라고 설명했다. 그곳에는 정수장이 없을 뿐만 아니라 물탱크도 눈을 씻고 봐도 볼 수 없었다.

그러다가 1975년 초에 타그는 팰로앨토의 연례 보고서를 받았는데, 도시 탄생 100주년을 기념해 발간된 그 보고서에는 지난 100년 동안 시에서 일어난 주요 사건들이 실려 있었다. 보고서를 넘기며 훑어보다가 타그는 다음 글을 읽고 깜짝 놀랐다. "1913년, 현재의 링코나다 공원 자리에 새로운 시 급수 시설이 건설되었다." 거기에는 그 현장의 사진도 첨부돼 있었는데, 물탱크 2개가 분명히 나타나 있었다. 타그는 프라이스의 그림을 떠올리고는 그것을 찾았다. 사진의 물탱크 위치는 프라이스가 그림에 그린 위치와 정확하게 일치했다. 프라이스는 정수 시설이 흔적도 없이 사라진 그 장소에서 50년 전의 모습을 보았던 것이다.[1]

푸소프와 잔을 비롯해 그 밖의 과학자들이 얻은 자료에서 놀라운 사실 한 가지는 실험 결과가 거리에 전혀 지장을 받지 않는 것처럼 보인다는 점이다. REG 기계에 영향을 미치려면 반드시 기계 가까이에 있어야 할 필요가 없었다. 잔의 전체 실험 중 적어도 4분의 1은 피험자들이 바로 옆방에서부터 수천 킬로미터 밖에 이르기까지 아주 다양한 거리에 있었다. 그럼에도 불구하고, 그들이 얻은 결과는 피험자가 PEAR 실험실에 앉아서 기계 바로 앞에 앉아 실험한 결과와 사실상 동일했다. 아무리 멀리 떨어져 있어도 사람이 기계에 미치는 효과는 줄어들지 않는 것처럼 보였다.[2]

PEAR와 스탠퍼드연구소의 원격 투시 실험에서도 똑같은 일이 일어났다.

원격 투시자들은 국경과 대륙을 넘어(심지어는 우주 공간까지) 먼 곳을 볼 수 있었다.[3]

그러나 프라이스의 실험은 그런 것보다 훨씬 기묘한 사례였다. PEAR와 스탠퍼드연구소에서 쏟아져 나오는 실험 결과는 우리가 미래나 과거도 '볼' 수 있음을 시사했다.

우리 자신과 세계에 대한 우리의 감각에서 가장 신성한 개념 중 하나는 시간과 공간 개념이다. 우리는 생명을 시계와 달력, 인생의 주요 이정표로 측정할 수 있는 연속적 과정으로 여긴다. 우리는 태어나 성장하고 결혼해 아이를 낳으며, 집과 재산, 개와 고양이를 소유하고, 그러면서 불가피하게 늙어가고, 죽음을 향해 다가간다. 시간이 흐른다는 것을 가장 생생하게 보여주는 증거는 우리의 노화를 보여주는 신체적 사실이다.

고전 물리학에서 또 한 가지 신성한 개념은 세계는 고체 물체들로 가득 차 있고, 그 사이에 공간이 존재한다는 개념이다. 물체들 사이의 공간 크기에 따라 한 물체가 다른 물체에 미칠 수 있는 영향의 종류가 결정된다. 두 물체가 수 킬로미터 이상 떨어져 있다면, 서로 즉각 영향을 미칠 수가 없다.

프라이스의 연구와 PEAR의 연구는 존재의 가장 근본적인 차원에서는 시간과 공간이 없고, 명백한 인과 관계(어떤 것이 다른 것에 충돌해 시간과 공간에서 어떤 사건을 발생시키는)도 없음을 시사했다. 뉴턴의 절대 시간과 절대 공간 개념도, 심지어 아인슈타인의 상대론적 시공간 개념도 더 진정한 그림으로 대체된다. 그 그림은 우주는 광대한 '이곳'에 존재하며, 여기서 '이곳'은 어느 한 순간에 존재하는 시간과 공간의 모든 점에 해당한다는 것이다. 만약 아원자 입자들이 모든 시간과 공간에서 상호 작용할 수 있다면, 그것들로 이루어진 더 큰 물체들 역시 그럴 것이다. 영점장의 양자 세계, 곧 순수한 잠재성의 아원자 세계에서 생명은 하나의 거대한 현재로 존재한다. 로버트 잔은 "거기서 시간을 제거하면, 모든 것이 딱 맞아떨어진다."라고 즐겨 말했다.

잔은 사람이 사건을 예언할 수 있음을 보여주는 나름의 증거를 많이 가지고 있다. 브렌다 던이 먼델라인 대학교에서 한 비슷한 실험 때문에, 던과 잔은 자신들이 실시한 대부분의 원격 투시 실험을 '예지적 원격 지각precognitive remote perception, PRP' 실험으로 설계했다. 이들은 PEAR 실험실에 남아 있는 원격 투시자에게 표적 장소를 향해 떠난 여행자가 목적지에 도착하기 몇 시간 혹은 며칠 전에 그곳이 어디인지 말하라고 했다. 여행자의 목적지는 REG를 사용해 사전에 선택한 많은 표적 장소들 중에서 이 실험에 직접 참여하지 않은 사람이 한 곳을 무작위로 골라내거나 여행자에게 출발 후에 자기 마음대로 목적지를 선택하게 했다. 그다음부터는 여행자는 원격 투시 실험의 표준 실험 계획을 따랐다. 정해진 시간에 표적 장소에서 10~15분간 머물면서 자신이 느낀 인상을 기록하고, 사진을 찍고, PEAR 팀이 작성한 질문들의 체크리스트에 따라 행동했다. 그동안 실험실에서는 **여행자가 그곳에 도착하기 30분~5일 전에** 원격 투시자가 여행자의 표적 장소에 대한 인상을 기록하고 그림으로 그렸다.

PEAR에서 실시한 336차례의 공식적인 원격 투시 실험 중 대부분은 PRP 또는 역행 인지(과거의 사건을 텔레파시로 느낌-옮긴이)를 하도록 설계되었는데, 그 결과는 '실시간' 원격 투시만큼 성공적이었다.

원격 투시자가 묘사한 것 중 상당수는 여행자가 찍어온 사진과 놀랄 만큼 정확하게 일치했다. 한번은 한 여행자가 일리노이 주 글렌코에 있는 노스웨스트 역으로 가서 역으로 진입하는 기차 사진과 역 사진을 한 장 찍고, 역 내부 사진도 한 장 찍었는데, 역 내부 사진은 칙칙하고 작은 대기실과 표지판 아래에 게시판이 있는 모습을 보여주었다. 여행자가 자신이 갈 장소를 결정하기 35분 전에 원격 투시자는 "기차역이 보인다. 고속도로 옆에 있는 통근 열차 역처럼 보인다. 시멘트는 흰색이고, 난간은 은색. 열차가 한 대 들어온다……. 나무 바닥 위를 걷는 발자국 소리와 구두 소리가 들린다…….

역 안의 벽에 포스터 또는 그 비슷한 게 보이는데, 일종의 광고나 포스터 같다. 벤치도 보인다. 어떤 표지판의 이미지가……."라고 적었다.

또 한 사례에서는 PEAR 실험실에 있던 원격 투시자가 '기묘한 모습으로 계속 떠오르는' 인상을 적었는데, 여행자가 '커다란 그릇' 속에 서 있다고 묘사했다. 그리고 "만약 그 그릇이 수프로 가득 차 있다면, [여행자는] 큰 경단만 하다."라고 적었다. 45분 뒤, 실제로 여행자는 애리조나 주 키트피크에 있는 거대한 돔 모양의 전파 망원경 아래에 서 있었는데, 전파 망원경에 비하면 그의 크기는 실제로 경단만 했다. PEAR 실험에 참여한 또 한 사람은 자신의 파트너가 '아치 같은 창문이 있는 낡은 건물' 안에 있다고 묘사했다. 아치 모양의 창문은 꼭대기에서 한 점으로 모였으며, '거대한 이중문'이 있었고, '꼭대기에 공이 얹힌 정사각형 기둥들'이 있다고 했다. 거의 하루가 지난 뒤에 여행자는 목적지인 모스크바의 트레티야코프 미술관에 도착했다. 화려하게 장식된 이 인상적인 건물은 정면에 특별한 기둥들이 늘어서 있고, 뾰족한 아치 길 아래로 커다란 이중문이 있었다.[4]

원격 투시자가 여행자의 공식적인 목적지가 아닌 다른 장소의 풍경을 포착하는 경우도 있었다. 한번은 여행자가 휴스턴의 NASA 우주 센터에 있는 새턴 5형 로켓을 방문하려고 했다. 그런데 원격 투시자는 여행자가 실내에서 강아지들과 놀고 있는 모습을 '보았다'. 실제로 그날 저녁에 여행자(원격 투시자에게 떠오른 느낌에 대해 아무것도 몰랐던)는 친구 집을 방문하여 갓 태어난 강아지들과 놀았으며, 그중 한 마리를 집으로 데려갔다.

원격 투시자들은 심지어 여행자가 표적 장소에서 벗어나 한눈을 판 사건이나 장면에 관한 정보도 알아챘다. 한 여행자는 아이다호 주의 농장에 서서 소 떼를 지켜보다가 도로에서 몇 미터 떨어진 관개 수로에 눈길이 끌렸다. 그는 그 관개 수로에 큰 흥미를 느껴 사진을 찍고 기록으로 남겼다. 뉴저지 주에 있던 원격 투시자는 그 사건이 일어나기 전에 이미 그 장면을 포착

하여 소 떼는 전혀 언급하지 않고, 농장 건물과 밭과 관개 수로 이미지만 보인다고 말했다.[5]

또 다른 과학적 증거도 인간이 미래를 '보는' 능력이 있다는 사실을 뒷받침했다. 마이모니데스의료센터의 찰스 호노턴은 아주 다양한 종류의 훌륭한 과학 실험들을 모아서 검토해보았다. 대부분 피험자에게 어떤 전구에 불이 들어올지, 어떤 카드가 나타날지, 주사위에서 어떤 눈이 나올지, 심지어는 날씨가 어떨지 등을 추측하게 한 실험들이었다.[6] 309건의 연구에 5만 명이 참여해 200만 번의 시도를 한 이 실험들에서 추측하는 순간과 사건 발생 사이의 시간 간격은 수 밀리초에서 1년에 이르기까지 아주 다양했다. 어쨌든 이 결과들을 종합해 분석한 호노턴은 긍정적 결과들이 순전히 우연만으로 일어날 확률이 무려 10억×1경(10^{25}) 대 1이라는 사실을 알아냈다.[7]

에이브러햄 링컨Abraham Lincoln 대통령은 죽기 1주일 전에 자신이 암살당하는 꿈을 꾸었다. 미래를 예고한 예지나 꿈 이야기는 역사 기록에 많은데, 이것도 그런 이야기 중 하나이다. 그러나 과학자가 실험실에서 이와 같은 종류의 이야기를 검증하는 데에는 많은 어려움이 있다. 예지에 관한 실험을 어떻게 계량화하고 통제할 수 있을까?

마이모니데스의료센터의 꿈 연구소에서 바로 그런 시도를 했는데, 사람들이 자신의 미래에 관해 꾸는 꿈을 신뢰할 만한 과학 실험을 통해 재현하려고 한 것이다. 그들은 영국의 뛰어난 초능력자 맬컴 베센트Malcolm Bessent와 함께 새로운 실험 절차를 개발했다. 베센트는 런던의 초능력 연구 칼리지The College of Psychic Studies에서 초감각 지각과 투시에 뛰어난 재능과 경험을 가진 사람들 밑에서 다년간 공부하면서 자신의 특별한 재능을 갈고 닦았다. 베센트는 마이모니데스의료센터의 꿈 연구소에 초청을 받았는데, 그곳에서 잠을 자면서 그다음 날 자신에게 무슨 일이 일어날지 알려주는 꿈을 꾸라는 요청을 받았다. 그리고 밤중에 그를 깨워 자신이 꾼 꿈을 보고하고 기록하게 했다. 한번은 베센트는 합의된 절차에 따라 꾸었던 꿈을 보고했다. 다음 날 아침, 베센트가 꾼 꿈은 물론이고 베센트를 전혀 알지 못하고 접촉한 적도 없는 연구자가 사전에 합의된 실험 절차에 따라 여러 복제화 가운데 하나를 무작위로 선택했다. 그 사람이 고른 그림은 고흐가 그린 〈생레미 병원 복도〉였다. 편향을 피하기 위한 추가 예방 조처로 베센트가 자신이 꾼 꿈을 이야기한 것을 녹음한 테이프는 그림을 선택하는 일이 일어나기 전에 밀봉하여 필사자에게 우편으로 보냈다.

그림이 선택되자 마이모니데스의료센터의 직원들은 분주히 움직이기 시작했다. 베센트가 잠에서 깨어나 수면실에서 나오자, 흰 가운을 입은 직원들이 그에게 인사를 건넸는데, 그들은 그를 '미스터 반 고흐'라고 부르면서 사무적으로 대했다. 복도를 걸어가는 동안 뒤에서 발작적인 웃음소리가 들려왔다. '의사'들은 그에게 알약을 한 알 먹게 했고, 탈지면으로 그를 '소독'했다.

나중에 연구자들은 베센트가 기록한 꿈의 내용을 검토했다. 베센트는 자신은 탈출을 시도하는 환자였는데, 흰 가운을 입은 많은 사람들—의사들과 그 밖의 직원들—이 자신을 적대적으로 대했다고 묘사했다.[8]

베센트의 예지 실험은 성공률이 아주 높았다. 여덟 번의 시도 중에서 여섯 번을 정확하게 알아맞혔다. 두 번째 실험에서 베센트는 자신이 얼마 전에 본 것뿐만 아니라, 미래의 표적에 대한 꿈도 상당히 높은 성공률로 꿀 수 있음을 입증했다. 1978년에 꿈 연구소가 예산 부족으로 문을 닫을 때까지 379회 시도한 실험 결과에 따르면, 현재와 미래에 대한 꿈의 적중률이 83.5%나 되었다.[9]

딘 래딘은 예지를 검증하는 방법에 기발한 방식으로 변화를 주기로 했다. 그는 피험자의 이야기가 얼마나 정확한가에 의존하는 대신에 신체에 어떤 사건을 예고하는 반응이 나타나는지 알아보기로 했다. 기본 개념은 꿈 연구를 아주 단순하게 바꾸는 것이었다. 마이모니데스 꿈 연구소에서는 한 번 실험할 때마다 8~10명의 인력을 하루 정도 투입해야 했기 때문에 비용이 많이 들었다. 하지만 래딘의 방법은 그보다 저렴한 비용으로 20분 만에 동일한 결과를 얻을 수 있었다.

래딘은 의식을 연구하는 소수의 핵심 집단 중 한 명이자, 다른 연구를 하다가 우연히 이 분야로 들어온 게 아니라 처음부터 의도적으로 이 분야를 선택한 극소수의 사람 중 한 명이었다. 그가 이 특별한 분야에 뛰어들게 된 것은 과학과 공상 과학이 결합된 그의 삶과 관계가 있다. 래딘은 50세였지만, 듬성듬성한 검은 콧수염과 점점 뒤로 후퇴하는 머리 선에도 불구하고, 신동(한때 그랬던 적이 있었던)처럼 보이는 동안을 유지하고 있었다. 어릴 때 바이올린에 조숙한 재능을 보였는데, 다섯 살 때부터 배우기 시작하여 20대 중반까지 연주를 했다. 다만 체력이 달려서 전문 바이올리니스트가 되는 꿈을 접어야 했다. 세계적인 수준의 음악 연주자가 되려면, 매일 오랜 시간 연습을 하고 섬세한 운동 제어 능력을 갈고닦기 위해 운동선수 못지않은 체력이 필요한데, 래딘은 자신의 빈약한 체격이 그런 수준에 미치지 못한다는 걸 깨달았다. 그래서 그다음으로 좋아한 동화(비밀스러운 마법의 세계가 펼쳐지는 무대)를 선택한 것은 자연스러운 귀결이었다. 바이올린에 재능을 발휘하게 했던 정밀하고 냉정한 성격은 법과학적 증거를 조사하거나 찾기 힘든 단서를 찾아내는 데에도 도움이 되어 뛰어난 조사관이 되는 데 유리했다. 1학년 때 그를 맡았던 선생은 이 작고 여윈 어린이의 무미건조한 솔직함과 의도적인 진지함에 주목하고는 장래 진로를 정확하게 예측했다. 어린 시절의 래딘이 자기 실험실에서 정말로 구현하고 싶었던 것은 마술이었다. 그는 마술을 따로 떼어내 현미경으로 관찰하고 싶었다. 열두 살 때 그는 이미 혼자서 초감각 지각을 연구하기 시작했다.

대학교에서 공학 전공으로 시작해 심리학 박사 학위를 따기까지 10년 내내, 그리고 심지어 첫 직장인 벨연구소의 인간 요인 연구 부서에서 근무하는 동안에도 래딘의 열정을 사로잡은 것은 줄곧 의식의 작용과 인간 잠재력의 한계였다. 그는 헬무트 슈미트의 기계에 관한 이야기를 듣고 나서 얼마 후 슈미트를 찾아갔고, RNG(난수 생성기)를 빌려와 스스로 실험을 해보았다. 그리고 곧 슈미트가 얻은 것에 못지않은 성공적인 결과를 얻기 시작했다. 래딘은 적극적인 제의를 통해 이 분야에서 이미 연구를 해오던 과학자들과 함께 연구를 했고, 곧 스탠퍼드연구소와 프린스턴 대학교 등 여러 곳을 전전하며 연구하다가 결국 라스베이거스에 있는 네바다 대학교에 자신의 의식 연구소를 세웠다.[10]

래딘이 이 분야의 연구에 처음 기여한 것은 엄격한 통계적 분석 작업이었다. 초기에 한 연구 중 상당수는 동료들이 한 연구를 재현하거나 수학적으로 입증하는 일이었다. 그는 PEAR의 REG 연구를 메타분석한 사람 중 한 명이었다.

래딘은 예지에 관한 꿈 연구 데이터를 검토해왔다. 그는 사람들이 깨어 있을 때에도 그와 같은 종류의 분명한 예지를 할 수 있는지 궁금했다. 라스베이거스의 실험실에서 래딘은 컴퓨터가 피험자를 진정시키거나 흥분시키거나 기분 나쁘게 할 수 있는 사진들을 무작위로 선택하게 했다. 그리고 피험자들을 피부 전도율과 심장 박동과 혈압의 변화를 측정하는 장치에 연결시켰다.

컴퓨터는 평온한 장면(자연이나 풍경 사진)이나 충격적이거나 자극적인 장면(검시 장면이나 선정적인 내용)을 담은 컬러 사진을 무작위로 보여주었다. 예상대로 평온한 장면을 본 피험자의 신체는 즉시 진정되었고, 끔찍한 장면이나 선정적인 장면을 보면 흥분하는 반응을 나타냈다. 당연히 피험자들은 사진을 보고 난 직후에 가장 큰 반응을 나타냈다. 그런데 래딘은 피험자들이 자신이 무엇을 보게 될지 미리 예상하고서 사진을 보기도 **전에** 생리적 반응을 나타낸다는 사실을 발견했다. 마치 마음을 단단히 먹기 위해서 그러는 것처럼 그들의 반응은 충격적인 사진을 보기 전에 가장 크게 나타났다. 그 장면이 나타나기 약 1초 전에 손발의 혈압이 크게 떨어졌다. 무엇보다 기묘한 것은, 아마도 미국인은 폭력보다는 성적인 것을 더 불편하게 여긴다는 사실을 반영해 그런 것 같은데, 폭력적인 장면보다는 선정적인 장면을 예감하는 비율이 더 높았다. 래딘은 우리의 신체가 무의식적으로 미래의 감정 상태를 예상하고 그것을 실행에 옮긴다는 것을 뒷받침하는 최초의 실험적 증거를 얻었다고 생각했다. 실험 결과는 또한 "신경계가 단지 미래의 충격에 '반응'을 보일 뿐만 아니라, 그것의 감정적 의미를 이해한다."는 사실을 시사했다.[11]

네덜란드에서 암스테르담 대학교의 심리학자 딕 비르만Dick Bierman이 래딘의 연구를 재현하는 데 성공했다.[12] 비르만은 이 실험 모형을 사용해 사람들이 좋은 소식이나 나쁜 소식을 예상할 수 있는지 알아보는 실험을 했다. 비르만은 특별한 종류의 카드 게임을 통해 사람들의 학습 반응을 조사한 연구 결과를 발표한 적이 있었는데, 그것을 다시 검토하다가 피험자가 카드를 받기도 **전에** 피부 전기 활동 반응에 급격한 변화가 일어난다는 사실을 발견했다. 게다가 그러한 변화는 받게 될 카드의 종류와 일치하는 경향이 있었다. 나쁜 카드를 받게 될 사람은 더 낭패에 빠진 반응을 보였고, 전형적인 '투쟁 혹은 도피 반응'의 특징이 모두 나타났다.[13] 이 결과는 무의식적 생리적 차원에서 우리는 나쁜 소식이나 나쁜 일이 언제 일어날지 직감적으로 알아채는 경향이 있음을 시사하는 것으로 보인다.

래딘은 슈미트의 기계를 변형한 것을 사용해 또 다른 미래 예측 실험을 해보았다. 그 기계는 '유사 무작위 사건 생성기'로, 슈미트의 기계와 마찬가지로 예측 불가능한 것이었지만 작용 메커니즘이 달랐다. 이 기계에서는 초기값에서 아주 복잡한 다른 수들의 수열이 만들어진다. 기계에는 초기값으로 사용할 수 있는 수가 1만 개 들어 있어 수학적 경우의 수는 1만 가지가 존재한다. 유사 무작위 사건 생성기는 0과 1로 이루어진 무작위적 수열을 만들어내도록 설계되었다. 1을 가장 많이 포함한 수열이 최선의 수열, 즉 가장 바람직한 수열로 간주되었다. 목표는 기계를 어느 순간에 멈춰 특정 초기값에서 시작하게 함으로써 최선의 수열을 만들어내는 것이었다.

물론 그것은 결코 쉬운 일이 아니었다. 선택의 창은 불가능에 가까울 정도로 짧았다. 컴퓨터의 시계는 초당 50번 재깍거리기 때문에, 정확한 초기값은 0.02초 깜박이다가 지나가버리는데, 이것은 인간의 신체 반응 시간보다 10배나 빠른 속도이다. 여기서 성공을 거두려면 좋은 초기값이 다가오는지 직관적으로 파악한 뒤, 0.02초라는 그 짧은 순간을 놓치지 않고 단추를 눌러야 한다. 이것은 절대로 성공할 수 없을 것처럼 보이지만, 래딘과 에드 메이는 여기에 성공했다. 수백 차례의 시도 끝에 래딘과 메이는 좋은 수열을 얻으려면, 정확하게 어느 순간에 단추를 눌러야 할지 '알' 수 있었다.[14]

아주 흥미로운 가능성이 슈미트의 뇌리를 사로잡았는데, 바로 시간을 거꾸로 되돌릴 가능성이었다. 그는 자신의 기계를 사용한 실험에서 나타나는 효과들이 공간과 인과 관계를 부정하는 것처럼 보이는 이유를 계속 생각하고 있었다. 그러다가 마음속에서 터무니없는 질문이 떠올랐다. 기계의 결과에 영향을 미치려고 시도하는 사람이 기계가 일단 작동한 **뒤**에도 그렇게 할 수 있을까? 만약 양자 상태가 날개를 퍼덕이는 나비처럼 미묘한 것이라면, 맨 처음 시도하기만 한다면(최초의 관찰자이기만 하다면), 그것을 고정시키려고 시도한 때가 언제여도 상관이 없지 않을까?

슈미트는 REG를 오디오 장비에 연결해 무작위로 찰칵거리는 소리를 내게 했다. 그 소리는 테이프에 녹음되었는데, 나중에 헤드폰을 통해 들으면

왼쪽 귀나 오른쪽 귀 중 어느 한쪽에만 찰칵거리는 소리가 들렸다. 이렇게 실험 절차를 설계하고 나서 기계를 작동시켜 그 결과를 테이프에 녹음했다. 그 과정에서 자신을 포함해 어느 누구도 그 소리를 듣지 못하게 했다. 역시 아무도 듣지 않는 상태에서 마스터 테이프를 만든 뒤에 캐비닛 속에 넣고 문을 잠갔다. 슈미트는 또 대조용으로 사용할 테이프도 간간이 만들었다. 그것은 왼쪽 귀에 들리는 소리와 오른쪽 귀에 들리는 소리에 아무도 영향을 미치지 않게 할 목적으로 만들었다. 예상대로 이 대조용 테이프를 재생하자, 왼쪽 또는 오른쪽 귀에서 찰칵거리는 소리는 거의 균일하게 분포되어 있었다.

그다음 날, 슈미트는 한 피험자에게 테이프 하나를 집으로 가져가라고 했다. 그에게 부여된 과제는 테이프 소리를 들으면서 영향을 미쳐 찰칵거리는 소리가 오른쪽 귀에 더 많이 들리도록 하는 것이었다. 그런 다음, 슈미트는 컴퓨터를 사용해 왼쪽 귀에 들리는 소리와 오른쪽 귀에 들리는 소리의 수를 세었다. 그 결과는 상식에 반하는 것처럼 보였는데, 피험자의 영향력이 기계의 결과를 변화시켰기 때문이다. **마치 맨 처음에 소리를 녹음하던 순간에 그 자리에 피험자가 있었던 것처럼 말이다.** 게다가 그 결과는 보통의 REG 실험 결과만큼이나 성공적이었다. 즉, 피험자가 기계 앞에 앉아서 실험을 한 결과와 별 차이가 없었다.

이 실험을 여러 차례 한 뒤에 슈미트는 어떤 효과가 일어났다는 사실을 알았지만, 피험자가 과거를 변화시켰다고는, 즉 테이프를 지우고 새 테이프를 만들었다고는 생각하지 않았다. 그 대신에 피험자의 영향력이 시간을 거슬러 올라가 **처음에 녹음되던 시점에** 기계의 무작위적 행동에 영향을 미친 것이라고 생각했다. 피험자는 이미 **일어난** 사건은 변화시키지 않았다. 대신에 맨 처음에 일어날 수 있었던 사건에 영향을 미쳤다. 현재나 미래의 의도가 최초의 확률에 작용해 실제로 현실로 일어날 사건을 결정한 것이다.

1971년부터 1975년까지 다섯 차례의 연구에서 2만 회가 넘는 시행 끝에 슈미트는 상당히 유의미한 수의 테이프가 예상 결과(왼쪽과 오른쪽 귀에 들리는 소리가 각각 절반씩 실린)에서 벗어난다는 사실을 발견했다. 문자반 위에서 바늘을 움직이는(왼쪽 또는 오른쪽으로) 기계를 사용한 실험에서도 비슷한 결과가 나왔다. 총 832회 중에서 약 55%는 바늘이 왼쪽으로 움직였다.[15] 시간여행에 관한 연구 중에서 가장 신뢰할 수 있는 것은 아마도 슈미트가 한 실험일 것이다. 결과가 기록된 테이프를 만들어 캐비닛 속에 보관해두었으므로, 속임수가 끼어들 여지가 없기 때문이다. 이 실험은 REG 기계 같은 무작위적인 계에 미치는 염력 효과가 과거나 미래를 막론하고 어느 시간에서도 일어날 수 있음을 결정적으로 보여주었다.

슈미트는 또한 영향을 미치는 사람이 최초의 관찰자여야 한다는 조건이 중요하다는 사실도 발견했다. 테이프를 먼저 듣고 또 주의를 집중해 들은 사람이 있다면, 나중에 그 계에 영향을 미쳐 변화시키기가 더 힘든 것처럼 보였다. 어떤 형태든지 주의 집중은 그 계를 최종 상태로 얼어붙게 하는 것처럼 보였다. 또, 몇몇 연구에서는 모든 생체계(인간은 물론이고 심지어 다른 동물도)의 관찰 행위는 시간을 초월해 작용하는 미래의 영향을 차단한다는 것을 시사했다. 비록 이런 종류의 연구는 별로 많지 않지만, 그 결과는 양자론의 관찰자 효과와 일치한다. 살아 있는 관찰자의 관찰 행위는 사물을 일종의 고정된 상태로 만든다.[16]

잔과 던도 자신들의 REG 실험에서 시간을 만지작거리기 시작했다. 8만 7000회의 실험에서 피험자에게 기계가 작동한 뒤, 3일~2주일 사이의 어느 시점에 기계의 작동에 주의를 집중하라고 했다. 데이터를 본 두 사람은 그 결과를 믿기 힘들었다. 어느 모로 보나 그 결과는 기계가 작동하고 있을 때 영향을 미치려고 시도한 실험 결과와 동일했다. 남녀 사이의 차이도 그대로였고, 전체적인 집단 편향도 똑같이 나타났다. 딱 한 가지 중요한 차이점이 있었다. '시간 이동' 영향 실험에서는 피험자가 기계에 앞면을 더 많이 나오게 하려고 시도할 때마다 표준적인 실험 결과보다 더 큰 효과가 나타났다. 하지만 실험 횟수가 비교적 적었기 때문에 잔과 던은 이 기묘한 효과를 유의미하지 않은 것으로 간주했다.[17]

다수의 다른 연구자들은 바퀴를 돌리는 모래쥐나 어둠 속을 걸어가는(그리고 적외선 포토빔에 닿는) 사람들의 방향, 그리고 심지어는 러시아워 때 빈의 터널 속에서 적외선 포토빔에 닿는 자동차를 대상으로 시간을 거슬러 영향을 미치는 실험을 해보았다. 바퀴의 회전과 적외선 포토빔에 닿는 상황을 재깍거리는 소리로 전환하여 테이프에 녹음하고, 하루에서 1주일이 지난 뒤에 처음으로 관찰자에게 들려주면서 모래쥐를 더 빨리 달리게 하거나 사람이나 자동차를 적외선에 더 자주 닿도록 영향력을 행사하게 했다. 또 한 연구는 치유자가 쥐들 사이에서 혈액 기생충의 확산에 시간을 거슬러 영향을 미칠 수 있는지 알아보려고 했다. 심지어 브로드는 피험자의 피부 전기 활동을 기록하면서 피험자에게 자신의 반응 결과를 보고 나서 그것에 영향을 미쳐보라고 요구했다. 래딘은 피부 전기 활동 테이프를 사용해 치유자를 대상으로 비슷한 연구를 했다. 슈미트는 사전에 기록한 자신의 호흡 속도에 영향을 미치려는 실험을 직접 하기도 했다. 모두 19건의 연구 중 10건에서 우연만으로 일어나는 결과와 유의미한 차이가 있는 효과가 나타났다. 이러한 결과는 정상에서 벗어나는 어떤 일이 일어나고 있음을 시사했다.[18]

푸소프를 가장 곤혹스럽게 만든 것은 바로 이와 같은 결과들이었다. 그가 잘 아는 종류의 영점 에너지는 전자기 에너지였고, 그 세계는 원인과 결과, 질서, 특정 법칙과 제약(이 경우에는 빛의 속도. 시간을 거슬러 과거로 가거나 미래로 가는 것은 있을 수 없는 일이었다)이 존재했다.

이러한 실험 결과들을 설명할 수 있는 시나리오가 세 가지 떠올랐다. 첫 번째는 완전히 결정론적인 우주 시나리오로, 일어날 일들은 모두 다 사전에 그렇게 정해졌다고 본다. 절대적으로 고정된 결정론이 지배하는 이 우주에서는 예지력을 가진 사람은 단순히 정보에 접근할 수 있을 뿐이며, 그 정보란 것도 이미 어느 수준에서는 입수할 수 있는 것이다.

두 번째 시나리오는 우주에 관해 알려진 이론적 법칙의 범위 내에서 완전히 설명이 가능하다. 암스테르담 대학교의 딕 비르만은 뒤처진 파동retarded wave과 앞서가는 파동advanced wave이라는 유명한 양자 현상으로 예지를 설명할 수 있다고 믿었다(뒤처진 파동과 앞서가는 파동은 파동이 미래에서 시간을 거꾸로 여행하여 그 발생원에 도달할 수 있다는 휠러-파인먼 흡수체 이론Wheeler-Feynman absorber theory에 나오는 개념이다). 두 전자 사이에는 다음과 같은 일이 일어난다. 전자는 진동할 때 과거와 미래 양쪽으로 파동을 방출한다. 미래를 향해 나아가는 파동, 즉 미래파는 미래의 입자에 충돌하고, 충돌한 입자도 진동하면서 다시 앞서가는 파동과 뒤처진 파동을 방출한다. 이 두 전자에서 나오는 두 세트의 파동은 두 전자 사이의 공간에 존재하는 것 외에는 모두 상쇄된다. 첫 번째 전자에서 나와 과거를 향해 나아가는 파동과 두 번째 전자에서 나와 미래를 향해 나아가는 파동의 최종 결과는 순간적 연결로 나타난다.[19] 래딘은, 양자 수준에서 우리는 자신의 미래를 만날 수 있는 파동을 내보내는지도 모른다고 추측했다.[20]

세 번째 시나리오가 가장 그럴듯해 보이는데, 미래의 모든 것은 순수한 잠재성의 영역에서 맨 아랫단에 이미 존재하고 있다고 설명한다. 관찰 행위가 양자적 실체를 현실로 나타나게 하는 것처럼, 우리가 미래 또는 과거를 들여다볼 때, 우리는 어떤 사건이 형태를 제대로 갖추어 실현되도록 돕는다. 아원자 파동을 통한 정보 전달은 시간이나 공간에 존재하는 게 아니라, 모든 곳에 퍼져 있으며 늘 존재한다. 과거와 현재는 뒤섞여 하나의 광대한 '이곳과 지금'을 이루고 있어, 우리 뇌는 과거나 미래에서 온 신호와 이미지를

'포착'할 수 있다. 우리의 미래는 모호한 상태로 이미 존재하고 있으며, 우리는 그것을 현재에서 현실화할 수 있다. 모든 아원자 입자는 관찰(여기에는 생각도 포함된다)되기 전에는 모든 잠재성이 혼재된 상태로 존재한다는 사실을 감안한다면, 이 시나리오는 아주 그럴듯하다.

에르빈 라슬로는 시간 이동 영향에 대해 흥미로운 물리적 설명을 제시했다. 그는 전자기파로 이루어진 영점장에는 다시 자체 하부 구조가 있다고 주장한다. 아원자 입자의 움직임이 영점장과 상호 작용하여 생겨난 2차 장들을 '스칼라파scalar wave'라 부르는데, 스칼라파는 전자기파가 아니며 방향이나 스핀도 없다. 스칼라파는 빛보다 훨씬 빨리 달릴 수 있다(푸소프가 상상한 타키온처럼). 라슬로는 스칼라파가 시간과 공간의 정보를 시간과 공간을 초월한 간섭 패턴의 양자 표현으로 부호화한다고 주장한다. 라슬로의 모형에 따르면, 모든 장의 어머니인 영점장에서 맨 밑바닥을 이루는 하부 구조가 과거와 미래를 포함한 모든 시간에 대해 세계의 궁극적인 홀로그래피 청사진을 제공한다.[21]

잔이 주장했듯이, 방정식에서 시간을 제거하려면, 방정식에서 개별성을 없애야 한다. 양자 차원에 존재하는 순수한 에너지는 시간이나 공간이 없으며, 요동하는 전하의 광대한 연속체로 존재한다. 어떤 의미에서 우리는 시간이고 공간이다. 지각 행위를 통해 에너지를 의식적으로 인식할 때, 우리는 측정된 연속체를 통해 공간에 존재하는 별개의 물체를 만들어낸다. 우리는 시간과 공간을 만들어냄으로써 우리 자신의 개별성을 만들어낸다.

이것은 영국 물리학자 데이비드 봄이 주장한 숨겨진 질서implicate order와 비슷한 모형을 시사한다. 봄은 세계의 모든 것이 명시적으로 드러나기(그는 이것을 영점 요동들의 한 가지 배열이라고 상상했다) 전까지는 이 '숨겨진' 상태로 접혀 있다고 생각했다.[22] 봄의 모형에서는 시간을, 많은 장면과 순간을 의식에 투사할 수 있는(반드시 직선적으로는 아니더라도) 더 큰 실체의 일부로 보았다.

그는 상대성 이론에서 말하는 것처럼 시간과 공간은 상대적이고 사실상 단일 실체(시공간)라고 주장했다. 그리고 만약 양자론이 공간적으로 분리된 요소들이 서로 연결돼 있고, 더 높은 차원의 실체가 투사된 것이라고 주장한다면, 시간적으로 분리돼 있는 순간들 역시 더 큰 실체가 투사된 것으로 봐야 한다고 말했다.

> 일상 경험이나 물리학에서 시간은 일반적으로 1차적이고 독립적이고 보편적으로 적용되는 질서, 아마도 알려진 것 중 가장 기본적인 질서로 간주돼왔다. 그런데 이제 우리는 시간이 2차적 질서이며, 공간과 마찬가지로 더 높은 차원의 기반에서 하나의 특정 질서로 파생한 것이라고 주장하게 되었다. 사실, 서로 다른 속도로 여행하는 물질계들에 대응하는, 순간들의 순서들로 이루어진 서로 다른 집합들에 대해 상호 연결된 특정 시간 질서들이 많이 생겨날 수 있다고까지 말할 수 있다. 하지만 이것들은 모두 어떤 시간 질서나 그러한 질서들의 집합으로는 완전히 이해할 수 없는 다차원적 실체에 의존하고 있다.[23]

만약 의식이 양자 진동수 차원에서 작용한다면, 의식은 자연히 시간과 공간 밖에 머물 것이다. 이것은 이론상 우리가 '과거'와 '미래'의 정보에 접근할 수 있음을 뜻한다. 만약 인간이 양자 차원의 사건에 영향을 미칠 수 있다면, 현재가 아닌 다른 사건이나 순간에도 영향을 미칠 수 있을 것이다.

여기서 브로드는 아주 흥미로운 생각이 떠올랐다. 시간적으로 이동된 인간의 의도는 어떤 사건이 일어날 확률에 알 수 없는 방식으로 작용하여 어떤 결과를 초래하며, 브로드가 '발단 순간seed moment'—일련의 연쇄적인 사건 중 최초의 사건—이라고 즐겨 부르는 순간에 가장 효과적으로 작용한다. 따라서 만약 이 원리들을 신체적 또는 정신적 건강에 적용한다면, 영점장을 이용해 '시간을 거슬러' 영향을 미침으로써, 나중에 완전한 문제나 질병으로 발전할 초기 조건이나 결정적 순간을 바꿀 수 있을 것이다.

만약 뇌 속에서 일어나는 사고 과정이 카를 프리브람과 그 동료들이 주장하듯이 확률론적 양자 과정이라면, 미래의 의도를 통해 한 신경세포에는 신호를 발사하게 하고 다른 신경세포에는 발사하지 않게 함으로써 질병을 일으키거나 예방하는 일련의 화학적 사건이나 호르몬 분비 사건을 시작하게 할 수 있다. 브로드는 천연 킬러 세포가 특정 암세포를 죽이거나 무시할 확률이 50 대 50의 상태에 있는 발단 순간을 상상해보았다. 이 단순한 최초의 결정이 결국에는 건강과 질병(심지어는 죽음)을 가르는 분수령이 될 수도 있다. 이런 상태가 완전한 질병으로 발전하기 전에 미래의 의도를 이용해 확률을 변화시키는 방법이 여러 가지 있을지 모른다. 심지어 진단조차도 질병의 장래 경과에 영향을 미칠지 모르므로, 조심스럽게 접근하지 않으면 안 된다.

만약 질병이 일단 발병했다면, 그것을 없었던 일로 되돌릴 수는 없을 것이다. 하지만 가장 해로운 측면은 아직 현실화되지 않아 변화의 여지가 있을지도 모른다. 우리가 질병에 걸린 시점에서는 건강을 되찾는 것에서부터 죽음을 맞이하는 것에 이르기까지 많은 갈림길이 앞에 놓여 있다. 브로드는 자연적으로 회복한 사례 중에서 미래의 의도가 질병에 작용한 결과로(손을 쓸 수 없는 시점에 이르기 전에) 일어난 게 있지 않을까 궁금했다. 아마도 우리가 살아가는 매 순간은 과거와 미래 양쪽으로 나머지 모든 순간에 영향을 미칠 것이다. 영화 〈터미네이터〉에서처럼 우리는 과거로 돌아가 미래의 사건에 영향을 미칠 수 있을지도 모른다.[24]

THE FIELD

3
영점장의 활용

"지난 세기는 원자력 시대였지만, 이번 세기는 영점 시대로 드러날 것이다."

_할 푸소프

10

치유의 장

푸소프와 브로드를 비롯해 여러 과학자는 평가하기 힘든 가능성을 손에 쥐었는데, 그것은 바로 그들이 관찰한 비국소 효과의 궁극적인 이용 가능성이었다. 이들이 한 연구는 인간에 대해, 그리고 인간과 세계의 관계에 대해 우아한 형이상학적 개념을 많이 시사했지만, 해결되지 않은 채 남아 있는 현실적 문제가 많았다.

의도의 영향력은 과연 어느 정도나 되며, 개인적 의식의 결맞음은 어느 정도나 '전염성'이 있을까? 실제로 우리가 영점장을 활용해 자신의 건강을 조절하고, 다른 사람을 치유할 수 있을까? 그리고 그러한 방법으로 암과 같은 중병을 고칠 수 있을까? 정신신경면역학(마음으로 육체를 치유하는 효과)의 효과는 인간 의식의 결맞음에서 나오는 것일까?

특히 브로드의 연구는 인간의 의도를 특별한 효과가 있는 치유력으로 사용할 수 있음을 시사했다. 우리가 영점장의 무작위적 요동에 질서를 부여하고, 그것을 이용해 다른 사람에게 더 큰 '질서'를 만들어낼 수 있는 것처럼 보였다. 이러한 종류의 능력이 있다면, 우리는 영점장으로 다른 사람의 구조를 재배열함으로써 치유의 전달자 역할을 할 수 있다. 포프의 생각처럼 인간의 의식은 다른 사람의 결맞음 상태를 다시 정립하도록 일깨우는 역할을 할 수 있다. 만약 비국소 효과를 이용해 다른 사람을 치유할 수 있다면, 원격 치유 같은 방법도 분명히 효과가 있을 것이다.

이를 위해서는 현실에서 이러한 개념들을 검증하는 것이 절실히 필요했는데, 이러한 질문들 중 일부에 결정적인 답을 제시할 수 있도록 아주 세심하게 설계된 연구를 통해서 그렇게 해야 했다. 1990년대 초에 완벽한 후보가 나타나면서 그런 기회가 찾아왔다. 그 주인공은 가망이 없다고 포기한 환자들을 원격 치유할 수 있다는 개념에 다소 의심을 품은 과학자였다.

스탠퍼드연구소의 원격 투시 실험에서 푸소프와 함께 일했고 그 연구를 이어받은 러셀 타그의 딸인 엘리자베스 타그Elisabeth Targ는 30대 초의 정신과 의사였다. 엘리자베스는 아버지가 스탠퍼드연구소에서 한 원격 투시 연구가 제기하는 가능성에 큰 흥미를 느꼈지만, 엄격한 정통 과학 훈련의 굴레에 매여 있었다. 그 무렵에 엘리자베스는 아버지와 함께 한 원격 투시 연구 덕분에 캘리포니아퍼시픽의료센터의 보완의학연구소 책임자로 일해달라는 요청을 받았다. 엘리자베스가 맡은 일 중 하나는 주로 대체의학에 의존하는 그 병원의 치료법을 공식적으로 연구하는 것이었다. 엘리자베스는 과학계에는 기적적인 치유 효과를 받아들이고 연구하도록 권하는 한편으로, 대체의학계에는 더 과학적인 태도를 따르도록 요구하면서 양 진영 사이에서 줄타기를 하는 인물처럼 비쳤다.

엘리자베스의 인생에서 여러 갈래로 흩어져 있던 가닥들이 하나로 모이는 계기가 찾아왔다. 어느 날, 헬라 해미드Hella Hammid라는 친구에게서 전화가 왔다. 그 친구는 유방암에 걸렸다고 말했다. 엘리자베스는 아버지를 통해 헬라를 알게 되었는데, 아버지는 사진사이던 헬라가 아주 뛰어난 원격 투시자라는 사실을 우연히 발견했다. 헬라가 엘리자베스에게 전화를 건 것은 원격 치유(원격 투시와 크게 다르지 않은) 대체 요법이 유방암 치료에 도움이 된다는 증거가 있는지 알고 싶어서였다.

AIDS가 극성을 부리던 1980년대(그 당시 AIDS 진단은 사망 선고와 같았다)에 엘리자베스는 미국에서 AIDS의 진원지이던 샌프란시스코에서 이 분야를 선택했다. 헬라의 전화가 걸려 왔을 무렵에 캘리포니아 주 의학계에서 가장 뜨거운 주제는 정신신경면역학이었다. 환자들은 루이즈 헤이Louise Hay처럼 심신의학mind-body medicine에 심취한 사람들이 시청에서 개최한 모임이나 시각화와 심상 요법에 관한 워크숍에 몰려들기 시작했다. 엘리자베스도 심신의학 연구에 조금 손을 댔는데, 비록 헤이의 접근 방법이 의심스럽긴 했지만, AIDS가 상당히 진행된 환자에게는 할 수 있는 것이 아무것도 없기 때문이었다. 엘리자베스가 한 초기의 연구 중에는 AIDS 환자의 우울증 치료에 집단 요법이 우울증 치료제인 프로작만큼 효과가 있음을 입증한 것도 있었다.[1] 엘리자베스는 스탠퍼드 의학대학원의 데이비드 스피겔David Spiegel이 쓴 연구 논문도 읽었는데, 스피겔은 집단 요법이 유방암에 걸린 여성 환자의 기대 수명을 크게 늘린다는 걸 보여주었다.[2]

합리적이고 실용적인 엘리자베스는 내심 그런 효과는 희망과 기대, 그리고 집단의 지지에서 생겨난 약간의 자신감이 결합되어 나타나는 게 아닐까 의심했다. 이러한 요소들은 심리적으로 좋은 영향을 끼쳤을지 모르지만, T세포 수는 분명히 증가하지 않았다. 하지만 엘리자베스의 마음 한구석에는 아버지가 스탠퍼드연구소에서 원격 투시 연구를 하는 것을 지켜보던 시절에 생겨난 것으로 보이는 일말의 의심이 남아 있었다. 아버지가 거둔 성공은 인간과 모든 것을 연결하는 장 사이에 일종의 초감각적 연결이 존재할 가능성을 강하게 시사했다. 엘리자베스는 원격 투시에서 관찰된 특별한 능력을 소련의 군사 기밀을 탐지하거나 자신이 직접 한 번 해보았듯이 경마의 결과를 예측하는 것 외에 다른 용도로 사용할 수 없을까 하는 생각이 자주 들었다.

그러다가 1995년에 엘리자베스는 프레드 시처Fred Sicher로부터 전화를 받았다. 시처는 심리학자이자 연구자로, 병원에서 관리자로 일하다가 퇴직한 상태였다. 시처는 엘리자베스의 친구인 메릴린 슐리츠에게서 소개를 받고 전화를 한 것이었다. 슐리츠는 브로드의 옛 동료로, 당시 에드가 미첼이 오래전에 소살리토에 세운 노에틱사이언스연구소 책임자로 일하고 있었다. 시처는 그동안 직장 일에만 매달려 살아왔지만, 이제 드디어 흥미를 느끼는 일에 몰두할 시간이 충분히 생겼다. 그는 병원 관리자로 일할 때에는 늘 자선가 비슷한 사람처럼 살았다. 그는 슐리츠의 제안을 받고 원격 치유 연구를 함께 할 가능성을 알아보기 위해 엘리자베스에게 접근했다. 독특한 배경을 가진 엘리자베스야말로 그러한 연구를 이끌 사람으로 적격이었다.

엘리자베스에게 기도는 낯선 것이었다. 아버지에게서 물려받은 것은 우울한 러시아인의 외모와 회색빛이 약간 섞인 검은 머리카락뿐만 아니라, 현미경에 대한 열정도 있었다. 타그 가족의 집에서 유일한 신은 과학적 방법이었다. 아버지는 딸에게 과학에서 느끼는 스릴을 큰 질문들에 답할 수 있는 과학의 능력과 함께 전해주었다. 아버지는 세계가 어떻게 작용하는지 알아내는 연구를 선택한 반면, 딸은 인간의 마음이 어떻게 작용하는지 밝히는 연구를 선택했다. 엘리자베스는 이미 열세 살 때 스탠퍼드 대학교의 카를 프리브람의 뇌 연구소에 들어가 좌뇌와 우뇌 활동의 차이를 연구하다가 스탠퍼드 대학교에서 정신의학을 공부하는 정통 과정을 밟기로 결정했다.

그럼에도 불구하고 엘리자베스는 아버지와 함께 러시아를 방문했을 때 소련과학아카데미와 공신력 있는 그 기관이 초심리학 연구를 공공연히 한다는 사실에 깊은 인상을 받았다. 공식적으로 무신론을 표방하는 러시아에서는 참인 것과 참이 아닌 것이라는 단 두 범주의 믿음만 존재했다. 미국에서는 세 번째 범주의 믿음이 존재했는데, 과학 연구의 범주에서 벗어나는 종교가 바로 그것이었다. 과학자가 설명할 수 없는 것, 치유나 기도, 초정상적인 것(아버지의 연구 영역인)과 관련이 있는 것은 모두 세 번째 범주에 속하는 것처럼 보였다. 일단 확고하게 자리를 잡은 종교는 공식적으로 출입금지 지역으로 선포되었다.

아버지는 흠잡을 데 없는 실험을 설계하는 능력으로 명성을 떨쳤고, 딸에게 빈틈없고 잘 통제된 실험의 중요성을 존중하는 태도를 가르쳤다. 그런 환경에서 자란 엘리자베스는 변수들을 통제하도록 실험을 잘 설계하기만 한다면, 어떤 종류의 효과라도 계량화할 수 있다고 믿게 되었다. 실제로 푸소프와 타그는 잘 설계된 실험은 초자연 현상도 증명할 수 있음을 보여주었다. 실험 결과가 연구자의 모든 기대에 어긋나는 것이건 아니건 상관없이 그 결과는 복음이나 다름없었다. 훌륭한 실험은 모두 '효과'가 있다. 문제는 그 결과가 연구자의 마음에 들지 않을 수 있다는 데 있다.

아버지가 특정 영적 개념을 받아들이는 쪽으로 생각을 바꾼 뒤에도 엘리자베스는 냉정한 합리주의자로 남아 있었다. 하지만 엘리자베스는 정신의학 분야에서 정통 수련 과정을 밟으면서도 일반적 통념은 훌륭한 과학의 적이라는 아버지의 교훈을 잊지 않았다. 학생 시절에는 현대 정신약리학이 태동하기 전인 19세기의 낡은 정신의학 논문을 열심히 찾아 읽었다. 정신과 의사들이 요양원에서 머물면서 환자의 상태를 이해하려고 환자가 지르는 소리를 받아 적던 시절의 연구 자료였다. 현시대의 지배적인 믿음에 영향을 받지 않은 원자료 어딘가에 진리가 숨어 있을 것이라고 엘리자베스는 믿었다.

엘리자베스는 시처와 협력하는 데 동의했다. 다만, 속으로는 그것이 과연 효과가 있을까 하고 의심했다. 엘리자베스는 원격 치유를 가장 순수한 실험을 통해 검증하기로 했다. AIDS가 상당히 진행된 자기 환자들을 대상으로 그것을 시험해보기로 한 것이다. 그 환자들은 이미 죽음을 피할 수 없는 운명이어서 희망과 기도 외에는 달리 방법이 없었다. 엘리자베스는 기도와 원격 의도가 절망적인 환자를 치료할 수 있는지 알아보기로 했다.

우선 치유에 관한 증거를 샅샅이 찾는 것부터 시작했다. 그러한 연구들은 분리된 세포나 효소에 영향을 미치려는 시도, 동물이나 식물 또는 미생물을 치유하려는 시도, 인간을 대상으로 한 연구, 이렇게 크게 세 범주로 분류할 수 있었다. 거기에는 사람이 모든 종류의 생명 과정에 영향을 미칠 수 있음을 보여준 브로드와 슐리츠의 연구도 모두 포함되었다. 사람이 동물이나 식물에 미치는 효과를 보여주는 증거도 일부 있었다. 긍정적 또는 부정적 생각과 느낌이 다른 생물에 전달된다는 것을 보여주는 연구도 있었다.

1960년대에 이 분야의 초기 개척자 중 한 명인 맥길 대학교의 생물학자 버너드 그래드Bernard Grad는 심령 치료사가 실제로 환자에게 에너지를 전달하는지 밝혀내는 연구에 흥미를 느꼈다. 그래드는 살아 있는 인간 환자를 사용하는 대신에 씨를 소금물(식물의 성장을 방해하는)에 담금으로써 '병들게' 한 식물을 사용했다. 그런데 씨를 소금물에 집어넣기 전에 그는 심령 치료사에게 소금물이 든 한 용기에 손을 갖다 대게 했다. 그렇게 하여 심령 치료사가 손을 댄 용기와 손을 대지 않은 용기에 집어넣은 씨를 서로 구분하여 실험을 했다. 그랬더니 심령 치료사가 손을 댄 용기에 담갔던 씨가 다른 용기에 들어 있던 씨보다 훨씬 더 잘 자랐다.

그래드는 그 반대도 성립할 것이라고 생각했다. 즉, 부정적 감정이 식물의 성장에 부정적 효과를 미칠 것이라고 생각했다. 그래서 다음 번 연구에서 그래드는 정신과 환자들에게 보통 물이 든 용기를 들고 있게 한 다음, 그 물로 씨를 발아시키는 실험을 했다. 우울증 치료를 받던 한 환자는 다른 환자들보다 눈에 띄게 우울해했다. 나중에 환자들이 들었던 물을 사용해 씨를 발아시켰더니, 그 우울증 환자가 들었던 물은 성장을 방해했다.[3] 이 결과는 왜 어떤 사람의 손에서는 식물이 잘 자라고, 어떤 사람의 손에서는 잘 자라지 않는지 훌륭한 설명을 제공할 수도 있다.[4]

그래드는 그 후에 한 실험에서 적외선분광학을 사용해 물을 화학적으로 분석한 결과, 심령 치료사가 손댄 물은 그 분자 구조에 미소한 변화가 일어나고, 물을 자석에 가까운 곳에 놓았을 때처럼 분자들 사이의 수소 결합이 줄어들었다는 사실을 발견했다. 다른 과학자들도 그래드가 얻은 실험 결과가 옳다는 것을 확인했다.[5]

그다음에 그래드는 실험실에서 피부에 상처를 입힌 생쥐들을 대상으로 실험을 했다. 많은 변수들의 영향을 차단한 뒤 실험한 결과, 심령 치료사의 손길이 닿은 생쥐가 훨씬 빨리 나았다.[6] 그래드는 또한 심령 치료사는 실험실 동물에게 생긴 악성 종양의 성장을 억제할 수 있다는 사실도 확인했다. 심령 치료사의 치료를 받지 않은 동물은 더 빨리 죽었다.[7] 다른 동물 실험들에서도 아밀로이드증(대사 장애 때문에 아밀로이드가 온몸의 여러 기관에 쌓이는 병-옮긴이), 종양, 실험실에서 유도한 갑상샘종에 걸린 실험실 동물을 치료할 수 있다는 결과가 나왔다.[8]

사람이 효모나 균류, 심지어 분리한 암세포에 영향을 미칠 수 있음을 보여주는 연구 결과도 나왔다.[9] 필라델피아에 있는 세인트조지프 대학교의 생물학자 캐럴 내시Carroll Nash는 사람이 단지 그렇게 되길 원하는 것만으로 세균의 성장 속도에 영향을 미칠 수 있다는 사실을 밝혀냈다.[10]

제럴드 솔프빈Gerald Solfvin은 기발한 연구를 통해 '최선을 바라는' 우리의 능력이 실제로 다른 생물의 치료에 효과를 미친다는 사실을 보여주었다. 솔프빈은 먼저 실험을 위해 복잡하고 정교한 조건을 만들었다. 그리고 생쥐 집단에 말라리아 병원체를 주사했다. 말라리아는 설치류에게 치명적인 질병이다.

솔프빈은 실험실 조수 3명을 피험자로 선택한 뒤, 그들에게 생쥐들 중 절반에게만 말라리아 병원체를 주사했다고 말했다. 그리고 심령 치료사가 절반의 생쥐(반드시 말라리아에 걸린 생쥐만은 아니었다)에게 치료를 시도할 테지만, 조수들은 어느 생쥐가 심령 치료를 받을지 전혀 모를 것이라고 했다. 그런데 이 말들은 모두 거짓이었다.

조수들이 할 수 있는 일이라곤 자기가 돌보는 생쥐가 낫길 기원하고, 심령 치료사의 개입이 효과가 있길 바라는 것뿐이었다. 그런데 한 조수는 동료들보다 훨씬 낙관적이었는데, 이러한 태도가 효과를 나타냈다. 실험이 끝났을 때, 그 조수가 돌본 생쥐들은 나머지 두 조수가 돌본 생쥐들보다 덜 아팠다.[11]

솔프빈의 실험은 심령 치료사들을 대상으로 한 그래드의 실험과 마찬가지로 표본 집단이 너무 작아서 확실한 결론을 내릴 수 없었다. 하지만 그보다 앞서 1974년에 렉스 스탠퍼드Rex Stanford가 한 연구가 있었다. 스탠퍼드는 심지어 사람들이 자신이 바라는 게 정확하게 무엇인지 잘 모르고 그저 모든 것이 잘되길 '바라는' 것만으로도 사건에 영향을 미칠 수 있다는 것을 보여주었다.[12]

엘리자베스는 치유를 조사한 연구가 아주 많다는 사실(사람을 대상으로 한 실험만 적어도 150건이나 되었다)에 놀랐다. 그 연구들은 매개자가 신체 접촉이나 기도 또는 비종교적인 일종의 의도처럼 다양한 방법을 사용해 치유 메시지를 보내려고 시도한 사례들이었다. 치료적 접촉의 경우, 환자가 편안한 이완 상태에서 주의를 내면으로 돌리도록 노력하는 동안 치유를 시도하는 사람이 환자의 몸에 손을 대고 환자가 낫길 기원한다.

한 연구에는 고혈압 환자 96명과 치유사 여러 명이 참여했다. 의사나 환자는 누가 정신 요법을 받는지 전혀 몰랐다. 나중에 통계 분석을 해보았더니, 치유사에게 정신 요법을 받은 환자들이 대조군에 비해 수축기 혈압(심장에서 혈액이 뿜어져 나올 때의 혈압)이 크게 개선된 것으로 나타났다. 치유사는 잘 정의된 절차를 따랐는데, 이완, 더 높은 능력자나 절대자와의 접촉, 건강을 완전히 회복한 상태에 있는 환자를 시각화하거나 그럴 것이라고 긍정적으로 생각하기, 마지막으로 그것이 신이건 다른 영적 존재이건 그 힘의 원천에 감사하기 등이 그 절차에 포함돼 있었다. 치유사들은 집단 전체를 놓고 보았을 때 전반적으로 성공적이었고, 개별적으로는 경이로운 결과를 낳은 사례도 있었다. 그중 네 사람은 담당한 환자들 중 건강이 개선된 비율이 무려 92.3%에 이르렀다.[13]

아마도 인간을 대상으로 한 연구 중에서 가장 인상적인 것은 1988년에 랜돌프 버드Randolph Byrd라는 의사가 한 것이 아닌가 싶다. 버드는 무작위적이고 이중 맹검법을 따른 실험을 통해 원격 기도가 관상동맥 집중치료실 환자들에게 어떤 효과가 있는지 알아보려고 했다. 400여 명의 환자를 두 집단으로 나누고, 병원 밖에서 기독교 신자들에게 절반의 환자들을 위해 10개월 동안 기도를 하게 했다(환자들 자신은 전혀 눈치 채지 못하게). 사전에 모든 환자의 상태를 평가했는데, 원격 치유를 시도하기 전에는 그들의 상태에 통계적 차이가 전혀 없었다. 그런데 원격 치유를 시도한 후, 기도를 받은 환자들은 그렇지 않은 환자들에 비해 심한 증상이 크게 줄어들었고, 폐렴 발생 사례가 더 적었으며, 산소 호흡기 사용 빈도도 더 낮았고, 항생제 투여량도 줄어들었다.[14]

비록 그런 연구가 상당히 많긴 했지만, 엘리자베스가 보기에 대개는 실험계획을 엉성하게 짰다는 문제점이 있었다. 연구자들은 긍정적 실험 결과가 정말로 원격 치유 때문에 일어났다고 확신할 만큼 충분히 엄밀하게 실험을 설계하지 않았다. 그래서 치유 메커니즘 외에도 여러 가지 영향을 그 원인으로 주장할 여지가 충분히 있었다.

예컨대 혈압 치료에 관한 연구의 경우, 연구자들은 환자들의 혈압 강하제 복용 여부를 제대로 기록하거나 통제하지 못했다. 이런 상황에서는 아무리 결과가 좋더라도, 그것이 원격 치유 때문인지 약 때문인지 판단할 도리가 없다.

버드의 기도 연구는 잘 설계된 것이긴 했지만, 실험을 시작할 때 환자의 심리 상태에 관한 자료가 빠져 있었다. 많은 질병의 회복에는, 특히 심장 수술 환자의 회복에는, 심리적 문제가 큰 영향을 끼친다는 사실이 알려져 있기 때문에, 치유 효과가 나타난 집단에 긍정적인 생각을 가진 사람들이 더 많이 포함되었을 개연성을 배제할 수 없다.

원격 치유가 정말로 환자의 상태를 호전시켰다는 사실을 입증하려면, 다른 효과가 끼어들 여지를 배제해야 한다. 사람의 기대도 결과를 왜곡시킬 수 있다. 기대 효과나 이완 같은 요인이 실험 결과에 미치는 영향도 잘 통제해야 한다. 동물을 껴안거나 심지어 배양 접시의 내용물을 다루는 행동도 결과에 편향을 초래할 가능성이 있고, 원격 치유자를 찾아가거나 따뜻한 악수를 나누는 것도 마찬가지다.

어떤 형태의 개입이 효과가 있는지 검증하려고 하는 과학 실험에서는 실험군과 대조군이 한쪽은 치료를 받고 다른 쪽은 받지 않는다는 조건만이 유일한 차이점이어야 한다. 그렇게 하려면 건강이나 나이, 사회경제적 지위를 비롯해 그 밖의 관련 요소들이 최대한 비슷하도록 두 집단을 구성해야 한다. 만약 실험에 참여한 사람들이 환자라면, 아픈 정도가 두 집단 사이에 별 차이가 없어야 한다. 그러나 엘리자베스가 읽은 연구들 중에서 두 집단을 서로 비슷하게 구성하려고 만전을 기한 경우는 별로 없었다.

실험에 참여한 환자가 치유 대상이 되어 관심을 받은 것만으로 증상이 호전되는 효과가 없다면, 치유를 받은 사람과 그렇지 않은 사람의 결과가 똑같이 나타나도록 하는 데에도 만전을 기해야 한다.

우울증 환자를 대상으로 6주간 원격 치유를 한 실험 결과는 실패였는데, 원격 치유를 받지 않은 대조군 환자들을 포함해 모든 환자의 증상이 개선되었기 때문이다. 하지만 원격 치유를 받은 환자이건 받지 않은 환자이건, 그 실험에 참여했다는 사실 자체가 심리적으로 좋은 효과를 낳았을 가능성이 있으며, 그것이 실제적인 치유 효과보다 크게 나타났을 가능성이 있다.[15]

이런 점들을 모두 고려할 때, 엘리자베스가 실험을 준비하는 일은 결코 쉬운 것이 아니었다. 이런 변수들이 실험 결과에 전혀 영향을 미치지 못하도록 실험을 아주 엄밀하게 설계해야 했다. 치유자가 특정 시기에만 있다가 다른 때에는 없는 상황도 결과에 영향을 미칠지 몰랐다. 환자의 몸에 손을 대는 것이 치유 과정에 도움이 될지 모르지만, 과학적으로 실험을 제대로 통제하려면 환자가 자신이 치유자의 손길에 닿는지 혹은 치유를 받는지조차 몰라야 했다.

엘리자베스와 시처는 실험을 설계하느라 몇 달을 보냈다. 환자와 의사 모두 누가 원격 치유를 받는지 모르도록 하기 위해 당연히 이중 맹검법을 따르도록 했다. 환자 집단이 균일해야 하기 때문에, 엘리자베스가 담당한 AIDS 환자 중에서 진행 정도가 비슷한 환자들(AIDS의 진행 속도를 알려주는 척도인 T세포 수가 비슷한 환자들)을 선택했다. 치유자를 만나거나 치유자의 손이 닿는 등 치유 메커니즘에서 결과에 혼동을 일으킬 수 있는 요소를 모두 배제하는 것이 중요했다. 그러기 위해 모든 치유 행위는 환자에게서 멀리 떨어진 곳에서 하기로 결정했다. 그리고 기독교의 기도 같은 특정 형태의 치유가 발휘하는 능력이 아니라, 치유 자체의 효과를 검증하려고 했기 때문에, 치유자들은 다양한 배경을 가진 사람들로 구성해 온갖 종류의 접근 방법을 사용하게 했다. 단지 돈을 목적으로 접근하거나 속임수를 쓸 가능성이 있거나 지나치게 이기적으로 보이는 사람들은 제외했다. 또한 그것은 보수나 개인적 영예를 얻는 일이 아니었기 때문에 치유자들은 헌신적이어야 했다. 각 환자에게는 적어도 10명의 치유자들을 배정해 치유를 시도하게 했다.

넉 달 동안의 수배 끝에 엘리자베스와 시처는 마침내 치유자들을 모두 구했다. 그들은 미국 전역에서 선발한 40명의 종교적 치유자와 영적 치유자로, 대부분은 자기 분야에서 큰 존경을 받고 있었다. 정통 종교를 믿는다고 말한 사람은 소수였는데, 이들은 하느님에게 기도하거나 염주를 사용해 치유를 시도했다. 기독교인 몇 명, 복음파 신도 몇 명, 유대교 카발라 신도 한 명, 불교 신자 몇 명이 다였다. 다수를 이루는 사람들은 바버라 브레넌 치유의 빛 학교 같은 비종교적인 치유 수련원에서 수련을 받았거나, 환자가 지닌 오라aura(인체나 물체가 주위에 발산한다고 하는 신령스러운 기운-옮긴이)의 색이나 진동을 변화시키려고 시도하면서 복잡한 에너지장에 영향을 미치려는 사람들이었다. 어떤 사람들은 명상 요법이나 시각화를 시도했고, 어떤 사람들은 목소리를 사용해 환자 대신에 노래를 부르거나 종을 울리려고 했는데, 그것은 환자의 차크라chakra, 곧 에너지 중심을 복원시키기 위한 것이라고 설명했다. 수정 구슬을 사용하는 사람도 있었다. 한 사람은 수족Sioux 인디언의 샤먼으로 훈련받았는데, 인디언의 담뱃대 의식을 사용하려고 했다. 그는 북과 노래 소리를 들으면서 트랜스 상태에 빠져 환자를 대신해 정령들과 접촉했다. 중국에서 온 기공氣功 치료사도 한 명 있었다. 그는 환자에게 좋은 기를 불어넣겠다고 말했다. 엘리자베스와 시처는 치유자들을 선발한 유일한 기준은 자신의 방법에 효과가 있다고 믿는 것이라고 말했다.

그들에게는 공통점이 또 한 가지 있었는데, 가망이 없는 환자에게 치유를 시도해 성공을 거둔 사례가 있었다. 전체적으로 치유자들의 치유 경력은 평균 17년이었고, 원격 치유를 시도한 경험은 한 사람당 평균 117회였다.

엘리자베스와 시처는 환자 20명을 두 집단으로 나누었다. 두 집단 모두 정통 의학의 치료를 받지만, 원격 치유는 그중 한 집단만 받게 했다. 의사나 환자 모두 누가 원격 치유를 받고 누가 받지 않는지 몰랐다.

각 환자에 관한 모든 정보는 밀봉된 봉투에 보관하고, 실험의 각 단계마다 개별적으로 다루기로 했다. 한 연구자가 각 환자의 이름과 사진과 건강상태를 수집해 번호가 매겨진 폴더에 보관했다. 이것을 다른 연구자에게 건네면, 그 연구자는 폴더의 번호를 다시 무작위로 매겼다. 세 번째 연구자는 폴더들을 무작위로 두 집단으로 나눈 뒤에 캐비닛 속에 넣고 문을 잠갔다. 각 치유자에게는 다섯 환자에 대한 정보가 복사된 다섯 묶음의 자료를 건넸는데, 거기에는 각 환자에게 치유를 시작하는 날짜도 적혀 있었다. 이 실험에서 누구에게 치유를 시도하는지 유일하게 아는 사람은 치유자 자신뿐이었다. 치유자는 환자와 전혀 접촉하지 않았고, 심지어 만나지도 않았다. 그들에게 주어진 것이라곤 환자의 사진과 이름과 T세포 수뿐이었다.

각 치유자에게는 매일 1시간씩, 1주일에 6일 동안 환자의 건강과 행복을 위해 마음을 써달라고 요구했다. 단 휴식을 위해 매주 교대로 그렇게 하면서 10주일 동안 원격 치유를 시도하게 했다. 그것은 유례가 없는 원격 치유 실험 계획이었는데, 치유를 받는 집단에 속한 환자들은 차례로 모든 치유자에게 치유를 받았다. 혹시 있을지도 모르는 개인적 편향을 피하기 위해 치유자가 담당하는 환자를 1주일 단위로 바꾸었기 때문에, 치유자는 매주 새로운 환자를 맡았다. 이렇게 함으로써 모든 치유자의 노력이 모든 환자에게 골고루 미치게 했다. 그럼으로써 특정 종류의 치유 방법이 아니라, 치유 효과 자체에 초점을 맞춰 살펴볼 수 있었다. 치유자들은 자신의 치유 방법과 환자의 건강에 대한 인상과 함께 자신이 담당한 치유 회기에 대한 기록을 계속 남겼다. 실험이 끝날 무렵에 각 환자는 10명의 치유자에게 치유를 받았고, 각 치유자는 5명의 환자를 담당했다.

엘리자베스는 원격 치유에 대해 열린 태도를 보였지만, 내면의 보수적 성향이 계속 고개를 쳐들었다. 아무리 노력해도 그동안 받은 교육과 자신의 성향은 그것을 거부했다. 인디언의 담뱃대와 차크라 노래 따위가 이미 진행이 많이 된 중병으로 죽을 운명에 처한 환자 집단을 치료하는 데 도움이 될 리가 없다고 확신했다.

그런데 말기 단계 AIDS 환자들의 상태가 호전되는 일이 일어났다. 6개월의 실험 기간에 대조군에 속한 환자 중 40%가 죽었다. 하지만 원격 치유를 받은 집단에 속한 환자들은 10명 전원이 살아남았을 뿐만 아니라, 환자 자신의 보고와 건강 진단에 따르면 전보다 더 건강해졌다.

실험이 끝난 뒤, 전문가들이 환자들을 검사한 결과는 명백한 사실을 알려 주었다. 원격 치유는 효과가 있었다.

엘리자베스는 자신이 얻은 결과를 믿을 수가 없었다. 그 원인이 원격 치유 말고는 아무것도 없다는 점을 확실히 해야 했다. 두 사람은 실험 계획을 검토하고 다시 검토했다. 치유를 받은 집단에 뭔가 다른 점은 없었을까? 투여한 약이 다르거나 의사나 음식이 다르지는 않았는가? 환자들의 T세포 수는 모두 똑같았고, 더 오랫동안 HIV(AIDS 바이러스)에 양성 반응을 보이지도 않았다. 자료를 재검토하다가 엘리자베스는 자신들이 간과한 한 가지 차이점을 발견했다. 대조군의 환자들은 나이의 중앙값이 45세로, 실험군의 35세에 비해 더 많았다. 그것은 그다지 큰 차이라고 할 수 없었지만, 대조군의 환자가 더 많이 죽은 요인일 수 있었다. 엘리자베스는 실험이 끝난 뒤에도 환자들을 계속 추적 조사했는데, 원격 치유를 받은 환자들이 나이에 상관없이 더 오래 산다는 사실을 발견했다. 그럼에도 불구하고, 엘리자베스는 자신들이 겉으로 봐서는 도저히 가능할 것 같지 않은, 논란의 여지가 많은 분야와 효과를 다루고 있다는 사실을 잘 알고 있었고, 정말로 확실하다는 판단이 서기 전까지는 그 효과를 인정해서는 안 되었다. 오컴의 면도날을 적용해야 했다. 즉, 여러 가지 가능성이 있을 때에는 가장 단순한 가설을 취해야 했다.

엘리자베스와 시처는 실험을 다시 해보기로 결정했는데, 이번에는 규모를 더 늘리고, 먼젓번 실험에서 간과했던 나이와 그 밖의 요인들도 철저하게 통제하기로 했다. 이번에 선택한 환자 40명은 나이나 질병의 진행 정도, 심지어 개인의 습성까지 모든 변수들이 비슷한 사람들이었다. 흡연량과 운동량, 종교, 심지어는 레크리에이션 약recreational drug(운동선수가 신체 능력을 증대시키기 위하여 먹거나 예술가가 정신적 능력을 높이기 위해 먹는 약처럼 일상생활의 능력을 신장하기 위한 수단으로 사용하는 약-옮긴이)의 섭취량까지도 비슷했다. 과학적으로 볼 때, 이들은 모든 것이 서로 일치하는 이상적인 실험 집단이었다.

이 무렵에 AIDS 환자에게 희망을 주는 치료제인 단백질 분해 효소 억제제가 개발되었다. AIDS 환자들은 표준적인 3제 요법(단백질 분해 효소 억제제에다가 AZT 같은 항레트로바이러스 약품 두 가지를 함께 투여하는 치료법)을 따르되, 그 밖의 치료법도 계속 병행하라는 충고를 받았다.

3제 요법은 AIDS 환자의 사망률에 큰 차이를 낳는 것처럼 보였기 때문에, 엘리자베스는 이번에는 실험군과 대조군 양쪽 모두에서 실제로 죽는 사람은 아무도 없을 것이라고 추정했다. 그렇다면 목표로 삼는 결과도 바꾸지 않으면 안 되었다. 이번 연구에서는 원격 치유가 AIDS의 진행 속도를 늦출 수 있는지 알아보기로 했다. 원격 치유가 AIDS의 증상을 줄이고, T세포 수치를 높이고, 의학적 개입을 줄이고, 심리적 행복을 높일 수 있을까?

엘리자베스의 신중한 태도는 성과가 있었다. 6개월 뒤, 원격 치유를 받은 집단은 모든 점에서 대조군보다 건강했다. 대조군에 비해 병원 방문 횟수, 입원 횟수와 일수가 현저하게 적었고, 에이즈의 새로운 증상도 적게 나타났으며, 에이즈의 진행도 훨씬 느렸다. 치유 집단에서는 오직 2명만 에이즈 연관 질환이 발병한 반면, 대조군에서는 12명이 발병했고, 치유 집단에서는 3명만 입원한 반면, 대조군에서는 12명이 입원했다. 심리 테스트에서도 치유 집단은 기분이 훨씬 나아진 결과를 보였다. 치유 집단은 열한 가지 건강 검진 항목 중 여섯 가지 항목에서 대조군보다 훨씬 나은 결과를 보였다.

환자들이 지닌 긍정적 사고의 영향 역시 엄격하게 통제했다. 실험 도중에 모든 환자에게 자신이 원격 치유를 받는다고 생각하는지 물었다. 실험군과 대조군에 속한 사람들 중 각각 절반은 그렇다고 생각했고, 나머지 절반은 그렇지 않다고 생각했다. 이렇게 원격 치유에 대한 긍정적 사고와 부정적 사고를 가진 사람들을 무작위로 나눈 것은 긍정적 사고가 결과에 영향을 미치는 것을 방지하기 위해서였다. 분석 결과, 자신이 원격 치유를 받고 있다고 믿는지 아닌지는 결과와 아무 상관이 없는 것으로 나타났다. 실험이 끝날 무렵에야 환자들은 자신이 치유 집단에 속한다는 사실을 정확하게 추측하는 경향을 보였다.

엘리자베스는 환자들과 관련된 그 밖의 어떤 변수가 결과에 영향을 미칠 가능성을 배제하기 위해 50차례의 통계적 테스트를 거쳤다. 따라서 이번 실험에서는 우연 외에는 다른 변수가 끼어들 여지가 없었다.

그 결과는 결코 부인할 수 없는 것이었다. 어떤 치유 방법을 사용하건, 치유자가 생각하는 더 높은 존재가 무엇이건, 치유자는 환자의 육체적·정신적 안녕에 큰 도움이 되었다.[16]

엘리자베스와 시처의 연구 결과는 1년 뒤에 검증되었다. 미국중서부심장연구소Mid-America Heart Institute, MAHI에서 심장병 입원 환자에게 원격 중보 기도가 미치는 효과를 12개월 동안 조사해보았더니, 유해한 증상이 더 적어지고 병원에 머무는 기간이 줄어드는 결과가 나타났다. 그런데 이 실험에서 원격 기도를 한 '중재자'들은 능력이 있는 치유자가 아니었다. 참여 자격은 그저 하느님을 믿고, 누군가 아플 때 기도하면 하느님이 그 사람을 낫게 해줄 것이라고 믿는 사람이면 되었다. 이 실험에서 모든 중재자는 표준적인 형태의 기도를 사용했다. 대부분은 개신교도나 가톨릭교도 또는 초교파 기독교인이었다. 이들 각자에게 기도를 할 대상으로 특정 환자를 한 명씩 배정했다.

한 달 뒤, MAHI의 경험 많은 심장병 전문의들이 개발한 배점 방식(환자를 아주 양호한 상태에서부터 절망적 상태까지의 단계로 평가하는)에 따르면, 기도를 받은 집단은 정상적인 치료만 받은 대조군에 비해 증상이 10% 이상 감소했다. 비록 원격 치유 노력이 병원에 머무는 기간을 줄이지는 못했지만, 그 밖의 모든 점에서는 분명히 더 나은 결과를 낳았다.[17]

현재 여러 대학교에서 더 많은 연구가 진행되고 있다. 엘리자베스 자신은 원격 치유자가 미치는 효과와 의료 전문가 집단인 간호사가 환자에게 미치는 효과를 비교하는 실험을 시작했는데(지금 이 글을 쓰고 있는 2001년에도 계속 진행되고 있다), 간호사가 환자를 돌보는 태도 역시 하나의 치유 메커니즘으로 작용할 가능성이 있다.[18]

MAHI의 연구는 여러 측면에서 랜돌프 버드의 연구보다 개선된 것이었다. 버드의 연구에서는 모든 의료진이 실험이 진행된다는 사실을 알았지만, MAHI의 연구에서는 아무도 그 사실을 몰랐다.

MAHI의 환자들 역시 자신이 실험에 참여하고 있다는 사실을 몰랐기 때문에, 어떤 심리적 효과가 실험 결과에 영향을 미칠 가능성은 없었다. 버드의 연구에서는 450명의 환자 중 약 $\frac{1}{8}$이 실험에 참여하길 거부했다. 즉, 치유자가 자신을 위해 기도하는 것을 받아들이거나 최소한 반대하지 않는 사람만 실험에 참여했다. 마지막으로, 버드의 연구에서는 치유자가 환자의 정보를 많이 제공받은 반면, MAHI의 연구에서는 기독교인들이 자신이 기도를 하는 환자에 관한 정보를 사실상 아무것도 제공받지 않았다. 기독교인들이 들은 말은 그저 28일 동안 기도를 하라는 지시만이 다였다. 또, 자신의 기도 효과 여부에 대해서도 아무런 이야기를 듣지 못했다.

엘리자베스의 연구나 MAHI의 연구는 하느님이 기도에 응답한다거나 심지어 하느님이 존재한다는 사실을 입증한 것은 아니다. MAHI의 연구는 이 점을 놓치지 않고 "우리가 관찰한 것은 병원 밖에서 누군가가 기도하는 태도로 입원 환자의 이름을 말하면(혹은 생각하면), 그 환자가 관상동맥 집중치

료실에서 상태가 '좋아지는' 일이 일어나는 것처럼 보인다는 사실뿐이다."라고 지적했다.[19]

실제로 엘리자베스의 연구에서는 환자의 건강을 기원하는 의도만 있다면, 치유자가 사용하는 방법은 문제가 되지 않는 것처럼 보였다. 북아메리카 인디언이 믿었던 거미 여인에게 의지하건 예수에게 의지하건, 그 효과는 똑같이 나타났다. 엘리자베스는 어떤 치유자의 성공률이 더 높은지 분석하는 데 착수했다. 그들이 사용한 방법은 서로 아주 달랐다. 피츠버그에서 온 '에너지 흐름 정렬과 연결' 수행자는 여러 환자에게 원격 치유를 시도한 뒤, 그들 모두에게 공통되는 에너지장이 있다고 말했다. 그녀는 그것을 'AIDS 에너지 지문'이라고 생각했으며, 환자의 건강한 면역계와 접촉하려고 노력하면서 '나쁜 에너지'를 무시할 것이라고 했다. 또 어떤 치유자는 환자의 몸에서 정신적으로 바이러스를 제거하는 심령 수술을 사용하겠다고 했다. 샌타페이에 사는 한 기독교인은 성모 마리아와 성인들의 그림과 촛불을 올려놓은 제단 앞에서 원격 치유를 시도했는데, 자신이 영적인 의사와 천사와 안내자를 불러왔다고 주장했다. 한편, 카발라 치유사를 비롯해 다른 사람들은 단순히 에너지 패턴에 집중했다.[20]

그런데 이들은 모두 공통적으로 뒤로 물러서는 능력이 있는 것처럼 보였다. 대부분은 자신의 의도를 끄고는 뒤로 물러서서, 마치 문을 열어 더 큰 존재를 들어오게 하는 것처럼 다른 종류의 치유력에 모든 것을 맡긴다고 주장하는 것처럼 보였다. 더 큰 효과를 보인 사람들 중 다수는 도움을 요청했는데, 영적인 세계나 집단의식, 또는 심지어 예수 같은 종교적 인물에게 도움을 요청했다. 그것은 자기중심적 치유 방법이 아니라, "제발 이 사람을 낫게 하소서!"라고 간청하는 것에 가까웠다. 그들이 떠올리는 심상은 대부분 이완, 영혼을 풀어주거나 받아들이는 것, 빛이나 사랑을 불러들이는 것과 관련된 것이었다. 실제적인 존재는 예수가 되었건 거미 여인이 되었건 아무 상관이 없는 것처럼 보였다.

MAHI의 연구는, 치유자가 영점장에 연결하는 데 더 경험이 많거나 천부적인 재능이 더 있을지 모르지만, 보통 사람들도 의도를 통한 원격 치유가 가능하다는 것을 시사했다. 캔자스 주 토피카에서 엘머 그린Elmer Green이라는 연구자는 구리벽 프로젝트Copper Wall Project를 통해 경험 많은 치유자가 치유 행위를 하는 동안 비정상적으로 높은 전기장 패턴이 나타난다는 것을 보여주었다. 이 실험에서 그린은 벽을 완전히 구리(다른 발생원에서 생긴 전기를 차단하는)로 만들어 격리시킨 방 안에 피험자를 들어가게 했다. 정상적인 피험자는 호흡이나 심장 박동과 관련된 전기가 발생하지만, 치유자의 몸과 네 벽에 설치한 전위계로 측정한 결과, 치유자들은 치유 행위를 하는 동안 60볼트 이상의 서지surge(전류나 전압이 순간적으로 크게 증가하는 현상-옮긴이)가 나타났다. 치유자의 행동을 비디오로 녹화한 것을 분석해보니, 전압 서지는 신체적 움직임과는 아무 관계가 없었다.[21] 중국 기공 치료사의 몸에서 뿜어져 나온다는 치유 에너지(기氣)의 성질을 연구했더니, 치유 행위를 하는 동안 광자가 방출되고 전자기장이 발생한다는 증거가 나왔다.[22] 이렇게 갑작스러운 에너지 상승은 치유자의 결맞음 정도가 매우 높다는 사실(따라서 자신의 양자 에너지를 끌어모아 양자 에너지가 덜 조직적인 사람에게 전달할 수 있다)을 뒷받침하는 물리적 증거일지도 모른다.

엘리자베스와 브로드의 연구는 질병과 치유의 본질에 관해 심오한 함의를 많이 제기했다. 이들의 연구는 의도 자체만으로도 치유 효과가 있지만, 치유는 집단적인 힘이기도 함을 시사했다. 엘리자베스의 치유자들이 보여준 치유 방법은 치유의 영healing spirit이라는 집단 기억이 있으며, 그것을 모아 치유력으로 나타나게 할 수 있음을 시사한다. 이 모형에 따르면, 질병은 일종의 집단 기억을 통해 치유할 수 있다. 영점장의 정보는 생물이 건강을 유지하도록 도와준다. 심지어 개인의 건강과 질병은 어떤 의미에서 집단적인 것일 수도 있다. 어떤 전염병은 일종의 강력한 히스테리가 물리적으로 발현되면서 창궐하는지도 모른다.

만약 의도로 다른 사람의 건강을 회복시킬 수 있다면(질서를 개선할 수 있다면), 질병은 개인의 양자 요동에 생긴 교란임을 시사한다. 포프의 연구가 보여주듯이, 치유는 개인의 양자 요동을 더 걸맞게 작용하도록 재프로그래밍하는 문제인지도 모른다. 또, 치유는 계를 안정 상태로 되돌리도록 정보를 제공하는 것으로 볼 수도 있다. 모든 생물학적 과정은 정교한 과정들의 연쇄 반응이 필요한데, 그 과정들은 PEAR 연구에서 관찰된 미소한 효과에 민감하다.[23]

또한 질병은 격리, 즉 영점장과 공동체의 집단 건강과 연결이 끊어지는 것일 수도 있다. 실제로 엘리자베스의 연구에서 피츠버그에서 온 '에너지 흐름 정렬과 연결' 수행자 데브 슈니타Deb Schnitta는 AIDS 바이러스가 두려움—에이즈가 처음 창궐할 때 많은 동성애자들이 겪었던 것처럼 공동체에서 기피당하는 사람이 경험하는 것과 같은 종류의 두려움—을 먹고 살아가는 것처럼 보인다고 했다. 심장병 환자를 대상으로 한 여러 연구에서는 높은 콜레스테롤 수치 같은 신체적 조건보다는 격리(자기 자신과 공동체, 자신의 영성으로부터)가 심장병 발병의 주요인이라는 사실이 밝혀졌다.[24] 장수에 관한 연구에서는 장수하는 사람들 중에는 더 높은 영적 존재를 믿는 사람뿐만 아니라, 공동체에 대한 소속감이 강한 사람들이 많은 것으로 드러났다.[25]

이런 결과들은 치유자의 의도가 약만큼 중요할 수 있다는 것을 의미한다. 자신의 점심 식사를 위해 환자가 진료를 취소하길 바라는 이상한 의사나 3일 연속으로 밤을 새운 수련의, 특정 환자를 싫어하는 의사는 모두 환자에게 나쁜 효과를 미칠 수 있다. 이것은 의사가 줄 수 있는 가장 중요한 치료는 환자의 건강과 안녕을 바라는 마음임을 의미한다.

엘리자베스는 환자를 만나러 가기 전에 자신의 의식 속에 어떤 생각이 자리 잡고 있는지 확인하는 버릇이 생겼는데, 자신이 긍정적인 의도를 보내도록 하기 위해서였다. 엘리자베스는 원격 치유도 연구하기 시작했다. 만약 병이 낫길 기원하는 환자가 누구인지도 모른 채 기도하는 기독교인에게 그러한 치유 능력이 있다면, 자신에게도 그러한 치유 능력이 있을 것이라고 생각했다.

엘리자베스의 치유자들이 **사용한 방식**은 아주 기이한 개념을 시사했는데, 그것은 바로 개인의 의식은 죽지 않는다는 것이었다. 실제로 애리조나 대학교에서 영매들을 대상으로 실험실에서 실시한 최초의 진지한 연구 중 하나에서는 사람이 죽은 뒤에 의식이 살아남는다는 개념을 뒷받침하는 것처럼 보이는 결과가 나왔다. 속임수를 배제하도록 철저하게 통제한 실험에서 영매들은 죽은 친척에 관한 정보를 이름에서부터 개인의 특이 사항과 죽음에 이른 자세한 과정에 이르기까지 대체로 80가지 이상의 정보를 알아냈다. 전체적으로 그러한 정보의 정확도는 평균 83%였다—심지어 한 사람은 93%의 적중률을 나타냈다. 영매가 아닌 사람들로 구성된 대조군의 결과는 36%였다. 한 영매는 죽은 어머니가 어린 시절에 보모를 위해 올리던 기도를 읊조리기까지 했다. 그 연구 팀을 이끈 게리 슈워츠Gary Schwarz 교수는 "아무리 줄여서 설명한다 하더라도, 영매가 죽은 자와 직접 의사소통을 한다고 볼 수밖에 없다."라고 말했다.[26]

포프가 표현한 것처럼, 죽을 때 우리는 자신의 진동수가 자신의 세포 물질로부터 '분리'되는 것을 경험한다. 죽음은 단지 집으로 돌아가는 것인지도, 아니 더 정확하게는 집에 남아 머무는 것—영점장으로 돌아가는 것—인지도 모른다.

11

가이아에서 온 전보

그것은 딘 래딘이 생각할 수 있는 것 중 사람들의 관심을 가장 많이 사로잡는 사건이어야 했다. 그렇다면 O. J. 심슨O. J. Simpson 재판의 결말만큼 흥미로운 것도 없을 것이라고 결론을 내렸다. 그것은 세기의 재판으로 불렸던 존 스코프스John Scopes의 '원숭이' 재판(테네시 주의 시골 고등학교 교사이던 존 스코프스가 진화론을 가르쳤다는 이유로 1925년에 재판을 받은 사건. 정식 명칭은 스코프스 재판이지만, 비꼬는 투로 흔히 원숭이 재판이라 불린다-옮긴이)에 쏠렸던 관심을 능가할 것 같았다. LA의 고속도로를 불안하게 질주하는 흰색 포드 브롱코를 경찰이 추격하는 장면이 방송된 순간부터 시작해 매분 수천만 명의 미국인이 법정 TV에서 펼쳐지는 드라마를 시청했다. 그리고 재판이 시작된 지 거의 1년이 다 되어가는 지금 이 순간, 전 세계에서 5억 명의 시청자가 브롱코를 몬 남자의 운명이 결정되는 장면을 생방송으로 보기 위해 텔레비전 앞에 앉아 있었다. 그는 지금 피고석에 앉아 자신의 아내와 정부를 잔인하게 살해

한 협의에 대해 배심원의 평결을 기다리고 있었다.

133일간의 증언, 126명의 증인, 857점의 증거물, 인종 차별 문제, DNA 검사와 피 묻은 장갑, 경찰과 법의학 전문가의 엄청난 실수, 랜스 이토Lance Ito 판사가 텔레비전 카메라를 두 차례나 법정 밖으로 쫓아내고, 말싸움을 벌인 양측의 법무 팀을 강력하게 질책한 드라마가 펼쳐지면서 재판이 진행된 아홉 달 반 동안 너무나도 많은 미국인이 텔레비전 앞에 붙어 있는 바람에 생산성 감소로 미국 국민총생산이 약 400억 달러나 줄어든 것으로 추정될 정도였다. 그리고 배심원단이 처음 구성된 지 1년 4일이 지난 지금, 텔레비전의 주간 드라마 시청률을 곤두박질치게 만들고, 주요 텔레비전 광고들까지 붙은 이 현실 드라마가 막 종영을 맞이하려는 참이었다.

마지막 순간까지도 손에 땀을 쥐게 하는 예상 밖의 상황들이 연출되었다. 배심원단이 평결을 발표하려고 법정에 모였을 때, 배심원장인 아만다 쿨리Armanda Cooley는 평결문을 봉투에 밀봉한 채 배심원실에 놓고 왔다는 걸 깨달았다. 하지만 설사 그것을 가지고 왔더라도, 심슨의 드림 팀을 이끄는 자니 코크란Johnny Cochran을 포함해 피고 측 변호인 두 사람이 출석하지 않은 상황이었다. 이토 판사는 휴정을 선언했다. 평결은 다음 날 오전 10시에 발표하기로 결정되었다. 전 세계 사람들은 하루를 더 기다려야 했다.

1995년 10월 3일, 그 이전에 벌어진 다섯 번의 슈퍼볼 경기 중 세 번의 시청자 수보다 더 많고, 텔레비전 시리즈 〈댈러스Dallas〉 중 '누가 JR을 죽였나?' 편을 시청한 사람들보다 더 많은 시청자가 텔레비전 앞에 앉았다. 이토 판사는 평결을 법정 서기인 디어드러 로버트슨Deirdre Robertson에게 건네주라고 지시했다. 로버트슨과 O. J. 심슨이 자리에서 일어섰다. 전 세계 사람들은 숨을 멈추었다.

"사건 번호 BA 097211, 캘리포니아 주 시민 대 오렌설 제임스 심슨의 사건에 대해, 배심원단은 피고 오렌설 제임스 심슨이 무죄라고 평결합니다."

라고 로버트슨이 낭독했다.

재판 내내 무표정했던 O.J. 심슨은 의기양양한 미소를 지었다.

심슨은 두 가지 혐의에 대해 모두 무죄 평결을 받았다. 그것은 이 긴 드라마의 마지막 반전이었다. 텔레비전 앞에 앉은 시청자들은 배심원단의 평결에 크게 놀랐는데, 조용히 지켜보고 있던 다섯 관찰자 역시 그랬다. 다섯 관찰자는 REG 컴퓨터로, PEAR 연구소의 한 대, 암스테르담 대학교의 한 대, 네바다 대학교의 석 대였다. 이 컴퓨터들은 평결을 낭독하기 전부터 낭독하는 순간과 낭독한 후까지 3시간 동안 계속 작동하도록 설정돼 있었다.

그 후 래딘은 컴퓨터들에서 나온 결과를 검토했다. 다섯 대의 컴퓨터 모두에서 통계적으로 유의미한 높은 피크 3개가 정확하게 동일한 순간에 나타났다. 태평양 표준시로 오전 9시에 작은 피크가, 1시간 후에 그보다 더 큰 피크가, 그리고 그로부터 7분 뒤에 엄청나게 큰 피크가 나타났다. 이 세 피크는 재판에서 가장 중요한 세 차례의 최종 순간과 일치했다. 텔레비전이 실황 방송을 처음 시작했을 때(대부분의 사람들이 텔레비전을 켠 시간), 실제 재판 절차가 방송되기 시작했을 때, 그리고 마지막으로 평결을 발표한 때였다. 전 세계 사람들과 마찬가지로 이 컴퓨터들도 심슨이 유죄인지 무죄인지 알고 싶어 신경을 곤두세우고 있었던 것이다.[1]

딘 래딘의 마음속에서는 오래전부터 집단의식이 존재할지도 모른다는 생각이 움트고 있었는데, 어쩌면 요가에 큰 관심을 보였던 어머니에게서 영향을 받았는지도 모른다. 고대 문화와 동양 문화에서는 이런 생각은 사람들에게 익숙한 개념이었다. 그러나 심리학자 윌리엄 제임스William James 같은 사람들은 신호를 수신하고 송신하는 방송국처럼 뇌가 단순히 이 집단 지능을 반영할 뿐이라고 주장했다. 래딘과 그 동료들이 인간의 마음이 그 경계를 확장하는 능력을 관찰하자, 많은 사람들이 합심하여 노력하면 그 효과가 더 커지는가, 그리고 정말로 전 세계적인 집단 마음이 하나의 통일체로 작용하는가와 같은 질문이 자연스레 나오게 되었다. 만약 개인과 환경 사이에 결맞음이 발달할 수 있다면, 집단 결맞음이 생겨날 가능성도 있을까?

래딘의 생각에서 색다른 점은 그것을 과학적으로 검증하는 방법을 찾아내려고 했다는 점이다. REG 기계로 집단의식의 증거를 포착할 수 있는지 알아보자는 생각을 맨 처음 한 사람은 로저 넬슨이었다. 그 아이디어는 어느 날 PEAR 연구소에서 넬슨이 어떤 데이터를 조사하다가 경험한 일 때문에 생겨났다. 그때는 1993년이었는데, 53세의 심리학 박사였던 넬슨은 모든 사람들을 독려하여 일이 제대로 돌아가게끔 지휘하는 천부적인 재능 때문에 PEAR 연구소의 비공식 실험 책임자로 인정받고 있었다. 그는 버몬트 주의 한 대학교에서 일하다가 1980년에 1년 동안 안식년 휴가를 보내려고 이곳에 왔는데, 1년이 2년으로 연장되었다가 얼마 후에 대학 측에 돌아가지 않겠다고 통보했다. PEAR 연구소에서의 연구는 붉은 턱수염을 기른 시골 사람 같은 네브래스카 주 출신의 넬슨에게는 마약과도 같았고, 그래서 그는 과학의 변경에서 일어나는 연구에 매력을 느껴 눌러앉은 또 한 사람의 과학자가 되었다.

넬슨은 프린스턴 대학교 토목공학과가 실시한 여러 REG 실험에서 얻은 점수 분포를 그래프로 만들면서 밤늦게까지 일했다. 사람들이 한 종류의 의도(HI, 앞면)에 집중했을 때 나온 그래프와 반대 의도(LO, 뒷면)에 집중했을 때 나온 그래프를 검토해보았지만, 그다지 이상한 것은 발견되지 않았다. 예상한 대로 HI 그래프는 약간 왼쪽으로, LO 그래프는 약간 오른쪽으로 이동했다. 그런 다음, 넬슨은 사람들이 기계에 어떤 의도도 미치지 말도록 한 세 번째 실험에 대한 통계 자료를 출력했다. 그 결과는 아무도 영향을 미치지 않는 상태에서 기계가 혼자서 돌아가면서 순전히 우연히 나오는 모양과 사실상 구별할 수 없는 기준선이 될 것이라고 예상했다. 그러나 전혀 그렇지 않았다. 거기에는 모든 것이 압축된 형태로 나타났다. 한가운데 부분에는 명백하게 예외적인 특징이 나타났는데, 꽉 쥔 작은 주먹 같은 모양으로 작은 막대가 돌출돼 있었다. 그것은 마치 넬슨을 주먹질을 하며 나무라는 것 같았다. 넬슨은 너무나도 웃겨서 폭소를 터뜨리다가 의자에서 떨어질 뻔했다. 왜 이것을 진작 알아채지 못했을까? 어떤 것을 생각하지 않으려고 하는 노력에도 에너지를 집중하는 게 필요할 수 있다. 우리 마음은 어쩔 도리가 없다. REG 기계에 아무 영향도 미치지 않으려고 의도하는 것은 코끼리를 생각하지 않으려고 노력하는 것과 같다. 어떤 종류의 주의도 의식을 집중하는 행동 때문에 질서를 만들어낼 수 있다. 마음은 뭔가를 알아채거나 생각하거나 늘 어떤 일을 한다.

우리는 생각한다. 고로, 우리는 영향을 미친다.

PEAR 연구소에서는 이미 이런 효과를 뒷받침하는 증거가 일부 나와 있었다. 넬슨은 많은 REG 연구에서 어떤 사람들(대개는 여성)이 다른 것에 정신을 집중할 때, REG 기계에 영향을 미치는 데 더 큰 성공을 거두는 사례들을 목격했다.[2] 넬슨은 ContREG(REG 기계가 하루 동안에 평상시보다 앞면이나 뒷면이 더 많이 나오는 경우가 있는지 알아보기 위해, 그리고 그런 효과가 일어난 순간에 방 안에서 어떤 일이 일어났는지 알아내기 위해 쉬지 않고 계속해서 돌린 REG 기계의 별명)라 이름 붙인 장비를 사용해 이것을 검증하는 데 착수했다.

여기서 또 다른 아이디어가 떠올랐다. 일상적인 관찰에 필요한 주의 집중 수준은 아주 낮은 편이다. 일상생활을 하면서 우리는 많은 것을 보고 듣고 냄새 맡는다. 그러나 마음과 감정을 몰입시키는 일을 할 때(음악을 듣는다거나 연극에서 감동적인 장면을 본다거나 정치 집회나 종교 행사에 참여한다거나 할 때)에는 온몸의 주의가 거기에 집중된다. 최고로 강렬한 수준의 주의를 집중하는 것이다.

우선 넬슨은 의식이 질서를 만들어내거나 영향을 미치는 능력이 관찰자의 주의력 정도에 따라 달라지는지 궁금했다. 그리고 두 번째로는, 만약 개인의 경우에 그렇다는 결과가 나온다면, 두 사람 이상이 힘을 합친 효과는 어떻게 나올지 궁금했다. 그는 PEAR의 연구 자료에서 결혼한 부부 커플(서로 깊은 관련이 있는 사람들)이 개인보다 REG 기계에 더 큰 효과를 미친다는 사실을 확인했다. 이것은 생각이 비슷한 두 사람이 무작위적 계에 질서를 더 많이 만들어낸다는 것을 시사했다. 그렇다면 전체 군중에게 동일한 것에 주의를 강하게 집중하게 한다면, 그 효과는 훨씬 강하게 나타날까? 집단의 크기나 집중의 강도와 효과 크기 사이에는 과연 상관관계가 있을까? 넬슨은 어쨌든 누구나 살아가다가 집단의식 사건을 느끼는 순간을 한 번씩 경험한다고 생각했다. 아주 민감한 REG 기계라면, 이것을 포착할 수 있을 것 같았다.

넬슨은 곧 열릴 회의에서 이 가설을 시험해보기로 결정했다. 로버트 잔과 브렌다 던은 이미 1993년 4월에 열리는 국제의식연구실험실ICRL 회의에 참석하기로 마음먹었다. 1년에 두 차례 열리는 이 회의에는 세계 각지의 유명한 학자들이 참석하여 의식의 역할에 관한 정보를 교환했다. 그해 늦게 넬슨은 캘리포니아 주의 에설런 연구소에서 열릴 예정인 '직접적 정신 치유 상호 작용DMHL' 회의에 참석할 계획을 세웠다. 10여 명의 과학자가 참석해 치유에 관한 연구 진행 방법을 검토할 이 회의는 영향력 있는 자리가 될 것으로 예상되었다. 할리우드에서는 '훌륭한 회의 참석자들'에게 일종의 경외감을 느꼈다. 넬슨의 경우, 그 답을 알고자 한 질문은 REG 기계가 좋은 분위기도 포착할 수 있는가 하는 것이었다.

잔과 던은 상자 하나와 REG 프로그램을 내장한 채 데이터를 기록하는 랩톱 컴퓨터를 가지고 회의에 참석했으며, 회의 내내 REG 프로그램을 가동시켰다. 넬슨은 에설런 회의에서 그와 똑같이 했다. 그들이 찾고자 한 것은 무작위적 움직임에서 한결같이 벗어나는 이 변화가 '정보' 환경의 어떤 변화를 시사하는가, 그리고 해당 집단의 공유 정보장과 집단의식과 관계가 있는가 하는 것이었다.[3] 이 실험과 보통 REG 실험의 주요 차이점은 집단이 기계에 어떤 방식으로든 영향을 미치려고 시도하지 않는다는 점이었다.

프린스턴으로 돌아와 결과를 분석하자, 부정할 수 없는 효과가 일어났음을 발견했다. 그들은 이 실험을 더 해보기로 결정했다. 비슷한 다른 사건(이번에는 ICRL이 후원한 의식 아카데미)에서는 더 결정적인 데이터가 나왔다. 그래프 중앙에 나타난 큰 경사는 일상생활 속의 의식儀式에 관해 20분 동안 열띤 토론을 하면서 온 청중의 관심을 사로잡은 순간과 정확하게 일치했다. 넬슨은 그때 회의 참석자의 발언을 기록한 회의록과 녹음 기록도 살펴보았다. 50명의 참석자 대다수는 그 토론에 대해 특별히 마음을 함께 나눈 순간이었다고 언급했다. REG 기계의 결과를 전혀 모르는 한 사람은 집단의 에너지에 일어난 변화가 거의 피부로 느낄 수 있는 수준이었다고 말했다.[4]

넬슨 자신이 에설런에서 한 실험에서도 회의 중 사람들의 관심을 가장 많이 끈 순간에 데이터가 무작위성에서 크게 벗어나는 결과가 나타났다.

실험 결과는 흥미로웠지만, 이 개념은 온갖 종류의 집회 장소에서 더 확인할 필요가 있었다. 그러려면 휴대용 장비가 꼭 필요했다. 기존의 하드웨어는 크고 무거운 데다가 다루기 불편했고, 자체 동력 공급원이 필요했다. 넬슨은 휼렛패커드의 팜 컴퓨터를 사용하는 방안을 생각했다. 그것은 포켓 녹음기만 한 크기에 불과했지만, 소형 REG 장비를 시리얼 포트에 꽂아 위에 올려놓을 수 있었다.

넬슨은 앞면이 더 많이 나오는지 뒷면이 더 많이 나오는지에는 관심이 없었는데, 이 실험에서는 어떤 의도를 행사하는 사람이 아무도 없었기 때문이다. 그가 알고 싶었던 것은 기계가 50 대 50의 무작위적 행동에서 어느 한쪽으로 벗어났는가 하는 것이었다. 어떤 변화—앞면이 더 많이 나오거나 뒷면이 더 많이 나오거나 혹은 때로는 앞면이 더 많이 나오다가 때로는 뒷면이 더 많이 나오는 등—라도 나타나기만 한다면, 그것은 우연에서 벗어나는 것으로 간주된다. 그러려면 데이터를 분석하는 데 PEAR 연구소에서 통상적인 연구에 사용하던 것과는 다른 통계적 방법이 필요했다. 넬슨은 각각의 시행 결과를 제곱하여 그래프로 나타내는 작업을 수반하는 '카이제곱' 검정이라는 방법을 사용하기로 했다. 이 방법을 사용하면 예상되는 무작위적이고 단조로운 앞면-뒷면 패턴에서 상당 시간 벗어나거나 크게 벗어나는 비정상적 행동을 쉽게 포착할 수 있었다.

넬슨은 이 실험을 '필드 의식field consciousness' 실험 또는 줄여서 '필드REG FieldREG' 실험이라 불렀다. 이 이름은 이중의 의미를 지니고 있다. 현장으로out in the field 보낸 REG라는 의미도 있고, '의식장consciousness field' 같은 것이 있는지 검증하기 위한 장비라는 의미도 있다.

넬슨은 자신의 필드REG로 사업 회의, 학술회의, 유머 대회, 콘서트, 극적인 사건 등 온갖 종류의 사건을 시험해보기로 했다. 그는 청중을 몰입하게 만드는 강렬한 사건—다수의 사람들이 동시에 하나의 강렬한 생각에 몰입하는 순간—을 찾았다.[5] 유니테리언 유니버설리스트 이교도 계약Covenant of Unitarian Universalist Pagans, CUUPS의 한 신도가 PEAR의 연구에 관심을 보이자, 넬슨은 그에게 필드REG를 빌려주었고, 그 기계는 안식일과 보름달이 뜨는 날을 포함해 그들이 의식을 벌이는 모임에 열다섯 차례 자리를 함께했다.[6]

PEAR의 연구원 중에 매년 12월에 미국의 8개 도시에서 공연을 시작해 새해를 맞이하는 대형 뮤지컬 레뷰 〈더 레블스The Revels〉의 예술 감독을 친구로 둔 사람이 있었다. 그 예술 감독이 넬슨을 찾아와 자신의 공연에 필드REG를 사용해보라고 제안했다. 그것은 완벽한 사건처럼 보였다. 거기에는 의식과 음악과 관객의 참여가 있었다. 넬슨은 그 작품을 검토하고 나서 예술 감독한테 관객에게 가장 큰 영향을 미칠, 따라서 기계에도 가장 큰 영향을 미칠 장면 5개를 골라달라고 부탁했다. 필드REG는 1995년에 두 도시에서 열린 공연에 열 차례, 그리고 1996년에는 여덟 도시에서 열린 공연에 여러 차례 투입되었다. 그리고 넬슨이 예언한 바로 그 순간마다 기계의 데이터에 이상이 나타났다.[7]

분명한 패턴이 나타나고 있었다. 회의에서 특별한 발표가 일어나는 순간, 유머 대회가 클라이맥스에 이르는 순간, 이교도 의식에서 가장 열광적인 순간 등 참석자들의 관심이 최고조에 이르는 때마다 기계는 무작위적 움직임에서 벗어나 일종의 질서를 향해 움직였다. 그 움직임이 아주 미소하게 나타나는 REG 기계에서 이런 효과들은 비교적 크게 나타났다—PEAR 연구에서 혼자만의 힘으로 기계에 영향을 미치려고 애쓰는 개인에 비해 세 배나 크게. 이교도 모임에서는 필드REG가 두 차례(둘 다 보름달 의식을 치르는 동안) 정상 경로에서 크게 벗어나면서 평상시보다 뒷면이 훨씬 많이 나왔다.

CUUPS의 한 신도는 넬슨에게서 그 결과를 듣고서 조금도 놀라지 않았다. "대체로 우리의 안식일 의식은 아주 개인적이거나 강렬하지 않지만, 보름달 의식은 가끔 그럴 때가 있어요."[8]

해당 활동이 무엇이냐 하는 것은 별로 중요하지 않았다. 가장 중요한 요소는 집단의 열정과 해당 활동이 청중의 몰입을 유지하는 능력이었다. 그리고 집단 내에 일종의 집단 공명이 일어나면, 특히 그들에게 정서적으로 뜻깊은 맥락이 있으면, 도움이 되었다. 유머 대회에서는 어느 날 저녁에 중요한 발표를 했을 때, 청중이 그 코미디에 기립 박수와 앙코르를 외치며 몹시 즐거워한 그 순간에 기계는 정상에서 가장 크게 벗어나는 결과를 내놓았다. 무엇보다 중요한 요소는 분명히 모두가 같은 생각에 주의를 기울이면서 열광 상태에 빠지는 것이었다.

개개인의 마음 파동이 주의를 기울여 비슷한 것에 집중될 때, 일종의 집단 양자 '초복사'가 발생해 물리적 효과를 미치는 것처럼 보였다. REG 기계는 어떤 의미에서 집단의 에너지와 결맞음을 측정하는 온도계라고 말할 수 있다. 오직 사업 회의와 학술회의만이 기계에 아무 효과도 미치지 않았다. 참석자들이 지루해하고 주의가 분산된다면, 기계 역시 지루함을 느끼는 것 같았다. 무질서하고 아무 목적도 없어 보이는 REG 기계에 어떤 질서를 부여할 만큼 큰 힘을 모아주는 것은 같은 마음들이 강렬하게 뭉치는 순간처럼 보였다.

넬슨은 신성한 장소 개념에 흥미를 느꼈다. 신성한 장소는 수백 년 이상 신성한 목적으로 사용돼오면서 그런 속성을 부여받게 된 것일까, 아니면 처음부터 그 장소에 존재한 어떤 속성(나무나 돌의 배치, 그곳의 기운, 그 위치 등) 때문에 사람들이 자연히 신성한 곳으로 선택하게 된 것일까? 옛날 사람들은 땅의 신호에 민감해 지맥地脈 같은 특정 지형을 파악하고 주의를 기울였다. 만약 장소 자체에 뭔가 특별한 것이 있다면, 일종의 집단의식이 그곳에서 합쳐져 에너지 소용돌이를 이루게 되었을까, 아니면 일종의 에너지 공명이 항상 그곳에 존재해왔을까? 그리고 이러한 것들이 REG 기계로 포착될까?

넬슨은 아메리카 원주민이 신성하게 여겼던 장소들을 살펴보기로 했다. 넬슨은 와이오밍 주의 데블스타워 유적지에서 치유 의식을 실행하는 치료 주술사를 찾아가 자신의 기계를 사용해 관찰했다. 데블스타워는 여러 인디언 부족이 신성한 장소로 여겨온 곳이었다. 나중에 넬슨은 팜REG PalmREG를 호주머니에 넣고 직접 데블스타워 근처를 둘러보고, 운디드니(1980년 미국 사우스다코타 주 운디드니 강에서 미국 제7기병 연대가 수족 인디언 남자, 여자, 어린이 200여 명을 학살한 사건이 일어난 장소 - 옮긴이)도 방문했다. 넬슨은 그곳의 황량한 장소와 묘지와 위령비를 둘러보았다. 나중에 두 장소의 측정 데이터를 살펴보았더니, 보통의 PEAR 실험 결과보다 훨씬 큰 효과가 나타나 있었다.

마치 그곳에서 살아가고 죽어간 모든 사람들의 생각과 기억이 아직도 머물러 있는 것 같았다.[9]

이집트 여행에 나섰을 때 집단 기억과 공명의 본질을 좀 더 자세히 살펴볼 수 있는 기회가 찾아왔다. 넬슨은 19명의 동료와 함께 2주간의 이집트 여행을 하기로 했다. 고대 이집트의 주요 신전과 신성한 장소를 둘러보면서 성가를 부르고 명상을 하는 등 일련의 비공식적인 의식도 경험할 계획이었다. 이 여행은 그런 장소에서 명상에 몰입한 사람들이 기계에 어떤 효과를 미치는지 알아볼 기회를 제공할 것으로 기대되었다. 넬슨은 주요 장소—거대한 스핑크스, 카르나크와 룩소르의 신전들, 기자의 대피라미드 등—를 방문할 때마다 외투 호주머니 속에 넣은 팜REG를 작동시켰다. 그리고 집단이 명상을 하거나 노래를 부를 때, 그리고 그들이 단순히 신전 안을 걸어다닐 때, 심지어는 자기 혼자서 돌아다니거나 생각에 잠길 때에도 팜REG를 작동시켰다. 그리고 다양한 활동들이 일어난 시간을 꼼꼼하게 기록했다.

미국으로 돌아와 모든 데이터를 종합하자, 흥미로운 패턴이 나타났다. 가장 강한 효과는 집단이 신성한 장소에서 성가 부르기 같은 의식에 몰입했을 때 나타났다. 대부분의 주요 피라미드에서 나타난 효과는 PEAR에서 한 보통의 REG 실험에 비해 6배나 높았고, 보통의 필드REG 실험보다 2배나 높았다. 그것은 그때까지 넬슨이 본 것 중 가장 큰 효과였다—결혼한 부부에게서 얻은 것과 비슷할 정도로. 그런데 넬슨이 그저 경외감을 간직한 채 침묵 속에서 걸어다닌 신성한 장소 27군데의 데이터를 모두 합치자, 훨씬 놀라운 결과가 나타났다. 그 장소의 기운 자체는 어느 모로 보나 명상 집단만큼 큰 효과를 나타내는 것처럼 보였다.

물론 팜REG를 호주머니에 넣고 돌아다녔기 때문에, 자신의 기대가 기계에 어떤 영향을 미쳤을 가능성도 있었다(이것은 '실험자 효과'라는 유명한 현상이다). 또한 다른 방문자들의 집단 기대와 경외감이 영향을 미쳤을 가능성도 있었다—어쨌든 그런 장소들에 넬슨 혼자만 있었던 것은 아니니까. 그러나 다른 대조 실험 결과들과 비교해보니 상황이 좀 복잡한 것으로 드러났다. 신성한 장소는 아니더라도 흥미로운 장소에서 집단이 함께 성가를 부르거나 명상을 할 때에도 팜REG에 유의미한 효과가 나타났지만, 그 정도는 훨씬 작았다. 일식이 일어나는 동안이나 점성술로 특별한 점을 치는 순간, 석양의 생일 파티 같은 사건에서 집단 구성원들이 서로 파장을 맞추는 것처럼 보이는 순간에도 기계에 미친 효과는 작았는데, 표준 REG 실험에서 관찰되는 효과보다 별로 크지 않았다. 넬슨은 자신이 직접 주의를 집중한 일련의 의식—모스크에서 기도를 하거나 의식 절차에 따라 걸어다니거나 상형문자를 관찰하고 '해독'하려고 노력한 순간 등—도 추적해보았다. 많은 의식에서 넬슨은 깊이 몰입했고, 큰 감명을 느낀 경우도 있었다. 그러나 기계에 기록된 결과는 정상에서 아주 조금만 벗어나는 데 그쳤으며, 그 정도는 프린스턴에서 REG 기계 앞에 앉아 실험한 결과보다 더 크다고 할 수 없었다. 분명히 신성한 장소들에서는 어떤 공명이 메아리치고 있었으며, 심지어 결 맞는 기억의 소용돌이가 존재할지도 몰랐다.

장소의 종류와 집단의 활동은 모두 일종의 집단의식을 만드는 데 기여하는 것처럼 보였다. 성가를 부르는 의식을 벌이지 않은 신성한 장소에서는 단순히 집단의 존재 자체에 또는 심지어 그 장소 자체에 높은 수준으로 공명하는 의식이 담겨 있었다. 기계에도 어떤 효과가 기록되었는데, 심지어 더 세속적인 장소이거나 더 세속적인 활동을 하더라도, 집단의 주의가 높아지기만 한다면 그런 효과가 나타났다. 또, 넬슨 혼자서 아무리 깊이 몰입한다 하더라도, 그 효과 크기는 집단의 그것과는 비교가 되지 않았다.

그가 얻은 데이터에는 또 한 가지 놀라운 요소가 있었다. 기자 고원에 있는 쿠푸 왕의 대피라미드를 방문했을 때, 두 집단의 사람들이 왕비의 방과 대회랑에서 노래를 부를 때에는 팜REG에 긍정적 효과가 기록되었으나, 왕의 방에서 노래를 부를 때에는 부정적 효과가 강하게 기록되었다. 카르나크에서도 비슷한 상황이 벌어졌다. 그 결과를 그래프에 그려본 넬슨은 깜짝 놀랐는데, 두 경우 모두 큰 피라미드 형태를 띠었기 때문이다. 넬슨은 팜REG가 자신과 동행하면서 어떤 측면에서 여행을 함께 경험한 것이 아닌가 하는 생각을 억누르기 힘들었다.[10]

딘 래딘은 직접적 정신 치유Direct Mental Healing 모임에 참석했고, 넬슨의 기묘한 데이터를 보았다. 래딘은 넬슨의 동료이자 PEAR 데이터 메타분석의 공동 저자였기 때문에, 넬슨의 연구를 재현하려고 나선 것은 자연스러운 일이었다.

처음 연구에서 래딘은 넬슨과 마찬가지로 필드REG가 방 안이나 현장에 있을 때 모두 그런 효과가 나타난다는 사실을 발견했다. 하지만 먼 거리에 있다면 어떨까? 먼 거리에 떨어져 있는 마음들을 하나로 묶는 데 가장 유력한 후보는 텔레비전이었다. 텔레비전은 누구나 시청하며, 특히 인기 있는 프로그램은 많은 사람들이 본다. 그들은 텔레비전을 보면서 모두 똑같은 생각을 할까? 이것을 검증하려면 시트콤보다 더 자극적인 사건, 시청자를 텔레비전에 완전히 푹 빠지게 만들 만한 사건이 필요했다.[11] 나중에 O. J. 심슨의 재판 평결이 자연스럽게 그에 딱 알맞은 후보로 떠올랐다. 하지만 처음 연구 때 래딘은 1995년 3월에 있었던 제67회 아카데미상 시상식을 선택했다. 아카데미상 시상식 중계방송은 전 세계에서 약 10억 명이 시청할 것으로 예상되었기 때문에, 가장 많은 사람들이 볼 텔레비전 프로그램 중 하나였다. 시청자는 전 세계 120개국에 퍼져 있었기 때문에, 집단 주의 집중에 그들이 기여하는 영향은 세계 각지에서 올 것이다.

그런 효과가 거리에 상관없이 즉각적으로 일어난다는 것을 입증하기 위해 래딘은 REG 기계 두 대를 서로 다른 장소에 설치했다. 하나는 3월 27일에 텔레비전으로 그 방송을 지켜보는 자신에게서 20m쯤 떨어진 곳에 설치했고, 또 한 대는 실험실에서 20km쯤 떨어진 곳에 설치했는데, 텔레비전도 없는 곳에서 혼자 작동하게 내버려두었다. 방송이 진행되는 동안 래딘과 조수는 시청자의 관심이 높아지는 순간과 낮아지는 순간을 분 단위로 꼼꼼하게 기록했다. 작품상이나 남우주연상, 여우주연상 수상자를 발표하는 순간처럼 긴장이 최고조에 이르는 순간은 '결맞음이 높은' 시간으로 기록했다.

시상식이 끝난 뒤에 래딘은 자료를 검토했다. 관심이 최고로 고조된 시기에는 기계의 질서도가 크게 증가하였는데, 우연만으로 그런 결과가 나올 확률은 1000 대 1이었다. 반면에 관심이 낮아진 시기에는 질서도도 낮아졌는데, 우연만으로 그런 결과가 나올 확률은 10 대 1이었다. 시상식이 끝난 뒤에도 두 대의 컴퓨터를 4시간 동안 더 작동시켰는데, 이 대조 실험 기간에는 질서도가 미소하게 높은 순간(아마도 시상식 끝 순간의 열기가 반영되었을 것이다)이 지난 다음에는 둘 다 평상시의 무작위적 행동으로 돌아갔다. 래딘은 1년 뒤에 같은 실험을 반복하여 비슷한 결과를 얻었다. 그는 1996년 7월 하계 올림픽과 O.J. 심슨 재판에서도 동일한 결과를 얻었다.

래딘은 1996년 슈퍼볼 경기와 같은 해 2월 어느 날 저녁에 미국의 4대 텔레비전 방송국이 방영한 황금 시간대 텔레비전 프로그램에도 자신의 기계를 시험해보았다. 슈퍼볼 경기에서 가장 중요한 순간들에 기계는 정상적인 행동에서 약간 벗어났지만, 그 효과는 O.J. 심슨 재판이나 아카데미상 시상식에는 훨씬 못 미쳤다. 이것은 단순히 스포츠 경기와 관련된 한 가지 문제 때문일 가능성이 있는데, 각각의 플레이에 대한 관중의 반응이 자신이 응원하는 팀에 따라 차이가 나기 때문이다. 래딘은 또 경기 중간에 시도 때도 없이 끼어드는 상업 광고 탓도 있을 것이라고 추측했다. 특히 슈퍼볼 경기 동안에 내보내는 광고는 경기 자체만큼이나 큰 흥미를 끌기 때문에 그럴 가능성이 높다. 때로는 관심이 높은 시기와 관심이 낮은 시기를 구분하기 힘들었는데, 기계의 결과도 그런 양상을 보여주었다.

황금 시간대 텔레비전 프로그램을 조사한 다른 연구에서 래딘은 중요한 순간에는 기계와 인간 시청자의 반응이 최고조에 이르고, 프로그램이 끝나고 광고가 나올 때에는 반응이 시들해질 것이라고 추정했는데, 실제 결과도 그랬다. 비록 효과 크기가 아주 크지는 않았지만, 기계의 질서도는 시청자가 프로그램에 가장 몰입했을 때 최고조에 이르렀다.

래딘의 동료이자 기센 대학교의 임상생리심리학과에서 일하는 디터 바이틀Dieter Vaitl은 바그너 숭배자들을 광적인 집단이라고 생각했다. 바그너가 직접 지은 오페라하우스인 바이로이트의 페스트스필하우스는 오래전부터 바그너의 열성 팬들이 매년 바그너 축제를 즐기기 위해 순례자처럼 몰려드는 일종의 성스러운 장소였다. 이들은 모든 음정과 감정의 기복까지 잘 알고 있는 진정한 바그너의 열성 팬으로, 15시간 동안 진행되는 4부작 '링' 사이클을 즐겁게 감상한다. 페스트스필하우스의 참석자는 대부분 바그너를 숭배하는 전문가들이었다. 즉, 이들은 필드REG 실험에 아주 적합한 청중이었다.

그 자신이 열렬한 바그너 숭배자였던 바이틀은 1996년에 필드REG 기계를 가지고 이 축제에 참석하여 첫 번째 사이클의 다양한 오페라들을 기록했다. 그리고 그다음 해와 또 그다음 해에도 같은 실험을 반복했다. REG 기계는 〈트리스탄과 이졸데Tristan und Isolde〉, 〈신들의 황혼Götterdämmerung〉 등 바그너의 오페라 9편이 연주되는 동안 수많은 시간을 그곳에서 보냈다. 3년에 걸쳐 얻은 데이터는 전체적으로 일관된 경향이 나타났는데, 감정이 가장 고조되는 장면이나 합창을 하는 부분처럼 심금을 울리는 음악이 흘러나오는 장면에서 기계의 질서도에 전반적인 변화가 기록되었다.[12]

이 경우에 PEAR 연구소가 얻은 결과는 바이틀이 얻은 결과와 상대가 되지 않았다. 그들도 필드REG 기계를 가지고 뉴욕에서 다양한 오페라와 쇼를 방문했지만, 기계는 그다지 유의미한 반응을 보이지 않았다.[13] 바그너 숭배자만큼 열광적인 청중의 관심만이 기계에 어떤 효과를 미치는 게 분명했다. 바이틀은 청중이 음악을 잘 알고 거기에 동조할 때, 공명이 일어날 가능성이 더 높다고 결론 내렸다.

래딘의 또 다른 동료인 암스테르담 대학교의 딕 비르만은 더욱 흥미로운 결과를 얻었다. 비르만은 폴터가이스트poltergeist(집 안에서 큰 물건이 갑자기 움직이거나 위치가 바뀌는 등의 일이 일어나는 초자연 현상. 폴터가이스트는 '시끄러운 유령'이란 뜻인데, 유령의 장난 때문에 일어난다고 생각하여 이런 이름이 붙었다) 현상이 일어난 집을 필드REG로 실험해보기로 했다. 어떤 사람들은 인간, 특히 정서가 불안정한 청소년에게서 나오는 강한 에너지가 폴터가이스트 현상의 원인이라고 주장한다. 비르만은 집 안에 REG 기계를 설치해놓고, 가족이 폴터가이스트 현상이 일어났다는 시간과 기계에서 앞면과 뒷면이 무작위로 나오는 결과를 비교해보았다. 집 안에서 물체가 날아다녔다는 시간에 기계에는 우연에서 벗어나는 결과가 기록되었다.[14] 그 정도로 강한 영향력을 가진 개인이 영점장에 강렬한 양자 효과를 미침으로써 폴터가이스트 현상이 나타나는 것인지도 모른다.

프린스턴 대학교 졸업생의 머리 위에는 항상 밝은 햇살이 내리쬔다는 말이 전설처럼 전해지는데, 이것은 단순히 비유적으로 앞날이 순탄하다는 뜻이 아니다. 이것은 프린스턴 대학교의 졸업식 날은 늘 날씨가 화창하다는 뜻이다. 즉, 일기 예보에서 그날 비가 온다고 했더라도, 졸업식 행사가 끝날 때까지는 비가 내리지 않는다고 한다. 넬슨은 매년 아내와 함께 졸업식에 참석하는 걸 즐겼는데, 좋은 날씨에 대해 이야기한 게 한두 번이 아니었다. 그는 이것이 단순히 우연의 일치가 아니지 않을까 하는 생각이 들기 시작했다. 필드REG 연구를 하면서 그는 이런 종류의 장 의식이 실생활에서도 작용하는 게 아닐까 하는 의문이 떠올랐다. 대학 공동체 전체가 화창한 날씨를 집단적으로 바라는 마음이 실제로 비구름을 쫓는 효과를 발휘할지도 모른다는 생각이 들었다.

그래서 과거 30년 동안의 기상 자료를 수집해 프린스턴 대학교의 졸업식 이전과 졸업식 당일, 그리고 이후의 날씨가 어떠했는지 조사해보았다. 그는 주로 1일 강수량에 주목했다. 그리고 대조군으로 삼기 위해 프린스턴 주변의 소도시 여섯 곳의 날씨도 함께 검토했다.

분석 결과, 졸업식 날에는 마치 집단 우산이 프린스턴을 뒤덮은 것처럼 기묘한 효과가 나타났다. 30년 동안의 졸업식 날 중 72%는 비가 내리지 않았던 반면, 주변 지역은 67%만 비가 내리지 않았다. 통계적으로 이것은 프린스턴은 졸업식 무렵에 마술적 효과가 작용해 평상시보다 맑은 날씨가 나타난 날이 많은 반면, 주변 지역은 연중 그 시기의 평균 날씨와 다름없는 확률로 비가 내렸다는 걸 의미했다. 심지어 프린스턴에 65mm의 폭우가 쏟아진 날에도 기묘하게도 졸업식이 끝날 때까지는 비가 내리지 않았다.[15]

넬슨이 한 프린스턴의 날씨 연구는 인간이 환경에 긍정적 효과를 미칠 수 있는지 알아보기 위해 실시한 아주 작은 측정에 불과하다. 초월 명상Transcendental Meditation, TM 조직은 20년 동안 수십 차례의 연구를 통해 집단 명상이 세상의 폭력과 불화를 줄일 수 있는지 알아보기 위해 체계적인 실험을 했다. 초월 명상의 창시자인 마하리시 마헤시 요기는 개인의 스트레스가 세상의 스트레스로 이어지고, 집단의 평온이 세상의 평온으로 이어진다고 주장했다. 요기는 만약 어떤 지역의 전체 면적 중 1%에 초월 명상을 수행하는 사람이 있다면, 혹은 더 높은 단계의 초월 명상-시디TM-Sidhi를 수행하는 사람이 그 지역 인구 중 1%의 제곱근만큼 있다면, 온갖 종류의 갈등—총기 사용 범죄와 그 밖의 범죄, 마약 복용, 심지어 교통사고까지도—이 감소할 것이라고 주장했다. '마하리시 효과'는 초월 명상을 규칙적으로 수행하면 모든 것을 연결하는 기본적인 장과 접촉할 수 있다는 개념으로, 영점장 개념과 크게 다르지 않다. 만약 충분히 많은 사람들이 수행을 한다면, 전체 인구 집단 사이에 그 결맞음이 전염돼나갈 것이다.

초월 명상 조직은 이것을 '슈퍼레이디언스Super Radiance(초복사)'라고 부르기로 결정했는데, 뇌 속이나 레이저에서 초복사superradiance가 결맞음과 통일성을 만들어내는 것처럼 명상도 사회에 똑같은 효과를 미친다고 생각하기 때문이다. 요가 공중 부양을 하는 단체들이 전 세계 곳곳에 결성되어 갈등이 심한 지역을 표적으로 특별한 '고강도 명상'을 하고 있다. 1979년 이후 미국 슈퍼레이디언스 단체는 아이오와 주 페어필드에 있는 마하리시 국제대학교에 매일 두 차례씩 모여 세상을 더 조화롭게 만들기 위해 노력했는데, 적게는 수백 명에서 많게는 8000명 이상이 참여했다.

초월 명상 조직은 주로 마하리시의 개인적 이익을 옹호한다는 이유로 비웃음을 받기도 했지만, 방대한 연구 데이터는 무시하기가 어렵다. 초월 명상 조직이 한 많은 연구가 〈갈등 해결 저널Journal of Conflict Resolution〉이나 〈마음과 행동 저널Journal of Mind and Behavior〉, 〈사회적 지표 연구Social Indicators Research〉 같은 어엿한 학술지에 발표되었다는 사실은 이러한 연구가 엄격한 사전 심사 과정을 거쳤다는 뜻이다. 얼마 전인 1993년에 워싱턴 DC에서 두 달 동안 '전국적 입증 프로젝트National Demonstration Project'라는 연구를 했는데, 워싱턴 DC로 모여든 슈퍼레이디언스 단체의 회원 수가 4000명으로 증가하자, 그 해가 시작되고 나서 5개월 동안 증가 추세를 보이던 폭력 범죄 발생률이 하락세로 돌아서고, 실험이 끝날 때까지 감소 추세가 계속되는 결과가 나왔다. 단체가 해산하자마자, 범죄 발생률은 다시 증가했다. 이 연구는 그 효과가 날씨나 경찰 혹은 특별한 방범 활동 같은 다른 변수 때문에 일어난 것이 아님을 보여주었다.[16]

미국의 24개 도시에서 한 또 다른 연구에서는 도시 전체 주민 중 1%가 보통 초월 명상을 하는 시점에 이르자, 범죄 발생률이 24%로 감소하는 결과가 나왔다. 48개 도시(그중 절반의 도시에서는 전체 주민 중 1%가 초월 명상을 했다)를 대상으로 한 후속 연구에서는 전체 주민 중 1%가 초월 명상을 하는 도시들은 범죄 발생률이 22% 감소한 데 비해 대조군인 다른 도시들은 오히려 2% 증가한 결과가 나왔다. 또, 이들 도시에서는 범죄 추세가 89% 감소한 데 비해 대조군에서는 53% 증가했다.[17]

초월 명상 조직은 심지어 집단 명상이 세계 평화에 영향을 미치는지도 연구했다. 1983년, 이스라엘의 한 특별한 초월 명상 단체가 행한 연구는 두 달 동안 매일 아랍과 이스라엘 사이의 갈등 발생 사례를 추적했는데, 명상을 하는 사람들의 수가 많은 날에는 레바논에서 전투로 인한 사망자 수가 75%나 감소했고, 교통사고와 화재 같은 지역 범죄 건수도 모두 감소했다. 다른 연구들과 마찬가지로 이 연구에서도 날씨나 주말, 휴일 같은 혼란 변수가 영향을 미치지 못하도록 철저히 통제했다.[18]

넬슨의 필드REG 연구뿐만 아니라 초월 명상 연구도 신을 믿지 않고 소외된 채 살아가는 세대에게 나름의 작고 예비적인 방식으로 희망을 준다. 결국에는 선이 악을 물리칠 수 있을지 모른다. 우리는 더 나은 사회를 만들 수 있다. 우리는 세상을 더 나은 장소로 만들 수 있는 집단 능력이 있다.

래딘이 그 아이디어를 처음 말했을 때, 그것은 농담 비슷한 것이었다. 1997년 후반에 그는 넬슨과 함께 프라이부르크에서 열린 한 회의에 참석했는데, 대화의 주제가 REG 실험에 뇌파 같은 생리학적 측정 방법을 도입하는 게 어떨까 하는 것으로 옮겨갔다. 그때 래딘은 지나가는 말로 "가이아의 뇌파를 살펴보면 어떨까?"라고 했다.

넬슨이 덥석 그 아이디어를 물었다. 머리 표면에 전극을 붙임으로써 뇌파계로 뇌 활동을 측정할 수 있는 것처럼 같은 방법으로 가이아Gaia의 마음을 측정할 수 있지 않겠는가? 가이아는 제임스 러브록James Lovelock이 지구가 자기 나름의 의식을 가지고 살아 있는 존재라는 가설을 만들면서 그리스 신화에 나오는 대지의 여신 이름에서 따다 붙인 것이다.[19] 전 세계 각지에 REG 기계를 설치해 네트워크를 만들면, 이 지구 뇌파계는 집단 마음 상태의 온도를 기록하면서 계속 작동할 것이다. 그러한 네트워크의 이름을 고민하고 있을 때, 넬슨의 동료가 '일렉트로가이아그램ElectroGaiaGram', 줄여서 EGG라는 이름을 제안했다. 넬슨은 '누스피어noosphere(정신권)'라는 말을 좋아했는데, 이 용어는 프랑스 철학자 테야르 드 샤르댕Teilhard de Chardin이 지구가 인간의 의식과 정신 활동이 미치는 지성의 층으로 둘러싸여 있다는 개념을 반영해 만들었다. 비록 넬슨은 이 개념을 프린스턴 대학교에서 PEAR와는 별개로 추진한 연구 계획인 글로벌 의식 프로젝트Global Consciousness Project로 발전시켰지만, 결국은 EGG라는 이름이 널리 쓰이게 되었다.

넬슨은 개인의 의식들이 만들어낸 장들이 마음들이 일치하는 순간에 결합하는 게 사실이라면, 우리 시대에서 사람들의 마음을 가장 크게 뒤흔드는 사건에 대한 집단 반응이 REG 기계처럼 고도로 민감한 측정 장비들에 공통적으로 효과를 미치는지 알고 싶었다. O. J. 심슨 재판은 이것을 알아보기 위한 첫 번째 시도였는데, 여러 장소에 기계를 설치해 그 결과를 비교해보기로 했다.

넬슨은 소수의 과학자들과 함께 실험을 시작했으며, 그들은 1998년 8월에 REG 기계를 작동시켰다. 넬슨은 결국 전 세계 각지에서 REG 기계를 작동시키는 40여 명의 과학자로 이루어진 네트워크를 구축했다. 이 연구에서는 엄청나게 방대한 양의 데이터가 나왔다. 거기서 계속 쏟아져 나오는 데이터를 인터넷으로 전송하면서 현대 역사의 극적인 순간들—존 F. 케네디 대통령 암살, 빌 클린턴 대통령의 탄핵 위기, 파리에서 콩코드기가 추락한 사건, 유고슬라비아 폭격, 홍수와 화산 분화, 새천년을 맞이하는 축하 행사

등—과 비교해보았다.

EGG를 본격적으로 시작하기 전에 세상에서 가장 사랑받던 왕세자비가 파리의 터널에서 사망했을 때 이미 그 원형을 가지고 최초의 실제 테스트를 한 적이 있었다. 다이애나의 장례식 전과 장례식 도중, 그리고 그 후에 기록된 데이터를 모아 공식 사건 일정과 비교해보았다. 다이애나를 위해 벌어진 모든 공식 행사가 진행되는 동안에 기계는 무작위적인 경로에서 벗어났는데, 순전히 우연만으로 그런 일이 일어날 확률은 100 대 1이었다.[20]

하지만 넬슨이 그 직후에 테레사 수녀의 장례식 때 얻은 비슷한 데이터를 분석해보았더니, 그 사건은 기계에 별다른 효과를 미치지 않은 것으로 드러났다. 테레사 수녀는 병으로 오래 앓다가 죽었기 때문에, 그녀의 죽음은 어느 정도 예견된 사건이었다. 그녀는 나이가 많았고, 생산적인 삶을 살았다. 반면에 젊고 곤경에 처한 왕세자비의 갑작스런 비극적 죽음은 전 세계 사람들의 심금을 울린 것이 분명했고, REG 기계는 그것을 놓치지 않고 포착했다.[21] 미국 선거와 모니카 르윈스키Monica Lewinsky 스캔들도 그다지 세상 사람들의 마음을 흔든 것으로 보이지 않았다. 그러나 새해맞이 축하 행사와 대형 참사나 비극은 전 세계 사람들의 마음을 크게 움직였고 기계에 포착되었다. 세계무역센터에 9·11 테러 공격이 감행되던 순간과 그 직후에 가장 큰 효과가 기록된 것은 당연한 결과였다.[22]

처음에 얻은 이 결과들은 넬슨과 래딘에게 감질나는 질문을 여러 가지 떠오르게 했다. 만약 세계 마음 같은 것이 존재한다면, 거기서 반짝 튀어나온 작은 영감의 불꽃이 인류 역사에서 가장 야만적이고 엄청난 순간의 원인이 될 수 있을까? 또, 부정적 의식도 사람들 사이에서 병균처럼 퍼져나가 사람들을 지배할 수 있을까? 제1차 세계 대전이 끝나고 나서 독일 국민은 모든 면에서 침울한 상태에 빠져 있었다. 이러한 낙담이 양자 차원에서 독일 국민에게 영향을 미쳐, 선동 연설에 뛰어난 히틀러가 일종의 부정적 집단의식을 만들어냈고, 그것이 스스로를 먹고 성장하면서 결국 엄청난 악을 용인하는 상태에 이른 것이 아닐까? 에스파냐의 종교 재판도 집단의식이 빚어낸 것이 아닐까? 세일럼의 마녀 재판은? 집단 악 역시 결맞음을 만들어내는가?

그리고 인간이 이룬 위대한 업적들은 어떤가? 세계 마음에 갑작스럽게 영감이 폭발적으로 분출할 수 있을까? 예술이 크게 융성한 시기나 뛰어난 지성들이 나타난 시기도 어떤 에너지의 융합이 그 원인일까? 고대 그리스인도? 르네상스도? 창조성에도 전염성이 있을까? 1790년대에 빈에서 분출한 폭발적인 창조성과 1960년대 영국 팝 뮤직의 전성기도 이것으로 설명할 수 있을까? 영점장은 설명되지 않는 일부 동시성—예컨대 서로 밀접한 관계에서 살아가는 여성들 사이에 생리 주기가 일치하는 현상처럼—에 그럴듯한 설명을 제공한다.[23] 세상에서 일어나는 정서적·지적 동시성의 배경에도 영점장이 있을까?

영점장 같은 매질을 통해 작용하는 집단의식이 우주에서 보편적인 조직 요소로 작용하지 않을까 하는 느낌이 직감적으로 들었다. 하지만 아직까지 넬슨은 단지 현재 사용 가능한 기술로 무작위적 행동에서 아주 약간 벗어나는 현상을 발견하는 데 그쳤을 뿐이고, 이것은 희미한 최초의 증거에 지나지 않는다. 지금까지 그가 할 수 있었던 일은 조약돌 하나 혹은 기껏해야 한 줌의 모래—개인 또는 작은 집단이 세계에 미치는 양자 효과—를 측정하는 게 다였다. 언젠가는 궁극적인 목표인 해변 전체의 효과를 측정할 수 있는 날이 올지도 모른다. 해변은 그 전체를 통째로 측정해야 한다. 모래는 전체 해변과 따로 분리되어 있지 않다.

에드가 미첼이 집단의식을 직감적으로 경험한 지 25년이 지난 뒤, 과학자들은 그것을 실험실에서 증명하기 시작했다.[24]

12

영점 시대

2001년 1월의 쌀쌀한 어느 날, 영국 서식스 대학교의 한쪽 구석에 위치한 칙칙한 강의실에서는 10개국에서 온 과학자 60명이 30조 km나 떨어진 먼 우주로 여행하는 방법을 찾으려고 머리를 맞대고 있었다. NASA는 미국에서 혁신적 추진 물리학Breakthrough Propulsion Physics 워크숍을 몇 차례 열었는데, 이것은 그에 상응하는 국제적 행사로서, 추진 방법을 주제로 열린 최초의 독립적인 워크숍 중 하나였다. 실제로 여기에는 영국 정부가 파견한 물리학자들, NASA의 고위 책임자, 프랑스의 마르세유천체물리학연구소와 중력·상대성·우주론연구소에서 온 천체물리학자들, 미국과 유럽의 대학교들에서 온 교수들, 민간 기업에서 파견한 대표 15명이 참석했다. 이 모임은 정식 과학 회의가 아니고, 2001년 12월에 열릴 국제회의를 위한 예비 모임의 성격을 띤 것이었다. 그럼에도 불구하고, 방 안에는 기대감이 넘쳐흘렀는데, 참석자는 모두 자신이 과학의 최전선 분야에서 일하고 있으며, 어쩌면 새로운 시대의 개막을 목격할지도 모른다는 사실을 암묵적으로 알고 있었기 때문이다. 이 모임을 조직한 그레이엄 에니스Graham Ennis는 5년 안에 워프 드라이브WARP drive를 장착한 소형 로켓을 만들어 인공위성을 정확한 위치에 머물도록 할 것이라는 낙관적인 예측을 흘림으로써 영국의 주요 신문 및 과학잡지 기자들의 큰 관심을 끌었다.

그 자리에 모인 사람들은 모두 유명한 인물이었지만, 가장 큰 존경을 받은 사람은 할 푸소프였다. 이제 60대 초반에 접어들어 머리숱이 좀 줄어들긴 했지만 그래도 희끗희끗한 머리가 여전히 많이 남은 푸소프는 지난 30여 년 동안 항성 간 공간에서 에너지를 추출하는 것이 가능한지 알아내려고 노력했다. 그곳에 모인 소수의 젊은 사람들에게 푸소프는 숭배의 대상이었다. 영국 정부가 파견한 젊은 물리학자 리처드 오부시Richard Obousy는 대학 시절에 푸소프가 쓴 영점장에 관한 논문을 읽고 거기에 내포된 의미에 큰 충격을 받았는데, 그 사건은 그의 진로에 큰 영향을 미쳤다.[1] 그런데 지금 그는 이 자리에서 바로 그 위대한 인물을 만났을 뿐만 아니라, 푸소프보다 먼저 연단에 서서 진공을 이용하는 방법에 대해 간단한 소개 연설을 하게 되었다.

외부 사람들의 눈에도 이 모임은 단순히 테크노크라트들이 궁극적인 첨단 기술 장난감이나 만들려고 하는 하찮은 노력으로 보이지 않았다. 그 방에 모인 과학자들에게는 지구에 남아 있는 화석 연료가 잘해야 50년이면 바닥나고, 온실 효과가 지구를 서서히 가스실로 변화시키면서 기후 위기 재앙이 다가오고 있는 미래의 모습이 분명히 보였다. 새로운 에너지원은 단지 우주선 추진에만 필요한 게 아니었다. 다음 세대에도 지구에 동력을 공급하고, 세상을 온전하게 돌아가게 하려면 새로운 에너지원은 필수적이었다.

물리학에서 아주 특이한 아이디어를 이용한 실험들이 지난 30년 동안 은밀히 진행돼오고 있었다. 로스앨러모스 같은 비밀 실험 장소에 수십억 달러의 '은밀한' 예산이 투입되고 있다는 소문이 무성했지만, 그때마다 NASA와 미 군부는 강력하게 부인했다. 심지어 영국항공우주국도 중력을 없앨 가능성을 연구하기 위해 비밀 계획을 추진해왔다(그린글로 계획Project Greenglow이라는 암호명으로).[2]

첫날 회의를 주재한 에니스는 그 밖에도 입증된 물리학을 바탕으로 한 여러 가지 가능성이 우주 비행 추진에 새로운 방법을 제공할지 모른다고 말했다. 관성을 제어하여 우주선 같은 큰 물체를 작은 힘으로 움직이는 방법, 여러 가지 핵융합 기술 중 하나를 이용하는 방법(그러려면 엄청나게 높은 압력과 온도를 가두는 방법이 필요하다), 러시아에서 한 것처럼 방사성 핵분열 원자로를 사용하는 방법, 밧줄을 사용해 정전기 에너지를 추출하는 방법, 물질-반물질 반응을 이용하는 방법(물질이 반물질과 만나 상쇄될 때 막대한 에너지가 나온다), 전자기장을 변화시키는 방법, 초전도 물질을 회전시키는 방법 등이 그러한 가능성으로 언급되었다. 뉴멕시코 주 앨버커키에 있는 NASA의 한 연구소는 칼 세이건이 《콘택트Contact》에서 상상한 것과 비슷한 웜홀을 만드는 우주선의 가능성을 연구하고 있다.[3] 록히드마틴을 비롯해 여러 민간 기업도 큰 관심을 보이면서 지원을 아끼지 않았다. 이런 기술들은 지구에서도 응용할 수 있는 분야가 아주 많다. 예를 들어 중력을 차단하여 환자를 공중 부양시키는 광경을 상상해보라. 그러면 욕창은 먼 옛날이야기로 들릴 것이다.

혹은 그보다 훨씬 기이한 것도 시도할 수 있다. 텅 빈 공간의 무無 자체에서 에너지를 추출하려고 시도할 수도 있다. 영점장은 최선의 시나리오 중 하나로, 무에서 무한한 에너지를 끌어낼 수 있다(에니스는 이것을 '우주의 공짜 점심'이라고 불렀다). 캘리포니아 주 말리부의 휴즈연구소에서 일하는 물리학자 로버트 포워드Robert Forward는 영점장에 관한 실험을 할 수 있는 방법을 다룬 논문을 쓴 뒤,[4] 물리학자들이 실제로 영점장에 접속하고, 무엇보다도 거기서 에너지를 추출하는 것이 가능할지 모른다고 생각하기 시작했다.

그다음 날, 강연에서 푸소프는 양자역학적 관점에서 볼 때, 영점장에서 에너지 추출하는 방법은 여러 가지가 있다고 설명했다. 그러려면 중력을 분리시키거나 관성을 줄이거나 진공에서 충분한 에너지를 얻어 중력과 관성을 모두 극복해야 한다. 미 공군은 처음에 포워드에게 카시미르 힘을 측정하는 연구를 해보라고 권했다. 카시미르 힘은 두 금속판을 아주 미소하게 떨어뜨려놓았을 때, 그 사이의 공간에서 가상 입자의 작용으로 미세한 장이 생겨 나타나는 힘이다. 이것은 두 판 사이의 공간이 부분적으로 차폐되면서 영점 요동을 방해해 영점 에너지 방출에 불균형이 생겨 나타난다. 중력 이론 전문가인 포워드는 에드워즈 공군 기지에 위치한, 21세기의 우주 비행 추진 연구를 맡은 필립스연구소 추진부로부터 그 연구 과제를 배정받았다.

기술을 사용해 진공 요동을 변화시킬 수 있다는 증거는 이미 있었다. 하지만 카시미르 힘은 상상할 수 없을 만큼 작은데, 0.0011mm만큼 떨어진 두 판 사이에 작용하는 힘은 1억분의 1기압에 불과하다.[5] 버니 하이시와 대니얼 콜은 서로 충돌하는 엄청나게 많은 수의 판들로 진공 엔진을 만든다면, 판들이 접촉할 때 열이 발생하여 거기서 동력을 얻을 수 있다는 논문을 발표했다. 문제는 판 하나가 만들어내는 에너지가 기껏해야 0.5마이크로와트밖에 안 된다는 점이다—푸소프는 "특별히 언급할 만한 것이 못 되는 수준"이라고 표현했다.[6] 따라서 적절한 수준으로 카시미르 힘을 이용하려면, 아주 빠른 속도로 움직이는 미소한 계들이 필요하다.

포워드는 진공에 변화를 일으킴으로써 관성을 변화시키는 실험을 하는 것이 가능하다고 생각했다. 그는 이 개념을 검증하는 실험을 네 가지 제안했다.[7] 양자전기역학 분야의 과학자들은 원자의 자연 방출(원자나 분자 따위가 들뜬 상태에 있다가 바닥 상태로 바뀌면서 양자화된 에너지를 방출하는 과정-옮긴이)을 조작할 수만 있다면, 그러한 양자 요동을 제어할 수 있음을 이미 입증했다. 푸소프는 전자가 텅 빈 공간의 양자 요동을 이용하기 때문에 속도가 떨어지는 일 없이 원자핵 주위를 빙빙 돌 수 있다고 생각했다. 그리고 만약 영점장을 조작할 수만 있다면, 원자를 불안정하게 만들어 거기서 에너지를 추출할 수 있다고 말했다.[8]

영점장에서 에너지를 추출하는 것은 이론적으로 가능하다. 심지어 자연에서도 우주선宇宙線의 에너지가 높아지거나 초신성이나 감마선 버스터에서 방출된 에너지가 높아질 때 바로 이러한 일이 일어난다고 과학자들은 추측했다. 그 밖에 소리를 광파로 변환시키는 음발광音發光/sonoluminescence 같은 아이디어도 있는데, 이것은 물에다 강한 음파를 충돌시킬 때 기포가 만들어졌다가 급속하게 수축 붕괴하면서 섬광을 방출하는 현상이다. 이 현상도 기포 내부의 영점 에너지 때문에 일어난다는 가설을 일부 사람들이 주장했는데, 기포가 수축할 때 그 영점 에너지가 빛으로 전환된다고 한다. 하지만 푸소프는 이미 이 아이디어들을 모두 차례로 시험해보았지만, 전망이 밝은 것은 하나도 없었다.

미 공군도 우주선宇宙線이 영점 에너지에서 추진력을 얻는다는 개념에 착안해 충돌이 전혀 일어나지 않는 극저온의 진공 트랩(절대영도에 최대한 가깝게 냉각시킨 방)에서 양성자를 가속시키는 연구를 해왔다. 진공 트랩은 최대한 텅 빈 공간을 제공함으로써 일단 양성자가 더 빨리 움직이기 시작하면 양성자의 진공 요동으로부터 에너지를 추출할 수 있게 해준다. 또 다른 아이디어로는 특수 제작한 안테나를 사용해 영점 에너지 중 진동수가 높은 부분(에너지가 높은 부분)의 진동수를 낮춤으로써 에너지를 추출하는 방법도 있다.

푸소프는 자신의 연구실에서 원자나 분자의 바닥 상태를 교란시키는 방법을 시험했다. 그의 이론에 따르면, 바닥 상태는 단순히 영점장과의 방출/흡수 교환이 역동적으로 일어나는 평형 상태이다. 따라서 일종의 카시미르 공동空洞을 이용한다면, 원자와 분자에 에너지 이동이 일어나면서 바닥 상태의 들뜸에 변화가 일어날 것이다. 푸소프는 입자 가속기의 일종인 싱크로트

론을 사용해 실험을 시작했지만, 아직까지는 성공을 거두지 못했다.[9]

그러자 푸소프는 전체 계획을 뒤집어 웨일스 대학교의 일반 상대성 이론 전문가 미구엘 알큐비에르Miguel Alcubierre가 처음 제기한 개념을 더 자세히 발전시켜보기로 했다. 알큐비에르는 〈스타 트렉〉에 나오는 것과 같은 워프 드라이브가 정말로 가능한지 알아보려고 했다.[10] 양자론을 완전히 무시하고, 이것을 일반 상대성 이론의 문제로 바라본다고 상상해보라. 그러니까 닐스 보어는 무시하고, 아인슈타인의 이론만 생각하는 것이다. 시공간의 척도를 변화시키려고 시도한다면 어떻게 될까? 아인슈타인의 굽은 시공간 개념을 사용한다면, 진공을 분극이 일어날 수 있는 매질로 다루는 셈이다. 중국 출신의 미국인 노벨상 수상자인 정다오 리Tsung-Dao Lee, 李政道의 표현을 빌리면, '진공 공학vacuum engineering'을 약간 사용할 수 있다.[11] 이 해석에 따르면, 질량이 큰 물체 근처를 지날 때 광선이 휘어지는 것은 그 물체 근처에 있는 진공의 굴절률 변화 때문에 일어난다. 시공간의 척도는 바로 빛의 전파에 의해 결정된다. 따라서 영점장의 굴절률을 줄일 수만 있다면, 빛의 속도를 증가시킬 수 있다. 시공간을 최대로 변형시키면, 빛의 속도를 아주 크게 증가시킬 수 있다. 그러면 질량이 감소하고 에너지 결합의 세기는 증가하게 되는데, 이러한 특징은 이론적으로 성간星間 여행을 가능케 할 수 있다.

우주선 뒤쪽의 시공간을 왜곡시켜 팽창시키고 앞쪽의 시공간을 수축시킨다면, 그 위로 광속보다 더 빨리 달릴 수 있다. 다시 말해서, 마치 공학자처럼 일반 상대성 이론을 약간 손질해 재구성하면 된다. 만약 이것에 성공한다면, 광속의 10배로 달리는 우주선을 만들 수 있다. 이것은 지구에 있는 사람에게는 그렇게 보이겠지만, 우주선 안에 있는 사람에게는 그렇게 보이지 않는다. 이렇게만 된다면 〈스타 트렉〉에 나오는 워프 드라이브를 실제로 만들 수 있다.

이러한 '척도 공학metric engineering'(푸소프가 붙인 이름)을 이용하면, 시공간이 밀어주는 힘으로 지구를 떠나 목적지를 향해 여행할 수 있다. 이것은 카시미르 힘과 같은 힘을 큰 규모로 만들어내야 가능하다. 마찬가지로 카시미르 힘을 이용하는 또 다른 형태의 척도 공학은 웜홀을 통한 여행이다. 푸소프가 '우주 지하철'[12]이라 부른 웜홀은 《콘택트》에서 상상한 것처럼 우리를 우주의 먼 지역과 연결해준다.

"하지만 이런 방법 중 어느 하나라도 실현되려면 얼마나 기다려야 하나요?"라고 청중이 물었다. 푸소프는 기침을 하며 목청을 가다듬는 특유의 동작을 한 뒤, 앞으로 20년은 걸릴 것이라고 간결하게 대답했다. 혹은 그런 방법이 불가능하다는 것을 알아내는 데 그만큼의 시간이 걸릴지도 모른다. 아마도 여러분은 푸소프가 살아 있는 동안 아주 놀라운 우주여행이 일어나는 것을 볼 수 없을지 모르지만, 그래도 푸소프는 자기가 죽기 전에 그런 에너지를 추출해 지구에서 연료로 사용하는 것은 볼 수 있을 것이라는 희망을 버리지 않고 있다.

최초의 국제 추진 워크숍은 의심의 여지 없이 성공적이었다. 각자 실험실에서 성공하려면 50년이 걸릴지도 모를 나름의 에너지와 추진 문제에 매달리고 있던 물리학자들에게는 아주 유익한 만남이었다. 그들은 자신들이 새로운 탐험 시대가 개막되는 시점에 서 있다는 사실을 분명히 느낄 수 있었다. 아서 클라크의 표현을 빌리면, 대기권을 벗어나기 위해 현재 기울이는 노력이 열기구를 사용해 하늘을 날려고 했던 19세기의 시도처럼 보이는 날이 언젠가 올 것이다.[13] 그런데 지구 각지에서 푸소프의 많은 동료들(이들 역시 이제 60대에 접어들었다)은 떠들썩하게 드러나진 않지만 어느 모로 보나 그에 못지않게 혁명적인 활동에 열심히 몰두하고 있다. 그러한 활동들은 모두 우주의 모든 커뮤니케이션은 맥동하는 진동수의 형태로 존재하며, 모든 것이 나머지 모든 것과 커뮤니케이션을 할 수 있는 기반을 영점장이 제공한다는 개념을 바탕으로 하고 있다.

파리에서 디지바이오의 연구 팀은 세포에서 나오는 전자기 신호를 포착한 뒤 복제하여 전달하는 기술을 완성했다. 1997년 이후 방브니스트와 그 동료들은 응용 분야가 다양한 특허를 세 건 신청했다. 방브니스트는 생물학자이므로 그가 제출한 특허는 당연히 의학과 관련된 것이었다. 그는 자신의 발견이 치밀한 계획 없이 마구잡이로 일어나는 현재의 약물 치료 방법을 대체할 새로운 디지털 생물학 및 의학 시대를 열 것이라고 믿었다.

방브니스트는 만약 분자 자체가 필요하지 않고 오직 그 신호만 필요하다면, 약을 투여할 필요도 없고, 독성 물질이나 병원균(기생충이나 세균 같은)을 찾기 위해 신체 표본을 채취해 생체 검사나 시험을 할 필요가 없다는 생각이 떠올랐다. 한 실험에서 이미 방브니스트가 입증한 것처럼, 우리는 진동수 신호를 이용해 대장균을 탐지할 수 있다.[14] 특정 항체에 민감하게 만든 라텍스 입자는 대장균 K1이 존재하는 곳에서는 무리를 짓는다는 사실이 밝혀졌다. 대장균과 또 다른 세균, 그리고 대조 물질들의 신호를 기록한 다음, 그것을 라텍스 입자에 전달함으로써 방브니스트는 대장균이 어떤 진동수이건 가장 큰 무리를 만든다는 사실을 발견했다. 그리고 얼마 후, 그의 팀이 대장균의 신호를 탐지하는 기록은 사실상 완벽한 수준에 이르렀다.

디지털 기록을 이용하면 신뢰할 만한 탐지 방법이 없는 프리온 같은 병원체도 드러낼 수 있고, 체내에 항원이 존재하는지 또 항원에 대항하는 항체가 몸속에 있는지 알기 위해 실험실의 귀중한 자원을 더 이상 낭비하지 않아도 된다. 또한, 몸이 아플 때에도 약을 복용할 필요가 없을지도 모른다. 기생충이나 세균이 싫어하는 진동수를 틀어주는 것만으로 그것들을 제거할 수 있기 때문이다. 농산물에 위험한 미생물이 들어 있는지 알아내거나 식품이 유전적으로 변형된 것인지 알아내는 데에도 전자기적 방법을 사용할 수 있다. 적절한 진동수만 찾아낸다면, 위험한 살충제를 사용할 필요 없이 전자기 신호만으로 해충을 죽일 수 있다. 심지어 이 모든 탐지 작업을 직접 할 필요도 없다. 사실상 거의 모든 시험용 표본을 이메일로 보내 원격 처리할 수 있기 때문이다.

미국에서는 뉴욕과 토론토, 코펜하겐에 사무실을 둔 회사 앤드AND가 뇌의 작용에 관한 카를 프리브람과 발터 솀프의 개념을 바탕으로 인공 지능을 연구하고 있다. 앤드가 개발하여 국제적 특허를 얻은 시스템인 홀로그래피 신경 기술Holographic Neural Technology, Hnet은 홀로그래피와 파동 부호화 원리를 이용하여 컴퓨터가 1분 이내에 수십만 가지의 자극-반응 기억을 학습하고 1초 이내에 그런 패턴 수십만 가지에 반응할 수 있게 해준다. 앤드는 이 시스템이 뇌의 작용 원리를 인공적으로 모방한 것이라고 본다. 시냅스 몇 개만 연결된 신경세포 하나는 기억을 즉각적으로 학습하는 능력이 있다. 그러한 기억 수백만 가지를 중첩시킬 수 있다. 이 모형은 이 세포들이 어떻게 추상적인 것(예컨대 개념이나 사람 얼굴)을 기억할 수 있는지 보여준다. 앤드는 이 기술을 가지고 야심적인 계획을 구상하고 있다. 각자 고유한 전문 분야를 담당하는 전략 사업 단위들을 만들고, 이 사업 단위들이 발전하여 본궤도에 오르면 사실상 모든 산업의 정보 처리 과정에 변화를 가져올 것이라고 기대한다.

프리츠 알베르트 포프와 그가 이끄는 국제생물물리학연구소 과학자들은 식품의 신선도를 판단하기 위한 방법으로 식품에서 방출되는 생체광자를 탐지하는 실험을 시작했다. 포프의 실험과 그 배경 이론은 과학계에서 서서히 받아들여지기 시작했다.

딘 래딘은 자신의 연구 일부를 인터넷에 공개해 방문자들이 참여할 수 있게 했으며, 거대한 규모의 컴퓨터화 실험을 하고 있다. 브로드와 엘리자베스 타그는 인간의 의도와 치유에 관한 연구를 계속 이어나가고 있다. 브렌다 던과 로버트 잔은 산더미 같은 데이터에 데이터를 더 추가하고 있다. 로저 넬슨은 글로벌 프로젝트를 추진하면서 집단 우주 지진계에 포착되는 미소한 떨림을 측정하고 있다.

에드가 미첼은 예측시스템연구학회Society for the Study of Anticipatory Systems가 후원하여 매년 벨기에 리에주에서 열리는 수학 학술회의인 CASYS 1999에 참석하여 기조연설을 했는데, 그 내용 중에는 자신의 양자 홀로그래피 이론과 인간 의식 이론의 통합도 포함돼 있었다. 그는 생체 내에서 양자 요동이 발견되고, 정보를 암호화하여 순간적 커뮤니케이션을 가능케 하는 영점장의 능력이 발견된 것은 인간의 의식 연구에서 로제타석에 해당한다고 말했다.[15] 미첼이 30년 동안 조사해온 여러 갈래의 가닥들이 마침내 하나로 합쳐지기 시작했다.

그 회의에서 미첼과 프리브람은 외부 우주와 내부 우주를 탐험한 업적으로(프리브람은 홀로그래픽 뇌에 관한 과학적 연구로, 미첼은 노에틱사이언스에 관한 훌륭한 과학적 연구로) 큰 존경을 받았다. 그해에 프리브람은 과학과 인문학을 통합하려고 노력한 공로로 다그마르 바츨라프 하벨 상을 받았다.

푸소프는 NASA의 비공식 소위원회인 혁신적 추진 계획: 첨단 심우주 운송 그룹Breakthrough Propulsion Program: the Advanced Deep Space Transport(ADST) Group에 참여해 일하고 있는데, 그는 이곳 사람들을 '변경 중의 변경'에서 일하는 사람들이라고 말한다.[16]

푸소프는 프린스턴 고등연구소 책임자로서 영점장을 이용하는 장비를 어떤 것이건 개발했다고 생각하는 발명가나 회사를 지원하는 정보 센터 역할을 한다. 푸소프는 각각의 주장을 철저하게 검증하려고 한다—제안된 모든 방법은 장비에 투입된 에너지보다 나오는 에너지가 더 많음을 보여주어야 한다. 지금까지 그가 검증한 30여 가지의 장비는 모두 실패로 끝났다. 하지만 그는 최전선에서 일하는 과학자답게 여전히 낙관적이다.[17]

이들의 발견이 지닌 진정한 의미라는 측면에서 바라본다면, 이러한 실용적 용도는 한낱 기술적 거품에 불과하다. 이들 모두—로버트 잔, 할 푸소프, 프리츠 알베르트 포프, 카를 프리브람—는 과학자인 동시에 철학자인데, 실험에 바쁘게 매달리다가 잠시 짬이 날 때면 자신들이 아주 깊이 파고든 이곳에서 뭔가 심오한 것—어쩌면 새로운 과학—을 발견했다는 생각이 들었다. 이들은 양자물리학에서 그 답이 발견되지 않은 채 남아 있던 많은 물음에 대한 답을 찾아나서는 출발점에 서 있었다. 로스앨러모스의 NASA 시설에서 일하는 피터 밀로니Peter Milonni는 양자론의 창시자들이 영점장과 함께 고전 물리학을 사용했더라면, 대답할 수 없는 물음이 많은 양자물리학에서 그들이 얻은 것보다 훨씬 만족할 만한 결과를 과학계가 얻었을 것이라고 생각한다.[18] 양자론이 언젠가는 영점장을 고려하여 수정된 고전 물리학 이론으로 대체될 것이라고 믿는 사람들이 있다. 이들의 연구는 양자물리학에서 '양자'라는 단어를 떼어내고, 큰 세계와 작은 세계 모두에 대해 성립하는 통합 물리학을 낳을 것이다.

이들 과학자는 각자 자신만의 놀라운 발견 항해에 나섰다. 이들도 처음에는 장래가 촉망되는 젊은 과학자였고, 기존의 신성한 믿음들—동료들이 공유한 개념들과 일반적 통념—을 받아들이고 경력을 시작했다. 예컨대 다음과 같은 것들이 있었다.

> 인간은 주로 화학 물질과 유전자 암호로 작동하는 생존 기계이다.
>
> 뇌는 별개의 기관이자 의식이 머무는 곳으로, 이것 역시 대체로 화학(세포들의 커뮤니케이션과 DNA 암호)의 지배를 받는다.
>
> 인간은 본질적으로 세계와 분리돼 있으며, 마음은 신체와 분리돼 있다.
>
> 시간과 공간은 유한한 보편적 질서이다.
>
> 빛보다 더 빨리 달리는 것은 없다.

그러나 이들은 이런 생각에서 벗어나는 현상을 우연히 접하게 됐고, 그것을 계속 파고들 용기와 독립성을 지니고 있었다. 결국 이들은 아주 힘든 실험과 시행착오를 거쳐 기존의 이 개념들(물리학과 생물학의 기반을 이루는)이 틀렸을지도 모른다는 견해를 갖게 되었다.

> 세계의 커뮤니케이션은 뉴턴의 가시 영역에서 일어나는 것이 아니라, 하이젠베르크의 아원자 세계에서 일어난다.
> 세포와 DNA는 진동수를 통해 커뮤니케이션을 한다.
> 뇌는 맥동하는 파동으로 세계를 지각하고 기록한다.
> 우주에는 본질적으로 모든 것의 기록 매질인 하부 구조가 있는데, 이것은 모든 것이 나머지 모든 것과 커뮤니케이션을 할 수 있는 수단을 제공한다.
> 인간은 주변 환경과 분리돼 있지 않다. 살아 있는 의식은 분리된 실체가 아니다. 의식은 나머지 세계의 질서를 높인다.
> 인간의 의식은 스스로를 치유하고 세계를 치유하는—어떤 의미에서 우리가 원하는 대로 세계를 만들어가는—놀라운 능력을 지니고 있다.

이들은 매일 실험실에서 자신들의 발견이 제시하는 미약한 가능성에 맞닥뜨렸다. 이들은 우리가 단순히 우연한 진화의 산물이거나 유전자를 위한 생존 기계에 불과한 게 아니라는 사실을 발견했다. 이들의 연구는 분산돼 있으면서도 통합된 지능의 존재를 시사했는데, 그것은 다윈이나 뉴턴이 생각한 것보다 훨씬 거대하고 정교한 존재이며, 그 과정은 무작위적이거나 혼돈적인 것이 아니라, 지성적이고 목적을 지닌 것이다. 이들은 생명의 역동적인 흐름 속에서 질서가 승리하는 것을 발견했다.

이 발견들은 연료가 필요 없는 여행이나 순간적인 공중 부양처럼 실용적 측면에서 미래 세대의 삶에 큰 변화를 가져올지도 모른다. 하지만 인간의 잠재력이 어디까지 뻗어 있는지 이해하는 측면에서 볼 때, 이들의 연구는 그보다 훨씬 심오한 의미를 가진다. 과거에는 초자연적 능력(예지, 전생, 투시, 치유 능력 등)은 가끔 일부 개인을 통해 입증되었을 뿐이고, 그것은 금방 자연의 변덕이나 속임수로 일축되었다. 그러나 이들 과학자의 연구는 그러한 능력이 비정상적이거나 희귀한 현상이 아니라, 모든 사람이 가진 능력임을 보여주었다. 이들의 연구는 인간의 능력이 우리가 가능하리라고 상상한 것보다 훨씬 크다는 것을 시사한다. 우리는 우리가 알고 있는 것보다 훨씬 대단한 존재이다. 만약 이러한 잠재력을 과학적으로 이해한다면, 그것을 체계적으로 이용하는 방법도 알아낼 수 있을 것이다. 그렇게 된다면 커뮤니케이션과 자기 인식에서부터 물질세계와의 상호 작용에 이르기까지 우리 삶의 모든 측면이 크게 개선될 것이다. 과학은 이제 더 이상 우리를 우리의 최소 공통분모로 축소시키지 않을 것이다. 과학은 마침내 우리의 모든 잠재력을 이해함으로써 우리를 인류 역사의 마지막 진화 단계로 올라서도록 도와줄 것이다.

이 실험들은 경험적으로는 효과가 인정되었지만 제대로 이해할 수 없었던 대체의학의 유효성을 입증하는 데에도 도움을 주었다. 만약 인간의 에너지 수준을 치료하는 의학과 치료되는 '에너지'의 정확한 본질을 알아낸다면, 우리의 건강이 개선될 잠재력은 상상할 수 없을 정도로 크다.

옛날 사람들의 지혜와 전통 문화의 전승 지식이 옳음을 과학적으로 입증한 발견들도 있었다. 이들의 이론은 시간이 시작된 이래 인간이 믿어왔지만 지금까지 맹목적인 믿음 외에는 그것을 뒷받침할 만한 근거가 없었던 신화와 종교의 많은 내용을 과학적으로 뒷받침했다. 이들이 한 일은 지혜로운 사람들이 이미 알고 있던 것을 뒷받침하는 과학적 틀을 제공한 것이다.

오스트레일리아 원주민은 많은 '원시' 문화들과 마찬가지로 바위와 돌과 산이 살아 있으며, '노래를 불러' 세계를 존재하게 만든다고(사물에 이름을 지어줌으로써 사물을 창조한다고) 믿는다. 브로드와 잔은 이것이 단순히 미신에 불과한 게 아님을 보여주었다. 아추아르족과 와오라니족 인디언도 똑같이 생각했다. 가장 깊은 차원에서 우리는 서로 꿈을 공유하고 있다.

다가오는 과학 혁명은 모든 의미에서 이원론의 종말을 예고한다. 과학은 신을 죽이는 것이 아니라, 처음으로 신의 존재를 입증하고 있다—더 높은 집단의식이 존재한다는 것을 증명함으로써. 이제 과학의 진리와 종교의 진리라는 두 가지 진리가 존재할 이유가 없다. 통합된 하나의 세계관이 나타날 것이다.

과학적 사고에 일어난 이러한 혁명은 우리에게 20세기 철학의 삭막한 비전(대체로 과학이 지지하는 견해에서 도출된)이 우리에게서 앗아간 낙관주의도 되돌려줄 것으로 보인다. 우리는 무심한 우주 속에 떠 있는 외로운 행성에서 살아남으려고 필사적으로 애쓰는 고립된 존재가 아니다. 우리는 혼자였던 적이 한 번도 없다. 우리는 늘 더 큰 전체의 일부였다. 우리는 항상 모든 것의 중심에 존재했다. 사물들은 분해돼 흩어지지 않는다. 중심이 그것을 흩어지지 않게 붙들고 있으며, 그것을 붙들고 있는 존재는 바로 우리 자신이다.

우리는 자신과 사랑하는 사람들과 심지어 우리의 공동체를 치유하는 능력이 있으며, 그것도 우리가 생각하는 것보다 훨씬 큰 능력이 있다. 우리 각자는 자신의 삶을 향상시킬 능력이 있으며, 서로 힘을 합치면 훨씬 큰 집단의 능력을 발휘할 수 있다. 우리의 삶은 모든 의미에서 우리 손에 달려 있다.

이것은 정말로 획기적인 통찰과 발견이지만, 그리 널리 알려지지 않았다. 지난 30년 동안 이들 선구자는 소규모 수학 학술회의나 첨단 과학 분야의 대화를 촉진하기 위해 마련된 소규모 과학 단체의 연례 회의에서 자신들이 발견한 것을 발표했다. 이들은 서로의 연구를 잘 알고 존중했으며, 그러한 모임에서 동료들에게 인정을 받았다. 이들은 대부분 젊은 시절에 그러한 발견을 하고 나서 주류 연구에서 벗어나 옆길로 빠졌는데, 그때까지는 자기 분야에서 크게 인정받거나 심지어 존경받던 사람들이었다. 이제 이들은 은퇴할 시기에 이르렀지만, 더 넓은 과학계에서는 아직도 이들의 연구가 제대로 빛을 보지 못하고 있다. 이들은 모두 콜럼버스처럼 새로운 세계를 보고 돌아왔지만, 아무도 이들이 하는 이야기를 믿어주지 않았다. 여전히 지구는 평평하다고 믿는 사람들처럼 주류 과학계는 이들을 무시했다.

영점장 개념에서 유일하게 받아들여진 것은 우주여행 추진 방법뿐이다. 엄격한 과학적 절차에도 불구하고, 정통 과학계에서는 어느 누구도 이들의 발견을 진지하게 받아들이지 않았다. 방브니스트처럼 주류 과학계에서 소외당하는 불이익을 당한 사람들도 있었다. 이제 71세가 된 에드가 미첼은 다년간 자신의 우주여행에 관한 강연에서 얻은 수익에 의존해 의식에 관한 연구를 했다. 로버트 잔은 아무 하자도 없는 통계적 증거가 담긴 논문을 공학 학술지에 제출했다가 즉각 퇴짜를 맞은 적이 많았다. 거부를 당한 이유는 과학 때문이 아니라, 기존의 세계관을 송두리째 뒤흔드는 의미를 담고 있었기 때문이다.

그럼에도 불구하고, 잔과 푸소프를 비롯해 그 밖의 과학자들은 자신들이 발견한 것이 어떤 것인지 잘 알고 있다. 각자는 진정한 발명가의 속성인 불굴의 자신감을 지닌 채 지칠 줄 모르고 계속 나아갔다. 옛날 방식은 단순히 열기구를 한 대 더 띄워 올리는 것이었다. 과학에서 새로운 개념이 저항에 부닥치는 일은 늘 있었다. 새로운 개념은 이단으로 몰리기도 했다. 하지만 이들이 얻은 증거는 세상을 완전히 뒤바꿔놓을지도 모른다. 개선할 부분이 많고, 다른 길도 많다. 많은 길은 멀리 빙 돌아가는 길이거나 막다른 길로 드러날지도 모른다. 하지만 최초의 시험적인 탐구들이 이미 시작되었다. 모든 과학이 처음에 그랬듯이, 이것은 새로운 과학을 향해 내디딘 첫걸음이다.

이 책은 8년 전에 내가 연구를 하다가 기적을 반복적으로 경험하면서 쓰기 시작했다. 여기서 내가 말하는 기적이란 바다가 갈라지거나 빵덩어리가 기하급수적으로 불어나는 그런 기적이 아니라, 우리가 아는 상식적인 우주의 작용 원리에서 벗어나는 방식으로 일어나는 사건을 말한다. 내가 체험한 기적은 엄밀한 과학적 증거, 즉 우리 자신의 생물학에 대해 우리가 알고 있는 개념을 비웃는 치유 방법을 뒷받침하는 과학적 증거와 관계가 있다.

예를 들면, 나는 동종 요법에 관해 훌륭한 연구를 일부 발견했다. 무작위로 실시하고, 이중맹검법을 철저히 따르고, 플라세보 효과를 차단하면서 (과학적인 현대 의학 연구에서 필수적인 기준들) 한 연구에 따르면, 어떤 물질을 그 물질 분자가 단 하나도 남지 않을 정도로 계속 희석시켜 순수한 물과 다름없게 만든 뒤, 그 액체를 환자에게 투여했더니 놀랍게도 병이 나았다.[1] 침술에서도 가느다란 침으로 몸 곳곳에 있는 경혈을 찌르는 것만으로 온갖 증상이 치료되는 결과가 나왔다.

영적 치유의 연구에서도, 비록 일부 연구는 질이 떨어지긴 하지만, 많은 훌륭한 연구는 여기서 뭔가 흥미로운 일이 일어나고 있으며, 원격 치유에 단순히 플라세보 효과나 심리적 효과 이상의 뭔가가 있음을 시사한다. 많은 연구에서 환자 자신은 누가 자기를 치유하려고 노력하고 있는지조차도 몰랐다. 그런데도 어떤 사람들은 멀리 떨어진 곳에서 환자를 위해 정신을 집중함으로써 환자를 치유한다는 증거가 있다.

이런 사례들을 접하면서 나는 한편으로는 경이로움을 느끼면서도 다른 한편으로는 큰 불안을 느꼈다. 이런 치유 방법들은 모두 현대 과학이 인체를 생각하는 패러다임과는 완전히 다른 패러다임에 기초하고 있기 때문이다. 이 방법들은 '에너지 차원'에서 작용하는 의학 체계이지만, 이들이 말하는 에너지가 정확하게 무엇인지 이해하기 어려웠다.

대체의학 분야에서는 '미묘한 에너지subtle energy'(기氣를 서양 사람들이 부르는 이름) 같은 단어를 흔히 사용하지만, 어떤 것의 본질과 정체를 밝히고 싶어 하는 기질이 강한 나는 이것으로 만족할 수 없었다. 그 에너지는 어디서 나오는가? 그것은 어디에 있는가? 거기에 미묘한 것이 도대체 뭐가 있단 말인가? 인간의 에너지장 같은 것이 정말로 있는가? 그리고 그것은 대체의학의 치유 효과뿐만 아니라, 설명할 수 없는 생명의 많은 수수께끼를 설명할 수 있는가? 우리가 제대로 이해하지 못한 에너지의 원천이 따로 있는가?

만약 동종 요법 같은 치료법이 정말로 효과가 있다면, 그것은 물리학적·생물학적 현실에 대해 우리가 알고 있는 모든 믿음을 뒤집어엎는 셈이 된다. 그렇다면 동종 요법과 정통 의학 중 하나는 틀린 게 분명하다. 에너지 의학의 주장을 받아들이려면 새로운 생물학과 새로운 물리학이 필요한 것처럼 보인다.

나는 기존의 세계관을 대체할 세계관을 연구하는 과학자가 있는지 개인적으로 조사에 나섰다. 전 세계 여러 곳을 여행하면서 러시아, 독일, 프랑스, 영국, 남아메리카, 중앙아메리카, 미국의 물리학자들과 그 밖의 최전선 분야에서 연구하는 과학자들을 만났다. 또, 다른 나라의 많은 과학자들하고도 편지와 전화를 통해 대화를 나누었다. 급진적인 새 발견들이 발표되는 회의에도 참가했다. 나는 대체로 엄격한 과학적 기준을 따르며 연구하는 과학자들의 주장에만 귀를 기울이기로 했다. 대체의학 분야에서 에너지와 치유에 관해 제기된 추측은 이미 차고 넘치는 지경이기 때문에, 나는 수학적으로나 실험적으로 증명 가능한 것을 기반으로 한 새 이론을 원했다. 나는 과학의 도움을 받아 전통의학이나 대체의학을 증명하고 싶었기 때문에, 과학계에서 어떤 의미에서 새로운 과학을 제공했으면 하고 바랐다.

조사를 시작한 나는 비록 그 수는 적지만 응집력 있는 훌륭한 과학자 집단을 발견했는데, 이들은 인상적인 신념을 가지고서 모두 동일한 것의 일부 측면을 연구하고 있었다. 이들은 믿기 힘들 만큼 놀라운 것을 발견했다. 이들이 연구하는 것은 생화학과 물리학 법칙을 뒤집어엎는 것처럼 보였다. 이들의 연구는 단지 동종 요법과 영적 치유가 왜 효과가 있는지 설명하는 데 그치지 않았다. 이들의 이론과 실험은 합쳐져서 새로운 과학과 새로운 세계관을 제시했다.

《필드》는 이 책에 언급된 주요 과학자들과 직접 면담한 결과와 그들이 발표한 연구에 기초해 쓴 책이다. 그들의 이름은 다음과 같다. 자크 방브니스트Jacques Benveniste, 윌리엄 브로드William Braud, 브렌다 던Brenda Dunne, 버나드 하이시Bernhard Haisch, 배절 하일리Basil Hiley, 로버트 잔Robert Jahn, 에드 메이Ed May, 피터 마서Peter Marcer, 에드가 미첼Edgar Mitchell, 로저 넬슨Roger Nelson, 프리츠 알베르트 포프Fritz-Albert Popp, 카를 프리브람Karl Pribram, 할 푸소프Hal Puthoff, 딘 래딘Dean Radin, 알폰소 루에다Alfonso Rueda, 발터 솀프Walter Schempp, 메릴린 슐리츠Marilyn Schlitz, 헬무트 슈미트Helmut Schmidt, 엘리자베스 타그Elisabeth Targ, 러셀 타그Russell Targ, 찰스 타

트Charles Tart, 메이 완호Mae Wan-Ho. 나는 전화나 편지를 통해 이들 모두에게서 큰 도움을 받았다. 대부분의 사람들은 여러 차례 면담에 응해주었고, 심지어 열 번 이상 응해준 사람도 있다. 그렇게 많은 문의에 응해주고, 사실을 꼼꼼하게 확인하도록 도와준 모두에게 큰 감사를 드린다. 그들은 성가신 방문과 무지를 참아주었고, 헤아릴 수 없는 도움을 주었다.

그중에서도 특히 내게 통계학을 가르쳐준 딘 래딘, 일련의 물리학 강의를 해준 할 푸소프와 프리츠 포프, 피터 마서, 뇌 신경동역학에 대해 가르침을 준 카를 프리브람, 최신 과학 지식을 알려준 에드가 미첼에게 감사를 드린다.

나는 또 대화를 나누거나 서신을 주고받은 다음 사람들에게도 감사드린다. 안드레이 아포스톨Andrei Apostol, 한츠 베츠Hanz Betz, 딕 비르만Dick Bierman, 마르코 비쇼프Marco Bischof, 크리스텐 블롬 달Christen Blom-Dahl, 리처드 브로턴Richard Broughton, 토니 버넬Toni Bunnell, 윌리엄 콜리스William Corliss, 데버러 델러노이Deborah Delanoy, 수트버트 어텔Suitbert Ertel, 조지 파George Farr, 피터 펜윅Peter Fenwick, 페테르 가리야에프Peter Gariaev, 발레리 헌트Valerie Hunt, 에치오 인신나Ezio Insinna, 데이비드 로리머David Lorimer, 휴 맥퍼슨Hugh MacPherson, 로버트 모리슨Robert Morris, 리처드 오부시Richard Obousy, 마르셀 오디에르Marcel Odier, 베벌리 루빅Beverly Rubik, 루퍼트 셸드레이크Rupert Sheldrake, 데니스 스틸링스Dennis Stillings, 윌리엄 틸러William Tiller, 마르셀 트루치Marcel Truzzi, 디터 바이틀Dieter Vaitl, 하랄트 발라흐Harald Walach, 한스 벤트Hans Wendt, 톰 윌리엄슨Tom Williamson.

내 생각과 결론에 어떤 식으로든 도움을 준 책과 논문이 많지만, 그중에서도 심령 현상의 증거를 모아놓은 딘 래딘의 《의식하는 우주: 심령 현상의 과학적 진실The Conscious Universe: The Scientific Truth of Psychic Phenomena》과 리처드 브로턴의 《초심리학: 논란이 많은 과학Parapsychology: The Controversial Science》, 영적 치유와 관련해 유용한 증거를 제시한 래리 도시Larry Dossey의 책 여러 권, 진공에 관해 흥미로운 이론을 전개한 에르빈 라슬로Ervin Laszlo의 《상호 연결된 우주: 초학제적 통합 이론의 개념적 기초The Interconnected Universe: Conceptual Foundations of Transdisciplinary Unified Theory》에서 특히 큰 도움을 받았다.

이번에도 하퍼콜린스 출판사의 담당 팀, 그중에서도 특히 현명한 조언과 함께 이 책의 출간 기획을 지지하는 용기를 보여준 담당 편집자 래리 애시미드Larry Ashmead와 크리스타 스트뢰버Krista Stroever에게 큰 신세를 졌다. 원고를 교열하는 데 많은 수고를 한 앤드루 콜먼Andrew Coleman에게 특별한 감사를 드린다. 또한 뉴스레터 〈What Doctors Don't Tell You〉의 우리 팀이 제공한 지원에도 감사드린다. 특히 줄리 맥린Julie McLean과 샤린 웡Sharyn Wong은 막바지에 결정적인 도움을 주었고, 캐시 밍고Kathy Mingo는 내가 가정과 일이라는 두 마리 토끼를 다 잡을 수 있게 한결같은 도움을 주었다. 나의 홍보 컨설턴트인 파벨 미콜로스키Pavel Mikoloski는 2008년판 책을 홍보하면서 지칠 줄 모르는 열정과 헌신을 보여주었다.

이 책의 출간 기획을 열정적으로 진행한 나의 영국 에이전트 피터 로빈슨Peter Robinson과 국제 에이전트 대니얼 베너Daniel Benor에게도 특별한 감사를 드린다. 또 이 기획에 변함없는 헌신과 신뢰를 보내준 미국 에이전트 러셀 게일런Russell Galen에게도 감사드리고 싶다.

매일 에너지장을 직접 경험하게 해주는 나의 아이들, 케이틀린Caitlin과 안야Anya도 특별히 언급하고 싶다. 그리고 언제나처럼 이 책의 의미와 상호 연결의 진정한 의미를 이해하도록 도와준 남편 브라이언 허버드Bryan Hubbard가 이 책의 일등공신이다.

출처가 따로 표시되지 않았다면, 해당 과학자와 그 사람의 발견에 관한 상세한 정보는 1998년부터 2001년 사이에 이루어진 전화 인터뷰에서 수집한 것이다.

들어가는 말: 다가오는 혁명

1 M. Capek, *The Philosophical Impact of Contemporary Physics* (Princeton, New Jersey: Van Nostrand, 1961): 319, F. Capra, *The Tao of Physics* (London: Flamingo, 1992)에서 인용.

2 D. Zohar, *The Quantum Self* (London: Flamingo, 1991): 2; 다나 조하르는 뉴턴과 데카르트 이전과 이후의 과학철학사를 훌륭하게 요약했다.

3 나에게 양자론 연구자들의 철학적 관심에 최초로 주의를 끌게 한 사람은 프린스턴 대학교 PEAR 연구실 실장이던 브렌다 던이었다. W. Heisenberg, *Physics and Philosophy* (Harmondsworth: Penguin, 2000), N. Bohr, *Atomic Physics and Human Knowledge* (New York: John Wiley & Sons, 1958), R. Jahn and B. Dunne, *Margins of Reality: The Role of Consciousness in the Physical World* (New York: Harvest/Harcourt Brace Jovanovich, 1987): 58~59도 참고하라.

4 2000년 10월 19일에 암스테르담에서 로버트 잔과 브렌다 던과 한 인터뷰.

5 사실 어떤 과학자를 포함시켜야 할지 결정할 때 자의적인 선택을 할 수밖에 없었다. 나는 옥스퍼드 대학교 교수인 로저 펜로즈Roger Penrose를 선택할 수도 있었지만, 미국의 마취학자 스튜어트 해머로프Stuart Hameroff와 인간의 의식에 관한 그의 연구를 선택했다. 전자기 세포 커뮤니케이션 분야를 개척한 시릴 스미스Cyril Smith 같은 사람이 빠진 것은 순전히 지면 부족 탓이다.

1장 어둠 속의 빛

1 미첼의 여행에 관한 이야기는 E. Mitchell, *The Way of the Explorer: An Apollo Astronaut's Journey Through the Material and Mystical Worlds* (G. P. Putnam, 1996): 47~56; M. Light, *Full Moon* (London: Jonathan Cape, 1999); 달 사진 전시회 방문(London:

Tate Gallery, November 1999); 미첼과의 개인 인터뷰(1999년 여름과 겨울); T. Wolfe, *The Right Stuff* (London: Jonathan Cape, 1980); A. Chaikin, *A Man on the Moon* (Harmondsworth: Penguin, 1994): 355~379를 바탕으로 재구성했다.

2 Mitchell, *Way of the Explorer*: 61. 미첼의 실험 결과는 *Journal of Parapsychology*, June 1971에 발표되었다.

3 D. Loye, *An Arrow Through Chaos* (Rochester, Vt: Park Street Press, 2000): 91에서 인용했듯이, 뇌를 텔레비전에 비유한 사람은 프랜시스 크릭Francis Crick이다.

4 비국소성은 알랭 아스페Alain Aspect와 그 동료들이 1982년 파리에서 한 실험을 통해 증명된 것으로 간주된다.

5 M. Schiff, *The Memory of Water: Homeopathy and the Battle of Ideas in the New Science* (Thorsons, 1995).

2장 빛의 바다

미국의 석유 위기에 관한 내용은 〈런던 타임스〉 1973년 11월 26~12월 1일 자 기사를 바탕으로 작성했다.

1 H. Puthoff, 'Everything for nothing', *New Scientist*, July 28, 1990: 52~55.

2 J. D. Barrow, *The Book of Nothing* (London, Jonathan Cape, 2000): 216.

3 조화 진동자의 에너지를 보여주는 단순한 방정식은 $H=\Sigma_i\hbar-\Omega_i(n_i+\frac{1}{2})$로 나타낼 수 있다. 여기서 $\frac{1}{2}$은 영점 에너지를 나타낸다. 재규격화를 사용할 때, 과학자들은 $\frac{1}{2}$을 그냥 제거한다. 2000년 12월 7일에 할 푸소프와 주고받은 대화에서.

4 영점장은 확률전기역학에 포함된다. 하지만 보통의 고전 물리학에서는 대개 '재규격화'를 통해 제거된다.

5 T. Boyer, 'Deviation of the black-body radiation spectrum without quantum physics', *Physical Review*, 1969; 182: 1374~1383.

6 2001년 1월에 리처드 오부시와 한 인터뷰.

7 R. Sheldrake, *Seven Experiments That Could Change the World* (London: Fourth Estate, 1994): 75~76.

8 R. O. Becker and G. Selden, *The Body Electric* (Quill, 1985): 81.

9 A. Michelson and E. Morley, *American Journal of Science*, 1887, series 3; 34: 333~345, Barrow, *Book of Nothing*: 143~144에서 인용.

10 F. Capra, *The Tao of Physics* (London: Flamingo, 1976)에서 인용.

11 E. Laszlo, *The Interconnected Universe: Conceptual Foundations of Transdisci-*

plinary Unified Theory (Singapore: World Scientific, 1995).

12 A. C. Clarke, 'When will the real space age begin?', *Ad Astra*, May/June 1996: 13~15.

13 B. Haisch, 'Brilliant disguise: light, matter and the Zero Point Field', *Science and Spirit*, 1999; 10: 30~31. 다른 곳에서도 하이시는 창조와 영점장 사이의 연결 관계에 대해 여러 가지 흥미로운 추측을 했으며, 영점장을 '빛의 바다'라고 불렀다. 불가지론자는 진공의 임의적 배경 요동이 빅뱅 때 생겨났다가 남은 잔존 에너지라는 이론을 내놓았다. H. Puthoff, *New Scientist*, July 28, 1990: 52를 참고하라. 입자물리학자들은 우주가 실제로 가질 수 있는 것보다 더 많은 에너지를 가진 가짜 진공에서 태어났다는 이론을 내놓았다. 그 에너지가 붕괴하면서 정상적인 양자 진공이 생겨났고, 이것이 빅뱅을 낳고, 우주에 존재하는 모든 질량에 해당하는 에너지가 생겨났다는 것이다. H. E. Puthoff, 'The energetic vacuum: implications for energy research', *Speculations in Science and Technology*, 1990; 13: 247~257을 참고하라.

14 H. Puthoff, 'Ground state of hydrogen as a zero-point-fluctuation-determined state,' *Physical Review D*; 1987, 35: 3266~3270.

15 1999년 10월 29일, 캘리포니아 주에서 버너드 하이시와 한 인터뷰.

16 J. Gribbin, *Q is for Quantum: Particle Physics from A to Z* (Phoenix, 1999): 66; H. Puthoff, 'Everything for nothing': 52.

17 Puthoff, 'Ground state of hydrogen'. 또, 2000년 7월 20일과 8월 4일에 푸소프와 나눈 대화와 1999년 10월 26일에 버너드 하이시와 나눈 대화.

18 H. E. Puthoff 'Source of vacuum electromagnetic zero-point energy', *Physical Review* A, 1989: 40: 4857~4862; 또, 비평에 대한 답변, 1991; 44: 3385~3386.

19 H. Puthoff, 'Where does the zero-point energy come from?', *New Scientist*, December 2, 1989: 36.

20 H. Puthoff, 'The energetic vacuum: implications for energy research, *Speculations in Science and Technology*, 1990; 13: 247~257.

21 위와 동일.

22 푸소프는 영국 물리학자 폴 디랙이 처음 발견한 우주론적 우연의 일치에 대한 설명도 영점장에서 찾았다. 이것은 물질의 평균 밀도(전자와 양성자 사이에 작용하는 평균 인력)는 우주의 크기와 밀접한 관계(우주의 크기를 전자의 크기와 비교한 비율로 나타냈을 때)가 있음을 보여주었다. 푸소프는 이것이 영점장의 에너지 밀도와 관련이 있다는 사실을 발견했다. *New Scientist*, December 2, 1989 참고.

23 2000년과 2001년에 푸소프의 나눈 여러 차례의 대화; 또, H. Puthoff, 'On the relationship of quantum energy research to the role of metaphysical processes in the physical world', www.meta-list.org.

24 Puthoff, 'Everything for nothing'.

25 S. Adler(안드레이 사하로프Andrei Sakharov의 연구에 바친 짧은 글들을 모은 것에서), 'A key to understanding gravity', *New Scientist*, April 30, 1981: 277~278.

26 B. Haisch, A. Rueda and H. E. Puthoff, 'Beyond $E=mc^2$: A first glimpse of a universe without mass', *The Sciences*, November/December 1994: 26~31.

27 Puthoff, 'Everything for nothing'.

28 H. E. Puthoff, 'Gravity as a zero-point-fluctuation force,' *Physical Review A*, 1989; 39(5): 2333~2342; also 'Comment', *Physical Review A*, 1993; 47(4): 3454~3455.

29 위와 동일.

30 2000년 4월 8일에 푸소프와 한 인터뷰.

31 Energy Conversion using High Charge Density, US Patent no. 5,018,180.

32 1999년 10월 26일에 캘리포니아 주에서 버너드 하이시와 한 인터뷰.

33 Robert Matthews, 'Inertia: does empty space put up the resistance?' *Science*, 1994; 263: 613. 진공의 이 성질은 스탠퍼드선형가속기센터에서도 검증되었다.

34 B. Haisch, A. Rueda and H. E. Puthoff, 'Inertia as a zero-point-field Lorentz force', *Physical Review A*, 1994; 49(2): 678~694.

35 B. Haisch, A. Rueda and H. E. Puthoff, paper presented at AIAA 98~3143, Advances ASME/SAE/ASEE Joint Propulsion Conference & Exhibit, July 13~15, 1998, Cleveland, Ohio; 또한 B. Haisch, 'Brilliant Disguise.'

36 Haisch et al., 'Beyond $E=mc^2$'.

37 A. C. Clarke, 3001: *The Final Odyssey* (HarperCollins, 1997): 258.

38 위와 동일.

39 같은 책: 258~259.

40 Clarke, 'When will the real space age begin?': 15.

41 A. Rueda, B. Haisch and D. C. Cole, 'Vacuum zero-point field pressure instability in astrophysical plasmas and the formation of cosmic voids', *Astrophysical Journal*, 1995; 445: 7~16.

42 R. Matthews, 'Inertia'.

43 D. C. Cole and H. E. Puthoff, 'Extracting energy and heat from the vacuum',

Physical Review E, 1993; 48(2): 1562~1565.

44 1999년 10월 29일에 캘리포니아 주에서 버너드 하이시와 한 인터뷰.

45 2000년 7월과 8월에 할 푸소프와 한 인터뷰; 또, H. Puthoff, 'On the relationship of quantum energy'. 나는 그 당시 푸소프의 생각을 보여주기 위해 일부러 그의 미발표 논문에서 일부 내용을 인용했다.

46 Clarke, 'When will the real space age begin?'.

3장 빛의 존재

1 F. A. Popp, 'MO-Rechnungen an 3,4-Benzpyren und 1,2-Benzpyren legen ein Modell zur Deutung der chemischen Karzinogenese nahe', *Zeitschrift für Naturforschung*, 1972; 27b: 731; F. A. Popp, 'Einige Möglichkeiten für Biosignale zur Steuerung des Zellwachstums', *Archiv für Geschwulstforschung*, 1974; 44: 295~306.

2 B. Ruth and F. A. Popp, 'Experimentelle Untersuchungen zur ultraschwachen Photonememission biologisher Systeme', *Zeitschrift für Naturforschung*, 1976; 31c: 741~745.

3 M. Rattemeyer, F. A. Popp and W. Nagl, *Naturwissenschaften*, 1981; 11: 572~573.

4 R. Dawkins, *The Selfish Gene*, 2nd edn (Oxford: Oxford University Press, 1989): 22.

5 같은 책: preface, 2; R. Sheldrake, *The Presence of the Past* (London: Collins, 1988): 83~85도 참고하라.

6 Dawkins, *Selfish Gene*: 23.

7 Ibid.: 23; 'This, at the present time in molecular biology, is the learned soundscreen of language behind which is hidden the ignorance, for want of a better explanation.'

8 2001년 1월 29일에 프리츠 알베르트 포프와 한 전화 인터뷰.

9 R. Sheldrake, *A New Science of Life* (London: Paladin, 1987): 23~25.

10 R. Sheldrake, *A New Science of Life: The Hypothesis of Formative Causation* (London: Blond and Briggs, 1981); Sheldrake, *Presence of the Past*.

11 셸드레이크는 양자물리학의 비국소성이 궁극적으로 자신의 이론 중 일부를 설명한다는 견해를 표시했다. 셸드레이크의 웹사이트 www.sheldrake.org를 참고하라.

12 H. Reiter und D. Gabor, *Zellteilung und Strahlung. Sonderheft der Wissenschaftlichen Veroffentlichungen aus dem Siemens-Konzern* (Berlin: Springer, 1928)를 참

고하라.

13 R. Gerber, *Vibrational Medicine* (Santa Fe: Bear and Company, 1988): 62.

14 H. Burr, *The Fields of Life* (New York: Ballantine, 1972).

15 R. O. Becker and G. Selden, *The Body Electric: Electromagnetism and the Foundation of Life* (Quill, 1985): 83.

16 룬드와 마시, 빔스가 한 실험은 Becker and Selden, *The Body Electric* : 82~85에서 다시 자세히 다루었다.

17 Becker and Selden, *Body Electric*: 73~74.

18 H. Fröhlich, 'Long-range coherence and energy storage in biological systems', *International Journal of Quantum Chemistry*, 1968; 2: 641~649.

19 H. Fröhlich, 'Evidence for Bose condensation-like excitation of coherent modes in biological systems', *Physics Letters*, 1975, 51A: 21; D. Zohar, *The Quantum Self* (London: Flamingo, 1991): 65도 참고하라.

20 R. Nobili, 'Schrödinger wave holography in brain cortex', *Physical Review A*, 1985; 32: 3618~3626; R. Nobili, 'Ionic waves in animal tissues', *Physical Review A*, 1987; 35: 1901~1922.

21 Becker and Selden, *The Body Electric*: 92~93; 그리고 R. Gerber, *Vibrational Medicine:* 98; M. Schiff, *The Memory of Water*: 12. 더 최근에 이탈리아의 에치오 인신나는 작은 수레바퀴처럼 생겼으면서 세포의 구조를 제자리에 붙들어두는 역할을 하는 중심소체가 '불사의' 진동자, 곧 파동 발생기라고 주장했다. 배胚에서는 아버지의 유전자가 어머니의 유전자와 처음 합쳐질 때 아버지의 유전자 때문에 이러한 파동들이 작동하기 시작하여 그 생물이 살아가는 내내 맥동을 계속한다. 이 파동들은 배의 발달 첫 단계부터 특정 진동수로 시작하여 세포의 모양과 대사에 영향을 미치다가 생물이 성장하면 진동수가 변하는지 모른다. 1998년 11월 5일에 인신나와 주고받은 편지. E. Insinna, 'Synchronicity and coherent excitations in microtubules', *Nanobiology*, 1992; 1: 191~208; 'ciliated cell electrodynamics: from cilia and flagella to ciliated sensory systems', in A. Malhotra, ed., *Advances in Structural Biology*, Stamford, Connecticut: JAI Press, 1999:5. 또 T. Y. Tsong은 세포의 전자기 언어에 관한 논문도 썼다: T. Y. Tsong, 'Deciphering the language of cells', *Trends in Biochemical Sciences*, 1989; 14: 89~92도 참고하라.

22 F. A. Popp, Qiao Gu and Ke-Hsueh Li, 'Biophoton emission: experimental background and theoretical approaches', *Modern Physics Letters B*, 1994; 8(21/

22): 1269~1296; 또한, F. A. Popp, 'Biophotonics: a powerful tool for investigating and understanding life', in H. P. Dürr, F. A. Popp and W. Schommers (eds), *What is Life?* (Singapore: World Scientific), in press.

23 S. Cohen and F. A. Popp, 'Biophoton emission of the human body', *Journal of Photochemistry and Photobiology B: Biology*, 1997; 40: 187~189.

24 2001년 3월에 프리츠 알베르트 포프와 코번트리에서 만나거나 전화로 한 인터뷰.

25 F. A. Popp and Jiin-Ju Chang, 'Mechanism of interaction between electromagnetic fields and living systems', *Science in China (Series C)*, 2000; 43: 507~518.

26 생물학자 루퍼트 셸드레이크는 얼마 전에 동물의 특별한 능력에 대해 연구했다. 그의 연구는 흰개미 군집이 통상적인 커뮤니케이션 수단을 뛰어넘는 마스터플랜에 따라 개미집 기둥을 만든 다음, 그 끝부분을 구부려 새로운 기둥들이 아치 모양으로 만나도록 한다는 사실을 입증했다. 남아프리카공화국의 동식물 연구자 유진 마레이Eugene Marais가 이러한 능력을 검증하기 위해 훌륭한 실험을 했다. 그는 흰개미집에 강철판을 끼워 넣었는데, 흰개미들은 강철판의 높이와 두께에 상관없이 강철판 양쪽에 아주 비슷한 아치 또는 탑 모양의 기둥을 쌓았다. 나중에 강철판을 빼냈더니 두 기둥의 모양은 서로 완벽하게 딱 들어맞았다. 마레이는(그리고 나중에 셸드레이크도) 흰개미들은 어떤 감각적 커뮤니케이션보다 훨씬 훌륭한 조직 에너지장에 따라 행동한다고 결론 내렸는데, 많은 형태는 강철판을 뚫고 지나갈 수 없었기 때문이다. 셸드레이크는 애완동물과 텔레파시 행동에 관한 사례를 2700건 정도 수집하고, 애완동물 주인을 조사한 자료도 다수 수집했다. 200건 이상의 연구는 영국 북부에 사는 잡종 테리어 제이티JayTee의 텔레파시 능력을 조사한 것인데, 이 개는 주인인 패멀라 스마트Pamela Smart가 평소와 다른 시간에 출발하거나 다른 교통편을 이용하더라도 집에 도착할 시간에 맞춰 창가로 가 기다리곤 했다. R. Sheldrake, *Seven Experiments That Could Change the World: A Do-It-Yourself Guide to Revolutionary Science* (Fourth Estate, 1994): 68~86, 그리고 *Dogs That Know When Their Owners Are Coming Home and Other Unexplained Powers of Animals* (Hutchinson, 1999)를 참고하라.

27 2001년 3월 21일에 프리츠 알베르트 포프와 코번트리에서 한 인터뷰.

28 J. Hyvarien and M. Karlssohn, 'Low-resistance skin points that may coincide with acupuncture loci', *Medical Biology*, 1977; 55: 88~94, *New England Journal of Medicine*, 1995; 333(4): 263에서 인용.

29 B. Pomeranz and G. Stu, *Scientific Basis of Acupuncture* (New York: SpringerVerlag, 1989).

30 A. Colston Wentz, 'Infertility' (Book review), *New England Journal of Medicine*, 1995; 333(4): 263.

31 Becker and Selden, *The Body Electric*: 235.

4장 세포의 언어

1 J. Benveniste, B. Arnoux and L. Hadji, 'Highly dilute antigen increases coronary flow of isolated heart from immunized guinea-pigs', *FASEB Journal*, 1992; 6: A1610. Also presented at 'Experimental Biology-98 (FASEB)', San Francisco, 20 April 1998.

2 M. Schiff, *The Memory of Water: Homeopathy and the Battle of New Ideas in the New Science* (HarperCollins, 1994): 22.

3 같은 책: 26.

4 E. Davenas et al., 'Human basophil degranulation triggered by very dilute antiserum against IgE', *Nature*, 1988; 333(6176): 816~818.

5 J. Maddox, 'Editorial', *Nature*, 1988; 333: 818; M. Schiff, *The Memory of Water*: 86도 참고하라.

6 J. Benveniste's reply to *Nature*, 1988; 334: 291. 〈네이처〉 조사단의 방문에 관한 완전한 이야기는 J. Maddox, et al., 'High-dilution experiments a delusion', *Nature*, 1988; 334: 287~290; J. Benveniste's reply to Nature; Schiff, *Memory of Water*, chapter 6, pp. 85~95를 보라.

7 Schiff, *Memory of Water*: 57.

8 같은 책: 103.

9 J. Benveniste, 'Understanding digital biology', unpublished position paper, June 14, 1998; 1999년 10월에 방브니스트와 한 인터뷰.

10 J. Benveniste, et al., 'Digital recording/transmission of the cholinergic signal,' *FASEB Journal*, 1996, 10: A1479; Y. Thomas, et al., 'Direct transmission to cells of a molecular signal (phorbol myristate acetate, PMA) via an electronic device,' *FASEB Journal*, 1995; 9: A227; J. Aïssa et al., 'Molecular signalling at high dilution or by means of electronic circuitry', *Journal of Immunology*, 1993; 150: 146A; J. Aïssa, 'Electronic transmission of the cholinergic signal', *FASEB Journal*, 1995; 9: A683; Y. Thomas, 'Modulation of human neutrophil activation by "electronic" phorbol myristate acetate (PMA)', FASEB Journal, 1996; 10: A1479. (관련 논문들의 완전한 목록

은 www.digibio.com을 참고하라).

11 J. Benveniste, P. Jurgens et al., 'Transatlantic transfer of digitized antigen signal by telephone link', *Journal of Allergy and Clinical Immunology*, 1997; 99: S175.

12 Schiff, *Memory of Water*: 14~15.

13 D. Loye, *An Arrow Through Chaos: How We See into the Future* (Rochester, Vt: Park Street Press, 1983): 146.

14 J. Benveniste et al., 'A simple and fast method for *in vivo* demonstration of electromagnetic molecular signaling (EMS) via high dilution or computer recording', *FASEB Journal*, 1999; 13: A163.

15 J. Benveniste et al., 'The molecular signal is not functioning in the absence of "informed" water', *FASEB Journal*, 1999; 13: A163.

16 M. Jibu, S. Hagan, S. Hameroff et al., 'Quantum optical coherence in cytoskeletal microtubules: implications for brain function', *BioSystems*, 1994; 32: 95~209.

17 A. H. Frey, 'Electromagnetic field interactions with biological systems', *FASEB Journal*, 1993; 7: 272.

18 M. Bastide et al., 'Activity and chronopharmacology of very low doses of physiological immune inducers,' *Immunology Today*, 1985; 6: 234~235; L. Demangeat et al., Modifications des temps de relaxation RMN à 4MHz des protons du solvant dans les très hautes dilutions salines de silice/lactose', *Journal of Medical Nuclear Biophysics*, 1992; 16: 135~145; B. J. Youbicier-Simo et al., 'Effects of embryonic bursectomy and *in ovo* administration of highly diluted bursin on an adrenocorticotropic and immune response to chickens', *International Journal of Immunotherapy*, 1993; IX: 169~180; P. C. Endler et al., 'The effect of highly diluted agitated thyroxine on the climbing activity of frogs', *Veterinary and Human Toxicology*, 1994; 36: 56~59.

19 P. C. Endler et al., 'Transmission of hormone information by non-molecular means', FASEB Journal, 1994; 8: A400; F. Senekowitsch et al., 'Hormone effects by CD record/replay', *FASEB Journal*, 1995; 9: A392.

20 *The Guardian*, March 15, 2001; J. Sainte-Laudy and P. Belon, 'Analysis of immunosuppressive activity of serial dilutions of histamines on human basophil activation by flow symmetry', *Inflammation Research*, 1996; Suppl 1: S33~34도 참고하라.

21 D. Reilly, 'Is evidence for homeopathy reproducible?' *The Lancet*, 1994; 344: 1601~1606.

22 J. Jacobs, 'Homoeopathic treatment of acute childhood diarrhoea', *British Homoeopathic Journal*, 1993; 82: 83~86.

23 E. S. M. deLange deKlerk and J. Bloomer, 'Effect of homoeopathic medicine on daily burdens of symptoms in children with recurrent upper respiratory tract infections', *British Medical Journal*, 1994; 309: 1329~1332.

24 F. J. Master, 'A study of homoeopathic drugs in essential hypertension', *British Homoeopathic Journal*, 1987; 76: 120~121.

25 D. Reilly, 'Is evidence for homeopathy reproducible?' *The Lancet*, 1994; 344: 1601~1606.

26 같은 책: 1585.

27 J. Benveniste, Letter, *The Lancet*, 1998; 351: 367.

28 이 결과들에 대한 기술은 2000년 11월 10일에 자크 방브니스트와 나눈 전화 인터뷰를 바탕으로 했다.

5장 세계와 함께 공명하다

1 펜로즈와 래실리의 실험에 관한 이야기는 2000년 6월 14일에 카를 프리브람과 한 전화 인터뷰와 M. Talbot, *The Holographic Universe* (New York: HarperCollins, 1991): 11~13를 바탕으로 했다.

2 K. Pribram, 'Autobiography in anecdote: the founding of experimental neuropsychology', in Robert Bilder, (ed.), *The History of Neuroscience in Autobiography* (San Diego, CA: Academic Press, 1998): 306~349.

3 래실리의 실험 절차에 관한 내용은 2000년 6월 14일에 카를 프리브람과 한 전화 인터뷰를 바탕으로 했다.

4 K. S. Lashley, *Brain Mechanisms and Intelligence* (Chicago: University of Chicago Press, 1929).

5 K. S. Lashley, 'In search of the engram', in Society for Experimental Biology, *Physiological Mechanisms in Animal Behavior* (New York: Academic Press, 1950): 501, K. Pribram, *Languages of the Brain: Experimental Paradoxes and Principles in Neurobiology* (New York: Brandon House, 1971): 26에서 인용.

6 Pribram, 'Autobiography'.

7 K. Pribram, *Brain and Perception: Holonomy and Structure in Figural Processing* (Hillsdale, NJ: Lawrence Erlbaum, 1991): 9에서 인용.

8 Talbot, *Holographic Universe*: 18~19.

9 D. Loye, *An Arrow Through Chaos* (Rochester, Vt: Park Street Press, 2000): 16~17.

10 2000년 6월 14일에 카를 프리브람과 한 전화 인터뷰.

11 2000년 6월에 카를 프리브람과 한 여러 차례의 인터뷰; Talbot, *Holographic Universe*: 19도 참고하라.

12 그의 발견에 관한 이야기는 1999년 9월 9일에 런던에서 카를 프리브람과 한 인터뷰를 바탕으로 구성했다.

13 Pribram, 'Autobiography'.

14 Pribram, *Brain and Perception*: 27.

15 Pribram, *Brain and Perception*: Acknowledgments, xx; 또한 1999년 9월 9일에 런던에서 카를 프리브람과 한 인터뷰.

16 2000년 6월 14일과 7월 7일에 카를 프리브람과 한 전화 인터뷰; 또 1999년 8월 12일에 벨기에 리에주에서 만나 한 인터뷰.

17 Loye, *Arrow Through Chaos*: 150.

18 Talbot, *Holographic Universe*: 21.

19 2001년 7월 5일에 카를 프리브람에게서 받은 서신.

20 Talbot, *Holographic Universe*: 26.

21 R. DeValois and K. DeValois, *Spatial Vision* (Oxford: Oxford University Press, 1988).

22 Pribram, *Brain and Perception*: 76; also reviews of DeValois and DeValois, 'Spatial vision', *Annual Review of Psychology*, 1980: 309~341.

23 Pribram, *Brain and Perception*, chapter 9.

24 Pribram, *Brain and Perception*: 79.

25 Pribram, *Brain and Perception*: 76~77.

26 Pribram, *Brain and Perception*: 75.

27 Pribram, *Brain and Perception*: 137; *Talbot, Holographic Universe*: 27~30도 참고하라.

28 위와 동일.

29 2000년 5월 카를 프리브람과 전화로 한 인터뷰.

30 Pribram, *Brain and Perception*: 141.

31 W. J. Schempp, *Magnetic Resonance Imaging: Mathematical Foundations and*

Applications (London: Wiley-Liss, 1998).

32 R. Penrose, *Shadows of the Mind: A Search for the Missing Science of Consciousness* (New York: Vintage, 1994): 367.

33 S. R. Hameroff, *Ultimate Computing: Biomolecular Consciousness and Nanotechnology* (Amsterdam: North Holland, 1987).

34 같은 책; also E. Laszlo, *The Interconnected Universe: Conceptual Foundations of Transdisciplinary Unified Theory* (Singapore: World Scientific, 1995): 41.

35 Pribram, *Brain and Perception*: 283.

36 M. Jibu and K. Yasue, 'A physical picture of Umezawa's quantum brain dynamics', in R. Trappl (ed.) *Cybernetics and Systems Research, '92* (Singapore: World Scientific, 1992); 'The basics of quantum brain dynamics', in K. H. Pribram (ed.) *Proceedings of the First Appalachian Conference on Behavioral Neurodynamics* (Radford: Center for Brain Research and Informational Sciences, Radford University, September 17~20, 1992); 'Intracellular quantum signal transfer in Umezawa's quantum brain dynamics', *Cybernetics Systems International*, 1993; 1(24): 1~7; 'Introduction to quantum brain dynamics', in E. Carvallo (ed.) *Nature, Cognition and System III* (London: Kluwer Academic, 1993).

37 C. D. Laughlin, 'Archetypes, neurognosis and the quantum sea', *Journal of Scientific Exploration*, 1996; 10: 375~400.

38 1998년 11월 5일에 인신나가 저자에게 보낸 편지와 거기에 동봉된 것; 또, E. Insinna 'Ciliated cell electrodynamics: from cilia and flagella to ciliated sensory systems', in A. Malhotra (ed.), *Advances in Structural Biology* (Stamford, Conn: JAI Press, 1999): 5.

39 M. Jibu, S. Hagan, S. Hameroff et al., 'Quantum optical coherence in cytoskeletal microtubules: implications for brain function', *BioSystems*, 1994; 32: 95~209.

40 위와 동일.

41 D. Zohar, *The Quantum Self* (London: Flamingo, 1991): 70.

42 Laszlo, *The Interconnected Universe*: 41.

43 Hameroff, *Ultimate computing*; Jibu et al., 'Quantum optical coherence'.

44 E. Del Giudice et al., 'Electromagnetic field and spontaneous symmetry breaking in biological matter', *Nuclear Physics*, 1983; B275(FS17): 185~199.

45 D. Bohm, *Wholeness and the Implicate Order* (London: Routledge, 1983).

46 프리브람은 또한 인간은 특정 정보나 자극을 적극적으로 찾도록 하는(특정 유형의 배우자

를 찾는 것은 하나의 사례에 지나지 않는다) 이미지와 정보의 '피드포워드feedforward' 고리를 갖고 있다고 가정했다. (2001년 7월 5일에 카를 프리브람과 주고받은 서신. 더 자세한 설명을 원하면 Dave Loye, *Arrow Through Chaos*: 22~23도 참고하라.)

47 Laszlo, *Interconnected Universe*.

48 M. Jibu and K. Yasue, 'The basis of quantum brain dynamics', in K. H. Pribram (ed.), *Rethinking Neural Networks: Quantum Fields and Biological Data* (Hillsdale, NJ: Lawrence Erlbaum, 1993): 121~145

49 Laszlo, *Interconnected Universe*: 100~101.

50 Laughlin, 'Archetypes, neurognosis and the quantum sea'.

6장 창조적인 관찰자

1 헬무트 슈미트에 관한 모든 이야기는 1999년 3월 13일에 헬무트 슈미트에게서 받은 서신; 2001년 5월 14일과 5월 16일에 슈미트와 한 전화 인터뷰를 바탕으로 재구성했다. R. S. Broughton, *Parapsychology: The Controversial Science* (New York: Ballantine, 1991)도 참고하라.

2 라인은 결국 자신의 연구 결과를 *Extra-sensory Perception* (Boston: Bruce Humphries, 1964)이라는 책으로 내놓았다.

3 2001년 5월 14일과 5월 16일에 헬무트 슈미트와 한 전화 인터뷰.

4 2000년 10월 19일에 암스테르담에서 로버트 잔과 브렌다 던과 한 인터뷰; 또, R. G. Jahn and B. G. Dunne, *Margins of Reality: The Role of Consciousness in the Physical World* (New York: Harcourt, Brace, Jovanovich, 1987): 58~62.

5 E. Lazlo, *The Interconnected Universe: Conceptual Foundations of Transdisciplinary Unified Theory* (Singapore: World Scientific, 1995): 56.

6 H. Schmidt, 'Quantum processes predicted?', *New Scientist*, October 16, 1969: 114~115.

7 이 개념을 더 확대한 논문은 D. Radin and R. Nelson, 'Evidence for consciousness-related anomalies in random physical systems', *Foundations of Physics*, 1989; 19(12): 1499~1514; 또, D. Zohar, *The Quantum Self* (London: Flamingo, 1991): 33~34를 참고하라.

8 E. J. Squires, 'Many views of one world—an interpretation of quantum theory', *European Journal of Physics*, 1987; 8: 173.

9 H. Schmidt, 'Mental influence on random events', *New Scientist*, June 24, 1971;

757~758.

10 Broughton, *Parapsychology*: 177.

11 슈미트의 기계에 관한 기술은 1999년 3월 20일에 슈미트에게서 받은 서신을 바탕으로 했다; 또, Broughton, *Parapsychology*: 125~127; and D. Radin, *The Conscious Universe: The Scientific Truth of Psychic Phenomena* (New York: HarperEdge, 1997): 138~140도 참고하라.

12 Schmidt, 'Quantum processes'.

13 Schmidt, 'Mental influence'.

14 위와 동일.

15 2001년 5월 14일에 헬무트 슈미트와 한 전화 인터뷰.

16 PEAR 연구의 역사는 1998년 6월 23일에 프린스턴에서 브렌다 던과 한 인터뷰와 2000년 10월 19일에 암스테르담에서 로버트 잔과 브렌다 던과 한 인터뷰를 바탕으로 기술했다.

17 Dunne and Jahn, *Margins of Reality*: 96~98.

18 R. G. Jahn et al., 'Correlations of random binary sequences with prestated operator intention: a review of a 12-year program', *Journal of Scientific Exploration*, 1997; 11: 345~367.

19 2000년 10월 19일에 암스테르담에서 로버트 잔과 브렌다 던과 한 인터뷰.

20 Jahn, 'Correlations': 350.

21 위와 동일.

22 Radin and Nelson, 'Evidence for consciousness-related anomalies'; 다음도 참고하라. R. D. Nelson and D. I. Radin, 'When immovable objections meet irresistible evidence', *Behavioral and Brain Sciences*, 1987; 10: 600~601; 'Statistically robust anomalous effects: replication in random event generator experiments', in L. Henchle and R. E. Berger (eds), *RIP 1988* (Metuchen, NJ: Scarecrow Press, 1988): 23~26.

23 D. Radin and D. C. Ferrari, 'Effect of consciousness on the fall of dice: a meta-analysis', *Journal of Scientific Exploration*, 1991; 5: 61~84.

24 Broughton, *Parapsychology*: 177.

25 Radin, *Conscious Universe*: 140.

26 Radin and Nelson, 'Evidence for consciousness-related anomalies'.

27 D. Radin and R. Nelson, 'Meta-analysis of mind-matter interaction experiments, 1959~2000', unpublished, www.boundaryinstitute.org.

28 Radin and Nelson, 'Evidence for consciousness-related anomalies'.

29 R. D. Nelson, 'Effect size per hour: a natural unit for interpreting anomalous experiments', *PEAR Technical Note 94003*, September 1994.

30 W. Braud, 'Wellness implications of retroactive intentional influence: exploring an outrageous hypothesis', *Alternative Therapies*, 2000; 6(1): 37~48.

31 효과 크기의 설명과 비유는 Radin, *Conscious Universe*: 154~155를 보라; 또, W. Braud, 'Wellness implications'도 참고하라.

32 René Peoc'h, 'Psychokinetic action of young chicks on the path of an 'illuminated source', *Journal of Scientific Exploration*, 1995; 9(2): 223.

33 R. Jahn and B. Dunne, *Margins of Reality*: 242 – 259.

34 B. J. Dunne, 'Co-operator experiments with an REG device', *PEAR Technical Note 91005*, December 1991.

35 1998년 6월 23일에 프린스턴에서 브렌다 던과 한 인터뷰.

36 Jahn and Dunne, *Margins*: 257.

37 Jahn et al., *Correlations*: 356; 또, 1998년 6월 23일에 프린스턴에서 브렌다 던과 한 인터뷰.

38 B. J. Dunne, 'Gender differences in human/machine anomalies', *Journal of Scientific Exploration*, 1998; 12(1): 3~55.

39 1998년 6월 23일에 프린스턴에서 브렌다 던과 한 인터뷰.

40 2000년 10월 19일에 암스테르담에서 로버트 잔과 브렌다 던과 한 인터뷰.

41 R. G. Jahn and B. J. Dunne, 'ArtREG: a random event experiment utilizing picture-preference feedback', *Journal of Scientific Exploration*, 2000: 14(3): 383~409.

42 2000년 10월 19일에 암스테르담에서 로버트 잔과 브렌다 던과 한 인터뷰.

43 R. Jahn, 'A modular model of mind/matter manifestations', *PEAR Technical Note 2001.01*, May 2001.

44 이 단락에 소개한 개념들은 다음을 바탕으로 했다: 2000년 10월 19일에 암스테르담에서 로버트 잔과 브렌다 던과 한 인터뷰; 또, R. Jahn, 'Modular Model'.

45 Jahn and Dunne, 'Science of the subjective'.

7장 꿈의 공유

1 아마존 인디언에 관한 내용은 노에틱사이언스연구소에서 한 연구를 참고로 했다. 그 연구 결과는 M. Schlitz, 'On consciousness, causation and evolution', *Alternative*

Therapies, July 1998; 4(4): 82~90에서 볼 수 있다.

2 R. S. Broughton, *Parapsychology: The Controversial Science* (New York: Ballantine, 1991): 91~92.

3 1999년 10월 25일에 캘리포니아 주에서 윌리엄 브로드와 한 인터뷰.

4 위와 동일.

5 D. Radin, *The Conscious Universe: The Scientific Truth of Psychic Phenomena* (HarperEdge: New York, 1997); also D. J. Bierman (ed.), *Proceedings of Presented Papers*, 37th Annual Parapsychological Association Convention, Amsterdam (Fairhaven, Mass.: Parapsychological Association, 1994): 71.

6 Broughton, *Parapsychology*: 98.

7 C. Tart, 'Physiological correlates of psi cognition', *International Journal of Parapsychology*, 1963: 5; 375~386; 또, 1999년 10월 29일에 캘리포니아 주에서 찰스 타트와 한 인터뷰.

8 현재 에든버러 대학교에서 일하는 델러노이D. Delanoy도 비슷한 실험을 했다. 예컨대 D. Delanoy and S. Sah, 'Cognitive and psychological psi responses in remote positive and neutral emotional states', in Bierman (ed.), *Proceedings of Presented Papers*를 참고하라.

9 C. Tart, 'Psychedelic experiences associated with a novel hypnotic procedure: mutual hypnosis', in C. T. Tart (ed.), *Altered States of Consciousness* (New York: John Wiley, 1969): 291~308.

10 W. Braud and M. J. Schlitz, 'Consciousness interactions with remote biological systems: anomalous intentionality effects', *Subtle Energies*, 1991; 2(1): 1~46.

11 M. Schlitz and S. LaBerge, 'Autonomic detection of remote observation: two conceptual replications', in Bierman (ed.), *Proceedings of Presented Papers*: 465~478.

12 W. Braud et al., 'Further studies of autonomic detection of remote staring: replication, new control procedures and personality correlates', *Journal of Parapsychology*, 1993; 57: 391~409. Schlitz and LaBerge, 'Autonomic detection'에서 재현되었다.

13 W. Braud and M. Schlitz, 'Psychokinetic influence on electrodermal activity', *Journal of Parapsychology*, 1983; 47(2): 95~119.

14 W. Braud et al., 'Attention focusing facilitated through remote mental inter-

action', *Journal of the American Society for Psychical Research*, 1995; 89(2): 103~115.

15 M. Schlitz and W. Braud, 'Distant intentionality and healing: assessing the evidence', *Alternative Therapies*, 1997: 3(6): 62~73.

16 W. Braud and M. Schlitz, 'Psychokinetic influence on electrodermal activity', *Journal of Parapsychology*, 1983; 47: 95~119. 브로드의 연구 결과는 에든버러 대학교와 네바다 대학교에서도 독자적으로 재현되었다. D. Delanoy, 'Cognitive and physiological psi responses to remote positive and neutral emotional states', in Bierman (ed.), *Proceedings of Presented Papers*: 1298~1238; 또한 R. Wezelman et al., 'An experimental test of magic: healing rituals', in E. C. May (ed.), *Proceedings of Presented Papers*, 39th Annual Parapsychological Association Convention, San Diego, Calif. (Fairhaven, Mass.: Parapsychological Association, 1996): 1~12.

17 W. Braud and M. Schlitz, 'A methodology for the objective study of transpersonal imagery', *Journal of Scientific Exploration*, 1989; 3(1): 43~63.

18 W. G. Braud, 'Psi-conducive states', *Journal of Communication*, 1975; 25(1): 142~152.

19 Broughton, *Parapsychology*: 103.

20 *Proceedings of the International Symposium on the Physiological and Biochemical Basis of Brain Activity*, St Petersburg, Russia, June 22~24, 1992; *Second Russian–Swedish Symposium on New Research in Neurobiology*, Moscow, Russia, May 19~21, 1992도 참고하라.

21 R. Rosenthal, 'Combining results of independent studies', *Psychological Bulletin*, 1978; 85: 185~193.

22 Radin, *Conscious Universe*: 79.

23 W. G. Braud, 'Honoring our natural experiences', *The Journal of the American Society for Psychical Research*, 1994; 88(3): 293~308.

24 몇 년 뒤, 바로 이 아이디어가 한 책의 주제가 되었다. 도시L. Dossey가 쓴 *Be Careful What you Pray For … You Just Might Get It* (HarperSanFrancisco, 1997)은 해를 끼치는 부정적 사고의 힘에 대한 사례를 광범위하게 제시하고, 그것으로부터 우리 자신을 보호하는 방법도 소개한다.

25 W. G. Braud, 'Blocking/shielding psychic functioning through psychological and psychic techniques: a report of three preliminary studies', in R. White and I.

Solfvin (eds), *Research in Parapsychology*, 1984 (Metuchen, NY: Scarecrow Press, 1985): 42~44.

26 W. G. Braud, 'Implications and applications of laboratory psi findings', *European Journal of Parapsychology*, 1990~1991; 8: 57~65.

27 W. Braud et al., 'Further studies of the bio-PK effect: feedback, blocking, generality/specificity', in White and Solfvin (eds), *Research in Parapsychology*: 45~48.

28 D. Bohm, *Wholeness and the Implicate Order* (London: Routledge, 1980).

29 E. Laszlo, *The Interconnected Universe: Conceptual Foundations of Transdisciplinary Unified Theory* (Singapore: World Scientific, 1995): 101.

30 J. Grinberg-Zylberbaum and J. Ramos, 'Patterns of interhemisphere correlations during human communication', *International Journal of Neuroscience*, 1987; 36: 41~53; J. Grinberg-Zylberbaum et al., 'Human communication and the electrophysiological activity of the brain', *Subtle Energies*, 1992; 3(3): 25~43.

31 이것들은 이언 스티븐슨Ian Stevenson이 자세히 탐구했다; I. Stevenson, *Children Who Remember Previous Lives* (Charlottesville, Va: University Press of Virginia, 1987)를 참고하라.

32 Laszlo, *Interconnected Universe*: 102~103.

33 Braud, *Honoring Our Natural Experiences*.

34 실제로 메릴린 슐리츠와 찰스 호노턴은 실험을 통해 예술적 재능이 있는 사람들이 일반인보다 ESP 능력이 더 뛰어나다는 것을 보여주었다. M. J. Schlitz and C. Honorton, 'Ganzfeld psi performance within an artistically gifted population', *The Journal of the American Society for Psychical Research*, 1992; 86(2): 83~98을 참고하라.

35 L. F. Berkman and S. L. Syme, 'Social networks, host resistance and mortality: a nine-year follow-up study of Alameda County residents,' *American Journal of Epidemiology*, 1979; 109(2): 186~204.

36 L. Galland, *The Four Pillars of Healing* (New York: Random House, 1997): 103~105.

8장 확장된 눈

1 C. Backster, 'Evidence of a primary perception in plant life', *International Journal of Parapsychology*, 1967; X: 141. 푸소프가 1972년에 쓴 논문 '생명 과정의 양자론을 향하여Toward a quantum theory of life process'는 결국 발표되지 못했다. 푸소프는 저자에게 보낸 편

지에서 "30년이 지나서 돌아보니, 그리고 백스터 효과나 타키온(이 제안의 두 가지 핵심 주제) 중 어느 것도 확실하게 입증되지 않았다는 사실을 감안하면, 그것은 다소 순진했던 것처럼 보입니다."라고 썼다. 또한 "그런데 나는 제안한 그 실험을 시작하지도 못했습니다."라고 덧붙였다.

2 H. Puthoff, 'Toward a quantum theory of life process'.

3 G. R. Schmeidler, 'PK effects upon continuously recorded temperatures', *Journal of the American Society of Psychical Research*, 1997; 67(4), H. Puthoff and R. Targ, 'A perceptual channel for information transfer over kilometer distances: historical perspective and recent research', *Proceedings of the IEEE*, 1976; 64(3): 329~354에서 인용.

4 1971년에 출판된 S. Ostrander and L. Schroeder, *Psychic Discoveries Behind the Iron Curtain*(지금은 축약판인 *Psychic Discoveries*, New York: Marlowe & Company, 1997)은 소위 '초능력 전쟁'에 대한 관심을 폭발시켰다.

5 J. Schnabel, *Remote Viewers: The Secret History of America's Psychic Spies* (New York: Dell, 1997): 94~95.

6 행크 터너는 Schnabel의 책에서 빌 오도넬Bill O'Donnell로 나오는 CIA 직원의 가명이다.

7 웨스트버지니아 주의 군사 시설과 팻 프라이스에 관해 자세한 내용은 Schnabel, *Remote Viewers*: 104~113을 참고하라.

8 H. Puthoff and R. Targ, 'Final report, covering the period January 1974 – February 1975 Part II – Research Report, December 1, 1975, *Perceptual Augmentation Techniques*, SRI Project 3183; also H. E. Puthoff, 'CIA-initiated remote viewing program at Stanford Research Institute, *Journal of Scientific Exploration*, 1996; 10(1): 63~75.

9 R. Targ, *Miracles of Mind: Exploring Nonlocal Consciousness and Spiritual Healing* (Novato, Calif: New World Library, 1999): 46~47; D. Radin, *The Conscious Universe: The Scientific Truth of Psychic Phenomena* (New York: HarperEdge, 1997): 25~26.

10 C. A. Robinson, Jr, 'Soviets push for beam weapon', *Aviation Week*, May 2, 1977.

11 1999년 10월 25일에 캘리포니아 주에서 에드윈 메이와 한 인터뷰.

12 H. Puthoff, 'CIA-initiated remote viewing program at Stanford Research Institute'.

13 2000년 1월 20일에 할 푸소프와 한 인터뷰; 또한, Schnabel, *Remote Viewers*.

14 H. Puthoff, 'Experimental psi research: implication for physics', in R. Jahn (ed.), *The Role of Consciousness in the Physical World*, AAA Selected Symposia Series (Boulder, Colorado: Westview Press, 1981): 41.
15 R. Targ and H. Puthoff, *Mind-Reach: Scientists Look at Psychic Ability* (New York: Delacorte Press, 1977): 50.
16 Schnabel, *Remote Viewers*: 142.
17 Puthoff and Targ, 'Perceptual channel': 342.
18 같은 책: 338.
19 같은 책: 330－1.
20 같은 책: 336.
21 B. Dunne and J. Bisaha, 'Precognitive remote viewing in the Chicago area: a replication of the Stanford experiment', *Journal of Parapsychology*, 1979; 43:17~30.
22 Radin, *Conscious Universe*: 105.
23 L. M. Kogan, 'Is telepathy possible?' *Radio Engineering*, 1966; 21 (Jan): 75, Puthoff and Targ, 'Perceptual channel': 329~353에서 인용.
24 H. Puthoff and R. Targ, 'Final report, covering the period January 1974－February 1975 Part II－Research Report, December 1, 1975, *Perceptual Augmentation Techniques*, SRI Project 3183: 58.
25 2000년 1월 20일에 할 푸소프와 한 전화 인터뷰; Targ and Puthoff, *Mind-Reach*도 참고하라.
26 Schnabel, *Remote Viewers*: 74~75.
27 1999년 10월 25일에 캘리포니아 주에서 에드윈 메이와 딘 래딘과 한 인터뷰.
28 2000년 8월에 할 푸소프와 한 여러 차례의 전화 인터뷰.
29 J. Utts, 'An assessment of the evidence for psychic functioning', *Journal of Scientific Exploration*, 1996; 10: 3~30.

9장 무한한 이곳과 지금

1 R. Targ and J. Katra, *Miracles of Mind: Exploring Nonlocal Consciousness and Spiritual Healing* (Novato, Calif: New World Library, 1999): 42~44.
2 B. J. Dunne and R. G. Jahn, 'Experiments in remote human/machine interaction', *Journal of Scientific Exploration*, 1992; 6(4): 311~332.

3 스탠퍼드연구소에서 행한 모든 실험에서 거리에 제약을 받는 사례는 한 번도 없었다. 세월이 한참 지난 뒤, 러셀 타그는 이번에는 스탠퍼드연구소에서 했던 실험과는 반대로 모스크바에 사는 한 러시아인 초능력자에게 샌프란시스코에 있는 한 미지의 표적 장소를 원격 투시하게 했다. 러시아에서 심령 치료사로 유명한 드주나 다비타시빌리Djuna Davitashvili는 그전에는 원격 투시 실험을 해본 적이 한 번도 없었는데, 그 시간에 타그조차 모르는 샌프란시스코의 어느 장소에 있는 동료가 어디서 무엇을 하고 있는지 원격 투시해보라는 요청을 받았다. 그의 사진을 본 드주나는 회전목마가 있는 광장을 정확하게 묘사했다(나중에 타그는 그 동료가 샌프란시스코 피어 39의 한 광장에 있는 회전목마 앞에 서 있었다는 사실을 알게 되었다). 드주나가 그린 광장과 회전목마 그림은 실제 장소에 있는 것과 놀랍도록 비슷했다. 완전한 이야기를 보고 싶으면, R. Targ and J. Katra, *Miracles of Mind*: 29~36를 참고하라.

4 시카고와 애리조나 주, 모스크바의 원격 투시 실험에 관해 자세한 내용은 R. G. Jahn and B. J. Dunne, *Margins of Reality* (New York: Harcourt Brace Jovanovich, 1987): 162~167을 참고하라.

5 NASA와 관개 수로 사례는 Jahn and Dunne, *Margins*: 188에 나온다.

6 D. Radin, *The Conscious Universe: The Scientific Truth of Psychic Phenomena* (New York: HarperEdge, 1997): 113~114; R. Broughton, *Parapsychology: The Controversial Science* (New York: Ballantine, 1991): 292.

7 이것과 그 밖의 예지 연구를 훌륭하게 요약한 내용은 Radin, *The Conscious Universe*: 111~125를 참고하라.

8 R. S. Broughton, *Parapsychology*: 95~97.

9 같은 책: 98. 최초로 꿈을 과학적으로 연구해 기록한 곳은 마이모니데스의료센터가 아니다. 20세기 전반에 던J. W. Dunne은 피험자들과 그 꿈을 대상으로 실험을 하여 사람이 꾸는 꿈은 대체로 실현된다는 것을 과학적으로 입증했다. J. W. Dunne, *An Experiment in Time* (London: Faber, 1926).

10 래딘이 자신의 연구를 수행할 수 있는 안전한 피난처에 도착했다는 기대는 섣부른 것이었다. 초능력 연구에 관한 책을 한 권 출판하고 언론의 관심을 끌기 시작하자마자, 대학 당국은 래딘의 계약 갱신을 거부했다. 그는 민간 기업이 지원하는 연구 프로젝트에서 일자리를 찾아야 했다. 내가 이 책을 쓰고 있는 현재 그는 노에틱사이언스연구소에서 일하고 있다.

11 래딘의 실험을 완전하게 기술한 내용은 Radin, *Conscious Universe*: 119~224를 참고하라.

12 D. J. Bierman and D. I. Radin, 'Anomalous anticipatory response on randomized future conditions', *Perceptual and Motor Skills*, 1997; 84: 689~690.

13 D. J. Bierman, 'Anomalous aspects of intuition', paper presented at the Fourth Biennial European meeting of the Society for Scientific Exploration, Valencia, October 9~11, 1998; 또한 1998년 10월 9일에 발렌시아에서 비르만 교수와 한 인터뷰.

14 D. I. Radin and E. C. May, 'Testing the intuitive data sorting model with pseudorandom number generators: a proposed method', in D. H. Weiner and R. G. Nelson (eds), *Research in Parapsychology* 1986 (Metuchen, NJ: Scarecrow, 1987): 109~111. 이 실험에 대한 기술은 Broughton, *Parapsychology*: 137~139를 참고하라.

15 Broughton, *Parapsychology*: 175~176; 또 2001년 5월에 헬무트 슈미트와 한 전화 인터뷰.

16 H. Schmidt, 'Additional affect for PK on pre-recorded targets', *Journal of Parapsychology*, 1985; 49: 229~244; 'PK tests with and without preobservation by animals', in L. S. Henkel and J. Palmer (eds), *Research in Parapsychology 1989* (Metuchen, NJ: Scarecrow Press, 1990): 15~19, in W. Braud, 'Wellness implications of retroactive intentional influence: exploring an outrageous hypothesis', *Alternative Therapies*, 2000, 6(1): 37~48.

17 R. G. Jahn et al., 'Correlations of random binary sequences with pre-stated operator intention: a review of a 12-year program', *Journal of Scientific Exploration*, 1997; 11(3): 345~367.

18 Braud, 'Wellness implications'.

19 J. Gribbin, *Q Is for Quantum: Particle Physics from A to Z* (Phoenix, 1999): 531~534.

20 래딘, 2001년에 한 여러 차례의 전화 인터뷰.

21 E. Laszlo, *The Interconnected Universe, Conceptual Foundations of Transdisciplinary Unified Theory* (Singapore: World Scientific, 1995): 31.

22 D. Bohm, *Wholeness and the Implicate Order* (London: Routledge, 1980): 211.

23 위와 동일.

24 Braud, 'Wellness implications'.

10장 치유의 장

1 1999년 10월 28일에 캘리포니아 주에서 엘리자베스 타그와 한 인터뷰.

2 위와 동일.

3 Both experiments, B. Grad, 'Some biological effects of "laying-on of hands": a review of experiments with animals and plants', *Journal of the American Society for Psychical Research*, 1965; 59: 95~127.

4 L. Dossey, *Be Careful What You Pray For … You Just Might Get It* (Harper-SanFrancisco, 1997): 179.

5 B. Grad, 'Dimensions in "Some biological effects of the laying on of hands" and their implications,' in H. A. Otto and J. W. Knight (eds), *Dimensions in Wholistic Healing: New Frontiers in the Treatment of the Whole Person* (Chicago: Nelson-Hall, 1979): 199~212.

6 B. Grad, R. J. Cadoret and G. K. Paul, 'The influence of an unorthodox method of treatment on wound healing in mice', *International Journal of Parapsychology*, 1963; 3: 5~24.

7 B. Grad, 'Healing by the laying on of hands: review of experiments and implications', *Pastoral Psychology*, 1970; 21: 19~26.

8 F. W. J. Snel and P. R. Hol, 'Psychokinesis experiments in casein induced amyloidosis of the hamster', *Journal of Parapsychology*, 1983; 5(1): 51~76; Grad, 'Some biological effects of laying on of hands'; F. W. J. Snel and P. C. Van der Sijde, 'The effect of paranormal healing on tumor growth', *Journal of Scientific Exploration*, 1995; 9(2): 209~221. E. Targ, 'Evaluating distant healing: a research review, *Alternative therapies*, 1997; 3:748도 참고하라.

9 J. Barry, 'General and comparative study of the psychokinetic effect on a fungus culture', *Journal of Parapsychology*, 1968; 32: 237~243; E. Haraldsson and T. Thorsteinsson, 'Psychokinetic effects on yeast: an exploratory experiment', in W. G. Roll, R. L. Morris and J. D. Morris (eds), *Research in Parapsychology* (Metuchen, NJ: Scarecrow Press, 1972): 20~21; F. W. J. Snel, 'Influence on malignant cell growth research', *Letters of the University of Utrecht*, 1980; 10: 19~27.

10 C. B. Nash, 'Psychokinetic control of bacterial growth', *Journal of the American Society for Psychical Research*, 1982; 51: 217~221.

11 G. F. Solfvin, 'Psi expectancy effects in psychic healing studies with malarial mice', *European Journal of Parapsychology*, 1982; 4(2): 160~197.

12 R. Stanford, '"Associative activation of the unconscious" and "visualization" as methods for influencing the PK target', *Journal of the American Society for*

Psychical Research, 1969; 63: 338~351.

13 R. N. Miller, 'Study on the effectiveness of remote mental healing', *Medical Hypotheses*, 1982; 8: 481~490.

14 R. C. Byrd, 'Positive therapeutic effects of intercessory prayer in a coronary care unit population', *Southern Medical Journal*, 1988; 81(7): 826~829.

15 B. Greyson, 'Distance healing of patients with major depression', *Journal of Scientific Exploration*, 1996; 10(4): 447~465.

16 F. Sicher and E. Targ et al., 'A randomized double-blind study of the effect of distant healing in a population with advanced AIDS: report of a small scale study', *Western Journal of Medicine*, 1998; 168(6): 356~363.

17 W. Harris et al., 'A randomized, controlled trial of the effects of remote, intercessory prayer on outcomes in patients admitted to the coronary care unit', *Archives of Internal Medicine*, 1999; 159 (19): 2273~2278.

18 1999년 10월 28일과 2001년 3월 6일에 캘리포니아 주에서 직접 만나거나 전화를 통해 엘리자베스 타그와 한 인터뷰.

19 Harris et al., 'A randomized, controlled trial of the effects of remote, intercessory prayer'.

20 J. Barrett, 'Going the distance', *Intuition*, 1999; June/July: 30~31.

21 E. E. Green, 'Copper Wall research psychology and psychophysics: subtle energies and energy medicine: emerging theory and practice', *Proceedings*, First Annual Conference, International Society for the Study of Subtle Energies and Energy Medicine (ISSSEEM), Boulder, Colorado, June 21~25, 1991.

22 기공 치유 에너지 연구를 요약 정리한 것과 발표된 기공 치유 연구 자료를 컴퓨터화하는 센터인 기공 데이터베이스 Qigong Database에 관한 정보는 L. Dossey, *Be Careful What You Pray For*: 175~177에서 볼 수 있다.

23 R. D. Nelson, 'The physical basis of intentional healing systems', *PEAR Technical Note*, 99001, January 1999.

24 G. A. Kaplan, et al., 'Social connections and morality from all causes and from cardiovascular disease: perspective evidence from Eastern Finland', *American Journal of Epidemiology*, 1988; 128: 370~380.

25 D. Reed, et al., 'Social networks and coronary heart disease among Japanese men in Hawaii', *American Journal of Epidemiology*, 1983; 117: 384~396; M. A.

Pascucci and G. L. Loving, 'Ingredients of an old and healthy life: centenarian perspective', *Journal of Holistic Nursing*, 1997; 15: 199~213.

26 G. Schwarz, et al., 'Accuracy and replicability of anomalous after-death communication across highly skilled mediums', *Journal of the Society for Psychical Research*, 2001; 65: 1~25.

11장 가이아에서 온 전보

1 심슨의 재판에 관한 내용은 모두 〈런던 선데이 타임스〉 기록 보관소에서 찾았다. 평결을 발표하던 날의 재판 기록은 AP 통신사의 O. J. 심슨 재판에 관한 통계 자료에서 인용했다.

2 1998년 6월 28일에 프린스턴에서 브렌다 던과 한 인터뷰.

3 R. D. Nelson et al., 'FieldREG anomalies in group situations', *Journal of Scientific Exploration*, 1996; 10(1): 111~141.

4 위와 동일.

5 위와 동일.

6 위와 동일; 또한 2001년 7월 26일에 로저 넬슨에게서 받은 서신.

7 R. D. Nelson and E. L. Mayer, 'A FieldREG application at the San Francisco Bay Revels, 1996', as reported in D. Radin, *The Conscious Universe: The Scientific Truth of Psychic Phenomena* (New York: HarperEdge, 1997): 171.

8 Nelson, 'FieldREG anomalies': 136.

9 R. D. Nelson et al., 'FieldREGII: consciousness field effects: replications and explorations', *Journal of Scientific Exploration*, 1998; 12(3): 425~454.

10 이집트에서 한 전체 실험에 대한 내용은 다음을 바탕으로 구성했다: R. Nelson, 'FieldREG measurements in Egypt: resonant consciousness at sacred sites', Princeton Engineering Anomalies Research, School of Engineering/ Applied Science, *PEAR Technical Note 97002*, July 1997; 2001년 2월 2일에 로저 넬슨과 한 전화 인터뷰; Nelson et al., 'Field-REGII'.

11 이 장에서 딘 래딘의 실험에 관한 내용은 래딘이 직접 쓴 책 *The Conscious Universe*: 157~174에 많이 의존했다. D. I. Radin, J. M. Rebman and M. P. Cross, 'Anomalous organization of random events by group consciousness: two exploratory experiments', *Journal of Scientific Exploration*, 1996; 10: 143~168도 참고하라.

12 D. Vaitl, 'Anomalous effects during Richard Wagner's operas', paper presented at the Fourth Biennial European Meeting of the Society for Scientific Exploration,

Valencia, Spain, October 9~11, 1998.

13 위와 동일.

14 D. Bierman, 'Exploring correlations between local emotional and global emotional events and the behavior of a random number generator', *Journal of Scientific Exploration*, 1996; 10: 363~374.

15 R. Nelson, 'Wishing for good weather: a natural experiment in group consciousness', *Journal of Scientific Exploration*, 1997; 11(1): 47~58.

16 J. S. Hagel, et al., 'Effects of group practice of the Transcendental Meditation Program on preventing violent crime in Washington DC: results of the National Demonstration Project, June-July, 1993,' *Social Indicators Research*, 1994; 47: 153~201.

17 M. C. Dillbeck et al., 'The Transcendental Meditation program and crime rate change in a sample of 48 cities', *Journal of Crime and Justice*, 1981; 4: 25~45.

18 D. W. Orme-Johnson et al., 'International peace project in the Middle East: the effects of the Maharishi technology of the unified field', *Journal of Conflict Resolution*, 1988; 32: 776~812.

19 J. Lovelock, *Gaia: a New Look at Life on Earth* (Oxford: Oxford University Press, 1979).

20 R. Nelson et al., 'Global resonance of consciousness: Princess Diana and Mother Teresa', *Electronic Journal of Parapsychology*, 1998.

21 2001년 2월 2일에 로저 넬슨과 한 전화 인터뷰.

22 'Terrorist Disaster, September 11, 2001,' Global Consciousness Project website: http://noosphere.princeton.edu.

23 N. A. Klebanoff and P. K. Keyser, 'Menstrual synchronization: a qualitative study', *Journal of Holistic Nursing*, 1996; 14(2): 98~114.

24 1999년에 벨기에 리에주에서 열린 한 강연에서 미첼은 미르 우주정거장에서 여섯 달 동안 생활한 러시아 우주 비행사들의 경험을 기록한, 그다지 잘 알려지지 않은 보고서를 인용했다. 미첼과 마찬가지로 이들 역시 깨어 있는 상태와 꿈꾸는 상태에서 예지를 포함해 비정상적인 지각을 경험했다. 장기 우주여행이 영점장에 연결하는 특별한 수단을 제공하는지도 모른다. S. V. Krichevskii, 'Extraordinary fantastic states/dreams of the astronauts in nearearth orbit: a new cosmic phenomenon', *Sozn Fiz Real*, 1996; 1(4): 60~69.

12장 영점 시대

1 2001년 1월 20일에 브라이턴에서 리처드 오부시와 한 인터뷰.

2 2001년 1월 20일에 브라이턴의 혁신적 추진 물리학 워크숍에서 그레이엄 에니스Graham Ennis가 확인해준 내용.

3 C. Sagan, *Contact* (London: Orbit, 1997).

4 R. Forward, 'Extracting electrical energy from the vacuum by cohesion of charged foliated conductors', *Physical Review B*, 1984: 30: 1700.

5 H. Puthoff, 'Space propulsion: can empty space itself provide a solution?' *Ad Astra*, 1997; 9(1): 42~46.

6 R. Matthews, 'Nothing like a vacuum', *New Scientist*, February 25, 1995: 33.

7 위와 동일.

8 H. Puthoff, *The Observer*, January 7, 2001: 13에서 인용.

9 2001년 1월에 할 푸소프와 한 전화 및 대면 인터뷰.

10 Hal Puthoff, 'SETI: the velocity of light limitation and the Alcubierre warp drive: an integrating overview', *Physics Essays*, 1996; 9(1): 156~158.

11 H. Puthoff, 'Everything for nothing', *New Scientist*, July 28, 1990: 52~55.

12 2001년 1월 20일에 브라이턴에서 할 푸소프와 한 인터뷰.

13 혁신적 추진 물리학 워크숍 웹사이트 www.workshop.cwc.net에서 인용.

14 J. Benveniste, 'Specific remote detection for bacteria using an electromagnetic/digital procedure', *FASEB Journal*, 1999; 13: A852.

15 E. Mitchell, 'Nature's mind', 2000년 8월 8일에 벨기에 리에주에서 열린 CASYS 1999의 기조연설.

16 H. Puthoff, 'Far out ideas grounded in real physics', *Jane's Defence Weekly*, July 26, 2000; 34(4): 42~46.

17 위와 동일.

18 P. W. Milonni, 'Semi-classical and quantum electrodynamical approaches in nonrelativistic radiation theory', *Physics Reports*, 1976; 25: 1~8.

감사의 말

1 D. Reilly, 'Is evidence for homeopathy reproducible?' *The Lancet*, 1994; 344: 1601~1606.

Abraham, R., McKenna, T. and Sheldrake, R., *Trialogues at the Edge of the West: Chaos*, Creativity and the Resacralization of the World (Santa Fe, NM: Bear, 1992).

Adler, R. et al., 'Psychoneuroimmunology: interactions between the nervous system and the immune system', *Lancet*, 1995; 345: 99-103.

Adler, S. (in a selection of short articles dedicated to the work of Andrei Sakharov), 'A key to understanding gravity', *New Scientist*, 30 April 1981: 277-8.

Aïssa, J. et al., 'Molecular signalling at high dilution or by means of electronic circuitry', *Journal of Immunology*, 1993; 150: 146A.

Aissa, J., 'Electronic transmission of the cholinergic signal', *FASEB Journal*, 1995; 9: A683.

Arnold, A., *The Corrupted Sciences* (London: Paladin, 1992).

Atmanspacher, H., 'Deviations from physical randomness due to human agent intention?', *Chaos, Solitons and Fractals*, 1999; 10(6): 935-52.

Auerbach, L., *Mind Over Matter: A Comprehensive Guide to Discovering Your Psychic Powers* (New York: Kensington, 1996).

Backster, C., 'Evidence of a primary perception in plant life', *International Journal of Parapsychology*, 1967; X: 141.

Ballentine, R., *Radical Healing: Mind-Body Medicine at its Most Practical and Transformative* (London: Rider, 1999).

Bancroft, A., *Modern Mystics and Sages* (London: Granada, 1978).

Barrett, J., 'Going the distance', *Intuition*, 1999; June/July: 30-1.

Barrow, J. D., *Impossibility: The Limits of Science and the Science of Limits* (Oxford: Oxford University Press, 1998).

Barrow, J., *The Book of Nothing* (London: Jonathan Cape, 2000).

Barry, J., 'General and comparative study of the psychokinetic effect on a fungus culture', *Journal of Parapsychology*, 1968; 32: 237-43.

Bastide, M., et al., 'Activity and chronopharmacology of very low doses of physiological immune inducers', *Immunology Today*, 1985; 6: 234-5.

Becker, R. O., *Cross Currents: The Perils of Electropollution, the Promise of Electromedicine* (New York: Jeremy F. Tarcher/Putnam, 1990).

Becker, R. O. and Selden, G., *The Body Electric: Electromagnetism and the*

Foundation of Life (London: Quill/William Morrow, 1985).
Behe, M. J., *Darwin's Black Box: The Biochemical Challenge to Evolution* (New York: Touchstone, 1996).
Benor, D. J., 'Survey of spiritual healing research', *Complementary Medical Research*, 1990; 4: 9-31.
Benor, D. J., *Healing Research*, vol.4 (Deddington, Oxfordshire: Helix Editions, 1992).
Benstead, D. and Constantine, S., *The Inward Revolution* (London: Warner, 1998).
Benveniste, J., 'Reply', *Nature*, 1988; 334: 291.
Benveniste, J., 'Reply (to Klaus Linde and coworkers) "Homeopathy trials going nowhere"', Lancet, 1997; 350: 824', *Lancet*, 1998; 351: 367.
Benveniste, J., 'Understanding digital biology', unpublished position paper, 14 June 1998.
Benveniste, J., 'From water memory to digital biology', *Network: The Scientific and Medical Network Review*, 1999; 69: 11-14.
Benveniste, J., 'Specific remote detection for bacteria using an electromagnetic/digital procedure', *FASEB Journal*, 1999; 13: A852.
Benveniste, J., Arnoux, B. and Hadji, L., 'Highly dilute antigen increases coronary flow of isolated heart from immunized guineapigs', *FASEB Journal*, 1992; 6: A1610. Also presented at 'Experimental Biology-98 (FASEB)', San Francisco, 20 April 1998.
Benveniste, J., Jurgens, P. et al., 'Transatlantic transfer of digitized antigen signal by telephone link', *Journal of Allergy and Clinical Immunology*, 1997; 99: S175.
Benveniste, J. et al., 'Digital recording/transmission of the cholinergic signal', *FASEB Journal*, 1996; 10: A1479.
Benveniste, J. et al., 'Digital biology: specificity of the digitized molecular signal', *FASEB Journal*, 1998; 12: A412.
Benveniste, J. et al., 'A simple and fast method for in vivo demonstration of electromagnetic molecular signaling (EMS) via high dilution or computer recording', *FASEB Journal*, 1999; 13: A163.
Benveniste, J. et al., 'The molecular signal is not functioning in the absence of "informed" water', *FASEB Journal*, 1999; 13: A163.
Berkman, L. F. and Syme, S. L., 'Social networks, host resistance and mortality: a nine-year follow-up study of Alameda County residents', *American Journal of Epidemiology*, 1979; 109(2): 186-204.
Bierman, D. J. (ed.), *Proceedings of Presented Papers*, 37th Annual Parapsychological Association Convention, Amsterdam (Fairhaven, Mass.: Parapsychological Association, 1994).

Bierman, D., 'Exploring correlations between local emotional and global emotional events and the behaviour of a random number generator', *Journal of Scientific Exploration*, 1996; 10: 363-74.

Bierman, D. J., 'Anomalous aspects of intuition', paper presented at the Fourth Biennial European Meeting of the Society for Scientific Exploration, Valencia, Spain, 9-11 October 1998.

Bierman, D. J. and Radin, D. I., 'Anomalous anticipatory response on randomized future conditions', *Perceptual and Motor Skills*, 1997; 84: 689-90.

Bischof, M., 'The fate and future of field concepts — from metaphysical origins to holistic understanding in the biosciences', lecture given at the Fourth Biennial European Meeting of the Society for Scientific Exploration, Valencia, Spain, 9-11 October 1998.

Bischof, M., 'Holism and field theories in biology: non-molecular approaches and their relevance to biophysics', in J. J. Clang et al. (eds), *Biophotons* (Amsterdam: Kluwer Academic, 1998): 375-94.

Blom-Dahl, C. A., 'Precognitive remote perception and the third source paradigm', paper presented at the Fourth Biennial European Meeting of the Society for Scientific Exploration, Valencia, Spain, 9-11 October 1998.

Bloom, W. (ed.), *The Penguin Book of New Age and Holistic Writing* (Harmondsworth: Penguin, 2000).

Bohm, D., *Wholeness and the Implicate Order* (London: Routledge, 1980).

Boyer, T., 'Deviation of the blackbody radiation spectrum without quantum physics', *Physical Review*, 1969; 182: 1374.

Braud, W. G., 'Psi-conducive states', *Journal of Communication*, 1975; 25(1): 142-52.

Braud, W. G., 'Psi conducive conditions: explorations and interpretations', in B. Shapin and L. Coly (eds), *Psi and States of Awareness*, Proceedings of an International Conference held in Paris, France, 24-26August 1977.

Braud, W. G., 'Blocking/shielding psychic functioning through psychological and psychic techniques: a report of three preliminary studies', in R. White and I. Solfvin (eds), Research in Parapsychology, 1984 (Metuchen, NJ: Scarecrow Press, 1985): 42-4.

Braud, W. G., 'On the use of living target systems in distant mental influence research', in L. Coly and J. D. S. McMahon (eds), *Psi Research Methodology: A Re-Examination*, Proceedings of an international conference held in Chapel Hill, North Carolina, 29-30 October, 1988.

Braud, W. G., 'Distant mental influence of rate of hemolysis of human red blood cells', *Journal of the American Society for Psychical Research*, 1990; 84(1): 1-24.

Braud, W. G., 'Implications and applications of laboratory psi findings', *European Journal of Parapsychology*, 1990-91; 8: 57-65.

Braud, W. G., 'Reactions to an unseen gaze (remote attention): a review, with new data on autonomic staring detection', *Journal of Parapsychology*, 1993; 57: 373-90.

Braud, W. G., 'Honoring our natural experiences', *Journal of the American Society for Psychical Research*, 1994; 88(3): 293-308.

Braud, W. G., 'Reaching for consciousness: expansions and complements', *Journal of the American Society for Psychical Research*, 1994; 88(3): 186-206.

Braud, W. G., 'Wellness implications of retroactive intentional influence: exploring an outrageous hypothesis', *Alternative Therapies*, 2000; 6(1): 37-48.

Braud, W. G. and Schlitz, M., 'Psychokinetic influence on electrodermal activity', *Journal of Parapsychology*, 1983; 47(2): 95-119.

Braud, W. G. and Schlitz, M., 'A methodology for the objective study of transpersonal imagery', *Journal of Scientific Exploration*, 1989; 3(1): 43-63.

Braud, W. G. and Schlitz, M., 'Consciousness interactions with remote biological systems: anomalous intentionality effects', *Subtle Energies*, 1991; 2(1): 1-46.

Braud, W. et al., 'Further studies of autonomic detection of remote staring: replication, new control procedures and personality correlates', *Journal of Parapsychology*, 1993; 57: 391-409.

Braud, W. et al., 'Attention focusing facilitated through remote mental interaction', *Journal of the American Society for Psychical Research*, 1995; 89(2): 103-15.

Braud, W. et al., 'Further studies of the bio-PK effect: feedback, blocking, generality/specificity', in R. White and J. Solfvin (eds), *Research in Parapsychology*, 1984 (Metuchen, NJ: Scarecrow Press, 1985): 45-8.

Brennan, B. A., *Hands of Light: A Guide to Healing Through the Human Energy Field* (New York: Bantam, 1988).

Brennan, J. H., *Time Travel: A New Perspective* (St. Paul, Minn.: Llewellyn, 1997).

Broughton, R. S., *Parapsychology: The Controversial Science* (New York: Ballantine, 1991).

Brown, G., *The Energy of Life: The Science of What Makes our Minds and Bodies Work* (New York: Free Press/Simon & Schuster, 1999).

Brockman, J., *The Third Culture: Beyond the Scientific Revolution* (New York: Simon & Schuster, 1995).

Buderi, R., *The Invention that Changed the World: The Story of Radar from War to Peace* (London: Abacus, 1998).

Bunnell, T., 'The effect of hands-on healing on enzyme activity', *Research in Complementary Medicine*, 1996; 3: 265-40: 314; 3rd Annual Symposium on Complementary Health Care, Exeter, 11-13 December 1996.

Burr, H., *The Fields of Life* (New York: Ballantine, 1972).

Byrd, R. C., 'Positive therapeutic effects of intercessory prayer in a coronary care unit population', *Southern Medical Journal*, 1988; 81(7): 826-9.

Capra, F., *The Turning Point: Science, Society and the Rising Culture* (London: Flamingo, 1983).

Capra, F., *The Tao of Physics: An Explanation of the Parallels Between Modern Physics and Eastern Mysticism* (London: Flamingo, 1991).

Capra, F., *The Web of Life: A New Synthesis of Mind and Matter* (London: Flamingo, 1997).

Carey, J., *The Faber Book of Science* (London: Faber & Faber, 1995).

Chaikin, A., *A Man on the Moon: The Voyages of the Apollo Astronauts* (Harmondsworth: Penguin, 1998).

Chopra, D., *Quantum Healing: Exploring the Frontiers of Mind/Body Medicine* (New York: Bantam, 1989).

Clarke, A. C., 'When will the real space age begin?', *Ad Astra*, May/June 1996:13-15.

Clarke, A. C., *3001 : The Final Odyssey* (London: HarperCollins, 1997).

Coats, C., *Living Energies: An Exposition of Concepts Related to the Theories of Victor Schauberger* (Bath: Gateway, 1996).

Coen, E., *The Art of Genes: How Organisms Make Themselves* (Oxford: Oxford University Press, 1999).

Cohen, S. and Popp, F. A., 'Biophoton emission of the human body', *Journal of Photochemistry and Photobiology B: Biology*, 1997; 40:187-9.

Coghill, R. W., *Something in the Air* (Coghill Research Laboratories, 1998).

Coghill, R. W., *Electrohealing: The Medicine of the Future* (London: Thorsons, 1992).

Cole, D. C. and Puthoff, H. E., 'Extracting energy and heat from the vacuum', *Physical Review E*, 1993; 48(2): 1562-65.

Cornwell, J., *Consciousness and Human Identity* (Oxford: Oxford University Press, 1998).

Damasio, A. R., *Descartes' Error: Emotion, Reason and the Human Brain* (New York: G. P. Putnam, 1994).

Davelos, J., *The Science of Star Wars* (New York: St Martin's Press, 1999).

Davenas, E. et al., 'Human basophil degranulation triggered by very dilute antiserum against IgE', *Nature*, 1988; 333(6176): 816-18.

Davidson, J., *Subtle Energy* (Saffron Walden: C. W. Daniel, 1987).

Davidson, J., *The Web of Life: Life Force; The Energetic Constitution of Man and the Neuro-Endocrine Connection* (Saffron Walden: C. W. Daniel, 1988).

Davidson, J., *The Secret of the Creative Vacuum: Man and the Energy Dance* (Saffron Walden: C.W. Daniel, 1989).

Dawkins, R., *The Selfish Gene* (Oxford: Oxford University Press, 1989).

Delanoy, D. and Sah, S., 'Cognitive and psychological psi responses in remote positive and neutral emotional states', in R. Bierman (ed.) *Proceedings of Presented Papers*, American Parapsychological Association, 37th Annual Convention, University of Amsterdam, 1994.

Del Giudice, E., 'The roots of cosmic wholeness are in quantum theory', *Frontier Science: An Electronic Journal*, 1997; 1(1).

Del Giudice, E. and Preparata, G., 'Water as a free electric dipole laser', *Physical Review Letters*, 1988; 61:1085-88.

Del Giudice, E. et al., 'Electromagnetic field and spontaneous symmetry breaking in biological matter', *Nuclear Physics*, 1983; B275(F517): 185-99.

deLange deKlerk, E. S. M. and Bloomer, J., 'Effect of homoeopathic medicine on daily burdens of symptoms in children with recurrent upper respiratory tract infections', *British Medical Journal*, 1994; 309:1329-32.

Demangeat, L. et al., 'Modifications des temps de relaxation RMN à 4MHz des protons du solvant dans les très hautes dilutions salines de silice/lactose', *Journal of Medical Nuclear Biophysics*, 1992; 16:135-45.

Dennett, D. C., *Consciousness Explained* (London: Allen Lane/ Penguin, 1991).

DeValois, R. and DeValois, K., 'Spatial vision', *Annual Review of Psychology*, 1980: 309-41.

DeValois, R. and DeValois, K., *Spatial Vision* (Oxford: Oxford University Press, 1988).

DiChristina, M., 'Star travelers', *PopularScience*, 1999, June: 54-9.

Dillbeck, M. C. et al., 'The Transcendental Meditation program and crime rate change in a sample of 48 cities', *Journal of Crime and Justice*, 1981; 4: 25-45.

Dobyns, Y. H., 'Combination of results from multiple experiments', Princeton Engineering Anomalies Research, *PEAR Technical Note* 97008, October 1997.

Dobyns, Y. H. et al., 'Response to Hansen, Utts and Markwick: statistical and methodological problems of the PEAR remote viewing (sic) experiments', *Journal of Parapsychology*, 1992; 56:115-146.

Dossey, L., *Space, Time and Medicine* (Boston, Mass.: Shambhala, 1982).

Dossey, L., *Recovering the Soul: A Scientific and Spiritual Search* (New York: Bantam, 1989).

Dossey, L., *Healing Words: The Power of Prayer and the Practice of Medicine* (San Francisco: HarperSanFrancisco, 1993).

Dossey, L., *Prayer Is Good Medicine: How to Reap the Healing Benefits of Prayer* (San Francisco: HarperSan Francisco, 1996).

Dossey, L., *Be Careful What You Pray For … You Just Might Get It: What We Can Do About the Unintentional Effect of Our Thoughts, Prayers, and Wishes* (San

Francisco: HarperSanFrancisco, 1998).
Dossey, L., *Reinventing Medicine: Beyond Mind–Body to a New Era of Healing* (San Francisco: HarperSanFrancisco, 1999).
DuBois, D. M. (ed.), *CASYS '99* : Third International Conference on Computing Anticipatory Systems (Liège, Belgium: CHAOS, 1999).
DuBois, D. M. (ed.), *CASYS 2000* : Fourth International Conference on Computing Anticipatory Systems (Liège, Belgium: CHAOS, 2000).
Dumitrescu, I. F., *Electrographic Imaging in Medicine and Biology: Electrographic Methods in Medicine and Biology*, J. Kenyon (ed.), C. A. Galia (trans.) (Sudbury, Suffolk: Neville Spearman, 1983).
Dunne, B. J., 'Co-operator experiments with an REG device', Princeton Engineering Anomalies Research, *PEAR Technical Note* 91005, December 1991.
Dunne, B. J., 'Gender differences in human/machine anomalies', *Journal of Scientific Exploration*, 1998; 12(1): 3-55.
Dunne, B. and Bisaha, J., 'Precognitive remote viewing in the Chicago area: a replication of the Stanford experiment', *Journal of Parapsychology*, 1979; 43:17-30.
Dunne, B. J. and Jahn, R. G., 'Experiments in remote human/machine interaction', *Journal of Scientific Exploration*, 1992; 6(4): 311-32.
Dunne, B. J. and Jahn, R. G.,'Consciousness and anomalous physical phenomena, Princeton Engineering Anomalies Research, School of Engineering/Applied Science, *PEAR Technical Note* 95004, May 1995.
Dunne, B. J. et al.,'Precognitive remote perception', Princeton Engineering Anomalies Research, *PEAR Technical Note* 83003, August 1983.
Dunne, B. J. et al., 'Operator-related anomalies in a random mechanical cascade', *Journal of Scientific Exploration*, 1988; 2(2): 155-79.
Dunne, B. J. et al., 'Precognitive remote perception III: complete binary data base with analytical refinements', Princeton Engineering Anomalies Research, *PEAR Technical Note* 89002, August 1989.
Dunne, J. W., *An Experiment in Time* (London: Faber, 1926).
Dziemidko, H. E., *The Complete Book of Energy Medicine* (London: Gaia, 1999).
Endler, P. C. et al., 'The effect of highly diluted agitated thyroxine on the climbing activity of frogs', *Veterinary and Human Toxicology*, 1994; 36: 56-9.
Endler, P. C. et al., 'Transmission of hormone information by non-molecular means', *FASEB Journal*, 1994; 8: A400(abs).
Ernst, E. and White, A., *Acupuncture: A Scientific Appraisal* (Oxford: Butterworth-Heinemann, 1999).
Ertel, S., 'Testing ESP leisurely: report on a new methodological paradigm', paper

presented at the 23rd International SPR Conference, Durham, UK, 3-5 September 1999.

Feynman, R. P., *Six Easy Pieces: The Fundamentals of Physics Explained* (Harmondsworth: Penguin, 1998).

Forward, R., 'Extracting electrical energy from the vacuum by cohesion of charged foliated conductors', *Physical Review B*, 1984; 30:1700.

Fox, M. and Sheldrake, R., *The Physics of Angels: Exploring the Realm Where Science and Spirit Meet* (San Francisco: HarperSanFrancisco, 1996).

Frayn, M., *Copenhagen* (London: Methuen, 1998).

Frey, A. H., 'Electromagnetic field interactions with biological systems', *FASEB Journal*, 1993; 7: 272.

Fröhlich, H., 'Long-range coherence and energy storage in biological systems', *International Journal of Quantum Chemistry*, 1968; 2: 641-49.

Fröhlich, H., 'Evidence for Bose condensation-like excitation of coherent modes in biological systems', *Physics Letters*, 1975; 51A: 21.

Galland, L., The Four Pillars of Healing (New York: Random House, 1997).

Gariaev, P. P. et al., 'The DNA-wave biocomputer', paper presented at CASYS 2000: Fourth International Conference on Computing Anticipatory Systems, Liège, Belgium, 9-14August 2000.

Gerber, R., *Vibrational Medicine: New Choices for Healing Ourselves* (Santa Fe: Bear, 1988).

Gleick, J., *Chaos: Making a New Science* (London: Cardinal, 1987).

Grad, B., 'Some biological effects of "laying-on of hands": a review of experiments with animals and plants', *Journal of the American Society for Psychical Research*, 1965; 59:95-127.

Grad, B., 'Healing by the laying on of hands; review of experiments and implications', *Pastoral Psychology*, 1970; 21:19-26.

Grad, B., 'Dimensions in "Some biological effects of the laying on of hands" and their implications', in H. A. Otto and J. W. Knight (eds), *Dimensions in Wholistic Healing: New Frontiers in the Treatment of the Whole Person* (Chicago: Nelson-Hall, 1979): 199-212.

Grad, B. et al., 'The influence of an unorthodox method of treatment on wound healing in mice', *International Journal of Parapsychology*, 1963; 3(5): 24.

Graham, H., *Soul Medicine: Restoring the Spirit to Healing* (London: Newleaf, 2001).

Green, B., *The Elegant Universe: Superstrings, Hidden Dimensions and the Quest for the Ultimate Theory* (London: Vintage, 2000).

Green, E. E., 'Copper wall research psychology and psychophysics: subtle energies and energy medicine: emerging theory and practice', *Proceedings*, First Annual

Conference, International Society for the Study of Subtle Energies and Energy Medicine (ISSSEEM), Boulder, Colo., 21-25 June 1991.

Greenfield, S. A., *Journey to the Centers of the Mind: Toward a Science of Consciousness* (New York: W. H. Freeman, 1995).

Greyson, B., 'Distance healing of patients with major depression', *Journal of Scientific Exploration*, 1996; 10(4): 447-65.

Goodwin, B., *How the Leopard Changed Its Spots: The Evolution of Complexity* (London: Phoenix, 1994).

Grinberg-Zylberbaum, J. and Ramos, J., 'Patterns of interhemisphere correlations during human communication', *International Journal of Neuroscience*, 1987; 36: 41-53.

Grinberg-Zylberbaum, J. et al., 'Human communication and the electrophysiological activity of the brain', *Subtle Energies*, 1992; 3(3): 25-43.

Gribbin, J., *Almost Everyone's Guide to Science* (London: Phoenix, 1999).

Gribbin, J., *Q Is for Quantum: Particle Physics from A to Z* (London: Phoenix Giant, 1999).

Hagelin, J. S. et al., 'Effects of group practice of the Transcendental Meditation Program on preventing violent crime in Washington DC: results of the National Demonstration Project, June-July, 1993', *Social Indicators Research*, 1994; 47:153-201.

Haisch, B., 'Brilliant disguise: light, matter and the Zero Point Field', *Science and Spirit*, 1999; 10: 30-1.

Haisch, B. M. and Rueda, A., 'A quantum broom sweeps clean', *Mercury: The Journal of the Astronomical Society of the Pacific*, 1996; 25(2): 12-15.

Haisch, B. M. and Rueda, A., 'The Zero Point Field and inertia', presented at Causality and Locality in Modern Physics and Astronomy: Open Questions and Possible Solutions, A symposium to honour Jean-Pierre Vigier, York University, Toronto, 25-29 August 1997.

Haisch, B. M. and Rueda, A., 'The Zero Point Field and the NASA challenge to create the space drive', presented at Breakthrough Propulsion Physics workshop, NASA Lewis Research Center, Cleveland, Ohio, 12-14 August 1997.

Haisch, B. M. and Rueda, A., 'An electromagnetic basis for inertia and gravitation: what are the implications for twenty-first century physics and technology?', presented at Space Technology and Applications International Forum — 1998, cosponsored by NASA, DOE & USAF, Albuquerque, NM, 25-29 January 1998.

Haisch, B. M. and Rueda, A., 'Progress in establishing a connection between the electromagnetic zero point field and inertia', presented at Space Technology and Applications International Forum — 1999, cosponsored by NASA, DOE & USAF,

Albuquerque, NM, 31 January to 4 February 1999.

Haisch, B. M. and Rueda, A., 'On the relation between zero-point-field induced inertial mass and the Einstein-deBroglie formula', *Physics Letters A* (in press during research).

Haisch, B., Rueda, A. and Puthoff, H. E., 'Beyond E=mc2: a first glimpse of a universe without mass', *Sciences*, November/December 1994: 26-31.

Haisch, B., Rueda, A. and Puthoff, H. E., 'Inertia as a zero-point-field Lorentz force', *Physical Review A*, 1994; 49(2): 678-94.

Haisch, B., Rueda, A. and Puthoff, H. E., 'Physics of the zero point field: implications for inertia, gravitation and mass', *Speculations in Science and Technology*, 1997; 20: 99-114.

Haisch, B., Rueda, A. and Puthoff, H. E., 'Advances in the proposed electromagnetic zero-point-field theory of inertia', paper presented at AIAA 98-3143, Advances ASME/SAE/ASEE Joint Propulsion Conference and Exhibit, Cleveland, Ohio, 13-15 July 1998.

Hall, N., *The New Scientist Guide to Chaos* (Harmondsworth: Penguin, 1992).

Hameroff, S. R., *Ultimate Computing: Biomolecular Consciousness and Nanotechnology* (Amsterdam: North Holland, 1987).

Haraldsson, E. and Thorsteinsson, T., 'Psychokinetic effects on yeast: an exploratory experiment', in W. G. Roll, R. L. Morris and J. D. Morris (eds), *Research in Parapsychology* (Metuchen, NJ: Scarecrow Press, 1972): 20-21.

Harrington, A. (ed.), *The Placebo Effect: An Interdisciplinary Exploration* (Cambridge, Mass.: Harvard University Press, 1997).

Harris. W. S. et al., 'A randomized, controlled trial of the effects of remote, intercessory prayer on outcomes in patients admitted to the coronary care unit', *Archives of Internal Medicine*, 1999; 159(19): 2273-78.

Hawking, S., *A Brief History of Time: From the Big Bang to Black Holes* (London: Bantam Press, 1988).

Hill, A., 'Phantom limb pain: a review of the literature on attributes and potential mechanisms', www.stir.ac.uk.

Ho, Mae-Wan, 'Bioenergetics and the coherence of organisms', *Neuronetwork World*, 1995; 5: 733-50. Ho, Mae-Wan, 'Bioenergetics and Biocommunication', in R. Cuthbertson et al. (eds), *Computation in Cellular and Molecular Biological Systems* (Singapore: World Scientific, 1996): 251-64.

Ho, Mae-Wan, *The Rainbow and the Worm: The Physics of Organisms* (Singapore: World Scientific, 1999).

Hopcke, R. H., *There Are No Accidents: Synchronicity and the Stories of Our Lives*

(New York: Riverhead, 1997).

Horgan, J., *The End of Science: Facing the Limits of Knowledge in the Twilight of the Scientific Age* (London: Abacus, 1998).

Hunt, V. V., *Infinite Mind: The Science of Human Vibrations* (Malibu, Calif.: Malibu, 1995).

Hyvarien, J. and Karlssohn, M., 'Low-resistance skin points that may coincide with acupuncture loci', *Medical Biology*, 1977; 55: 88-94, as quoted in the *New England Journal of Medicine*, 1995; 333(4): 263.

Ibison, M., 'Evidence that anomalous statistical influence depends on the details of random process', *Journal of Scientific Exploration*, 1998; 12(3): 407-23.

Ibison, M. and Jeffers, S., 'A double-slit diffraction experiment to investigate claims of consciousness-related anomalies', *Journal of Scientific Exploration*, 1998; 12(4): 543-50.

Insinna, E., 'Synchronicity and coherent excitations in microtubules', *Nanobiology*, 1992; 1:191-208.

Insinna, E., 'Ciliated cell electrodynamics: from cilia and flagella to ciliated sensory systems', in A. Malhotra (ed.) *Advances in Structural Biology* (Stamford, Connecticut: JAI Press, 1999): 5.

Jacobs, J., 'Homoeopathic treatment of acute childhood diarrhoea', *British Homeopathic Journal*, 1993; 82: 83-6.

Jahn, R. G., 'The persistent paradox of psychic phenomena: an engineering perspective', *IEEE Proceedings of the IEEE*, 1982; 70(2): 136-70.

Jahn, R., 'Physical aspects of psychic phenomena', *Physics Bulletin*, 1988; 39: 235-37.

Jahn, R. G., 'Acoustical resonances of assorted ancient structures', *Journal of the Acoustical Society of America*, 1996; 99(2): 649-58.

Jahn, R. G., 'Information, consciousness, and health', *Alternative Therapies*, 1996; 2(3): 32-8.

Jahn, R., 'A modular model of mind/matter manifestations', *PEAR Technical Note* 2001.01, May 2001 (abstract).

Jahn, R. G. and Dunne, B. J., 'On the quantum mechanics of consciousness with application to anomalous phenomena', *Foundations of Physics*, 1986; 16(8): 721-72.

Jahn, R. G. and Dunne, B. J., *Margins of Reality: The Role of Consciousness in the Physical World* (London: Harcourt Brace Jovanovich, 1987).

Jahn, R. and Dunne, B., 'Science of the subjective', *Journal of Scientific Exploration*, 1997; 11(2): 201-24.

Jahn, R. G. and Dunne, B. J., 'ArtREG: a random event experiment utilizing picture-preference feedback', *Journal of Scientific Exploration*, 2000; 14(3): 383-409.

Jahn, R. G. et al., 'Correlations of random binary sequences with prestated operator intention: a review of a 12-year program', *Journal of Scientific Exploration*, 1997; 11: 345-67.

Jaynes, J., *The Origin of Consciousness in the Breakdown of the Bicameral Mind* (Harmondsworth: Penguin, 1990).

Jibu, M. and Yasue, K., 'A physical picture of Umezawa's quantum brain dynamics', in R. Trappl (ed.) *Cybernetics and Systems Research*, '92 (Singapore: World Scientific, 1992).

Jibu, M. and Yasue, K., 'The basis of quantum brain dynamics', in K. H. Pribram (ed.) *Proceedings of the First Appalachian Conference on Behavioral Neurodynamics*, Radford University, 17-20 September 1992 (Radford: Center for Brain Research and Informational Sciences, 1992).

Jibu, M. and Yasue, K., 'Intracellular quantum signal transfer in Umezawa's quantum brain dynamics', *Cybernetic Systems International*, 1993; 1(24): 1-7.

Jibu, M. and Yasue, K., 'Introduction to quantum brain dynamics', in E. Carvallo (ed.), *Nature, Cognition and System III* (London: Kluwer Academic, 1993).

Jibu, M. and Yasue, K., 'The basis of quantum brain dynamics', in K. H. Pribram (ed.), *Rethinking Neural Networks: Quantum Fields and Biological Data* (Hillsdale, NJ: Lawrence Erlbaum, 1993): 121-45.

Jibu, M. et al., 'Quantum optical coherence in cytoskeletal microtubules: implications for brain function', *BioSystems*, 1994; 32: 95-209.

Jibu, M. et al., 'From conscious experience to memory storage and retrieval: the role of quantum brain dynamics and boson condensation of evanescent photons', *International Journal of Modern Physics B*, 1996; 10(13/14): 1735-54.

Kaplan, G. A. et al., 'Social connections and morality from all causes and from cardiovascular disease: perspective evidence from eastern Finland, *American Journal of Epidemiology*, 1988; 128: 370-80.

Katchmer, G. A. Jr, *The Tao of Bioenergetics* (Jamaica Plain, Mass.: Yang's Martial Arts Association, 1993).

Katra, J. and Targ, R., *The Heart of the Mind: How to Experience God Without Belief* (Novato, Calif.: New World Library, 1999).

Kelly, M. O. (ed.), *The Fireside Treasury of Light: An Anthology of the Best in New Age Literature* (London: Fireside/Simon & Schuster, 1990).

Kiesling, S., 'The most powerful healing God and women can come up with', *Spirituality and Health*, 1999; winter: 22-7.

King, J. et al., 'Spectral density maps of receptive fields in the rat's somatosensory cortex', in *Origins: Brain and Self Organization* (Hillsdale, NJ: Lawrence Erlbaum, 1995).

Klebanoff, N. A. and Keyser, P. K., 'Menstrual synchronization: a qualitative study',

Journal of Holistic Nursing, 1996; 14(2): 98-114.
Krishnamurti and Bohm, D., *The Ending of Time: Thirteen Dialogues* (London: Victor Gollancz, 1991).
Lafaille, R. and Fulder, S. (eds), *Towards a New Science of Health* (London: Routledge, 1993).
Laszlo, E., *The Interconnected Universe: Conceptual Foundations of Transdisciplinary Unified Theory* (Singapore: World Scientific, 1995).
Laughlin, C. D., 'Archetypes, neurognosis and the quantum sea', *Journal of Scientific Exploration*, 1996; 10: 375-400.
Lechleiter, J. et al., 'Spiral waves: spiral calcium wave propagation and annihilation in Xenopus laevis oocytes', *Science*, 1994; 263: 613.
Lee, R. H., *Bioelectric Vitality: Exploring the Science of Human Energy* (San Clemente, Calif.: China Healthways Institute, 1997).
Lessell, C. B., *The Infinitesimal Dose: The Scientific Roots of Homeopathy* (Saffron Walden: C. W. Daniel, 1994).
Levitt, B. B., *Electromagnetic Fields; A Consumer's Guide to the Issues and How to Protect Ourselves* (New York: Harcourt Brace, 1995).
Liberman, J., *Light: Medicine of the Future* (Santa Fe, NM: Bear, 1991).
Light, M., *Full Moon* (London: Jonathan Cape, 1999).
Liquorman, W. (ed.), *Consciousness Speaks: Conversations with Ramesh S. Balsekar* (Redondo Beach, Calif.: Advaita Press, 1992).
Lorimer, D. (ed.), *The Spirit of Science: From Experiment to Experiment* (Edinburgh: Floris, 1998).
Lovelock, J., *Gaia: A New Look at Life on Earth* (Oxford: Oxford University Press, 1979).
Loye, D., *An Arrow Through Chaos* (Rochester, Vt.: Park Street Press, 2000).
Loye, D., *Darwin's Lost Theory of Love: A Healing Vision for the New Century* (Lincoln, Neb.: iUniverse.com, Inc., 2000).
Marcer, P. J., 'A quantum mechanical model of evolution and consciousness', *Proceedings of the 14 th International Congress of Cybernetics*, Namur, Belgium, 22-26 August 1995, Symposium Xl: 429-34.
Marcer, P. J., 'Getting quantum theory off the rocks', *Proceedings of the 14 th International Congress of Cybernetics*, Namur, Belgium, 22-26 August, 1995, Symposium Xl: 435-40.
Marcer, P. J., 'The jigsaw, the elephant and the lighthouse', *ANPA 20 Proceedings*, 1998, 93-102.
Marcer, P. J. and Schempp, W., 'Model of the neuron working by quantum holography', *Informatica*, 1997; 21: 519-34.

Marcer, P. J. and Schempp, W., 'The model of the prokaryote cell as an anticipatory system working by quantum holography', *Proceedings of the First International Conference on Computing Anticipatory Systems*, Liège, Belgium, 11-15 August 1997.

Marcer, P. J. and Schempp, W., 'The model of the prokaryote cell as an anticipatory system working by quantum holography', *International Journal of Computing Anticipatory Systems*, 1997; 2: 307-15.

Marcer, P. J. and Schempp, W., 'The brain as a conscious system', *International Journal of General Systems*, 1998; 27(1-3): 231-48.

Mason, K., *Medicine for the Twenty-First Century: The Key to Healing with Vibrational Medicine* (Shaftesbury, Dorset: Element, 1992).

Master, F. J., 'A study of homoeopathic drugs in essential hypertension', *British Homoeopathic Journal*, 1987; 76: 120-1.

Matthews, D. A., *The Faith Factor: Proof of the Healing Power of Prayer* (New York: Viking, 1998).

Matthews, R., 'Does empty space put up the resistance?', *Science*, 1994; 263: 613.

Matthews, R., 'Nothing like a vacuum', *New Scientist*, 25 February 1995: 30-33.

Matthews, R., 'Vacuum power could clean up', *Sunday Telegraph*, 31 December 1995.

McKie, R., 'Scientists switch to warp drive as sci-fi energy source is tapped', *Observer*, 7 January 2001.

McMoneagle, J., *Mind Trek: Exploring Consciousness, Time, and Space through Remote Viewing* (Charlottesville, Va.: Hampton Road, 1997).

McMoneagle, J., *The Ultimate Time Machine: A Remote Viewer's Perception of Time, and Predictions for the New Millennium* (Charlottesville, Va.: Hampton Road, 1998).

Miller, R. N., 'Study on the effectiveness of remote mental healing', *Medical Hypotheses*, 1982; 8: 481-90.

Milonni, P.W., 'Semi-classical and quantum electrodynamical approaches in nonrelativistic radiation theory', *Physics Reports*, 1976; 25:1-8.

Mims, C., *When We Die* (London: Robinson, 1998).

Mitchell, E., *The Way of the Explorer: An Apollo Astronaut's Journey Through the Material and Mystical Worlds* (London: G. P. Putnam, 1996).

Mitchell, E., 'Nature's mind', keynote address to CASYS 1999: Third International Conference on Computing Anticipatory Systems, 8 August 1999 (Liège, Belgium: CHAOS, 1999).

Moody, R. A. Jr, *The Light Beyond* (New York: Bantam, 1989).

Morris, R. L. et al., 'Comparison of the sender/no sender condition in the ganzfeld', in N. L. Zingrone (ed.), *Proceedings of Presented Papers*, 38th Annual Parapsychological Association Convention (Fairhaven, Mass.: Parapsychological Association).

Moyers, W., *Healing and the Mind* (London: Aquarian/Thorsons, 1993).

Murphy, M., *The Future of the Body: Explorations into the Further Evolution of Human Nature* (Los Angeles: Jeremy P. Tarcher, 1992).

Nash, C. B., 'Psychokinetic control of bacterial growth?', *Journal of the American Society for Psychical Research*, 1982; 51: 217-21.

Nelson, R. D., 'Effect size per hour: a natural unit for interpreting anomalous experiments', Princeton Engineering Anomalies Research, School of Engineering/Applied Science, *PEAR Technical Note* 94003, September 1994.

Nelson, R., 'FieldREG measurements in Egypt: resonant consciousness at sacred sites', Princeton Engineering Anomalies Research, School of Engineering/Applied Science, *PEAR Technical Note* 97002, July 1997.

Nelson, R., 'Wishing for good weather: a natural experiment in group consciousness', *Journal of Scientific Exploration*, 1997; 11(1): 47-58.

Nelson, R. D., 'The physical basis of intentional healing systems', Princeton Engineering Anomalies Research, School of Engineering/Applied Science, *PEAR Technical Note* 99001, January 1999.

Nelson, R. D. and Radin, D. I., 'When immovable objections meet irresistible evidence', *Behavioral and Brain Sciences*, 1987; 10: 600-601.

Nelson, R. D. and Radin, D. I., 'Statistically robust anomalous effects: replication in random event generator experiments', in L. Henckle and R. E. Berger (eds) *RIP 1988* (Metuchen, NJ: Scarecrow Press, 1989).

Nelson, R. D. and Mayer, E. L., 'A FieldREG application at the San Francisco Bay Revels, 1996', as reported in D. Radin, *The Conscious Universe: The Scientific Truth of Psychic Phenomena* (New York: HarperEdge, 1997): 171.

Nelson, R. D. et al., 'A linear pendulum experiment: effects of operator intention on damping rate', *Journal of Scientific Exploration*, 1994; 8(4): 471-89.

Nelson, R. D. et al., 'FieldREG anomalies in group situations', *Journal of Scientific Exploration*, 1996; 10(1): 111-41.

Nelson, R. D. et al., 'FieldREGII: consciousness field effects: replications and explorations', *Journal of Scientific Exploration*, 1998; 12(3): 425-54.

Nelson, R. et al., 'Global resonance of consciousness: Princess Diana and Mother Teresa', *Electronic Journal of Parapsychology*, 1998.

Ness, R. M. and Williams, G. C., *Evolution and Healing: The New Science of Darwinian Medicine* (London: Phoenix, 1996).

Nobili, R., 'Schrödinger wave holography in brain cortex', *Physical Review A*, 1985; 32: 3618-26.

Nobili, R., 'Ionic waves in animal tissues', *Physical Review A*, 1987; 35:1901-22.
Nuland, S. B., *How We Live: The Wisdom of the Body* (London: Vintage, 1997).
Odier, M., 'Psycho-physics: new developments and new links with science', paper presented at the Fourth Biennial European Meeting of the Society for Scientific Exploration, Valencia, 9-11 October 1998.
Ornstein, R. and Swencionis, C. (eds), *The Healing Brain: A Scientific Reader* (New York: Guilford Press, 1990).
Orme-Johnson, W. et al., 'International peace project in the Middle East: the effects of the Maharishi technology of the unified field', *Journal of Conflict Resolution*, 1988; 32: 776-812.
Ostrander, S. and Schroeder, L., *Psychic Discoveries* (New York: Marlowe, 1997).
Pascucci, M. A. and Loving, G. L., 'Ingredients of an old and healthy life: centenarian perspective', *Journal of Holistic Nursing*, 1997; 15:199-213.
Penrose, R., *The Emperor's New Mind: Concerning Computers, Minds and The Laws of Physics* (Oxford: Oxford University Press, 1989).
Penrose, R., *Shadows of the Mind: A Search for the Missing Science of Consciousness* (London: Vintage, 1994).
Peoc'h, R., 'Psychokinetic action of young chicks on the path of an illuminated source', *Journal of Scientific Exploration*, 1995; 9(2): 223.
Pert, C., *Molecules of Emotion: Why You Feel the Way You Feel* (London: Simon & Schuster, 1998).
Pinker, S., *How the Mind Works* (Harmondsworth: Penguin, 1998).
Pomeranz, B. and Stu, G., *Scientific Basis of Acupuncture* (New York: Springer-Verlag, 1989).
Popp, F. A., 'Biophotonics: a powerful tool for investigating and understanding life', in H. P. Dürr, F. A. Popp and W. Schommers (eds), *What is Life?* (Singapore: World Scientific), in press.
Popp, F. A. and Chang, Jiin-Ju, 'Mechanism of interaction between electromagnetic fields and living systems.' *Science in China (Series C)*, 2000; 43: 507-18.
Popp, F. A., Gu, Qiao and Li, Ke-Hsueh, 'Biophoton emission: experimental background and theoretical approaches', *Modern Physics Letters B*, 1994; 8(21/22): 1269-96.
Powell, A. E., *The Etheric Double and Allied Phenomena* (London: Theosophical Publishing House, 1979).
Pribram, K. H., *Languages of the Brain: Experimental Paradoxes and Principles in Neuropsychology* (New York: Brandon House, 1971).
Pribram, K. H., *Brain and Perception: Holonomy and Structure in Figural Processing*

(Hillsdale, NJ: Lawrence Erlbaum, 1991).

Pribram, K. H. (ed.), *Rethinking Neural Networks: Quantum Fields and Biological Data*, Proceedings of the First Appalachian Conference on Behavioral Neurodynamics (Hillsdale, NJ: Lawrence Erlbaum, 1993).

Pribram, K. H., 'Autobiography in anecdote: the founding of experimental neuropsychology', in R. Bilder (ed.), *The History of Neuroscience in Autobiography* (San Diego, Calif.: Academic Press, 1998): 306-49.

Puthoff, H., 'Toward a quantum theory of life process', unpublished, 1972.

Puthoff, H. E., 'Experimental psi research: implication for physics', in R. Jahn (ed.), *The Role of Consciousness in the Physical World*, AAA Selected Symposia Series (Boulder, Colo.: Westview Press, 1981).

Puthoff, H. E., 'ARV (associational remote viewing) applications', in R. A. White and J. Solfvin (eds), *Research in Parapsychology 1984*, Abstracts and Papers from the 27th Annual Convention of the Parapsychological Association, 1984 (Metuchen, NJ: Scarecrow Press, 1985).

Puthoff, H., 'Ground state of hydrogen as a zero-point-fluctuationdetermined state', *Physical Review D*; 1987, 35: 3266.

Puthoff, H. E., 'Gravity as a zero-point-fluctuation force', *Physical Review A*, 1989; 39(5): 2333-42.

Puthoff, H. E., 'Source of vacuum electromagnetic zero-point energy', *Physical Review A*, 1989; 40: 4857-62.

Puthoff, H., 'Where does the zero-point energy come from?', *New Scientist*, 2 December 1989: 36.

Puthoff, H., 'Everything for nothing', *New Scientist*, 28 July 1990: 52-5.

Puthoff, H. E., 'The energetic vacuum: implications for energy research', *Speculations in Science and Technology*, 1990; 13(4): 247.

Puthoff, H. E., 'Reply to comment', *Physical Review A*, 1991; 44: 3385-86.

Puthoff, H. E., 'Comment', *Physical Review A*, 1993; 47(4): 3454-55.

Puthoff, H. E., 'CIA-initiated remote viewing program at Stanford Research Institute', *Journal of Scientific Exploration*, 1996; 10(1): 63-76.

Puthoff, H., 'SETI, the velocity-of-light limitation, and the Alcubierre warp drive: an integrating overview', *Physics Essays*, 1996; 9(1): 156-8.

Puthoff, H., 'Space propulsion: can empty space itself provide a solution?', *Ad Astra*, 1997; 9(1): 42-6.

Puthoff, H. E., 'Can the vacuum be engineered for spaceflight applications? Overview of theory and experiments', *Journal of Scientific Exploration*, 1998; 12(10): 295-302.

Puthoff, H., 'On the relationship of quantum energy research to the role of

metaphysical processes in the physical world', 1999, posted on www. meta-list.org.
Puthoff, H. E., 'Polarizable-vacuum (PV) representation of general relativity', September 1999, posted on Los Alamos archival website www.lanl.gov/worldview/.
Puthoff, H., 'Warp drive win? Advanced propulsion', *Jane's Defence Weekly*, 26 July 2000: 42-6.
Puthoff, H. and Targ, R., 'Physics, entropy, and psychokinesis', in L. Oteri (ed.), *Quantum Physics and Parapsychology*, Proceedings of an International Conference held in Geneva, Switzerland, 26-27 August 1974.
Puthoff, H. and Targ, R., 'A perceptual channel for information transfer over kilometer distances: historical perspective and recent research', *Proceedings of the IEEE*, 1976; 64(3): 329-54.
Puthoff, H. and Targ, R., 'Final report, covering the period January 1974-February 1975', 1 December 1975, *Perceptual Augmentation Techniques*, Part I and II, SRI Projects 3183, classified documents until July 1995.
Puthoff, H. E. et al., 'Calculator-assisted PSI amplication II: use of the sequential-sampling technique as a variable-length majority vote code', in D. H. Weiner and D. I. Radin (eds), *Research in Parapsychology 1985*, Abstracts and Papers from the 28th Annual Convention of the Parapsychological Association, 1985 (Metuchen, NJ: Scarecrow Press, 1986).
Radin, D. I., *The Conscious Universe: The Scientific Truth of Psychic Phenomena* (New York: HarperEdge, 1997).
Radin, D. and Ferrari, D. C., 'Effect of consciousness on the fall of dice: a meta-analysis', *Journal of Scientific Exploration*, 1991; 5: 6184.
Radin, D. I. and May, E. C., 'Testing the intuitive data sorting model with pseudo-random number generators: a proposed method', in D. H. Weiner and R. G. Nelson (eds), *Research in Parapsychology*, 1986 (Metuchen, NJ: Scarecrow Press, 1987): 109-11.
Radin, D. and Nelson, R., 'Evidence for consciousness-related anomalies in random physical systems', *Foundations of Physics*, 1989; 19(12): 1499-514.
Radin, D. and Nelson, R., 'Meta-analysis of mind-matter interaction experiments, 1959-2000', www.boundaryinstitute.org.
Radin, D. I., Rebman, J. M. and Cross, M. P., 'Anomalous organization of random events by group consciousness: two exploratory experiments', *Journal of Scientific Exploration*, 1996: 143-68.
Randles, J., *Paranormal Source Book: The Comprehensive Guide to Strange Phenomena Worldwide* (London: Judy Piatkus, 1999).
Reanney, D., *After Death: A New Future for Human Consciousness* (New York: William

Morrow, 1991).
Reed, D. et al., 'Social networks and coronary heart disease among Japanese men in Hawaii', *American Journal of Epidemiology*, 1983; 117: 384-96.
Reilly, D., 'Is evidence for homeopathy reproducible?', *Lancet*, 1994; 344: 1601-06.
Robinson, C. A. Jr, 'Soviets push for beam weapon', *Aviation Week*, 2 May, 1977.
Rosenthal, R., 'Combining results of independent studies', *Psychological Bulletin*, 1978; 85: 185-93.
Rubik, B., *Life at the Edge of Science* (Oakland, Calif.: Institute for Frontier Science, 1996).
Rueda, A. and Haisch, B., 'Contribution to inertial mass by reaction of the vacuum to accelerated motion', *Foundations of Physics*, 1998; 28(7): 1057-107.
Rueda, A., Haisch, B. and Cole, D. C., 'Vacuum zero-point-field pressure instability in astrophysical plasmas and the formation of cosmic voids', *Astrophysical Journal*, 1995; 445: 7-16.
Sagan, Carl, *Contact* (London: Orbit, 1997).
Sanders, P. A. Jr, *Scientific Vortex Information: An M.I.T.-Trained Scientist's Program* (Sedona, Ariz.: Free Soul, 1992).
Sardello, R., 'Facing the world with soul: disease and the reimagination of modern life', *Aromatherapy Quarterly*, 1992; 35: 13-7.
Schiff, M., *The Memory of Water: Homeopathy and the Battle of Ideas in the New Science* (London: Thorsons, 1995).
Schiff, M., 'On consciousness, causation and evolution', *Alternative Therapies*, July 1998; 4(4): 82-90.
Schiff, M. and Braud, W., 'Distant intentionality and healing: assessing the evidence', *Alternative Therapies*, 1997; 3(6): 62-73.
Schlitz, M. J. and Honorton, C., 'Ganzfeld psi performance within an artistically gifted population', *Journal of the American Society for Psychical Research*, 1992; 86(2): 83-98.
Schlitz, M. and LaBerge, S., 'Autonomic detection of remote observation: two conceptual replications', in D. J. Bierman (ed.) *Proceedings of Presented Papers*, 37th Annual Parapsychological Association Convention, Amsterdam (Fairhaven, Mass.: Parapsychological Association, 1994): 352-60.
Schlitz, M. J. and LaBerge, S., 'Covert observation increases skin conductance in subjects unaware of when they are being observed: a replication', *Journal of Parapsychology*, 1997; 61: 185-96.
Schmidt, H., 'Quantum processes predicted?', *New Scientist*, 16 October 1969: 114-15.
Schmidt, H., 'Mental influence on random events', *New Scientist and Science Journal*, 24 June 1971; 757-8.

Schmidt, H., 'Toward a mathematical theory of psi', *Journal of the American Society for Psychical Research*, 1975; 69(4): 301-319. Schmidt, H., 'Additional affect for PK on pre-recorded targets', *Journal of Parapsychology*, 1985; 49: 229-44.

Schnabel, J., *Remote Viewers: The Secret History of America's Psychic Spies* (New York: Dell, 1997).

Schwartz, G. et al., 'Accuracy and replicability of anomalous after-death communication across highly skilled mediums', *Journal of the Society for Psychical Research*, 2001; 65: 1-25.

Scott-Mumby, K., *Virtual Medicine: A New Dimension in Energy Healing* (London: Thorsons, 1999).

Senekowitsch, F. et al., 'Hormone effects by CD record/replay', *FASEB Journal*, 1995; 9: A392 (abs).

Sharma, H., 'Lessons from the placebo effect', *Alternative Therapies in Clinical Practice*, 1997; 4(5): 179-84.

Shealy, C. N., *Sacred Healing: The Curing Power of Energy and Spirituality* (Boston, Mass.: Element, 1999).

Sheldrake, R., *A New Science of Life: The Hypothesis of Formative Causation* (London: Paladin, 1987).

Sheldrake, R., 'An experimental test of the hypothesis of formative causation', *Rivista Di Diologia-Biology Forum*, 1992; 85(3/4): 431-3.

Sheldrake, R., *The Presence of the Past: Morphic Resonance and the Habits of Nature* (London: HarperCollins, 1994).

Sheldrake, R., *The Rebirth of Nature: The Greening of Science and God* (Rochester, Vt.: Park Street Press, 1994).

Sheldrake, R., *Seven Experiments That Could Change the World: A DoIt-Yourself Guide to Revolutionary Science* (London: Fourth Estate, 1995).

Sheldrake, R., 'Experimenter effects in scientific research: how widely are they neglected?', *Journal of Scientific Exploration*, 1998; 12(1): 73-8.

Sheldrake, R., 'The sense of being stared at: experiments in schools', *Journal of the Society for Psychical Research*, 1998; 62: 311-23.

Sheldrake, R., 'Could experimenter effects occur in the physical and biological sciences?', *Skeptical Inquirer*, 1998; 22(3): 57-8.

Sheldrake, R., *Dogs that Know When Their Owners Are Coming Home and Other Unexplained Powers of Animals* (London: Hutchinson, 1999).

Sheldrake, R., 'How widely is blind assessment used in scientific research?', *Alternative Therapies*, 1999; 5(3): 88-91.

Sheldrake, R., 'The "sense of being stared at" confirmed by simple experiments',

Biology Forum, 1999; 92: 53-76.
Sheldrake, R. and Smart, P., 'A dog that seems to know when his owner is returning: preliminary investigations', *Journal of the Society for Psychical Research*, 1998; 62: 220-32.
Sheldrake, R. and Smart, P., 'Psychic pets: a survey in north-west England', *Journal of the Society for Psychical Research*, 1997; 68: 353-64.
Sicher, F., Targ, E. et al., 'A randomized double-blind study of the effect of distant healing in a population with advanced AIDS: report of a small scale study', *Western Journal of Medicine*, 1998; 168(6): 356-63.
Sigma, R., *Ether-Technology: A Rational Approach to Gravity Control* (Kempton, Ill.: Adventures Unlimited Press, 1996).
Silver, B. L., *The Ascent of Science* (London: Solomon Press/Oxford University Press, 1998).
Snel, F. W. J., 'PK Influence on malignant cell growth research', *Letters of the University of Utr*echt, 1980; 10: 19-27.
Snel, F. W. J. and Hol, P. R., 'Psychokinesis experiments in caseininduced amyloidosis of the hamster', *Journal of Parapsychology*, 1983; 5(1): 51-76.
Snellgrove, B., *The Unseen Self: Kirlian Photography Explained* (Saffron Walden: C. W. Daniel, 1996).
Solfvin, G. F., 'Psi expectancy effects in psychic healing studies with malarial mice', *European Journal of Parapsychology*, 1982; 4(2): 160-97.
Stapp, H. 'Quantum theory and the role of mind in nature', *Foundations of Physics*, 2001; 31: 1465–99.
Squires, E. J., 'Many views of one world – an interpretation of quantum theory', *European Journal of Physics*, 1987; 8: 173.
Stanford, R., '"Associative activation of the unconscious" and "visualization" as methods for influencing the PK target', *Journal of the American Society for Psychical Research*, 1969; 63: 338-51.
Stevenson, I., *Children Who Remember Previous Lives* (Charlottesville, Va.: University Press of Virginia, 1987).
Stillings, D., 'The historical context of energy field concepts', *Journal of the U.S. Psychotronics Association*, 1989; 1(2): 4-8.
Talbot, M., *The Holographic Universe* (London: HarperCollins, 1996).
Targ, E., 'Evaluating distant healing: a research review', *Alternative Therapies*; 1997; 3(6): 74-8.
Targ, E., 'Research in distant healing intentionality is feasible and deserves a place on our national research agenda', *Alternative Therapies*, 1997; 3(6): 92-6.
Targ, R. and Harary, K., *The Mind Race: Understanding and Using Psychic Abilities*

(New York: Villard, 1984).

Targ, R. and Katra, J., *Miracles of Mind: Exploring Nonlocal Consciousness and Spiritual Healing* (Novato, Calif.: New World Library, 1999).

Targ, R. and Puthoff, H., *Mind-Reach: Scientists Look at Psychic Ability* (New York: Delacorte Press, 1977).

Tart, C., 'Physiological correlates of psi cognition', *International Journal of Parapsychology*, 1963; 5: 375-86.

Tart, C., 'Psychedelic experiences associated with a novel hypnotic procedure: mutual hypnosis', in C. T. Tart (ed.) *Altered States of Consciousness* (New York: John Wiley, 1969): 291-308.

'"The truth about psychics" - what the scientists are saying…', *The Week*, 17 March 2001.

Thomas, Y., 'Modulation of human neutrophil activation by "electronic" phorbol myristate acetate (PMA)', *FASEB Journal*, 1996; 10: A1479.

Thomas, Y. et al., 'Direct transmission to cells of a molecular signal (phorbol myristate acetate, PMA) via an electronic device, *FASEB Journal*, 1995; 9: A227.

Thompson Smith, A., *Remote Perceptions: Out-of-Body Experiences, Remote Viewing and Other Normal Abilities* (Charlottesville, Va.: Hampton Road, 1998).

Thurnell-Read, J., *Geopathic Stress: How Earth Energies Affect Our Lives* (Shaftesbury, Dorset: Element, 1995).

Tiller, W. A., 'What are subtle energies', *Journal of Scientific Exploration*, 1993; 7(3): 293-304.

Tsong, T. Y., 'Deciphering the language of cells', *Trends in Biochemical Sciences*, 1989; 14: 89-92.

Utts, J., 'An assessment of the evidence for psychic functioning', *Journal of Scientific Exploration*, 1996; 10: 3-30.

Utts, J. and Josephson, B. D., 'The paranormal: the evidence and its implications for consciousness' (originally published in slighter shorter form), *New York Times Higher Education Supplement*, 5 April 1996: v.

Vaitl, D., 'Anomalous effects during Richard Wagner's operas', paper presented at the Fourth Biennial European Meeting of the Society for Scientific Exploration, Valencia, Spain, 9-11 October 1998.

Vincent, J. D., *The Biology of Emotions*, J. Hughes (trans) (Oxford: Basil Blackwell, 1990).

Vithoulkas, G., *A New Model for Health and Disease* (Mill Valley, Calif.: Health and Habitat, 1991).

Wallach, H., 'Consciousness studies: a reminder', paper presented at the Fourth Biennial European Meeting of the Society for Scientific Exploration, Valencia,

Spain, 9-11 October 1998.

Walleczek, J., 'The frontiers and challenges of biodynamics research', in Jan Walleczek (ed.), *Self-organized Biological Dynamics and Nonlinear Control: Toward Understanding Complexity, Chaos and Emergent Function in Living Systems* (Cambridge: Cambridge University Press, 2000).

Weiskrantz, L., *Consciousness Lost and Found: A Neuropsychological Exploration* (Oxford: Oxford University Press, 1997).

Wezelman, R. et al., 'An experimental test of magic: healing rituals', *Proceedings of Presented Papers*, 37th Annual Parapsychological Association Convention, San Diego, Calif. (Fairhaven, Mass.: Parapsychological Association, 1996): 1-12.

Whale, J., *The Catalyst of Power: The Assemblage Point of Man* (Forres, Scotland: Findhorn Press, 2001).

White, M., *The Science of the X-Files* (London: Legend, 1996).

'Why atoms don't collapse', *New Scientist*, 9 July 1997: 26.

Williamson, T., 'A sense of direction for dowsers?', *New Scientist*, 19 March 1987: 40-3.

Wolf, F. A., *The Body Quantum: The New Physics of Body Mind, and Health* (London: Heinemann, 1987).

Wolfe, T., *The Right Stuff* (London: Picador, 1990).

Youbicier-Simo, B. J. et al., 'Effects of embryonic bursectomy and in ovo administration of highly diluted bursin on an adrenocorticotropic and immune response to chickens', *International Journal of Immunotherapy*, 1993; IX: 169-80.

Zeki, S., *A Vision of the Brain* (Oxford: Blackwell Scientific, 1993).

Zohar, D. *The Quantum Self* (London: Flamingo, 1991).

ㄹ

ㅁ

ㅂ

ㅅ

ㅇ

ㅈ

ㅊ

ㅋ

ㅌ

ㅍ

ㅎ